全国高职高专院校土建大类专业规划教材

主编／魏燕 徐新瑞 韩永光

建设法规（含思政）

JIANSHE
FAGUI

（HAN SIZHENG）

『互联网＋』新形态信息化教材

U0218283

天津大学出版社
TIANJIN UNIVERSITY PRESS

内 容 简 介

本书是为了满足土建大类专业最新人才培养目标和教学改革要求，作者依据党的二十大报告有关精神和新版《中华人民共和国职业教育法》的相关规定，坚持立德树人、德技兼修的育人理念和课程思政入教材、入课堂、入头脑的总思路，由模范教师、师德先进个人牵头，在征求行业相关学科专业领域专家和技术骨干意见的基础上，采用模块化、任务式的方式组织团队编写的"互联网＋"新形态信息化教材。

全书分为 11 个模块，以工程建设基本程序为逻辑主线，内容涵盖工程项目决策分析、建设准备、建设实施、竣工验收与保修等阶段的各类法律法规和规章制度。作为专业技术人员，必须增强法律意识和法制观念，做到学法、懂法、用法和守法，这是新时代对工程建设行业相关人员从事执业活动的基本要求。

本书可作为高职本科院校和高职高专院校建筑工程技术、工程造价、建筑工程管理等专业的教材，也可作为职工大学、电视大学相关专业的教材，还可作为社会培训等相关专业培训教材。

图书在版编目(CIP)数据

建设法规：含思政 / 魏燕，徐新瑞，韩永光主编
. -- 天津：天津大学出版社，2024.1
全国高职高专院校土建大类专业规划教材 "互联网+"
新形态信息化教材
ISBN 978-7-5618-7646-6

Ⅰ. ①建… Ⅱ. ①魏… ②徐… ③韩… Ⅲ. ①建筑法
－中国－高等职业教育－教材 Ⅳ. ①D922.297

中国国家版本馆CIP数据核字(2023)第238241号

出版发行	天津大学出版社
地　　址	天津市卫津路92号天津大学内（邮编:300072）
电　　话	发行部:022-27403647
网　　址	www.tjupress.com.cn
印　　刷	北京盛通印刷股份有限公司
经　　销	全国各地新华书店
开　　本	880mm×1230mm　1/16
印　　张	16.5
字　　数	588千
版　　次	2024年1月第1版
印　　次	2024年1月第1次
定　　价	49.5元

编委会

主　　审：韦令余　殷庆武

主　　编：魏　燕　徐新瑞　韩永光

副 主 编：吴　俊　金家胜

编委名单：

中铁隧道局集团有限公司法律合规部　韦令余

中铁隧道局集团有限公司法律合规部　殷庆武

重庆文理学院　高级工程师　魏燕

重庆文理学院　副教授　徐新瑞

重庆城市职业学院　高级工程师 副教授　韩永光

长沙南方职业学院　工程师　讲师　吴俊

乌鲁木齐职业大学　副教授　金家胜

重庆城市职业学院　讲师　袁嘉

黄山职业技术学院　讲师　鲍路路

前言

新版《中华人民共和国职业教育法》首次以法律形式确定了职业教育是与普通教育具有同等重要地位的教育类型。党的二十大报告提出，建设现代化产业体系、全面推进乡村振兴、加快发展方式绿色转型，深入实施科教兴国战略、人才强国战略、创新驱动发展战略，并且再次强调"坚持教育优先发展"，这为推动职业教育高质量发展提供了强大动力。

高等职业教育肩负着培养更多高技能型人才、大国工匠的国家战略使命，为了加快构建面向全体人民、贯穿全生命周期、服务全产业链的职业教育体系，加快建设国家重视技能、社会崇尚技能、人人学习技能、人人拥有技能的技能型社会，为以中国式现代化全面推进中华民族伟大复兴贡献力量。

建设法治中国，应当实现法律规范科学完备统一，执法司法公正高效权威，权力运行受到有效制约监督，人民合法权益得到充分尊重保障，法治信仰普遍确立，法治国家、法治政府、法治社会全面建成。在"依法治国"的大背景下，特别是随着我国工程建设法律法规的不断完善和建筑业参与国际市场竞争的不断加强，作为建设行业的专业技术人员，必须增强法律意识和法制观念，做到学法、懂法、用法、守法，这是新时期对工程建设行业相关人员从事执业活动的基本要求。

作者立足新时代，面向新征程，根据党的二十大报告有关精神、新版《中华人民共和国职业教育法》和国家新形势、新发展、新业态的要求，结合专业岗位的技能培养，按照教育部颁布的《高等职业学校专业教学标准》和《职业教育专业简介》的要求落实教材改革，体现课程思政入教材、入课堂、入头脑的总思路，由相关学科领域的企业专家、模范教师、师德先进个人共同牵头，在征求相关专家和技术骨干的基础上，采用模块化、任务式的方式组织团队编写本教材。

本教材坚持落实立德树人根本任务，遵循高素质技术技能型人才成长规律、社会发展规律、教材建设规律和教育教学规律，突出体现"以学生为中心"，构建"引导—学习—自测—总结—提升—实践"的六步法学习全过程，体现职业教育类型特点和改革理念。同时，教材内容反映新规范、新法规、新标准，坚持工学结合、课证融通、产教融合的贯通培养，以真实的工作任务和典型实践案例为载体，并以融媒体和二维码方式保持教材内容的交互性，实时更新、与时俱进。

具体特色如下。

（1）思想性：本教材以习近平新时代中国特色社会主义思想为指导，坚持社会主义核心价值观和四个自信，秉承立德树人、德技兼修的育人理念，着力推动思想政治教育与技术技能培养融合统一。每个模块均设置"思政园地"，通过"以案思政"的方式将立德树人教育入教材、入课堂、入头脑。

（2）科学性：在收集和整理我国最新相关法律法规的基础上，将典型真实工程案例引入教材，内容反映新规范、新法规、新标准，保证教学内容的规范、科学和准确性，体现教学改革要求和高素质技术技能型人才培养特色。

（3）先进性：本教材中大量典型案例以二维码方式呈现，具有一定的交互性，支持资源的动态更新，方便教师对教材内容进行实时更新，为教材注入新的活力和生命力，教材内容与时俱进。

（4）针对性：本教材针对高职本科和高职高专院校的学生而编写，遵循高素质技术技能型人才成长规律、教材建设规律和教育教学规律,围绕"以学生为中心",内容立足学生实际工作岗位,理论基础知识以够用为度,突出教材的实用性。

(5)可读性:本教材依据六步法学习,在各模块前设置【导读】,明确了知识目标、能力目标和素质目标,对学生学习进行引导;【引入案例】以典型工程案例为背景,提出学习问题,指引学习重点,引起学生的学习兴趣;【随堂测试】方便学生在学习知识点后检验学习效果;【本模块小结】点明学习重点,对各模块知识进行归纳;【思考与讨论】通过案例分析的方式,为学生进一步深入思考提供条件;【践行建议】使学生将所学知识运用于指导生活和实践工作中。

本书结构新颖,语言通俗易懂,文字流畅、图文并茂、阅读体验好,是采用"互联网+"新形态的模式,以模块化、任务式的形式组织编写的信息化教材。为了方便任课教师教学,本书还配备了教学课件等,欢迎任课教师索取(联系邮箱:ccshan2008@sina.com)。

本书编者在编写过程中,查阅和参考了大量的建设法规类的相关资料和有关专家的著述,在此一并对这些专家表示感谢!

由于编者的学识和理论水平有限,新规范、新法规、新标准也不断出现,书中难免有不当及疏漏之处,望广大师生、同行和专家批评指正!

编　者
2023 年于重庆

模块 1　建设法规基础知识

模块 2　工程建设程序法律制度

模块 3　工程建设执业资格法律制度

模块 4　城乡规划与建设用地法律制度

模块 5　建设工程发包与承包法律制度

模块 6　建设工程合同法律制度

模块 7　建设工程勘察设计法律制度

模块 8　建设工程施工管理法律制度

模块 9　建设工程相关法律制度

模块 10　建设工程竣工验收及工程质量保修法律制度

模块 11　解决建设工程纠纷法律制度

模块 1　建设法规基础知识

导读

　　本模块主要介绍建设法规的概念、建设法规体系的构成、建设法律关系、工程建设基本民事法律制度以及建设工程法律责任。通过本模块学习,应达到以下目标。

　　知识目标:理解建设法规的含义,掌握法的形式和效力层级;理解法律关系的含义,掌握法律关系的构成要素;熟悉建设工程相关民事法律制度的基本内容;了解不同情形下承担法律责任的方式。

　　能力目标:能运用所学知识解决学习、生活和职业活动中遇到的常见民事法律问题。

　　素质目标:崇尚法治精神,自觉践行社会主义核心价值观,做遵纪守法好公民。

任务 1.1　建设法规是什么？

引入案例

　　近年以来,启东市住房和城乡建设局进一步加强建筑施工领域质量安全监管,通过日常巡查、专项检查、督导整治、联合惩戒等措施,深入开展建筑工程质量和安全治理行动,严格规范建筑市场秩序,严厉查处违法违规行为,依法移送行政处罚45起,报送省住房和城乡建设厅列入市场准入"黑名单"8家,限制启东市建筑市场准入3家,暂扣安全生产许可证4家,促进了全市建设工程质量和安全形势持续平稳发展;并通报了近年来查处的建筑施工领域违法违规典型案例。

　　请思考:

　　(1)在以上典型案例中,相关主体违反了哪些法律、法规?

　　(2)这些法律、法规之间存在怎样的联系?

【案例详情】

>>>

知识点一、建设法规的概念及分类

(一)建设法规的概念

　　建设法规是指国家权力机关或其授权的行政机关制定的旨在调整国家及其有关机构、企事业单位、社会团体、公民之间在建设活动中或建设行政管理活动中发生的各种社会关系的法律规范的统称。

　　建设活动是指土木建筑工程和线路管道、设备安装工程(以下统称"建设工程")的新建、扩建、改建活动及建筑装修装饰活动。建设活动是在一定地域和空间进行的,包括建设工程的立项、资金筹集、勘察、设计、施工和验收等。

(二)建设工程法规的作用

　　在国民经济中,建筑业是一个重要的物质生产部门。工程建设法规的作用就是保护、巩固和发展社会主义的经济基础,最大限度满足人民日益增长的美好生活需要,保障建筑业健康有序发展。

1.规范和指导建设行为

　　从事各种具体的建设活动必须遵循建设法律规范。只有在建设法规允许的范围内进行的建设行为才能得到国家的承认与保护,也才能实现建设活动主体的预期目的。建设法规通过对合法建设行为的保护和对违法建设行为的制裁,起到规范和指导建设行为的作用。

2.维护建设市场秩序

　　建设活动是一种重要的市场活动。建设市场秩序直接影响建设活动能否正常进行、建筑业能否健康发展。对于违法违规扰乱建设市场秩序的行为,必须整顿治理,其强有力的手段就是以建设工程法规的形式确立市场规则,建立市场法制并以严格执法来维护建设市场的秩序。

3.保证建设工程质量和安全

　　建设工程的质量和安全,事关国民经济发展、人民生命财产安全和社会稳定的大局。因此,建设工程法规立法的重点在于通过法律手段确保建设工程的质量和安全,国家建设行政机关也必然依据建设工程法规加强对建设活动的监督和管理。

(三)建设法规的分类

　　按照不同的标准,可以把建设法规划分为不同的类型。

1. 按照法律规范的行为模式分类

按照法律规范的行为模式,建设法规可以分为授权性规范、义务性规范和禁止性规范。

1)授权性规范是规定人们可以为一定的行为或者不为一定的行为,以及可以要求他人为一定的行为或者不为一定的行为的法律规范,常使用"可以""有权"等词。如《中华人民共和国招标投标法》(以下简称《招标投标法》)规定:"招标人根据招标项目的具体情况,可以组织潜在投标人踏勘项目现场。"

2)义务性规范是规定人们必须积极作出一定行为的法律规范,常使用"应当""必须"等词。如《中华人民共和国建筑法》(以下简称《建筑法》)规定:"建筑工程开工前,建设单位应当按照国家有关规定向工程所在地县级以上人民政府建设行政主管部门申请领取施工许可证。"

3)禁止性规范是规定禁止人们作出一定行为或者必须不为一定行为的法律规范,常使用"不得""禁止"等词。如《中华人民共和国建筑法》规定:"禁止建筑施工企业超越本企业资质等级许可的业务范围或者以任何形式用其他建筑施工企业的名义承揽工程。"禁止性规范也可以说是一种义务性规范。禁止性规范与义务性规范的区别在于:义务性规范是设定作为义务,禁止性规范却是设定不作为义务。

2. 按照法律规范强制性程度分类

按照法律规范强制性程度,建设法规可以分为强制性规范和任意性规范。

1)强制性规范是指法律规范所确定的权利和义务十分明确、肯定,不允许以任何方式变更或违反的法律规范。强制性规范表现为义务性规范和禁止性规范两种形式,或者说义务性规范和禁止性规范绝大部分都属于强制性规范。

2)任意性规范是指法律规范允许法律关系的参加者在一定的范围内可以自行确定其权利和义务的法律规范。

思政园地

党的十八届四中全会通过的《中共中央关于全面推进依法治国若干重大问题的决定》中指出,全面推进依法治国,总目标是建设中国特色社会主义法治体系,建设社会主义法治国家。2021年1月,中共中央印发了《法治中国建设规划(2020—2025年)》。这是新中国成立以来第一个关于法治中国建设的专门规划。该规划指出,建设法治中国的主要原则是:坚持党的集中统一领导,坚持贯彻中国特色社会主义法治理论,坚持以人民为中心,坚持统筹推进,坚持问题导向和目标导向,坚持从中国实际出发。

作为一名建设行业的专业技术人员,必须增强法律意识和法制观念,做到学法、懂法、守法和用法,这是新时期对工程建设行业相关人员从事执业活动的基本要求。

知识点二、法的形式和效力层级

(一)法的形式

法的形式是指法律创制方式和外部表现形式。我国法的形式是制定法形式,具体可分为以下七类。

1. 宪法

《中华人民共和国宪法》是中华人民共和国的根本大法,由全国人民代表大会依照特别程序制定,拥有最高法律效力。中华人民共和国成立后,曾于1954年9月20日、1975年1月17日、1978年3月5日和1982年12月4日通过四个宪法,现行宪法为1982年宪法,并历经1988年、1993年、1999年、2004年和2018年共五次修订。其主要功能是制约和平衡国家权力,保障公民权利。宪法在我国法律体系中具有最高的法律地位和法律效力,是我国最高的法律形式。

2. 法律

法律是指由全国人民代表大会和全国人民代表大会常务委员会制定颁布的规范性法律文件,即狭义的法律。建设法律既包括专门的建设领域的法律,如《中华人民共和国城乡规划法》《中华人民共和国建筑法》《中华人民共和国城市房地产管理法》,也包括与建设活动相关的其他法律,如《中华人民共和国民法典》《中华人民共和国环境保护法》《中华人民共和国行政许可法》等。

3. 行政法规

行政法规是国家最高行政机关国务院根据宪法和法律就有关执行法律和履行行政管理职权的问题，以及依据全国人民代表大会及其常务委员会特别授权所制定的规范性文件的总称。现行的建设行政法规主要有《建设工程质量管理条例》《建设工程安全生产管理条例》《建设工程勘察设计管理条例》《中华人民共和国招标投标法实施条例》等。

4. 地方性法规

省、自治区、直辖市的人民代表大会及其常务委员会根据本行政区域的具体情况和实际需要，在不同宪法、法律、行政法规相抵触的前提下，可以制定地方性法规。目前，各地方都制定了大量的规范建设活动的地方性法规，如《四川省建筑管理条例》《新疆维吾尔自治区环境保护条例》《重庆市城乡规划条例》等。

5. 部门规章

国务院各部、委员会、中国人民银行、审计署和具有行政管理职能的直属机构，可以根据法律和国务院的行政法规、决定、命令，在本部门的权限范围内，制定规章。部门规章规定的事项应当属于执行法律或者国务院的行政法规、决定、命令的事项，其名称可以是"规定""办法"和"实施细则"等。目前，大量的建设法规是以部门规章的方式发布的，如住房和城乡建设部发布的《房屋建筑和市政基础设施工程质量监督管理规定》，国家发展计划委员会发布的《招标公告发布暂行办法》，多部委和相关部门联合发布的《评标委员会和评标方法暂行规定》等。

6. 地方政府规章

省、自治区、直辖市和设区的市、自治州的人民政府，可以根据法律、行政法规和本省、自治区、直辖市的地方性法规，制定规章。目前，省、自治区、直辖市和较大的市的人民政府都制定了大量地方政府规章，如《重庆市建设工程造价管理规定》《江西省装配式建筑招标投标管理暂行办法》等。

7. 国际条约

国际条约是指我国与外国缔结、参加、签订、加入、承认的双边、多边的条约、协定和其他具有条约性质的文件。国际条约的名称，除条约外，还有公约、协议、协定、议定书、宪章、盟约、换文和联合宣言等。除我国在缔结时宣布持保留意见不受其约束的以外，这些条约的内容都与国内法具有同样的约束力，所以也是我国法的形式。例如，我国加入 WTO 后，WTO 中与工程建设有关的协定也对我国的建设活动产生约束力。

（二）法的效力层级

法的效力层级，是指法律体系中的各种法的形式，由于制定的主体、程序、时间和适用范围等的不同，具有不同的效力，所以会形成法的效力等级体系。

1. 宪法至上

宪法是国家的根本大法，具有最高的法律效力。宪法作为根本法和母法，是其他立法活动的最高法律依据。任何法律、法规都必须遵循宪法而产生，无论是维护社会稳定、保障社会秩序，还是规范经济秩序，都不能违背宪法的基本准则。

2. 上位法优于下位法

在我国法律体系中，法律的效力是仅次于宪法而高于其他法的形式。行政法规的法律地位和法律效力仅次于宪法和法律，高于地方性法规和部门规章。地方性法规的效力高于本级和下级地方政府规章。省、自治区人民政府制定的规章的效力高于本行政区域内的较大的市人民政府制定的规章。

自治条例和单行条例依法对法律、行政法规、地方性法规作变通规定的，在本自治地方适用自治条例和单行条例的规定。经济特区法规根据授权对法律、行政法规、地方性法规作变通规定的，在本经济特区适用经济特区法规的规定。

部门规章之间、部门规章与地方政府规章之间具有同等效力，在各自的权限范围内施行。

3. 特别法优于一般法

特别法优于一般法，是指公法权力主体在实施公权力行为中，当一般规定与特别规定不一致时，优先适用特别规定。《中华人民共和国立法法》（以下简称《立法法》）规定："同一机关制定的法律、行政法规、地方性法规、自治条例和单行条例、规章,特别规定与一般规定不一致的,适用特别规定。"

4. 新法优于旧法

新法、旧法对同一事项有不同规定时,新法的效力优于旧法。《立法法》规定"同一机关制定的法律、行政法规、地方性法规、自治条例和单行条例、规章,新的规定与旧的规定不一致的,适用新的规定。"

5. 需要由有关机关裁决适用的特殊情况

《立法法》规定:"法律之间对同一事项的新的一般规定与旧的特别规定不一致,不能确定如何适用时,由全国人民代表大会常务委员会裁决。

行政法规之间对同一事项的新的一般规定与旧的特别规定不一致,不能确定如何适用时,由国务院裁决。

地方性法规、规章之间不一致时,由有关机关依照下列规定的权限作出裁决。

1)同一机关制定的新的一般规定与旧的特别规定不一致时,由制定机关裁决。

2)地方性法规与部门规章之间对同一事项的规定不一致,不能确定如何适用时,由国务院提出意见,国务院认为应当适用地方性法规的,应当决定在该地方适用地方性法规的规定;认为应当适用部门规章的,应当提请全国人民代表大会常务委员会裁决。

3)部门规章之间、部门规章与地方政府规章之间对同一事项的规定不一致时,由国务院裁决。"

思 政 园 地

法者,天下之程式也,万事之仪表也。——《管子·朋法解》

【释义】法者,天下公器。法是治国的标尺,是社会的客观准则,是衡量天下人言行、是非、曲直、功过的行为规范。从"廉法"的角度讲,为政者"寸心不昧",方能使"万法皆明"。

宪法是国家的根本法,是治国安邦的总章程,具有最高的法律地位、法律权威、法律效力,对经济、政治、文化、社会生活等方面都产生着重大而深刻的影响。为了增强全社会的宪法意识、弘扬宪法精神、加强宪法实施、全面推进依法治国,我国将 12 月 4 日设立为"国家宪法日"。

随堂测试

1. 下列与工程建设相关的法规中,属于行政法规的是(　　　)。

A.《建设工程质量管理条例》　　　　　　B.《重庆市城市房地产开发经营管理条例》

C.《中华人民共和国招标投标法实施条例》　　D.《工程建设项目施工招标投标办法》

2. 下列与工程建设相关的法规中,属于法律的是(　　　)。

A.《中华人民共和国建筑法》　　　　　　B.《建设工程安全生产管理条例》

C.《注册造价工程师管理办法》　　　　　D.《上海市建筑市场管理条例》

3. 法律效力等级是正确适用法律的关键,下述法律效力排序正确的是(　　　)。

A. 国际条约 > 宪法 > 行政法规 > 司法解释

B. 法律 > 行政法规 > 地方性法规 > 部门规章

C. 行政法规 > 部门规章 > 地方性法规 > 地方政府规章

D. 宪法 > 法律 > 行政法规 > 地方政府规章

4. 部门规章与地方政府规章之间对同一事项的规定不一致时,应该(　　　)。

A. 由国务院裁决

B. 由制定机关裁决

C. 由国务院提出意见,提请全国人民代表大会常务委员会裁决

D. 决定在该地方适用地方性法规的规定

5. 中国特色社会主义法律体系以宪法为统帅,以宪法相关法、民法、商法等多个法律部门的法律为主干,由(　　　)等多个层次的法律规范构成。

A. 宪法、法律、部门规章　　　　　　　　B. 刑法、民法、经济法
C. 法律、行政法规、地方性法规　　　　　D. 宪法、刑法、民法

6. 根据《立法法》,地方性法规、规章之间不一致时,由有关机关依照规定的权限作出裁决,关于裁决权限的说法,正确的是(　　　　)。

A. 同一机关制定的新的一般规定与旧的特别规定不一致时,由制定机关的上级机关裁决
B. 地方性法规与部门规章之间对同一事项的规定不一致,不能确定如何适用时,应当提请全国人民代表大会常务委员会裁决
C. 部门规章与地方政府规章之间对同一事项的规定不一致时,由部门规章的制定机关进行裁决
D. 根据授权制定的法规与法律规定不一致,不能确定如何适用时,由全国人民代表大会常务委员会裁决

7. 建设法规的表现形式多种多样,以下属于建设法规形式的有(　　　　)。

A. 某省人大常委会通过的建筑市场管理条例
B. 住房与城乡建设部发布的注册建造师管理办法
C. 某省人民政府制定的招投标管理办法
D. 某市人民政府办公室下发通知要求公办学校全部向外来工子女开放,不收取任何赞助费
E. 某省建设行政主管部门下发的关于加强安全管理的通知

8. 关于法的效力层级的说法,正确的有(　　　　)。

A. 宪法至上　　　　　　　　　　　　　　B. 新法优于旧法
C. 一般法高于特别法　　　　　　　　　　D. 任何机关和个人不得裁决法律适用情况
E. 上位法优于下位法

任务 1.2　建设法律关系是如何产生的?

引入案例

张某是甲房地产开发公司的法人代表,李某是乙建筑公司和丙建材公司的法人代表。同时,两人还是从小一起长大的朋友,也是同窗四年的大学同学,现在甲乙两家公司就一个写字楼项目签订了施工承包合同,同时由于甲公司资金周转困难,未能及时向丙公司支付其采购的水泥货款。

请思考:

(1)上述案例中存在哪些关系? 哪些是法律关系?

(2)以上关系是如何产生的?

(3)以上关系可以通过哪些途径结束?

>>>

我们知道人与人之间会形成各种各样的关系,这种关系通称为社会关系,如管理关系、合作关系等,一旦这种关系被法律所调整,就变成了法律关系。因此,法律关系是一定的社会关系在相应的法律规范的调整下形成的权利、义务关系。法律关系的实质是法律关系主体之间存在特定的权利、义务关系。

建设法律关系是指由建设法规调整的,在工程建设和工程建设管理过程中所产生的权利、义务关系。

知识点一、建设法律关系的构成要素

建设法律关系是由法律关系主体、法律关系客体和法律关系内容三要素构成的,缺少其中任何一个要素都不能构成建设法律关系。

(一)法律关系的主体

法律关系的主体是法律关系的参加者,即在法律关系中权利的享有者和义务的承担者。在每个具体的法律关系中,主体的数量各不相同,但大体上都归属于相互对应的双方:一方是权利的享有者,称为权利人;另一方是义务的承担者,称为义务人。

建设法律关系的主体可以是自然人、法人和其他组织,如施工企业工作人员、勘察设计单位、某企业的分公司等。

(二)法律关系的客体

法律关系的客体,是指法律关系的主体享有的权利和承担的义务所共同指向的对象。通常情况下,相关主体为了某一客体,彼此才设立一定的权利和义务,从而产生法律关系,这里的权利和义务共同指向的事物,便是法律关系的客体。

建设法律关系的客体包括财、物、行为、智力成果,如工程价款、建筑材料、咨询服务和发明专利等。

(三)法律关系的内容

法律关系的内容,是指法律关系主体之间的法律权利和法律义务。

建设法律关系的内容是建设主体的具体要求,决定着工程建设法律关系的性质,它是连接法律关系主体的纽带。比如,在施工的发包承包关系中,建设单位有义务在合同约定的时间内支付工程进度款,同时建设单位有权利要求施工单位对竣工验收不合格的建设工程进行返修。通常情况下,权利和义务是相互对应的,即一方的权利与对方的义务是对应的。例如,供应商有义务按照合同约定按时交付建筑材料,采购方有权利按照合同约定要求对方按时交付。

知识点二、建设法律关系的产生、变更和消灭

(一)法律关系的产生

建设法律关系的产生,是指建设法律关系的主体之间形成了一定的权利和义务关系。如某建设单位与某勘察设计单位签订了勘察设计合同,受建设法律规范调整的建设法律关系由此产生,主体双方随之确立了相应的权利和义务关系。

(二)法律关系的变更

建设法律关系的变更,是指建设法律关系的三个要素发生了变化。

主体变更是指建设法律关系主体数目增多或减少,比如施工总承包商将其承揽的工程中非关键性部位进行了分包,导致主体数目的增加;也可以是主体本身的改变,比如张某在通知了李某后,将其对李某的权利转让给了赵某,此时原来的法律关系主体就由张某和李某变更为赵某和李某。

客体变更是指建设法律关系中权利与义务所指向的事物发生变化,包括法律关系范围和性质的变更。例如,由于设计变更,某分项工程的混凝土工程量由 1000 m³ 增加至 1500 m³;施工单位与材料供应商协商,将原本采购的 C30 混凝土变更为 C35 混凝土。

建设法律关系主体与客体的变更必然导致相应的权利和义务的变更,即内容的变更,主要表现为两种情形:①一方权利的增加,另一方义务的增加;②一方权利的减少,另一方义务的减少。例如,建设单位与施工单位之间经过协商约定,将原约定"每月 25 日支付工程进度款"变更为"按工程进度支付工程款"。

(三)法律关系的消灭

建设法律关系的消灭也称为建设法律关系的终止,是指建设法律关系主体之间的权利和义务不复存在,

彼此失去了约束力，包括自然消灭、协议消灭和违约消灭。

1. 自然消灭

建设法律关系的自然消灭，是指某类法律关系所规范的权利和义务顺利得到履行，取得各自的利益，从而使该法律关系达到完结。例如，某咨询企业顺利完成建设单位委托的可行性研究工作，按时提交了该项目的可行性研究报告，建设单位也按约定及时支付了咨询服务费，则其法律关系因合同履行而自然消灭。

2. 协议消灭

建设法律关系的协议消灭，是指法律关系主体之间协商解除某类建设法律关系规范的权利和义务，致使该法律关系归于消灭。

3. 违约消灭

建设法律关系的违约消灭，是指法律关系主体一方违约或发生不可抗力，致使某类建设法律关系规范的权利不能实现。

（四）法律事实

建设法律关系的产生、变更和终止是由法律事实引起的。法律事实分为事件和行为。

事件是指不以当事人意志为转移而产生的法律事实。如因疫情防控需要导致工程暂停施工，因洪水灾害导致合同无法继续履行而解除，国家财税政策变化导致工程款结算变更等。事件可以分为自然事件、社会事件和意外事件等。

行为是指人的有意识的活动，包括积极的作为和消极的不作为。如某劳务作业企业通过主动与总承包方协商，最终获得该项目的劳务作业任务；某施工单位未对钢筋实行强度检测，导致主梁承载力不足产生裂缝等，均属于行为。

需要注意的是，并不是任何事件和行为都可成为法律事实，只有当这些事件或行为同一定的法律后果联系起来时，这种事实才被认为是法律事实，才能成为法律关系产生、变更及消灭的原因。

◎ 随堂测试 ◎

1. 某房地产开发商拖欠了其承包商的工程款，这笔工程款是（　　）。

A. 工程建设法律关系主体　　　　　　　　B. 工程建设法律关系客体

C. 工程建设法律关系的内容　　　　　　　D. 工程建设法律关系内容中的义务

2. 在工程建设中，如果由于建设单位不及时支付工程款，承包商与其解除了合同。在这一事件中，引起法律关系产生变化的情况属于（　　）。

A. 事实　　　　　　B. 事件　　　　　　C. 行为　　　　　　D. 事故

3. 某办公楼项目建设实施过程中，由于建筑企业经营不善导致破产，致使该工程无法继续进行，这时业主与该建筑企业合同关系的结束属于（　　）。

A. 自然消灭　　　　　B. 协议消灭　　　　　C. 违约消灭　　　　　D. 被动消灭

3. 法律关系的三要素是指（　　）。

A. 主体　　　　　　B. 客体　　　　　　C. 合同　　　　　　D. 内容

E. 酬金

4. 下列各选项中，属于民事法律关系客体的是（　　）。

A. 建设工程施工合同中的工程价款　　　　B. 建设工程施工合同中的建筑物

C. 建材买卖合同中的建筑材料　　　　　　D. 建设工程勘察合同中的勘察行为

E. 建设工程设计合同中的施工图纸

5. 甲建筑公司承接由乙房地产开发公司开发的 5 栋住宅楼的施工业务，甲与乙签订了工程承包合同。随即，甲建筑公司向丙设备租赁公司租用钢管 10 吨、挖掘机 1 台，并签订了租赁合同。在以上的工程承包合同和租赁合同中，属于法律关系客体的有（　　）。

A. 5 栋住宅楼的销售权　　　　　　　　　B. 建造住宅楼的施工行为

C. 10 吨钢管的所有权　　　　　　　　　D. 10 吨钢管的使用权
E. 挖掘机的使用权

任务 1.3　工程建设基本民事法律制度有哪些?

知识点一、法人制度

引入案例

　　万某、邢某两人合资开办了一家脚手架租赁有限公司,其中万某出资 25 万元,邢某向朋友齐某借款 15 万元,作为自己的出资。公司向市场监督管理部门办理了注册登记,万某为公司的法人代表。由于经营不善,两年后该公司资产只剩下 10 万元,而负债却高达 25 万元,其中向个体户蔡某借款 15 万元,向某配件公司购买脚手架扣件欠货款 10 万元,该脚手架租赁公司因此宣告破产。此后,齐某、蔡某和配件公司都找到万某、邢某两人,要求他们清偿欠款。

　　请思考:
　　(1)齐某、蔡某和配件公司的欠款应当由谁偿还?
　　(2)法人和自然人有什么区别?

>>>

(一)法人的概念

　　法人是具有民事权利能力和民事行为能力,依法独立享有民事权利和承担民事义务的组织。法人是与自然人相对应的概念,是法律赋予社会组织具有法律人格的一项制度。这一制度为确立社会组织的权利和义务,便于社会组织独立承担责任提供了基础。

(二)法人应当必备的条件

1. 依法成立

　　法人不能自然产生,它的产生必须经过法定的程序。法人的设立目的和方式必须符合法律的规定,设立法人,法律、行政法规规定须经有关机关批准的,依照其规定。

2. 应当有自己的名称、组织机构、住所、财产或者经费

　　法人的名称是法人相互区别的标志和法人进行活动时使用的代号。法人的组织机构是指对内管理法人事务,对外代表法人进行民事活动的机构。法人的场所则是法人进行业务活动的所在地,也是确定法律管辖的依据。法人以其主要办事机构所在地为住所。依法需要办理法人登记的,应当将主要办事机构所在地登记为住所。有必要的财产或者经费是法人进行民事活动的物质基础。它要求法人的财产或者经费必须与法人的经营范围或者设立目的相适应,否则将不能被批准设立或者核准登记。

3. 能够独立承担民事责任

　　法人必须能够以自己的财产或者经费承担在民事活动中的债务,在民事活动中给其他主体造成损失时能够承担赔偿责任。法人以其全部财产独立承担民事责任。

4. 有法定代表人

　　依照法律或者法人章程的规定,代表法人从事民事活动的负责人,为法人的法定代表人。法定代表人以法人名义从事的民事活动,其法律后果由法人承受。法人章程或者法人权力机构对法定代表人代表权的限制,不得对抗善意相对人。法定代表人因执行职务造成他人损害的,由法人承担民事责任。法人承担民事责任后,依照法律或者法人章程的规定,可以向有过错的法定代表人追偿。

（三）法人的分类

法人分为营利法人、非营利法人和特别法人三大类。

1. 营利法人

以取得利润并分配给股东等出资人为目的成立的法人,为营利法人。营利法人包括有限责任公司、股份有限公司和其他企业法人等。营利法人经依法登记成立。依法设立的营利法人,由登记机关发给营利法人营业执照。营业执照签发日期为营利法人的成立日期。

2. 非营利法人

为公益目的或者其他非营利目的成立,不向出资人、设立人或者会员分配所取得利润的法人,为非营利法人。非营利法人包括事业单位、社会团体、基金会和社会服务机构等。

3. 特别法人

机关法人、农村集体经济组织法人、城镇农村的合作经济组织法人、基层群众性自治组织法人,为特别法人。有独立经费的机关和承担行政职能的法定机构从成立之日起,具有机关法人资格,可以从事为履行职能所需要的民事活动。

（四）企业法人与项目经理部的法律关系

从项目管理的理论上说,各类企业都可以设立项目经理部,但施工企业设立的项目经理部具有典型的意义。

1. 项目经理部

项目经理部是施工企业为了完成某项建设工程施工任务而设立的组织。项目经理部是由一个项目经理与技术、生产、材料、成本等管理人员组成的项目管理班子,是一次性的具有弹性的现场生产组织机构。对于大中型施工项目,施工企业应当在施工现场设立项目经理部;小型施工项目,可以由施工企业根据实际情况选择适当的管理方式。施工企业应当明确项目经理部的职责、任务和组织形式。

项目经理部不具备法人资格,而是施工企业根据建设工程施工项目而组建的非常设的下属机构。项目经理根据企业法人的授权,组织和领导本项目经理部的全面工作。

2. 项目经理

项目经理是企业法人授权在建设工程施工项目上的管理者。项目经理受企业法人的委派,对建设工程施工项目全面负责,是一种施工企业内部的岗位职务。建设工程项目上的生产经营活动,必须在企业制度的制约下运行,其质量、安全、技术等活动,必须接受企业相关职能部门的指导和监督。

3. 项目经理部行为的法律后果

项目经理部不具备独立的法人资格,无法独立承担民事责任,因此,其行为的法律后果由企业法人承担。例如,项目经理部没有按照合同约定完成施工任务,则应由施工企业承担违约责任;项目经理签字的材料款如果不按时支付,材料供应商应当以施工企业为被告提起诉讼。

思 政 园 地

第十三届全国人民代表大会三次会议高票通过了《中华人民共和国民法典》(以下简称《民法典》)。《民法典》的颁布实施是中国特色社会主义法律体系达到新高度的重要标志,具有重大的里程碑意义。

《民法典》开创了法典编纂的先河,被称为"社会生活的百科全书",是新中国第一部以"法典"命名的法律,在法律体系中居于基础性地位,也是市场经济的基本法。

《民法典》共7编1260条,各编依次为总则、物权、合同、人格权、婚姻家庭、继承、侵权责任,以及附则。其通篇贯穿以人民为中心的发展思想,着眼满足人民对美好生活的需要,对公民的人身权、财产权、人格权等作出明确翔实的规定,并规定侵权责任,明确权利受到削弱、减损、侵害时的请求权和救济权等,体现了对人民权利的充分保障,被誉为"新时代人民权利的宣言书"。

1. 某施工企业是法人,关于该施工企业应当具备条件的说法,正确的是(　　　)。

A. 该施工企业能够自然产生　　　　　　B. 该施工企业能够独立承担民事责任

C. 该施工企业的法定代表人是法人　　　D. 该施工企业不必有自己的住所、财产

2. 关于法人在建设工程中的地位的说法,正确的是(　　　)。

A. 建设单位应当具备法人资格　　　　　B. 建设工程中的法人可以不具有民事行为能力

C. 非营利法人可以成为建设单位　　　　D. 建设单位应当独立承担民事责任

3. 法人进行民事活动的物质基础是(　　　)。

A. 有自己的名称　　　　　　　　　　　B. 有自己的组织机构

C. 有必要的财产或经费　　　　　　　　D. 有自己的住所

4. 下列法人中,属于特别法人的是(　　　)。

A. 基金会法人　　　　　　　　　　　　B. 事业单位法人

C. 社会团体法人　　　　　　　　　　　D. 机关法人

5. 下列主体中,属于法人的是(　　　)。

A. 某施工企业项目部　　　　　　　　　B. 某施工企业分公司

C. 某大学建筑学院　　　　　　　　　　D. 某乡人民政府

6. 能够代表法人行使民事权利、承担民事义务的主要负责人是(　　　)。

A. 项目经理　　　　　B. 法定代表人　　　　　C. 委托代理人　　　　　D. 公司经理

7. 某施工企业在异地设有项目部,项目部与材料供应商订立了采购合同。材料交货后货款未支付,供应商应以(　　　)为被告人向人民法院起诉,要求支付材料款。

A. 施工企业　　　　　　　　　　　　　B. 项目部

C. 该项目的建设单位　　　　　　　　　D. 该项目的监理单位

知识点二、代理制度

引入案例

某建筑公司委托某物资公司去采购一批水泥,但是却没有说明采购水泥的标号。于是该物资公司就以该建筑公司的名义与水泥厂签订了一批早强水泥。但早强水泥不适合目前要修建的工程,于是建筑公司拒绝接受早强水泥。

请思考:

(1)该事件中三家企业之间是什么关系? 这些关系是怎样产生的?

(2)该事件的后果应当由谁来承担? 为什么?

(3)如果你是建筑企业负责人,如何避免类似事情的发生?

>>>

(一)代理的概念和种类

1. 代理的概念

所谓代理,是指代理人在被授予的代理权限范围内,以被代理人的名义与相对人实施法律行为,而行为后果由该被代理人承担的法律制度。

代理涉及三方当事人,分别是被代理人、代理人和代理关系的相对人。

依照法律规定,当事人约定或者民事法律行为的性质,应当由本人亲自实施的民事法律行为,不得代理。

2. 代理的种类

《民法典》规定,代理包括委托代理和法定代理。委托代理人按照被代理人的委托行使代理权。法定代理人依照法律的规定行使代理权。

委托代理授权采用书面形式的,授权委托书应当载明代理人的姓名或者名称、代理事项、权限和期限,并由被代理人签名或者盖章。例如,某学校与某造价咨询企业订立合同,约定由该造价咨询企业代理该学校教学楼项目招标事宜。

法定代理人依照法律的规定行使代理权。例如,无民事行为能力人、限制民事行为能力人的监护人是其法定代理人;代表法人从事民事活动的负责人,为法人的法定代表人。

(二)代理的法律特征

1. 代理人必须在代理权限范围内实施代理行为

代理人实施代理活动的直接依据是代理权。因此,代理人必须在代理权限范围内与相对人实施代理行为。

代理人实施代理行为时有独立进行意思表示的权利。代理制度的存在,正是为了弥补一些民事主体没有资格、精力和能力去处理有关事务的缺陷。如果仅是代为传达当事人的意思表示或接受意思表示,而没有任何独立决定意思表示的权利,则不是代理,只能视为传达意思表示的使者。

2. 代理人一般应该以被代理人的名义实施具有法律意义的行为

《民法典》规定,代理人在代理权限内,以被代理人名义实施的民事法律行为,对被代理人发生效力。

代理人如果以自己的名义实施代理行为,则该行为产生的法律后果只能由行为人自行承担。那么,这种行为是自己的行为而非代理行为。代理人为被代理人实施的是能够产生法律上的权利义务关系,产生法律后果的行为。如果是代理人请朋友吃饭、聚会等,不能产生权利和义务关系,就不是代理行为。

3. 代理行为的法律后果归属于被代理人

代理人在代理权限内,以被代理人的名义同相对人进行的具有法律意义的行为,在法律上产生与被代理人自己的行为同样的后果。因此,被代理人对代理人的代理行为承担民事责任。

代理的法律特征如图 1-1 所示。

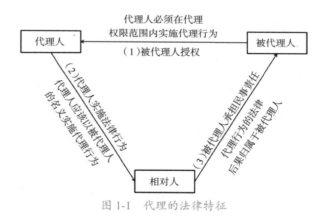

图 1-1　代理的法律特征

(三)代理的法律后果

1. 有效的代理

《民法典》规定,代理人在代理权限内,以被代理人名义实施的民事法律行为,对被代理人发生效力。

例如,某施工企业书面授权章某为其代理人,章某根据授权,以该施工企业名义递交、撤回、修改某项目施工投标文件、签订合同和处理有关事宜,其法律后果由该施工企业承担。章某按时递交了投标文件,经评审后该施工企业中标,则签订施工合同的双方为该施工企业与建设单位。

2. 无权代理

无权代理是指行为人不具有代理权,但以他人的名义与相对人进行法律行为。无权代理一般存在以下三种表现形式。

1）自始未经授权。如果行为人自始至终没有被授予代理权,就以他人的名义进行民事行为,属于无权代理。

2）超越代理权。代理权限是有范围的,超越了代理权限,依然属于无权代理。

3）代理权已终止。行为人虽曾得到被代理人的授权,但该代理权已经终止的,行为人如果仍以被代理人的名义进行民事行为,则属于无权代理。

《民法典》规定,行为人没有代理权、超越代理权或者代理权终止后,仍然实施代理行为,未经被代理人追认的,对被代理人不发生效力。相对人可以催告被代理人自收到通知之日起三十日内予以追认。被代理人未作表示的,视为拒绝追认。

行为人实施的行为被追认前,善意相对人有撤销的权利。撤销应当以通知的方式作出。

行为人实施的行为未被追认的,善意相对人有权请求行为人履行债务或者就其受到的损害请求行为人赔偿。但是,赔偿的范围不得超过被代理人追认时相对人所能获得的利益。

相对人知道或者应当知道行为人无权代理的,相对人和行为人按照各自的过错承担责任。

3. 表见代理

表见代理是指行为人虽无权代理,但由于行为人的某些行为,造成了足以使善意相对人相信其有代理权的表象,而与善意相对人进行的、由本人承担法律后果的代理行为。《民法典》规定,行为人没有代理权、超越代理权或者代理权终止后,仍然实施代理行为,相对人有理由相信行为人有代理权的,代理行为有效。

表见代理除需要符合代理的一般条件外,还需具备以下特别构成要件。

1）须存在足以使相对人相信行为人具有代理权的事实或理由。这是构成表见代理的客观要件。

2）须本人存在过失。其过失表现为本人表达了足以使相对人相信有授权意思的表示,或者实施了足以使相对人相信有授权意义的行为,发生了外表授权的事实。

3）须相对人为善意。这是构成表见代理的主观要件。如果相对人明知行为人无代理权而仍与之实施民事行为,则相对人为主观恶意,不构成表见代理。

表见代理对本人产生有权代理的效力,即在相对人与本人之间产生民事法律关系。本人受表见代理人与相对人之间实施的法律行为的约束,享有该行为设定的权利和履行该行为约定的义务。本人不能以无权代理为抗辩。本人在承担表见代理行为所产生的责任后,可以向无权代理人追偿因代理行为而遭受的损失。

4. 代理事项违法

代理人知道或者应当知道代理事项违法仍然实施代理行为,或者被代理人知道或者应当知道代理人的代理行为违法未作反对表示的,被代理人和代理人应当承担连带责任。

《民法典》规定,二人以上依法承担连带责任的,权利人有权请求部分或者全部连带责任人承担责任。连带责任人的责任份额根据各自责任大小确定;难以确定责任大小的,平均承担责任。实际承担责任超过自己责任份额的连带责任人,有权向其他连带责任人追偿。连带责任由法律规定或者当事人约定。

5. 代理人不履行或不完全履行职责

代理人不履行或者不完全履行职责,造成被代理人损害的,应当承担民事责任。代理人和相对人恶意串通,损害被代理人合法权益的,代理人和相对人应当承担连带责任。

代理人不得以被代理人的名义与自己实施民事法律行为,但是被代理人同意或者追认的除外。代理人不得以被代理人的名义与自己同时代理的其他人实施民事法律行为,但是被代理的双方同意或者追认的除外。

6. 转托他人代理

代理人需要转委托第三人代理的,应当取得被代理人的同意或者追认。转委托代理经被代理人同意或者追认的,被代理人可以就代理事务直接指示转委托的第三人,代理人仅就第三人的选任以及对第三人的指示承担责任。转委托代理未经被代理人同意或者追认的,代理人应当对转委托的第三人的行为承担责任,但是在紧急情况下代理人为了维护被代理人的利益需要转委托第三人代理的除外。

(四)代理终止

《民法典》规定,有下列情形之一的,委托代理终止。

1）代理期限届满或者代理事务完成。

2）被代理人取消委托或者代理人辞去委托。

3）代理人丧失民事行为能力。

4）代理人或者被代理人死亡。

5）作为代理人或者被代理人的法人、非法人组织终止。

建设工程代理行为的终止，主要是上述第1）、2）、5）三种情况。

《民法典》规定，有下列情形之一的，法定代理终止。

1）被代理人取得或者恢复完全民事行为能力。

2）代理人丧失民事行为能力。

3）代理人或者被代理人死亡。

4）法律规定的其他情形。

随堂测试

1. 下列情况属于代理的是（　　）。

A. 某包工头借用其他施工企业的资质证书承揽工程，与建设单位签订施工合同

B. 张某委托赵律师为其处理离婚事宜

C. 小李见超市里的苹果物美价廉，想到小王平时很爱吃苹果，小李主动帮小王买了一些

D. 由于魏老师临时有事，请其他老师代其上了一次法规课

E. 学校通知同学们购买意外伤害保险，由于小明在外实习，故请同寝室小华帮他买了一份

F. 由于孙某比较害羞，于是他请赵某替他向韩某道歉

2. 建设单位欠付工程款，施工企业指定本单位职工申请仲裁，该职工的行为属于（　　）。

A. 法定代理　　　　B. 表见代理　　　　C. 委托代理　　　　D. 指定代理

3. 关于承担代理责任的做法，正确的是（　　）。

A. 代理行为的法律后果由被代理人员共同承担

B. 被代理人应当知道代理人的代理行为违法未作反对表示的，由被代理人承担责任

C. 代理人不完全履行职责，造成被代理人违约的，应当承担民事责任

D. 代理人和相对人恶意串通，损害被代理人合法权益的，代理人和相对人应当承担按份责任

4. 建设工程代理法律关系中，存在两个法律关系，分别是（　　）。

A. 代理人与被代理人之间的委托关系，被代理人与相对人之间的合同关系

B. 代理人与被代理人之间的合作关系，代理人与相对人之间的合同关系

C. 代理人与被代理人之间的委托关系，代理人与相对人之间的转委托关系

D. 代理人与被代理人之间的合作关系，被代理人与相对人之间的转委托关系

5. 关于建设工程中代理的说法，正确的是（　　）。

A. 建设工程合同诉讼只能委托律师代理

B. 建设工程中的代理主要是法定代理

C. 建设工程中应当由本人实施的民事法律行为不得代理

D. 建设工程中为了被代理人的利益，代理人可以委托他人代理

6. 关于表见代理的说法，正确的是（　　）。

A. 表见代理属于无权代理，对本人不发生法律效力

B. 表见代理中，由行为人和本人承担连带责任

C. 表见代理对本人产生有权代理的效力

D. 第三人明知行为人无代理权仍与之实施民事法律行为，属于表见代理

7. 某项目施工中，建设单位将对建设单位代表的授权范围以书面形式通知了施工单位。项目经理在建

设单位代表权限范围外提出了一项认可要求,建设单位代表给予了签字认可。这一认可的法律后果应由( )承担。

A. 建设单位和施工单位　　　　　　B. 项目经理和建设单位代表

C. 建设单位代表和施工单位　　　　D. 施工单位和项目经理

8. 张某原是甲建筑公司的采购员,辞职后与王某合办一家乙建筑设备租赁公司。张某现以甲公司的名义与其长期负责的甲公司大客户丙公司签了 3 000 吨钢材购销合同,丙公司对王某辞职并不知情。对该合同承担付款义务的应是( )。

A. 张某　　　　　　　　　　　　　B. 甲建筑公司

C. 乙建筑设备租赁公司　　　　　　D. 张某和甲建筑公司

9. 乙公司明知甲公司经营部部长李某被撤销了对外签订合同的授权,还继续与其签订设备采购合同,因此给甲公司造成经济损失,其法律后果应该由( )。

A. 甲公司自行承担责任　　　　　　B. 乙公司自行承担责任

C. 甲乙公司承担连带责任　　　　　D. 乙公司和李某承担连带责任

10. 关于委托代理的说法,正确的是( )。

A. 委托代理授权必须采用书面形式

B. 数人为同一事项的代理人,若无特别约定,应当分别行使代理权

C. 代理人明知代理事项违法仍然实施代理行为,应与被代理人承担连带责任

D. 被代理人明知代理人的代理行为违法未作反对表示,应由被代理人单独承担责任

11. 下列选项中属于滥用代理权的有( )。

A. 以被代理人的名义同自己签订合同　　B. 无合法的授权而以他人名义进行代理活动

C. 代理人辞去委托　　　　　　　　　　D. 在同一诉讼中律师既代理原告又代理被告

E. 代理人与第三人恶意串通,损害被代理人的利益

12. 表见代理需符合代理的一般条件外,还需具备的特别构成要件包括( )。

A. 须本人存在过失　　　　　　　　　　B. 须相对人为善意

C. 须被代理人丧失民事行为能力　　　　D. 须相对人主观故意

E. 须存在足以使相对人相信行为人具有代理权的事实或理由

知识点三、债权制度

引入案例

某采石场专门生产建筑用石料,20××年7月5日,采石场将应该发给某建筑公司的5 000平方米碎石发给了某路桥公司。7月20日,采石场向路桥公司索取这批石料,但路桥公司却以采石场要支付这些天的保管费用为归还石料的前提。

请思考:路桥公司的要求合理吗?

>>>

(一)债的概念

《民法典》规定,民事主体依法享有债权。债权是因合同、侵权行为、无因管理、不当得利以及法律的其他规定,权利人请求特定义务人为或者不为一定行为的权利。

债是特定当事人之间的法律关系。在债的关系中,享有权利的人称为债权人,承担义务的人称为债务人;在双务契约中,则互为债权债务人。债权人的权利和债务人的债务所指向的对象称为债的标的。债权人所享受的权利称为债权,债务人所承担的义务称为债务。债权和债务是债的关系不可分割的两个方面,是相

对应而存在的,不能相互脱离而单独存在。债是债权和债务的总和。因此,债的关系从债权人方面说,也可称为债权关系;从债务人方面说,也可称为债务关系;有时也可以合称债权债务关系。

债权人只能向特定的人主张自己的权利,债务人也只需向享有该项权利的特定人履行义务,即债的相对性。因此,债权为请求特定人为特定行为作为或不作为的权利。债务是根据当事人的约定或者法律规定,债务人所负担的应为特定行为的义务。

(二)债的产生

建设工程债的产生,是指特定当事人之间债权债务关系的产生。引起债产生的一定的法律事实,就是债产生的根据。《民法典》规定,债权是因合同、侵权行为、无因管理、不当得利以及法律的其他规定,权利人请求特定义务人为或者不为一定行为的权利。

1. 合同

当事人之间因产生了合同法律关系,也就产生了权利义务关系,便设立了债的关系。任何合同关系的设立,都会在当事人之间发生债权债务关系。合同引起债的关系,是债产生的最主要、最普遍的依据。因合同而产生的债,被称为合同之债。

建设工程债的产生,最主要的也是合同。施工合同的订立,会在施工单位与建设单位之间产生债;材料设备买卖合同的订立,会在施工单位与材料设备供应商之间产生债的关系。

2. 侵权之债

侵权是指公民或法人没有法律依据而侵害他人的财产权利或人身权利的行为。侵权行为一经发生,即在侵权行为人和被侵权人之间形成债的关系。侵权行为产生的债,被称为侵权之债。在建设工程活动中,也常会产生侵权之债。如构筑物倒塌造成他人损害、高空掷物、施工噪声扰民等,都可能产生侵权之债。

3. 无因管理

《民法典》规定,管理人没有法定的或者约定的义务,为避免他人利益受损失而管理他人事务的,可以请求受益人偿还因管理事务而支出的必要费用;管理人因管理事务受到损失的,可以请求受益人给予适当补偿。

管理事务不符合受益人真实意思的,管理人不享有前款规定的权利;但是,受益人的真实意思违反法律或者违背公序良俗的除外。

无因管理在管理人员与受益人之间形成了债的关系。无因管理产生的债,被称为无因管理之债。

4. 不当得利

《民法典》规定,得利人没有法律根据取得不当利益的,受损失的人可以请求得利人返还取得的利益,但是有下列情形之一的除外。

1)为履行道德义务进行的给付。

2)债务到期之前的清偿。

3)明知无给付义务而进行的债务清偿。

由于不当得利造成他人利益的损害,因此在得利者与受害者之间形成债的关系。得利者应当将所得的不当利益返还给受损失的人。不当得利产生的债,被称为不当得利之债。

(三)债的消灭

债因一定的法律事实的出现,而使既存的债权债务关系在客观上不复存在,叫做债的消灭。

《民法典》规定,有下列情形之一的,债权债务终止。

1)债务已经履行。

2)债务相互抵销。

3)债务人依法将标的物提存。

4)债权人免除债务。

5)债权债务同归于一人。

6)法律规定或者当事人约定终止的其他情形。

债权债务终止后,当事人应当遵循诚信等原则,根据交易习惯履行通知、协助、保密、旧物回收等义务。

◎ 随堂测试 ◎

1. 判断下面的行为（事件）会不会产生"债"，并判断债的发生根据。

A. 向朋友借钱　　　　B. 高空抛物　　　　C. 发布招标公告　　　D. 车辆剐蹭

E. 照顾流浪狗　　　　F. 签订施工合同　　　G. 节日送礼　　　　　H. 砸坏别人家玻璃

I. 吃霸王餐　　　　　J. 企业倒闭　　　　　K. 挖到地下埋藏物　　L. 冒用明星照片做广告

2. 因合同、侵权行为、无因管理、不当得利以及法律的其他规定，权利人请求特定义务人为或者不为一定行为的权利是（　　）。

A. 物权　　　　　　　B. 特许物权　　　　　C. 抗辩权　　　　　　D. 债权

3. 关于建设工程债的说法，正确的是（　　）。

A. 施工合同债是发生在建设单位和施工企业之间的债

B. 在材料设备买卖合同中，材料设备的买方只能是施工企业

C. 在施工合同中，对于完成施工任务，施工企业是债权人，建设单位是债务人

D. 在施工合同中，对于支付工程款，建设单位是债权人，施工企业是债务人

4. 关于债的基本法律关系的说法，正确的是（　　）。

A. 债是不特定当事人之间的法律关系

B. 债权人可以向债务人以外的任何人主张自己的权利

C. 债权为请求特定人为特定行为作为或者不作为的权利

D. 债权是绝对权

5. 承包商乙在施工合同的履行中拖延工期 2 个月，给发包人甲造成了较大的经济损失，则发包人甲可向乙公司主张（　　）之债。

A. 合同　　　　　　　B. 侵权　　　　　　　C. 不当得利　　　　　D. 无因管理

6. 甲单位家属区新建工程项目通宵施工，施工噪声严重影响职工休息，构成侵权之债。此债中债权人是（　　）。

A. 甲单位　　　　　　B. 施工单位　　　　　C. 政府监管部门　　　D. 甲单位职工

7. 关于工程建设中债的说法，正确的有（　　）。

A. 监理单位要求存在重大安全隐患的工程暂停施工构成侵权之债

B. 投标人给招标人巨额贿赂骗取中标构成不当得利之债

C. 施工中的建筑物上坠落的砖块造成他人损害构成侵权之债

D. 劳务人员按照规定维修施工工具构成无因管理之债

8. 某施工企业与甲订立了材料买卖合同，却误将货款支付给乙，随后该施工企业向乙索款，并支付给甲。关于该案中施工企业、甲和乙之间债发生根据说法错误的是（　　）。

A. 施工企业与甲之间形成合同之债　　　　　B. 甲、乙之间不存在债的关系

C. 乙与施工企业之间形成不当得利之债　　　D. 施工企业与乙之间形成合同之债

9. 关于侵权责任，下列说法正确的有（　　）。

A. 因为行为人不履行合同义务所产生的责任

B. 某施工企业在施工过程中扰民将会产生侵权责任

C. 某建设单位的办公楼挡住了北面居民住宅区的阳光将会产生侵权责任

D. 某施工企业在施工过程中因楼上掉下的砖头砸到了路上的行人将会产生侵权责任

E. 当对象是法人时，侵犯的客体只可能是财产权

10. 在建设项目施工中，施工单位与其他主体产生合同之债的情形有（　　）。

A. 施工单位与材料供应商订立合同

B. 施工现场的材料坠落砸伤现场外的行人

C. 施工单位将本应汇给甲单位的材料款汇入了乙单位账户

D. 材料供应商向施工单位交付材料

E. 施工单位向材料供应商支付材料款

知识点四、物权制度

引入案例

李先生与某房地产开发公司签订了购买合同,合同约定:李先生首期支付50%的购房款,余款两个月内付清。合同签订后李先生及时支付了首期房款。谁知,曾先生也看中了这套房子,但他并不知道房地产公司与李先生的购房情况,便以更高的价钱与房地产公司签订了购房合同,并很快办好了不动产权证。

(图片来源:菏泽仲裁)

【查看评析】

请思考:

(1)李先生与某房地产开发公司签订的购房合同是否生效?

(2)该房屋的所有权归谁所有?

(一)物权的概念及特征

物权是指权利人依法对特定的物享有直接支配和排他的权利。所有民事主体都能够成为物权权利人。物权的客体一般是物,包括不动产和动产。不动产是指土地以及房屋、林木等地上定着物;动产是指不动产以外的物。物权具有以下特征。

1)物权是支配权。物权是权利人直接支配的权利,即物权人可以依照自己的意志就标的物直接行使权利,无须他人的意思或义务人的行为介入。

2)物权是绝对权。物权的权利人可以对抗一切不特定的人。物权的权利人是特定的,义务人是不特定的,且义务内容是不作为,即只要不侵犯物权人行使权利就履行了义务。

3)物权是财产权。物权是一种具有物质内容的、直接体现为财产利益的权利。财产利益包括对物的利用、物的归属和就物的价值设立的担保。

4)物权具有排他性。物权人有权排除他人对他行使物权的干涉,而且同一物上不容许有内容不相容的物权并存,即"一物一权"。

(二)物权的种类

物权包括所有权、用益物权和担保物权。

1. 所有权

所有权指所有人依法对自己财产(包括不动产和动产)所享有的占有、使用、收益和处分的权利。所有权是物权中最重要也最完全的一种权利。

1)占有权。占有权是指对财产实际掌握、控制的权能。占有权是行使物的使用权的前提条件,是所有人行使财产所有权的一种方式。占有权可以根据所有人的意志和利益分离出去,由非所有人享有。例如,根据货物运输合同,承运人对托运人的财产享有占有权。

2)使用权。使用权是指对财产的实际利用和运用的权能。通过对财产实际利用和运用满足所有人的需要,是实现财产使用价值的基本渠道。使用权是所有人所享有的一项独立权能。所有人可以在法律规定的范围内,以自己的意志使用其所有物。

3)收益权。收益权是指收取由原物产生出来的新增经济价值的权能。原物新增的经济价值,包括由原物直接派生出来的果实、由原物所产生出来的租金和利息、对原物直接利用而产生的利润等。收益往往是因为使用而产生的,因而收益权也往往与使用权联系在一起。但是,收益权本身是一项独立的权能,而使用权并不能包括收益权。有时所有人并不行使对物的使用权,仍可以享有对物的收益权。

4)处分权。处分权是指依法对财产进行处置,决定财产在事实上或法律上命运的权能。处分权的行使决定着物的归属。处分权是所有人的最基本的权利,是所有权内容的核心。

2. 用益物权

用益物权是权利人对他人所有的不动产或者动产,依法享有占有、使用和收益的权利。用益物权包括土地承包经营权、建设用地使用权、宅基地使用权和地役权等。

国家所有或者国家所有由集体使用以及法律规定属于集体所有的自然资源,单位、个人依法可以占有、使用和收益。此时,单位或者个人就成为用益物权人。因不动产或者动产被征收、征用,致使用益物权消灭或者影响用益物权行使的,用益物权人有权获得相应补偿。

3. 担保物权

担保物权是权利人在债务人不履行到期债务或者发生当事人约定的实现担保物权的情形,依法享有就担保财产优先受偿的权利。债权人在借贷、买卖等民事活动中,为保障实现其债权,需要担保的,可以依照《民法典》和其他法律的规定设立担保物权。

担保物权包括抵押权、质权和留置权。

1)抵押权。为担保债务的履行,债务人或者第三人不转移财产的占有,将该财产抵押给债权人的,债务人不履行到期债务或者发生当事人约定的实现抵押权的情形,债权人有权就该财产优先受偿。

2)质权。为担保债务的履行,债务人或者第三人将其动产或财产权利出质给债权人占有的,债务人不履行到期债务或者发生当事人约定的实现质权的情形,债权人有权就该动产优先受偿。

3)留置权。债务人不履行到期债务,债权人可以留置已经合法占有的债务人的动产,并有权就该动产优先受偿。

(三)物权的设立、变更、转让、消灭和保护

1. 不动产物权的设立、变更、转让、消灭

不动产物权的设立、变更、转让和消灭,应当依照法律规定登记,自记载于不动产登记簿时发生效力。经依法登记,发生效力;未经登记,不发生效力,但法律另有规定的除外。依法属于国家所有的自然资源,所有权可以不登记。不动产登记,由不动产所在地的登记机构办理。

物权变动的基础往往是合同关系,如买卖合同导致物权的转让。需要注意的是,当事人之间订立有关设立、变更、转让和消灭不动产物权的合同,除法律另有规定或者合同另有约定外,自合同成立时生效;未办理物权登记的,不影响合同效力。

2. 动产物权的设立和转让

动产物权以占有和交付为公示手段。动产物权的设立和转让,应当依照法律规定交付。动产物权的设立和转让,自交付时发生效力,但法律另有规定的除外。船舶、航空器、机动车等物权的设立、变更、转让和消灭,未经登记,不得对抗善意第三人。

3. 物权的保护

物权的保护,是指通过法律规定的方法和程序保障物权人在法律许可的范围内对其财产行使占有、使用、收益和处分权利的制度。物权受到侵害的,权利人可以通过和解、调解、仲裁和诉讼等途径解决。

因物权的归属、内容发生争议的,利害关系人可以请求确认权利。无权占有不动产或者动产的,权利人可以请求返还原物。妨害物权或者可能妨害物权的，权利人可以请求排除妨害或者消除危险。造成不动产或者动产毁损的，权利人可以请求修理、重作、更换或者恢复原状。侵害物权，造成权利人损害的，权利人可以请求损害赔偿，也可以请求承担其他民事责任。对于物权保护方式，可以单独适用，也可以根据权利被侵害的情形合并适用。

侵害物权，除承担民事责任外，违反行政管理规定的，依法承担行政责任；构成犯罪的，依法追究刑事责任。

知识点五、担保制度

引入案例

2016 年 06 月 27 日，国务院办公厅发布了《国务院办公厅关于清理规范工程建设领域保证金的通知》（以下简称《通知》）。《通知》指出，清理规范工程建设领域保证金，是推进简政放权、放管结合、优化服务改革的必要措施，有利于减轻企业负担、激发市场活力，有利于发展信用经济、建设统一市场、促进公平竞争、加快建筑业转型升级。

《通知》指出，要全面清理各类保证金。对建筑业企业在工程建设中需缴纳的保证金，除依法依规设立的投标保证金、履约保证金、工程质量保证金、农民工工资保证金外，其他保证金一律取消。对取消的保证金，自本通知印发之日起，一律停止收取。要转变保证金缴纳方式。对保留的投标保证金、履约保证金、工程质量保证金、农民工工资保证金，推行银行保函制度，建筑业企业可以银行保函方式缴纳。请思考：

（1）建筑业企业在工程建设中缴纳的保证金的作用是什么？

（2）建设工程中常见的担保类型有哪些？是如何发挥作用的？

【《通知》详情】

>>>

担保是指当事人根据法律规定或者双方约定，为促使债务人履行债务实现债权人的权利的法律制度。

《民法典》规定，债权人在借贷、买卖等民事活动中，为保障实现其债权，需要担保的，可以依照本法和其他法律的规定设定担保。担保方式为保证、抵押、质押、留置和定金。

第三人为债务人向债权人提供担保时，可以要求债务人提供反担保。

担保合同是主合同的从合同，主合同无效，担保合同无效。担保合同另有约定的，按照约定。担保合同被确认无效后，债务人、担保人、债权人有过错的，应当根据其过错各自承担相应的民事责任。

（一）保证

在建设工程活动中，保证是最为常用的一种担保方式。所谓保证，是指保证人和债权人约定，当债务人不履行债务时，保证人按照约定履行债务或者承担责任的行为。具有代为清偿债务能力的法人、其他组织或者公民，可以作保证人。但在建设工程活动中，由于担保的标的额较大，保证人往往是银行，也有信用较高的其他担保人，如担保公司。银行出具的保证通常称为保函，其他保证人出具的书面保证一般称为保证书。

1. 保证合同

保证合同是为保障债权的实现，保证人和债权人约定，当债务人不履行到期债务或者发生当事人约定的情形时，保证人履行债务或者承担责任的合同。保证合同是主债权债务合同的从合同。主债权债务合同无效的，保证合同无效，但是法律另有规定的除外。保证合同被确认无效后，债务人、保证人、债权人有过错的，应当根据其过错各自承担相应的民事责任。

保证合同的内容一般包括被保证的主债权的种类、数额，债务人履行债务的期限，保证的方式、范围和期间等条款。

2. 保证方式

保证的方式有两种：一般保证和连带责任保证。

当事人在保证合同中约定，债务人不能履行债务时，由保证人承担保证责任的，为一般保证。一般保证的保证人在主合同纠纷未经审判或者仲裁，并就债务人财产依法强制执行仍不能履行债务前，有权拒绝向债权人承担保证责任，但是有下列情形之一的除外。

1）债务人下落不明，且无财产可供执行。

2）人民法院已经受理债务人破产案件。

3）债权人有证据证明债务人的财产不足以履行全部债务或者丧失履行债务能力。

4）保证人书面表示放弃本款规定的权利。

当事人在保证合同中约定保证人与债务人对债务承担连带责任的，为连带责任保证。连带责任保证的债务人在主合同规定的债务履行期届满没有履行债务的，债权人可以要求债务人履行债务，也可以要求保证人在其保证范围内承担保证责任。

当事人在保证合同中对保证方式没有约定或者约定不明确的，按照一般保证承担保证责任。

3. 保证人资格

机关法人不得为保证人，但是经国务院批准为使用外国政府或者国际经济组织贷款进行转贷的除外。以公益为目的的非营利法人、非法人组织不得为保证人。

4. 保证责任

保证合同生效后，保证人就应当在合同约定的保证范围和保证期间承担保证责任。

保证担保的范围包括主债权及利息、违约金、损害赔偿金和实现债权的费用。保证合同另有约定的，按照约定执行。当事人对保证担保的范围没有约定或者约定不明确的，保证人应当对全部债务承担责任。

保证期间，债权人依法将主债权转让给第三人的，保证人在原保证担保的范围内继续承担保证责任。保证合同另有约定的，按照约定。保证期间，债权人许可债务人转让债务的，应当取得保证人书面同意，保证人对未经其同意转让的债务，不再承担保证责任。债权人与债务人协议变更主合同的，应当取得保证人书面同意，未经保证人书面同意的，保证人不再承担保证责任。保证合同另有约定的，按照约定执行。

一般保证的保证人未约定保证期间的，保证期间为主债务履行期届满之日起 6 个月。连带责任保证的保证人与债权人未约定保证期间的，债权人有权自主债务履行期届满之日起 6 个月内要求保证人承担保证责任。

（二）抵押权

《民法典》规定，为担保债务的履行，债务人或者第三人不转移财产的占有，将该财产抵押给债权人的，债务人不履行到期债务或者发生当事人约定的实现抵押权的情形，债权人有权就该财产优先受偿。其中，债务人或者第三人为抵押人，债权人为抵押权人，提供担保的财产为抵押财产。

1. 抵押物

债务人或者第三人有权处分的下列财产可以抵押。

1）建筑物和其他土地附着物。

2）建设用地使用权。

3）海域使用权。

4）生产设备、原材料、半成品、产品。

5）正在建造的建筑物、船舶、航空器。

6）交通运输工具。

7）法律、行政法规未禁止抵押的其他财产。

抵押人可以将前款所列财产一并抵押。

企业、个体工商户、农业生产经营者可以将现有的以及将有的生产设备、原材料、半成品、产品抵押，债务人不履行到期债务或者发生当事人约定的实现抵押权的情形，债权人有权就抵押财产确定时的动产优先受偿。

以建筑物抵押的，该建筑物占用范围内的建设用地使用权一并抵押。以建设用地使用权抵押的，该土地上的建筑物一并抵押。

下列财产不得抵押。

1）土地所有权。

2）宅基地、自留地、自留山等集体所有土地的使用权，但是法律规定可以抵押的除外。

3）学校、幼儿园、医疗机构等为公益目的成立的非营利法人的教育设施、医疗卫生设施和其他公益设施。

4）所有权、使用权不明或者有争议的财产。

5）依法被查封、扣押、监管的财产。

6）法律、行政法规规定不得抵押的其他财产。

2. 抵押权的设立

设立抵押权，当事人应当采用书面形式订立抵押合同。

抵押合同一般包括下列条款。

1）被担保债权的种类和数额。

2）债务人履行债务的期限。

3）抵押财产的名称、数量等情况。

4）担保的范围。

正在建造的建筑物抵押的，应当办理抵押登记。抵押权自登记时设立。以动产抵押的，抵押权自抵押合同生效时设立；未经登记，不得对抗善意第三人。

抵押期间，抵押人可以转让抵押财产。当事人另有约定的，按照其约定。抵押财产转让的，抵押权不受影响。抵押人转让抵押财产的，应当及时通知抵押权人。抵押权人能够证明抵押财产转让可能损害抵押权的，可以请求抵押人将转让所得的价款向抵押权人提前清偿债务或者提存。转让的价款超过债权数额的部分归抵押人所有，不足部分由债务人清偿。

抵押人的行为足以使抵押财产价值减少的，抵押权人有权请求抵押人停止其行为；抵押财产价值减少的，抵押权人有权请求恢复抵押财产的价值，或者提供与减少的价值相应的担保。抵押人不恢复抵押财产的价值，也不提供担保的，抵押权人有权请求债务人提前清偿债务。

3. 抵押权的实现

债务人不履行到期债务或者发生当事人约定的实现抵押权的情形，抵押权人可以与抵押人协议以抵押财产折价或者以拍卖、变卖该抵押财产所得的价款优先受偿。协议损害其他债权人利益的，其他债权人可以请求人民法院撤销该协议。抵押权人与抵押人未就抵押权实现方式达成协议的，抵押权人可以请求人民法院拍卖、变卖抵押财产。抵押财产折价或者变卖的，应当参照市场价格。

建设用地使用权抵押后，该土地上新增的建筑物不属于抵押财产。该建设用地使用权实现抵押权时，应当将该土地上新增的建筑物与建设用地使用权一并处分。但是，新增建筑物所得的价款，抵押权人无权优先受偿。

抵押财产折价或者拍卖、变卖后，其价款超过债权数额的部分归抵押人所有，不足部分由债务人清偿。

同一财产向两个以上债权人抵押的，拍卖、变卖抵押财产所得的价款依照下列规定清偿。

1）抵押权已经登记的，按照登记的时间先后确定清偿顺序。

2）抵押权已经登记的先于未登记的受偿。

3）抵押权未登记的，按照债权比例清偿。

（三）质权

《民法典》规定，为担保债务的履行，债务人或者第三人将其动产出质给债权人占有的，债务人不履行到期债务或者发生当事人约定的实现质权的情形，债权人有权就该动产优先受偿。其中，债务人或者第三人为出质人，债权人为质权人，交付的动产为质押财产。

1. 出质物

法律、行政法规禁止转让的动产不得出质。债务人或者第三人有权处分的下列权利可以出质。

1）汇票、本票、支票。

2）债券、存款单。

3）仓单、提单。

4）可以转让的基金份额、股权。

5）可以转让的注册商标专用权、专利权、著作权等知识产权中的财产权。

6）现有的以及将有的应收账款。

7）法律、行政法规规定可以出质的其他财产权利。

2. 质权的设立

设立质权，当事人应当采用书面形式订立质押合同。质押合同一般包括下列条款：被担保债权的种类和数额；债务人履行债务的期限；质押财产的名称、数量等情况；担保的范围；质押财产交付的时间、方式。

质权自出质人交付质押财产时设立。

以汇票、本票、支票、债券、存款单、仓单、提单出质的，质权自权利凭证交付质权人时设立；没有权利凭证的，质权自办理出质登记时设立。法律另有规定的，依照其规定。以基金份额、股权、应收账款、注册商标专用权、专利权、著作权等知识产权中的财产权出质的，质权自办理出质登记时设立。

3. 质权的效力

质权人有权收取质押财产的孳息，但是合同另有约定的除外。孳息应当先充抵收取孳息的费用。

质权人在质权存续期间，未经出质人同意，擅自使用、处分质押财产，造成出质人损害的，应当承担赔偿责任。质权人负有妥善保管质押财产的义务；因保管不善致使质押财产毁损、灭失的，应当承担赔偿责任。质权人的行为可能使质押财产毁损、灭失的，出质人可以请求质权人将质押财产提存，或者请求提前清偿债务并返还质押财产。

因不可归责于质权人的事由可能使质押财产毁损或者价值明显减少，足以危害质权人权利的，质权人有权请求出质人提供相应的担保；出质人不提供的，质权人可以拍卖、变卖质押财产，并与出质人协议将拍卖、变卖所得的价款提前清偿债务或者提存。

质权人在质权存续期间，未经出质人同意转质，造成质押财产毁损、灭失的，应当承担赔偿责任。

质权人可以放弃质权。债务人以自己的财产出质，质权人放弃该质权的，其他担保人在质权人丧失优先受偿权益的范围内免除担保责任，但是其他担保人承诺仍然提供担保的除外。

债务人履行债务或者出质人提前清偿所担保的债权的，质权人应当返还质押财产。

4. 质权的实现

质权人在债务履行期限届满前，与出质人约定债务人不履行到期债务时质押财产归债权人所有的，只能依法就质押财产优先受偿。质押财产折价或者变卖的，应当参照市场价格。

出质人可以请求质权人在债务履行期限届满后及时行使质权；质权人不行使的，出质人可以请求人民法院拍卖、变卖质押财产。

出质人请求质权人及时行使质权，因质权人怠于行使权利造成出质人损害的，由质权人承担赔偿责任。

质押财产折价或者拍卖、变卖后，其价款超过债权数额的部分归出质人所有，不足部分由债务人清偿。

（四）留置权

《民法典》规定，债务人不履行到期债务，债权人可以留置已经合法占有的债务人的动产，并有权就该动产优先受偿。其中，债权人为留置权人，占有的动产为留置财产。

1. 留置财产

债权人留置的动产，应当与债权属于同一法律关系，但是企业之间留置的除外。

法律规定或者当事人约定不得留置的动产，不得留置。

留置财产为可分物的，留置财产的价值应当相当于债务的金额。

2. 留置权的效力

留置权人负有妥善保管留置财产的义务；因保管不善致使留置财产毁损、灭失的，应当承担赔偿责任。

留置权人有权收取留置财产的孳息。孳息应当先充抵收取孳息的费用。

留置权人对留置财产丧失占有或者留置权人接受债务人另行提供担保的,留置权消灭。

3. 留置权的实现

留置权人与债务人应当约定留置财产后的债务履行期限;没有约定或者约定不明确的,留置权人应当给债务人六十日以上履行债务的期限,但是鲜活易腐等不易保管的动产除外。债务人逾期未履行的,留置权人可以与债务人协议以留置财产折价,也可以就拍卖、变卖留置财产所得的价款优先受偿。留置财产折价或者变卖的,应当参照市场价格。

债务人可以请求留置权人在债务履行期限届满后行使留置权;留置权人不行使的,债务人可以请求人民法院拍卖、变卖留置财产。

留置财产折价或者拍卖、变卖后,其价款超过债权数额的部分归债务人所有,不足部分由债务人清偿。

同一动产上已经设立抵押权或者质权,该动产又被留置的,留置权人优先受偿。

(五)定金

《民法典》规定,当事人可以约定一方向对方给付定金作为债权的担保。定金合同自实际交付定金时成立。定金的数额由当事人约定;但是,不得超过主合同标的额的20%,超过部分不产生定金的效力。实际交付的定金数额多于或者少于约定数额的,视为变更约定的定金数额。

债务人履行债务的,定金应当抵作价款或者收回。给付定金的一方不履行债务或者履行债务不符合约定,致使不能实现合同目的的,无权请求返还定金;收受定金的一方不履行债务或者履行债务不符合约定,致使不能实现合同目的的,应当双倍返还定金。

(六)建设工程领域常见的担保种类

建设工程项目具有投资额大、建设周期长、权利义务复杂、不确定性因素多等特点,相关合同主体应当妥善采用各类担保,以维护合同当事人的权利,保证建设工程合同的正常履行。

1. 投标保证金

投标保证金是指投标人按照招标文件的要求向招标人出具的,以一定金额表示的投标责任担保。其实质是为了避免因投标人在投标有效期内随意撤销投标或中标后不能提交履约保证金和签署合同等行为而给招标人造成损失。投标保证金除现金外,还可以是银行出具的银行保函、保兑支票、银行汇票或现金支票。

2. 履约保证金

《招标投标法》规定,招标文件要求中标人提交履约保证金的,中标人应当提供。《招标投标法实施条例》进一步规定,履约保证金不得超过中标合同金额的10%。

履约保证金,是为了保证合同的顺利履行而要求承包人提供的担保。合同履约保证金多为提供第三人的信用担保(保证),一般是由银行或者担保公司向招标人出具履约保函或者保证书。

3. 工程款支付担保

《工程建设项目施工招标投标办法》规定,招标人要求中标人提供履约保证金或其他形式履约担保的,招标人应当同时向中标人提供工程款支付担保。

工程款支付担保,是发包人向承包人提交的、保证按照合同约定支付工程款的担保,通常采用由银行出具保函的方式。

4. 预付款担保

预付款担保,是指承包人向发包人提供的用于实现承包人按合同规定进行施工,偿还发包人已支付的全部预付金额的担保。如果承包人违约,使发包人不能在规定期限内从应付工程款中扣除全部预付款,则发包人有权行使预付款担保权利作为补偿。

随堂测试

1. 建设用地使用权自( )时成立。

A. 占用   B. 登记   C. 申请   D. 使用

2. 关于不动产物权的说法,正确的是( )。

A.依法属于国家所有的自然资源,所有权可以不登记

B.不动产物权的转让未经登记不得对抗善意第三人

C.不动产物权的转让在合同成立时发生效力

D.未办理物权登记的,不动产物权转让合同无效

3.甲施工企业与乙材料供应商订立了一份货物买卖合同,甲施工企业请求乙材料供应商交付货物,乙材料供应商请求甲施工企业支付货款,则甲施工企业和乙材料供应商行使的权利分别是(　　)。

    A.物权、债权　　　　　B.债权、物权　　　　　C.物权、物权　　　　　D.债权、债权

4.用益物权不包括(　　)权能。

    A.占有　　　　　　　　B.使用　　　　　　　　C.收益　　　　　　　　D.处分

5.一般情况下,动产物权的转让自(　　)起发生效力。

    A.买卖合同生效　　　　B.转移登记　　　　　　C.交付　　　　　　　　D.买房占有

6.施工方甲单位由于建设需要,需要经过乙厂的道路运送建筑材料。于是,甲、乙双方订立合同,约定施工方甲单位向乙厂支付一定的费用,甲单位可以通过乙单位的道路运送材料。在此合同中,施工方甲单位拥有的权利是(　　)。

    A.相邻权　　　　　　　B.地役权　　　　　　　C.土地租赁权　　　　　D.建设用地使用权

7.根据担保法,可以质押的财产是(　　)。

    A.耕地使用权　　　　　B.建筑物　　　　　　　C.生产设备　　　　　　D.土地所有权

8.物权的种类包括(　　)。

    A.所有权　　　　　　　B.占有　　　　　　　　C.不当得利　　　　　　D.担保物权

    E.用益物权

9.甲将其房屋卖给乙,并就房屋买卖订立合同,但未进行房屋产权变更登记,房屋也未实际交付。关于该买卖合同效力和房屋所有权的说法,正确的是(　　)。

A.买卖合同有效,房屋所有权不发生变动

B.买卖合同无效,房屋所有权不发生变动

C.买卖合同有效,房屋所有权归乙所有,不能对抗善意第三人

D.买卖合同效力待定,房屋所有权不发生变动

10.关于所有权的说法,正确的有(　　)。

A.所有权人对自己的不动产,依法享有占有、使用、收益和处分的权利

B.法律规定专属于国家所有的不动产和动产,任何个人不能取得所有权

C.收益权是所有权内容的核心

D.所有权的行使,不得损害他人合法权益

E.所有权人有权在自己的动产上设立用益物权和担保物权

11.关于履约保证金说法,正确的是(　　)。

A.招标文件不应当要求中标人提交履约保证金

B.履约保证金不得低于中标合同金额的10%

C.应当引导承包企业以银行保函或担保公司保函的形式,向建设单位提供履约担保

D.履约保证金不得超过中标合同金额的20%

12.关于留置的说法,正确的是(　　)。

A.留置的标的是不动产

B.不转移对物的占有是留置与质押的显著区别

C.留置权人负有妥善保管留置财产的义务

D.置物留置期间债权人不能与债务人协议处理留置物

13.按照《民法典》的规定,出质人可以提供(　　)办理质押担保。

    A.个人房产　　　　　　　　　　　　　　　　　　B.国有企业厂房

C.依法可以转让的股票   D.土地

14.施工企业要求建设单位出具银行保函作为工程款支付担保,则保证人应为(   )。

A.监理单位   B.银行   C.建设单位   D.施工企业

15.主债权债务合同无效,担保合同(   ),但法律另有规定的除外。

A.仍然有效   B.无效   C.在担保期间内有效   D.效力待定

16.根据《国务院办公厅关于清理规范工程建设领域保证金的通知》,建筑业企业无须缴纳(   )。

A.投标保证金   B.履约保证金   C.工程质量保证金   D.诚信保证金

17.关于定金的说法,正确的是(   )。

A.定金合同自签订之日生效   B.定金不得超过合同金额的30%

C.定金的法律性质是担保   D.定金可以口头约定

18.债务人债务履行期满不能清偿债务,债权人将抵押人提供的抵押物折价拍卖后,所得价款与债权数额不一致时,正确的处理方式是(   )。

A.超过部分归债务人,不足部分由债务人清偿

B.超过部分归抵押人,不足部分由债权人承担

C.超过部分归债务人,不足部分由抵押人承担

D.超过部分归抵押人,不足部分由债务人清偿

19.承运人按运输合同约定将货物运输到指定地点后,托运人拒绝支付运输费用,承运人可以对相应的运输货物行使(   )。

A.质押权   B.所有权   C.留置权   D.抵押权

🏯 任务1.4   违反建设工程法规的后果有哪些?

引入案例

　　某市一栋在建住宅楼发生楼体倒覆事故,造成一名工人身亡。经调查分析,事故调查组认定是一起重大责任事故。其直接原因是:紧贴该楼北侧,在短时间内堆土过高,最高处达10 m;紧临该楼南侧的地下车库基坑正在开挖,开挖深度为4.6 m。大楼两侧的压力差使土体产生水平位移,过大的水平力超过了桩基的抗侧能力,导致房屋倾倒。此外,还主要存在6个方面的间接原因。一是土方堆放不当。在未对天然地基进行承载力计算的情况下,开发商随意指定将开挖土方短时间内集中堆放于该楼北侧。二是开挖基坑违反相关规定。土方开挖单位,在未经监理方同意,未进行有效监测,不具备相应资质的情况下,没有按照相关技术要求开挖基坑。三是监理不到位。监理方对开发商、施工方的违法违规行为未进行有效处置,对施工现场的事故隐患未及时报告。四是管理不到位。开发商管理混乱,违章指挥,违法指定施工单位,压缩施工工期。五是安全措施不到位。施工方对基坑开挖及土方处置未采取专项防护措施。六是围护桩施工不规范。施工方未严格按照相关要求组织施工,施工速度快于规定的技术标准要求。

　　事故发生后,该楼所在地的副区长和镇长、副镇长等公职人员,因对辖区内建设工程安全生产工作负有领导责任,分别被给予行政警告、行政记过和行政记大过处分;开发商、总包单位对事故发生负有主要责任,土方开挖单位对事故发生负有直接责任,基坑围护及桩基工程施工单位对事故发生负有一定责任,分别受到了经济处罚,其中开发商、总包单位均被处以法定最高限额罚款50万元,并被吊销总包单位的建筑施工企业资质证书及安全生产许可证,待事故善后处理工作完成后,开发商被吊销房地产开发企业资质证书;监理单位对事故发生负有重要责任,被吊销其工程监理资质证书;工程监测单位对事故发生负有一定责任,被通报批评处理。监理单位、土方开挖单位的法定代表人等8名责任人员,对事故发生负有相关责任,被处以吊销执业证书、罚款、解除劳动合同等处罚。秦某、张某、

【案例评析】

夏某、陆某、张某、乔某等 6 人，犯重大责任事故罪，被追究刑事责任，分别被判处有期徒刑 3~5 年。

该楼的 21 户购房户有 11 户业主退房，10 户置换，分别获得相应的赔偿费。请思考：

（1）本案中的民事责任有哪些？

（2）本案中的行政责任有哪些？

（3）本案中的刑事责任有哪些？

>>>

知识点一、建设工程法律责任概述

法律责任是指行为人由于违法行为、违约行为或者由于法律规定而应承受的某种不利的法律后果。法律责任不同于其他社会责任，法律责任的范围、性质、大小、期限等均在法律上有明确规定。

按照违法行为的性质和危害程度，可以将法律责任分为：违宪法律责任、刑事法律责任、民事法律责任、行政法律责任和国家赔偿责任。

法律责任的特征如下。

1）法律责任是因违反法律上的义务（包括违约等）而形成的法律后果，以法律义务的存在为前提。

2）法律责任是承担不利的后果。

3）法律责任的认定和追究，由国家专门机关依照法定程序进行。

4）法律责任的实现由国家强制力作保障。

知识点二、建设工程民事责任

民事责任是指民事主体在民事活动中，因实施了民事违法行为，根据民法所应承担的对其不利的民事法律后果或者基于法律特别规定而应承担的民事法律后果。民事责任的功能主要是一种民事救济手段，使受害人被侵犯的权益得以恢复。

（一）民事责任的种类

民事责任可以分为违约责任和侵权责任两类。

违约责任是指合同当事人违反法律规定或合同约定的义务而应承担的责任。

侵权责任是指行为人因过错侵害他人财产、人身而依法应当承担的责任，以及虽没有过错，但在造成损害以后，依法应当承担的责任。

（二）民事责任的承担方式

承担民事责任的方式主要有：停止侵害；排除妨碍；消除危险；返还财产；恢复原状；修理、重作、更换；赔偿损失；支付违约金；消除影响、恢复名誉；赔礼道歉。

以上承担民事责任的方式，可以单独适用，也可以合并适用。

知识点三、建设工程行政责任

行政责任是指违反有关行政管理的法律法规规定，但尚未构成犯罪的行为，依法应承担的行政法律后果，包括行政处罚和行政处分。

（一）行政处罚

行政处罚的种类包括：警告；罚款；没收违法所得、没收非法财物；责令停产停业；暂扣或者吊销许可证，暂扣或者吊销执照;行政拘留;法律、行政法规规定的其他行政处罚。

在建设工程领域,法律、行政法规所设定的行政处罚主要有:警告、罚款、没收违法所得、责令限期改正、责令停业整顿、取消一定期限内参加依法必须进行招标的项目的投标资格、责令停止施工、降低资质等级、吊销资质证书(同时吊销营业执照)、责令停止执业、吊销执业资格证书或其他许可证等。

(二)行政处分

行政处分是指国家机关、企事业单位对所属的国家工作人员违法失职行为尚不构成犯罪,依据法律、法规所规定的权限而给予的一种惩戒。行政处分种类有:警告、记过、记大过、降级、撤职、开除。例如,《建设工程质量管理条例》规定,国家机关工作人员在建设工程质量监督管理工作中玩忽职守、滥用职权、徇私舞弊,构成犯罪的,依法追究刑事责任;尚不构成犯罪的,依法给予行政处分。

知识点四、建设工程刑事责任

刑事责任是指犯罪主体因违反刑法,实施了犯罪行为所应承担的法律责任。刑事责任是法律责任中最强烈的一种,其承担方式主要是刑罚,也包括一些非刑罚的处罚方法。

《中华人民共和国刑法》(以下简称《刑法》)规定,刑罚分为主刑和附加刑。主刑包括管制、拘役、有期徒刑、无期徒刑和死刑。附加刑包括罚金、剥夺政治权利、没收财产和驱逐出境。

在建设工程领域,常见的刑事法律责任如下。

(一)工程重大安全事故罪

《刑法》规定,建设单位、设计单位、施工单位、工程监理单位违反国家规定,降低工程质量标准,造成重大安全事故的,对直接责任人员处五年以下有期徒刑或者拘役,并处罚金;后果特别严重的,处五年以上十年以下有期徒刑,并处罚金。

根据《最高人民法院、最高人民检察院关于办理危害生产安全刑事案件适用法律若干问题的解释》,发生安全事故,具有下列情形之一的,应当认定为"造成重大安全事故",对直接责任人员,处五年以下有期徒刑或者拘役,并处罚金。

1)造成死亡一人以上,或者重伤三人以上的。

2)造成直接经济损失一百万元以上的。

3)其他造成严重后果或者重大安全事故的情形。

(二)重大责任事故罪

《刑法》规定,在生产、作业中违反有关安全管理的规定,因而发生重大伤亡事故或者造成其他严重后果的,处三年以下有期徒刑或者拘役;情节特别恶劣的,处三年以上七年以下有期徒刑。强令他人违章冒险作业,因而发生重大伤亡事故或者造成其他严重后果的,处五年以下有期徒刑或者拘役;情节特别恶劣的,处五年以上有期徒刑。

根据《最高人民法院、最高人民检察院关于办理危害生产安全刑事案件适用法律若干问题的解释》,明知存在事故隐患、继续作业存在危险,仍然违反有关安全管理的规定,实施下列行为之一的,应当认定为刑法规定的"强令他人违章冒险作业"。

1)利用组织、指挥、管理职权,强制他人违章作业的。

2)采取威逼、胁迫、恐吓等手段,强制他人违章作业的。

3)故意掩盖事故隐患,组织他人违章作业的。

4)其他强令他人违章作业的行为。

(三)重大劳动安全事故罪

《刑法》规定,安全生产设施或者安全生产条件不符合国家规定,因而发生重大伤亡事故或者造成其他严重后果的,对直接负责的主管人员和其他直接责任人员,处三年以下有期徒刑或者拘役;情节特别恶劣的,处三年以上七年以下有期徒刑。

根据《最高人民法院、最高人民检察院关于办理危害生产安全刑事案件适用法律若干问题的解释》,发生安全事故,具有下列情形之一的,应当认定为"发生重大伤亡事故或者造成其他严重后果"。

1)造成死亡一人以上,或者重伤三人以上的。

2)造成直接经济损失一百万元以上的。

3)其他造成严重后果或者重大安全事故的情形。

(四)串通投标罪

《刑法》规定,投标人相互串通投标报价,损害招标人或者其他投标人利益,情节严重的,处三年以下有期徒刑或者拘役,并处或者单处罚金。投标人与招标人串通投标,损害国家、集体、公民的合法利益的,依照以上规定处罚。

随堂测试

1. 下列法律责任的承担方式中,属于行政处分的是(　　)。

A. 降级　　　　　　B. 罚款　　　　　　C. 责令停产停业　　　　　D. 取消投标资格

2. 下列法律责任中,属于民事责任承担方式的是(　　)。

A. 警告　　　　　　B. 注销许可证　　　　C. 责令停产停业　　　　　D. 停止侵害

3. 根据《刑法》,下列刑事责任中,属于主刑的是(　　)。

A. 罚金　　　　　　B. 没收财产　　　　　C. 拘役　　　　　　　　　D. 驱除出境

4. 在招标过程中,某行政监管部门工作人员存在违法行为,主管部门将其开除,该做法属于(　　)。

A. 民事责任　　　　B. 行政处分　　　　　C. 刑事责任　　　　　　　D. 行政处罚

5. 下列法律责任中,属于民事责任承担方式的是(　　)。

A. 警告　　　　　　B. 罚款　　　　　　C. 支付违约金　　　　　　D. 没收财产

6. 项目经理强令作业人员违章冒险作业,因而发生重大伤亡事故或者造成其他严重后果的,其行为构成(　　)。

A. 重大责任事故罪　　　　　　　　　　B. 强令违章冒险作业罪

C. 重大劳动安全事故罪　　　　　　　　D. 工程重大安全事故罪

7. 刑罚中附加刑的种类有(　　)。

A. 罚款　　　　　　B. 管制　　　　　　C. 剥夺政治权利　　　　　D. 拘役

E. 没收财产

8. 下列属于民事责任承担方式的有(　　)。

A. 停止侵害　　　　B. 支付违约金　　　C. 消除影响,恢复名誉　　D. 警告

E. 没收财产

9. 下列关于法律责任的说法正确的有(　　)。

A. 违约责任的承担方式只有支付违约金

B. 警告既是行政处分的一种方式,也是行政处罚的一种方式

C. 有期徒刑服刑期间并不必然剥夺政治权利

D. 罚金、没收财产和剥夺政治权利都属于附加刑

E. 侵权责任的客体既可以是财产权也可以是人身权

本模块小结

本模块主要介绍了建设法规概述以及建设工程基本民事法律制度的相关内容。

我国建设法规是以宪法为根本,建设法律为龙头,建设行政法规为主干,建设部门规章、地方性法规、地方政府规章、国际条例为枝干的法律体系。该法律体系旨在调整国家及其有关机构、企事业单位、社会团体、公民之间在建设活动中或建设行政管理活动中发生的各种关系。在这些活动中产生的法律关系,由法律关

系主体、法律关系客体和法律关系内容三要素构成。引起法律关系的产生、变更和终止的法律事实分为事件和行为两种情况。

工程建设基本民事法律制度主要介绍了法人制度、代理制度、债权制度、物权制度、担保制度。在学习中应在把握法律原理的基础上,充分结合建设工程实践对典型案例进行分析,在实际工作中遵守基本民事法律制度的规定,树立诚实守信的法律精神。

法律责任是指行为人由于违法行为、违约行为或者由于法律规定而应承受的某种不利的法律后果。在未来的工作和生活中,要遵守法律的规定、履行约定的义务、尊重他人的权利,否则将承担刑事法律责任、民事法律责任或行政法律责任。

思考与讨论

1. 星华商场为了扩大经营范围,通过拍卖的方式购得本市建设用地一块,准备兴建星华商场分店。张某得知此事后,以第十建筑公司的名义参与该商场施工项目的投标,并中标,随后与星华商场签订了建筑工程承包合同,组建起项目经理部。承包合同约定由第十建筑公司办理施工许可证。在施工过程中,张某示意施工人员将未经检验的钢筋用于该项目中。为节约成本,星华商场将员工宿舍设置在未竣工的商场内部,结果发生火灾,造成了14人死亡、49人重伤的重大安全事故。上述案例中涉及哪些建设法律规章?

2. 星光建筑公司与光华房地产开发公司签订了施工承包合同,约定由星光建筑公司承建一栋20层的住宅楼。合同约定开工日期为20×× 年3月1日,竣工日期为下一年9月1日。每月26日,按照当月所完成的工程量,光华公司向星光公司支付工程进度款。试分析本案例的法律关系的构成要素。

3. 甲房地产公司和乙施工企业签订了一份工程施工合同,乙企业通过加强施工现场的管理,终于如期交付了符合合同约定质量标准的工程,甲公司随即也按约支付了工程款。这种法律关系的终止属于哪一种终止?

4. 赵某是某监理公司派出的监理人员,由于工作的需要,长时间的接触使得赵某与施工单位的人员建立起了很好的私人关系。一天,施工单位的主要负责人找到赵某,向赵某述说,由于项目所在地区不生产碱性石料,导致进度迟缓,希望赵某能够允许施工单位以一部分酸性石料代替碱性石料用于沥青混凝土面层施工。赵某很清楚拌制沥青混凝土不可以使用酸性石料,但碍于双方的密切关系,赵某同意了这个要求。后来,使用酸性石料拌制的沥青混凝土出现了沥青与石料剥离的现象,不得不进行大面积返工,给建设单位造成了巨大损失。为此建设单位要求监理公司予以赔偿。建设单位的要求是否合理?

5. 甲施工企业在某建筑物施工过程中,需要购买一批水泥。甲施工企业的采购员张某持介绍信到乙建材公司要求购买一批B强度等级的水泥。由于双方有长期的业务关系,未签订书面的水泥买卖合同,乙建材公司很快就发货了。但乙建材公司发货后,甲施工企业拒绝支付货款。甲施工企业提出的理由是,公司让张某购买的水泥是A强度等级而非B强度等级。双方由此发生纠纷。该纠纷如何处理?

6. 甲公司于20×× 年10月10日通过拍卖方式拍得位于某市的一块工业建设用地。同年10月15日,甲公司与市土地管理部门签订《建设用地使用权出让合同》。同年10月21日,甲公司缴纳全部土地出让金。同年11月5日,甲公司办理完毕建设用地使用权登记,并获得建设用地使用权证。

同年11月21日,甲公司与相邻土地的建设用地使用权人乙公司签订书面合同,该合同约定:甲公司在乙公司的土地上修筑一条机动车道,以利于交通方便;使用期限为20年;甲公司每年向乙公司支付8万元费用。该合同所设立的权利没有办理登记手续。

第二年1月28日,甲公司以取得的上述建设用地使用权作抵押,向丙银行借款5000万元,借款期限3年。该抵押权办理了登记手续。此后,甲公司依法办理了各项立项、规划、建筑许可、施工许可等手续之后开工建设厂房。

5月,因城市修改道路规划,政府提前收回甲公司取得的尚未建设厂房的部分土地,用于市政公路建设。甲公司因该原因办理建设用地使用权变更登记手续时,发现登记机构登记簿上记载的建设用地使用权面积与土地使用权证上的记载不一致。

根据上述内容,分别回答下列问题:

(1)甲公司于何时取得建设用地使用权?

(2)甲公司与乙公司订立合同设立的是何种物权?该物权是否已经设立?

(3)甲公司在建厂房已经完工,未办理房屋所有权证的情况下,是否取得该房屋所有权?

(4)甲公司建造的厂房是否属于丙银行抵押权涉及的抵押物范围?丙银行如何实现自己的抵押权?

(5)在政府提前收回甲公司部分建设用地使用权的情况下,丙银行能否就甲公司获得的补偿金主张权利?

(6)在登记簿上的记载与土地使用权证上的记载不一致的情况下,以何为准?

7.A 房地产开发公司与 B 公司共同出资设立了注册资本为 80 万元的 C 有限责任公司。A 的协议出资额为 70 万元,但未到位;B 的出资额为 10 万元,已经到位,C 公司成立后与 D 银行订立了一个借款合同,借款额为 50 万元,期限为 1 年,利息 5 万元。该借款合同由 E 公司作为担保人,E 公司将其一处评估价为 80 万元的土地使用权抵押给了 D 银行。C 公司在经营中亏损,借款到期后无力还款。

(1)D 银行能否要求 A 公司承担还款责任,为什么?

(2)D 银行能否要求 B 公司承担还款责任,为什么?

(3)D 银行能否要求 C 公司承担还款责任,为什么?

(4)D 银行能否要求 E 公司承担还款责任,为什么?

践行建议

1)主动学习国家和建设行政主管部门发布的最新法律、行政法规、部门规章和其他相关规定,与职业活动联系起来,做到知法、用法、守法。

2)在日常生活和职业活动中,有意识地辨识法律关系的主体、客体和内容,积极践行诚实守信的基本原则。

3)在日常生活和职业活动中,崇尚法治精神,自觉践行社会主义核心价值观,做遵纪守法好公民。

模块 2　工程建设程序法律制度

导读

　　本模块主要讲述工程建设应当遵循的基本程序,以及工程建设各阶段的关键工作。通过本模块的学习,应达到以下目标。

　　知识目标:理解工程建设程序的概念,掌握建设工程基本建设程序,熟悉各阶段的工作内容和关键工作。

　　能力目标:能够划分工程建设程序的主要阶段,并列举各阶段的主要内容。

　　素质目标:遵循事物发展的客观规律,树立严谨求实的科学态度。

　　"三边工程"在我国最早出现于 20 世纪 50 年代末至 60 年代初,因其明显的弊端国家明确规定不得采用这种建设模式。所谓"三边工程",是指在国家基本建设工程中,因为各种原因,边勘测、边设计、边施工,这样的建设工程项目常称为"三边工程"。在实践中,"三边工程"还包括:边设计、边施工、边修改;边规划、边施工、边办证;边设计、边施工、边立项等现象。

　　由于"三边工程"违背工程建设程序,在施工过程中存在不可预见性、随意性较大,工程质量和安全隐患比较突出,工期不能按计划保证,竣工后的运行管理成本较高,国家予以明令禁止。

　　请思考:

　　(1)"三边工程"的危害有哪些?

　　(2)建设工程的程序可分为哪些阶段?

　　(3)建设工程的各阶段都有哪些关键工作?

任务 2.1　为什么要遵循工程建设程序?

知识点一、工程建设程序的概念

　　工程建设程序是指工程建设全过程中各项工作必须遵守的先后次序。工程建设程序是在认识工程建设客观规律基础上总结提出的,是工程项目建设全过程中各项工作必须遵守的先后顺序。

　　建设工程项目如同一个产品,但它不像工业产品那样在工厂的流水线上按顺序组装,而是由建设单位、勘察单位、设计单位、施工单位、监理单位、供应单位等相关主体相互分工协作,按建设工程的顺序在室外完成的大型产品,它具有体积庞大、建造场所固定、建设周期长、占用资源多、技术复杂等特点。由于在工程建设过程中,工作量极大,牵涉面很广,内外协作关系复杂,工程建设必然存在着分阶段、按步骤、各项工作按序进行的客观规律。工程建设程序是建设工程实施过程客观规律的反映,是工程项目科学决策和顺利进行的重要保证。

　　工程建设程序在世界各国虽各有差异,但都应遵循工程建设的内在规律,其先后的次序有着严格的规定。在建设工程项目实施的过程中,必须严格按照其建设程序进行,各道工序的先后次序不能任意颠倒,但是可以进行合理的交叉。

知识点二、遵循工程建设程序的意义

　　在工程建设中,严格遵循工程建设的程序,符合客观规律的基本要求,也是遵守我国相关法律、行政法规的具体体现。

　　在实践中,工程建设程序的设定具有如下重要意义。

　　1)依法管理工程建设,保证正常建设秩序。建设工程涉及国计民生,并且投资大、工期长、内容复杂,是一个庞大的系统。实践证明,坚持了建设程序,建设工程就能顺利进行,健康发展。反之,不按建设程序办事,建设工程就会受到极大的影响。

2)科学决策,保证投资效果。建设程序明确规定,建设前期应当做好项目建议书和可行性研究工作。在这两个阶段中,由专业技术人员对项目是否必要、条件是否可行进行研究和论证,并对投资效益进行分析,对项目的选址、规模等进行方案比较,提出法律上许可、技术上可行、经济上合理的可行性研究报告,为项目决策提供依据,而项目审批又从综合平衡方面进行把关。如此,可最大程度避免决策失误并力求决策优化,从而保证投资效果。

3)顺利实施建设工程,保证工程质量。建设工程强调先勘察、后设计、再施工的原则。根据真实、准确的勘察成果进行设计,根据深度、内容合格的设计文件进行施工,在做好准备的前提下合理地组织施工活动,使整个建设活动能够有条不紊地进行,这是工程质量得以保证的基本前提。

思 政 园 地

马克思在其发表的《路易·波拿巴的雾月十八日》一文中指出:"人们自己创造自己的历史,但是他们不是随心所欲地创造,不是在他们自己选定的条件下创造,而是在直接碰到的、既定的、从过去承继下来的条件下创造。"

马克思的这一观点,告诉人们要如何认识和把握客观规律:人类在创造历史的过程中,既要受到客观条件的束缚,也可以发挥主观能动性,正确运用客观规律,历史就在客观世界和人的活动的交互作用中向前发展变化。

严格按照工程建设的基本程序进行建设,正是在践行马克思主义的基本原理,为人民追求美好生活提供物质保障。

任务 2.2　工程建设各阶段有哪些关键工作?

知识点一、工程建设程序阶段的划分

工程项目的建设程序并非我国独有,世界各国包括世界银行在内,在进行工程项目建设时,都有各自的建设程序。世界银行关于项目建设程序主要包括项目的选定,项目的准备,项目的评估,项目的贷款、谈判、签约,项目的实施与监督,工程项目后评价六个阶段。

依照我国现行工程建设程序法规的规定,我国工程建设程序如表2-1所示。

我国工程建设程序可划分为工程建设前期阶段(决策分析阶段)、工程建设准备阶段、工程建设实施阶段、工程竣工验收与保修阶段、运营维护与投资后评价阶段五个阶段,每个阶段又包含若干环节。

表 2-1　我国工程建设程序

工程建设程序的阶段划分	各阶段的环节划分
工程建设前期阶段(决策分析阶段)	①投资意向
	②投资机会分析
	③项目建议书
	④可行性研究
	⑤审批立项

续表

工程建设程序的阶段划分	各阶段的环节划分
工程建设准备阶段	①获取规划许可
	②获取土地使用权
	③房屋征收
	④环境影响评价
	⑤报建
	⑥工程发包与承包
工程建设实施阶段	①工程勘察设计
	②设计文件审批
	③施工准备与许可
	④工程施工
	⑤生产准备
工程竣工验收与保修阶段	①竣工验收
	②工程质量保修
运营维护与投资后评价阶段	①运营维护
	②投资后评价

※※※ 需要注意的是,各阶段、各环节的工作应按照规定顺序进行。当然,工程项目的性质不同,规模不一,同一阶段内各环节的工作会有一些交叉,有些环节还可以省略。在具体执行时,可根据本行业、本项目的特点,在遵守工程建设程序的大前提下,灵活开展各项工作。

知识点二、工程建设各阶段的内容

(一)工程建设前期阶段(决策分析阶段)

1. 投资意向

投资意向是投资主体发现社会存在合适的投资机会所产生的投资愿望。它是工程建设活动的起点,也是工程建设得以进行的必备条件。例如,房地产开发商寻找投资机会。

2. 投资机会分析

投资机会分析是投资主体对投资机会所进行的初步考察和分析,投资主体在认为机会合适,有良好的效益时,则可进行下一步的行动。

3. 项目建议书

项目建议书是投资机会分析结果文字化后形成的书面文件,是拟建项目单位向国家提出的要求建设其项目的建议文件,是对工程项目建设的轮廓设想。项目建议书的主要作用是推荐一个拟建项目,论述其建设的必要性、建设条件的可行性和获利的可能性,供国家决策机构选择并确定是否进行下一步工作。

对于政府投资项目,项目建议书要求编制完成后,应根据建设规模和限额划分分别报送有关部门审批。项目建议书批准后,可以进行详细的可行性研究。批准的项目建议书不是项目的最终决策。

4. 可行性研究

可行性研究是指在项目决策之前,通过调查、研究、分析与项目有关的工程、技术、经济等方面的条件和情况,对可能的多种方案进行比较论证,同时对项目建成后的经济效益、社会效益、环境效益等进行预测和评价的一种投资决策分析研究方法和科学分析活动。可行性研究完成后,须编制项目可行性研究报告。可行性研究报告必须经有资格的咨询机构评估确认后,才能作为投资决策的依据。

根据《国务院关于投资体制改革的决定》,对于企业不使用政府资金投资建设的项目,项目实行核准制或登记备案制,企业仅需向政府提交项目申请报告,不再经过批准项目建议书、可行性研究报告和开工报告的程序。

5. 审批立项

根据《国务院关于投资体制改革的决定》，政府投资项目和企业投资项目，分别实行审批制、核准制和备案制。

1）政府投资项目。对于政府投资项目，采用直接投资和资本金注入方式的，从投资决策角度只审批项目建议书和可行性研究报告，除特殊情况外不再审批开工报告，同时应严格政府投资项目的初步设计、概算审批工作；采用投资补助、转贷和贷款贴息方式的，只审批资金申请报告。对于企业使用政府补助、转贷、贴息投资建设的项目，政府只审批资金申请报告。

2）企业投资项目。对于企业不使用政府投资建设的项目，一律不再实行审批制，区别不同情况实行核准制和备案制。国务院投资主管部门会同有关部门研究提出了《政府核准的投资项目目录（2016年本）》（以下简称《目录》），政府仅对重大项目和限制类项目从维护社会公共利益角度进行核准，其他项目无论规模大小，均改为备案制，项目的市场前景、经济效益、资金来源和产品技术方案等均由企业自主决策、自担风险，并依法办理环境保护、土地使用、资源利用、安全生产、城市规划等许可手续和减免税确认手续。对于《目录》以外的企业投资项目，实行备案制，除国家另有规定外，由企业按照属地原则向地方政府投资主管部门备案。

【《目录》内容】

思 政 园 地

2023年7月31日，经国务院常务会议审议，决定对中广核福建宁德核电站5、6号机组予以核准。会议强调，安全是核电发展的生命线，要坚持安全第一、质量第一，按照全球最高安全要求建设新机组，按照最新安全标准改进已建机组，强化全链条、全领域安全监管，提升关键核心技术国产化水平，确保万无一失。

（二）工程建设准备阶段

1. 获取规划许可

在规划区内建设的工程，必须符合城市规划或村庄、镇规划的要求，其工程选址和布局必须取得城乡规划行政主管部门的同意和批准。在城市规划区内建设的，要依法先后申领城乡规划行政主管部门核发的"一书两证"，即选址意见书、建设用地规划许可证和建设工程规划许可证，方能进行获取土地使用权、设计、施工等相关建设活动。城乡规划法律制度的详细内容请参看本书"模块4　城乡规划与建设用地法律制度"。

2. 获取土地使用权

任何单位和个人进行建设，需要使用土地的，必须依法申请使用国有土地；但是，兴办乡镇企业和村民建设住宅经依法批准使用本集体经济组织农民集体所有的土地的，或者乡（镇）村公共设施和公益事业建设经依法批准使用农民集体所有的土地的除外。

建设单位使用国有土地，应当以出让等有偿使用方式取得。土地使用权出让的方式包括协议、招标、拍卖、挂牌等方式，当事人应当采取书面形式订立建设用地使用权出让合同。建设用地法律制度的详细内容请参看本书"模块4　城乡规划与建设用地法律制度"。

国家机关用地和军事用地，城市基础设施用地和公益事业用地，国家重点扶持的能源、交通、水利等基础设施用地等建设用地，经县级以上人民政府依法批准，可以以划拨方式取得。

3. 房屋征收

《国有土地上房屋征收与补偿条例》规定，因公共利益的需要，确需征收房屋的各项建设活动，应当符合国民经济和社会发展规划、土地利用总体规划、城乡规划和专项规划。

房屋征收部门应当拟定征收补偿方案，报市、县级人民政府，经过论证、征求公众意见、社会稳定风险评估等相关环节，由市、县级人民政府作出房屋征收决定。征收国有土地上单位、个人的房屋，应当对被征收房屋所有权人给予公平补偿。补偿方式有货币补偿和房屋产权调换，被征收人可以自由选择。

实施房屋征收应当先补偿、后搬迁。作出房屋征收决定的市、县级人民政府对被征收人给予补偿后，被征收人应当在补偿协议约定或者补偿决定确定的搬迁期限内完成搬迁。任何单位和个人不得采取暴力、威胁或者违反规定中断供水、供热、供气、供电和道路通行等非法方式迫使被征收人搬迁。

4. 环境影响评价

环境影响评价，是指对规划和建设项目实施后可能造成的环境影响进行分析、预测和评估,提出预防或者减轻不良环境影响的对策和措施,进行跟踪监测的方法与制度。

根据《建设项目环境保护管理条例》的规定,国家根据建设项目对环境的影响程度,按照下列规定对建设项目的环境保护实行分类管理。

1)建设项目对环境可能造成重大影响的,应当编制环境影响报告书,对建设项目产生的污染和对环境的影响进行全面、详细的评价。

2)建设项目对环境可能造成轻度影响的,应当编制环境影响报告表,对建设项目产生的污染和对环境的影响进行分析或者专项评价。

3)建设项目对环境影响很小,不需要进行环境影响评价的,应当填报环境影响登记表。

依法应当编制环境影响报告书、环境影响报告表的建设项目,建设单位应当在开工建设前将环境影响报告书、环境影响报告表报有审批权的环境保护行政主管部门审批;建设项目的环境影响评价文件未依法经审批部门审查或者审查后未予批准的,建设单位不得开工建设。

5. 报建

报建是指工程建设项目的报建。工程建设项目报建是指工程建设项目由建设单位或其代理机构在工程项目可行性研究报告或其他立项文件被批准后,须向当地建设行政主管部门或其授权机构进行报建,交验工程项目立项的批准文件,包括银行出具的资信证明以及批准的建设用地等其他有关文件的行为。

6. 工程发包与承包

建设单位或其代理机构在上述准备工作完成后,须对拟建工程进行发包,以择优选定工程勘察设计单位、施工单位或工程总承包单位。工程发包与承包有招标投标和直接发包两种方式。为鼓励公平竞争,建立公正的竞争秩序,国家提倡招标投标方式,并对许多建设项目强制进行招标投标。建设工程发包与承包法律制度以及建设工程招标与投标法律制度的详细内容请参看本书"模块 5　建设工程发包与承包法律制度"。通过招标投标或直接发包选择适当的承包单位之后,双方应当签订书面合同,以约定在工程建设过程中各自的权利和义务。建设工程合同法律制度的详细内容请参看本书"模块 6　建设工程合同法律制度"。

(三)工程建设实施阶段

1. 工程勘察设计

建设工程勘察,是指根据建设工程的要求,查明、分析、评价建设场地的地质地理环境特征和岩土工程条件,编制建设工程勘察文件的活动。建设工程设计,是指根据建设工程的要求,对建设工程所需的技术、经济、资源、环境等条件进行综合分析、论证,编制建设工程设计文件的活动。应当坚持先勘察、后设计、再施工的原则,详细内容请参看本书"模块 7　建设工程勘察设计法律制度"。

2. 设计文件审批

国家实施施工图设计文件(含勘察文件,以下简称施工图)审查制度。施工图未经审查合格的,不得使用。从事房屋建筑工程、市政基础设施工程施工、监理等活动,以及实施对房屋建筑和市政基础设施工程质量安全监督管理,应当以审查合格的施工图为依据,详细内容请参看本书"模块 7　建设工程勘察设计法律制度"。

3. 施工准备与许可

在工程项目正式开始施工之前,建设单位、施工单位应做好相应的准备工作。

建设单位申领施工许可证。依据《建筑法》,建筑工程开工前,建设单位应当按照国家有关规定向工程所在地县级以上人民政府建设行政主管部门申请领取施工许可证;但是,国务院建设行政主管部门确定的限额以下的小型工程除外。按照国务院规定的权限和程序批准开工报告的建筑工程,不再领取施工许可证。详细内容请参看本书"模块 8　建设工程施工管理法律制度"。

施工单位签订了承包合同后,应做好细致的施工准备工作,以确保工程顺利建成。施工单位准备工作主要包括熟悉、审查图纸,编制施工组织设计,下达施工任务书,组织材料、设备订货等。

4. 工程施工

工程施工是指施工队伍具体地配置各种施工要素，将工程设计转化为建筑产品的过程，也是投入劳动量最大、所费时间较长的工作。其管理水平、工作质量对建设项目的质量和所产生的效益起着十分重要的作用。企业为了完成建筑产品的施工任务，从接受施工任务起到工程竣工验收止的全过程中，围绕施工对象和施工现场进行了大量管理和协调工作，包括质量、进度、投资（成本）的控制，对安全生产、合同履行等相关方面的管理。

本书"模块 8　建设工程施工管理法律制度"将详细介绍建设工程安全生产管理、建设工程质量管理、建设工程监理等方面的内容。

5. 生产准备

工程投产前，建设单位应当做好各项生产准备工作。生产准备阶段是由建设阶段转入生产经营阶段的重要衔接阶段。在本阶段，建设单位应当做好相关工作的计划、组织、指挥、协调和控制工作。

生产准备阶段的主要工作有如下几方面。

1）组建管理机构，制定有关制度和规定。

2）招聘并培训生产管理人员，组织有关人员参加设备安装、调试、工程验收。

3）签订供货及运输协议。

4）进行工具、器具、备品、备件等的制造和订货。

5）其他需要做好的有关工作。

（四）工程竣工验收与保修阶段

1. 竣工验收

建设工程按设计文件规定的内容和标准全部完成，并按规定将工程内外全部清理完毕后，达到竣工验收条件，建设单位即可组织竣工验收，勘察、设计、施工和监理等有关单位应参加竣工验收。竣工验收是考核建设成果、检验设计和施工质量的关键步骤，是由投资成果转入生产或使用的标志。竣工验收合格后，建设工程方可交付使用。此时承发包双方应尽快办理固定资产移交手续和工程结算，将所有工程款项结算清楚。竣工验收后，建设单位应及时向建设行政主管部门或其他有关部门备案并移交建设项目档案。

2. 工程质量保修

建设工程实行质量保修制度。建设工程承包单位在向建设单位提交工程竣工验收报告时应当向建设单位出具质量保修书。质量保修书中应当明确建设工程的保修范围、保修期限和保修责任等。建设工程在保修范围和保修期限内发生质量问题的，施工单位应当履行保修义务，并对造成的损失承担赔偿责任。

建设工程竣工验收及工程质量保修法律制度的详细内容请看本书"模块 10　建设工程竣工验收及工程质量保修法律制度"。

（五）运营维护与投资后评价阶段

建设项目投资后评价是工程竣工投产、生产运营一段时间后，对项目的立项决策、设计施工、竣工投产、生产运营等全过程进行系统评价的一种技术经济活动。它是工程建设管理的一项重要内容，也是工程建设程序的最后一个环节。它可使投资主体达到总结经验、吸取教训、改进工作，不断提高项目决策水平和投资效益的目的。目前，我国的投资后评价一般分为建设单位的自我评价、项目所属行业（地区）主管部门的评价及各级计划部门（或主要投资主体）的评价。

知识点三、工程建设项目审批流程

《国务院办公厅关于全面开展工程建设项目审批制度改革的实施意见》指出，对工程建设项目审批制度实施全流程、全覆盖改革。改革覆盖工程建设项目审批全过程（包括从立项到竣工验收和公共设施接入服务）；主要是房屋建筑和城市基础设施等工程，不包括特殊工程和交通、水利、能源等领域的重大工程；覆盖行政许可等审批事项和技术审查、中介服务、市政公用服务以及备案等其他类型事项，推动流程优化和标准化。

工程建设项目审批流程主要划分为立项用地规划许可、工程建设许可、施工许可、竣工验收四个阶段。其中,立项用地规划许可阶段主要包括项目审批核准、选址意见书核发、用地预审、用地规划许可证核发等。工程建设许可阶段主要包括设计方案审查、建设工程规划许可证核发等。施工许可阶段主要包括设计审核确认、施工许可证核发等。竣工验收阶段主要包括规划、土地、消防、人防、档案等验收及竣工验收备案等。

【《意见》内容】

随堂测试

1. 大中型建设工程项目立项批准后,建设单位应按(　　　)顺序办理相应手续。

A. 办理规划许可证→工程发包→签订施工承包合同→申领施工许可证

B. 办理规划许可证→申领施工许可证→工程发包→签订施工承包合同

C. 申领施工许可证→工程发包→签订施工承包合同→办理规划许可证

D. 办理规划许可证→申领施工许可证→签订施工承包合同→工程发包

2. 下列工作需要在建设实施阶段完成的是(　　　)。

A. 编制项目建议书　　　　B. 工程勘察设计　　　　C. 可行性研究　　　　D. 获取规划许可

3. 下列工作需要在决策立项阶段完成的是(　　　)。

A. 编制项目建议书　　　　B. 工程勘察设计　　　　C. 设计文件审批　　　　D. 获取规划许可

4. 根据《国务院办公厅关于全面开展工程建设项目审批制度改革的实施意见》,工程建设项目审批流程为(　　　)。

A. 立项用地规划许可→工程建设许可→施工许可→竣工验收

B. 工程建设许可→立项用地规划许可→施工许可→竣工验收

C. 立项用地规划许可→施工许可→工程建设许可→竣工验收

D. 施工许可→立项用地规划许可→工程建设许可→竣工验收

5. 我国项目建设程序中,最终确定项目投资建设是否进入实质性启动程序的是批准(　　　)。

A. 项目建议书　　　　　　　　　　　B. 项目初步可行性研究报告

C. 设计方案　　　　　　　　　　　　D. 项目可行性研究报告

6. 我国现行的项目立项制度包括(　　　)。

A. 审批制　　　　　　B. 许可制　　　　　　C. 核准制　　　　　　D. 授权制

E. 备案制

本模块小结

本模块主要介绍了现阶段我国大中型建设项目应当遵循的基本建设程序,包括工程建设前期阶段(决策分析阶段)、工程建设准备阶段、工程建设实施阶段、工程竣工验收与保修阶段、运营维护与投资后评价阶段五个阶段,每个阶段又包含若干环节。《国务院办公厅关于全面开展工程建设项目审批制度改革的实施意见》将工程建设项目审批流程划分为立项用地规划许可、工程建设许可、施工许可和竣工验收四个阶段。在实践中,各阶段工作可以有适当的交叉,但重要的审批环节不允许颠倒和缺失。

思考与讨论

1. 20××年4月22日,某水泥厂与某建筑公司签订了《建设工程施工合同》,双方约定:由某建设公司承建某水泥厂第一条生产线主厂房及烧成车间等配套工程的土建项目。开工日期为20××年5月15日。建筑材料由某水泥厂提供,某建设公司垫资150万元,在合同订立15日内汇入某水泥厂账户。某建设公司付给某水泥厂10万元保证金,进场后再付10万元图纸押金,待图纸归还某水泥厂后再予退还等。双方在订立合同和工程施工时,尚未取得建设用地规划许可证和建设工程规划许可证。厂房工程如期于20××年9

月竣工并交付使用。由于水泥厂急需使用,在没有经过正式验收的情况下,于20××年10月就提前使用了厂房工程。在使用了8个月之后,厂房内承重墙体裂缝较多,屋面漏水严重。

水泥厂为维护企业的合法权益,多次与建筑公司交涉要求其处理工程质量问题。而建筑公司以上述工程质量问题是由于水泥厂提起使用造成为由,不予处理。由此,水泥厂于第二年10月诉至人民法院。

该案例中工程建设程序存在哪些问题?

2.政府数千万元投资"改水",结果送走了"高氟水",却引来发黄的"铁锰水"。辽宁新民市的"防氟改水工程",变成部分群众的"伤心工程",引起群众不满。

在辽宁省新民市的部分乡村,由于常年饮用每升含氟量高达3毫克的重氟水,不少群众满嘴黄牙、骨节偏大,长期忍受驼背、关节难伸张等病痛折磨。

为此,辽宁省政府投资3 400万元,于20××年在新民市117个村屯建设"防氟改水工程",地方政府将此作为"民心工程"大力宣传,相关群众对此抱有很大希望,经过不到100天的时间,改水工程"建成"了,但群众仍然喝不上"放心水"。

据了解,卢屯乡有10多个村,防氟改水工程完工后,只有两个村通上自来水,却没多少人用。群众反映,新装的自来水难喝,流出来的水颜色泛黄,铁锰含量超标。

在明屯村安清泉家里,自来水管流出来的水颜色发黄,一桶水能沉淀出半碗泥沙。安清泉疑惑地说:"水是给你通上了,可不敢用啊。花几千万元改水弄成这样,劳民伤财啊。"由于迟迟通不上"放心水",防氟改水工程在村民眼里成了摆设。水龙头、水表、水管都被扔到角落里,当年花大量资金建起的泵房、变压器、送电线路也因无人管理而损失严重。

当地一些群众认为,"民心工程"成为摆设,应追究有关部门的失职行为。对此,新民市水利部门有关干部并不认可。其理由是,防氟改水工程应该算是成功完成。至于改水后铁锰超标,那是另外一件事,需要进一步加大投入再进行除铁锰改造。

探究原因:未经论证盲目上马赶任务。

新民市水利局水资源办公室主任田实坦言,当初工程立项时,论证没有考虑全面。"为了解决高氟水问题,我们决定打五六十米的深井,取深层地下水。但是这样做,含氟高的问题虽然解决了,铁锰又严重超标,导致水体发黄。所以村民反映,改水之前虽然含氟高,但最起码水看起来还是清的。如今打上来的水根本就不能吃了。"

新民市水利局局长雷全声说,当时决定启动防氟改水工程,由于接到任务时工期较紧,没有时间进行实地勘测、论证和可行性分析,于是就采取边施工、边设计、边招标的方法推进工程。

当初分管该项目的领导、已退休的新民市水利局原副局长金会宇说:"每项水利工程都应该经过前期勘探、分析,确保实施方案的准确和科学。但是工期不足百天,根本没有时间调研。事实上,这么大的工程100天是不够的。"

(1)该项目的程序存在哪些错误?

(2)造成这些错误的原因有哪些?

(3)如何防止建设项目程序上的错误?

3.20××年11月,一则"看史上最牛民房,所有钉子户都是浮云"的帖子出现在国内某知名论坛上,曝光了广西南宁市一座挡在大桥工地桥墩之间的民房(如下图)。发帖人称:"所有钉子户和拆迁户,在这座民房面前都是浮云。民房比桥墩高,导致几亿元工程的大桥无法继续施工,工程已经拖了一年多,每天误工损失几万元。"

(1)试分析该工程在建设程序上存在哪些问题?

(2)如果你是项目负责人,你会如何安排该项目的实施流程?

4. 历时 43 小时,北京市三元桥(跨京顺路桥)桥梁大修工程实现上部主梁整体置换,完成了旧桥切割运弃、新梁整体驮运架设及桥面铺装等工序并恢复通车。三元桥创造了新的中国建桥速度,受到了国内外新闻媒体和网友的广泛关注,在行业内部和社会上引起了轰动。中央电视台、北京电视台等媒体进行了全程报道,给予高度赞誉。中央电视台以"创新引领发展、创新带来动力"为标题进行了专题报道。

(1)试分析该工程能够在短时间顺利完成的原因是什么?

(2)如何处理建设速度与工程建设程序的关系?

践行建议

1)在实践中发现规律、认识规律、掌握规律和运用规律。

2)在工程建设过程中,自觉遵守国家相关法律法规,防止程序错乱、程序缺失。

模块 3　工程建设执业资格法律制度

导读

　　本模块主要讲述从事建筑活动的相关企业应具备的资质条件,个人从事建设工程执业活动应具备的资格条件,以及建设工程报建的相关规定。通过本模块学习,应达到以下目标。

　　知识目标:熟悉从事建筑活动的企业应具备的资质条件,熟悉典型企业资质的分类和分级;分析资质运用中的违法行为及法律后果;了解专业人员执业资格的基本要求;掌握建设工程报建相关规定。

　　能力目标:能够运用所学知识办理从业企业资质许可、从业人员资格许可,完成建设工程报建等相关活动。

　　素质目标:培养从事建筑活动专业人员遵纪守法、诚实守信的职业品格。

任务 3.1　企业从事建设活动需要什么条件?

引入案例

20×× 年 7 月 16 日,具有建筑装修装饰工程专业承包甲级资质的某装饰公司出具授权委托书给沈某,委托其代理该公司与某酒店签订装修合同。7 月 28 日该装饰公司又与沈某签订了一份《经营合同》,合同约定:甲方(装饰公司)授权乙方(沈某)利用甲方资质证书承接装饰工程业务,乙方为实际施工人;施工中乙方以乙方自己的名义招募施工队伍、采购材料等,自主经营,自负盈亏;甲方在工程款到账后扣除管理费后给乙方。8 月 8 日沈某以代理人身份与某酒店签订了《建筑装饰工程施工合同》。随后,沈某组织人员进行装修,但在施工场所未挂装饰公司的横幅。在施工过程中,沈某与张某联系后达成口头买卖合同,由张某向装修现场送装修材料,之后沈某以个人名义向张某就货款出具了欠条。后因沈某不偿还货款,张某诉至法院要求装饰公司与沈某支付货款 3 万元。

请思考:

(1)装饰公司向沈某的授权是否符合法律要求?

(2)张某应当向谁主张自己的权利?

(3)案例中相关当事人应当承担什么法律责任?

(4)从事建筑活动的相关企业和个人应当具备怎样的条件?

>>>

建筑工程种类很多,不同的建筑工程,其建设规模、技术要求和复杂程度都有很大的差别,而从事建筑活动的相关企业的情况也各有不同。一般来说,建筑工程的建设规模越大,技术复杂程度越高,对承包该项工程的建筑单位所具有的经济和技术力量的要求也越高,否则将难以保证工程的质量。为此,不少国家在对建筑活动的监督管理中,都将从事建筑活动的单位按其具有的不同经济、技术条件,划分为不同的资质等级,并对不同资质等级的单位所能从事的建筑活动的范围作出明确规定。从我国目前实际情况看,不少建筑工程质量低劣,与承包工程的单位不具有相应的资质条件有很大的关系。一些资质条件较低的单位通过种种不正当手段承包了超出自己的经济、技术实力的大型、复杂的建筑工程,留下了严重的质量隐患,有的还造成了重大的质量事故,给国家和人民的生命财产带来很大的损失。

为此,《中华人民共和国建筑法》(以下简称《建筑法》)《建设工程勘察设计资质管理规定》《建筑业企业资质管理规定》和《工程监理企业资质管理规定》等法律规章中,明确规定了从事建筑活动的建筑施工企业、勘察单位、设计单位、工程监理单位等进入建筑市场应当具备的条件和资质管理制度。

知识点一、从业企业的法定条件

《建筑法》规定:从事建筑活动的建筑施工企业、勘察单位、设计单位和工程监理单位,应当具备下列条件。

1)有符合国家规定的注册资本。

2)有与其从事的建筑活动相适应的具有法定执业资格的专业技术人员。

3)有从事相关建筑活动所应有的技术装备。

4)法律、行政法规规定的其他条件。

知识点二、企业资质的法定条件

《建筑法》规定,从事建筑活动的建筑施工企业、勘察单位、设计单位和工程监理单位,按照其拥有的注册资本、专业技术人员、技术装备和已完成的建筑工程业绩等资质条件,划分为不同的资质等级,经资质审查合格,取得相应等级的资质证书后,方可在其资质等级许可的范围内从事建筑活动。

按照本条规定,划分从业单位资质等级的条件主要包括以下几点。

(一)拥有的注册资本

注册资本是指从事建筑活动的单位在按照国家有关规定进行注册登记时,申报并确定的资金总额。拥有一定数量的注册资本是市场主体从事生产经营活动和对外承担财产责任的物质基础,从事建筑活动的单位当然也不例外,《建筑法》已明确规定,从事建筑活动的单位必须要有符合国家规定的注册资本。没有资本的"皮包公司"不能进入建筑市场从事建筑活动。而在符合法定的最低注册资本限额的基础上,从事建筑活动的单位所拥有的注册资本的多少则是衡量其所具有的经济实力的基本标志。因此,将拥有的注册资本的数量是作为划分从事建筑活动单位资质条件的一项主要条件。

(二)拥有的专业技术人员

专业技术人员,除了包括《建筑法》规定的依法取得建筑行业有关专业执业资格证书的注册建筑师、注册监理师等以外,还包括依照国家规定的条件和程序取得有关技术职称的专业技术人员。同时,在根据从事建筑活动的单位拥有的专业技术人员的情况确定其相应的资质等级时,不但要看其拥有的专业技术人员的数量,还要考察其结构,即考察其不同专业的以及高、中、低各级次的专业技术人员所占比例的情况。从事建筑活动的单位所拥有的专业技术人员的数量和结构,是衡量其技术实力强弱的一项重要标志,当然也就成为划分有关建筑单位资质等级的一项基本条件。

(三)拥有的技术装备

从事建筑活动,必须要有相应的技术装备。从事建筑活动的单位拥有的相关技术装备的状况,是衡量从事建筑活动单位的技术实力的又一重要标志,因此《建筑法》将其作为划分从事建筑活动单位的资质等级的条件之一。

(四)已完成的建筑工程业绩

通过对从事建筑活动的单位过去已完成的建筑工程业绩的考察,可以综合反映该单位的技术水平和管理水平的实际情况,《建筑法》也将其作为划分从事建筑活动的单位的资质等级的一项条件。

对从事建筑活动的单位的资质等级,应按法定的条件和国家规定的有关具体标准进行审查,经审查合格后,发给其相应等级的资质证书。从事建筑活动的施工企业、勘察单位、设计单位和监理单位只能在其经依法核定的资质等级许可的范围内从事建筑活动。从事建筑活动的建筑施工企业、勘察单位、设计单位和工程监理单位的资质等级,是反映这些单位从事建筑活动的经济、技术能力和水平的标志,规定从事建筑活动的单位只能在其经依法核定的资质等级许可的范围内从事有关建筑活动,是保证建筑工程质量,维护建筑市场正常秩序的重要措施,所有从事建筑活动的单位必须严格执行。

知识点三、建设工程企业资质分类与分级

思 政 园 地

《住房和城乡建设部关于印发建设工程企业资质管理制度改革方案的通知》指出,以习近平新时代中国特色社会主义思想为指导,充分发挥市场在资源配置中的决定性作用,更好发挥政府作用,坚持以推进建筑业供给侧结构性改革为主线,按照国务院深化"放管服"改革部署要求,持续优化营商环境,大力精简

企业资质类别,归并等级设置,简化资质标准,优化审批方式,进一步放宽建筑市场准入限制,降低制度性交易成本,破除制约企业发展的不合理束缚,持续激发市场主体活力,促进就业创业,加快推动建筑业转型升级,实现高质量发展。

《建设工程企业资质管理制度改革方案》(以下简称《方案》)规定,应精简资质类别,归并等级设置。为在疫情防控常态化条件下做好"六稳"工作、落实"六保"任务,进一步优化建筑市场营商环境,确保新旧资质平稳过渡,保障工程质量安全,按照稳中求进的原则,积极稳妥推进建设工程企业资质管理制度改革。对部分专业划分过细、业务范围相近、市场需求较小的企业资质类别予以合并,对层级过多的资质等级进行归并。改革后,工程勘察资质分为综合资质和专业资质,工程设计资质分为综合资质、行业资质、专业和事务所资质,施工资质分为综合资质、施工总承包资质、专业承包资质和专业作业资质,工程监理资质分为综合资质和专业资质。资质等级原则上压减为甲、乙两级(部分资质只设甲级或不分等级),资质等级压减后,中小企业承揽业务范围将进一步放宽,有利于促进中小企业发展。具体压减情况如下。

【《方案》详情】

(一)工程勘察资质分类与分级

工程勘察资质保留综合资质;将4类专业资质及劳务资质整合为岩土工程、工程测量、勘探测试等3类专业资质。综合资质不分等级,专业资质等级压减为甲、乙两级。

(二)工程设计资质分类与分级

工程设计资质保留综合资质;将21类行业资质整合为14类行业资质;将151类专业资质、8类专项资质、3类事务所资质整合为70类专业和事务所资质。综合资质、事务所资质不分等级;行业资质、专业资质等级原则上压减为甲、乙两级(部分资质只设甲级)。

【查看详情】

(三)施工资质分类与分级

施工资质将10类施工总承包企业特级资质调整为施工综合资质,可承担各行业、各等级施工总承包业务;保留12类施工总承包资质,将民航工程的专业承包资质整合为施工总承包资质;将36类专业承包资质整合为18类;将施工劳务企业资质改为专业作业资质,由审批制改为备案制。综合资质和专业作业资质不分等级;施工总承包资质、专业承包资质等级原则上压减为甲、乙两级(部分专业承包资质不分等级),其中,施工总承包甲级资质在本行业内承揽业务规模不受限制,具体等级分类分级见表3-1。

表3-1 施工资质分类分级表

资质类别	序号	施工资质类型	等级
综合资质	1	综合资质	不分等级
施工总承包资质	1	建筑工程施工总承包	甲、乙级
	2	公路工程施工总承包	甲、乙级
	3	铁路工程施工总承包	甲、乙级
	4	港口与航道工程施工总承包	甲、乙级
	5	水利水电工程施工总承包	甲、乙级
	6	市政公用工程施工总承包	甲、乙级
	7	电力工程施工总承包	甲、乙级
	8	矿山工程施工总承包	甲、乙级
	9	冶金工程施工总承包	甲、乙级
	10	石油化工工程施工总承包	甲、乙级
	11	通信工程施工总承包	甲、乙级
	12	机电工程施工总承包	甲、乙级
	13	民航工程施工总承包	甲、乙级

续表

资质类别	序号	施工资质类型	等级
专业承包资质	1	建筑装修装饰工程专业承包	甲、乙级
	2	建筑机电工程专业承包	甲、乙级
	3	公路工程类专业承包	甲、乙级
	4	港口与航道工程类专业承包	甲、乙级
	5	铁路电务电气化工程专业承包	甲、乙级
	6	水利水电工程类专业承包	甲、乙级
	7	通用专业承包	不分等级
	8	地基基础工程专业承包	甲、乙级
	9	起重设备安装工程专业承包	甲、乙级
	10	预拌混凝土专业承包	不分等级
	11	模板脚手架专业承包	不分等级
	12	防水防腐保温工程专业承包	甲、乙级
	13	桥梁工程专业承包	甲、乙级
	14	隧道工程专业承包	甲、乙级
	15	消防设施工程专业承包	甲、乙级
	16	古建筑工程专业承包	甲、乙级
	17	输变电工程专业承包	甲、乙级
	18	核工程专业承包	甲、乙级
专业作业资质	1	专业作业资质	不分等级

(四)工程监理资质分类与分级

工程监理资质保留综合资质;取消专业资质中的水利水电工程、公路工程、港口与航道工程、农林工程资质,保留其余10类专业资质;取消事务所资质。综合资质不分等级,专业资质等级压减为甲、乙两级。

【查看详情】

思 政 园 地

为贯彻落实全国深化“放管服”改革优化营商环境电视电话会议精神,深入推进建设工程企业资质审批制度改革,进一步做好建筑业企业资质、工程监理企业资质告知承诺制审批工作,《住房和城乡建设部办公厅关于进一步做好建设工程企业资质告知承诺制审批有关工作的通知》提出,自通知日起,在全国范围内对房屋建筑工程、市政公用工程监理甲级资质实行告知承诺制审批,建筑工程、市政公用工程施工总承包一级资质继续实行告知承诺制审批,涉及上述资质的重新核定事项不实行告知承诺制审批。实施建设工程企业资质审批权限下放试点的地区,上述企业资质审批方式由相关省级住房和城乡建设主管部门自行确定。

知识点四、禁止性规定

(一)禁止无资质承揽工程

《建筑法》规定,承包建筑工程的单位应当持有依法取得的资质证书,并在其资质等级许可的业务范围内承揽工程。未取得资质证书承揽工程的,予以取缔,并处罚款;有违法所得的,予以没收。

《建设工程质量管理条例》规定,对从事建设工程勘察、设计、施工、监理的单位均应当依法取得相应等级的资质证书,并在其资质等级许可的范围内承揽工程。未取得资质证书承揽工程的,予以取缔,处以罚款;有违法所得的,予以没收。

《建设工程安全生产管理条例》规定,施工单位从事建设工程的新建、扩建、改建和拆除等活动,应当具备国家规定的注册资本、专业技术人员、技术装备和安全生产等条件,依法取得相应等级的资质证书,并在其资质等级许可的范围内承揽工程。

近年来,无资质承揽建设工程常常以比较隐蔽的"挂靠"的形式出现,相关内容将在后文详细阐述。

(二)禁止越级承揽工程

《建筑法》明确规定,禁止建筑施工企业超越本企业资质等级许可的业务范围或者以任何形式用其他建筑施工企业的名义承揽工程。超越本单位资质等级承揽工程的,责令停止违法行为,处以罚款,可以责令停业整顿,降低资质等级;情节严重的,吊销资质证书;有违法所得的,予以没收。

《建设工程质量管理条例》规定,禁止勘察、设计单位超越其资质等级许可的范围或者以其他勘察、设计单位的名义承揽工程。禁止施工单位超越本单位资质等级许可的业务范围或者以其他施工单位的名义承揽工程。禁止工程监理单位超越本单位资质等级许可的范围或者以其他工程监理单位的名义承担工程监理业务。勘察、设计、施工、工程监理单位超越本单位资质等级承揽工程的,责令停止违法行为,对勘察、设计单位或者工程监理单位处合同约定的勘察费、设计费或者监理酬金 1 倍以上 2 倍以下的罚款;对施工单位处工程合同价款 2% 以上 4% 以下的罚款,可以责令停业整顿,降低资质等级;情节严重的,吊销资质证书;有违法所得的,予以没收。

(三)禁止以他企业名义承揽工程

《建筑法》明确规定,禁止建筑施工企业超越本企业资质等级许可的业务范围或者以任何形式用其他建筑施工企业的名义承揽工程。

在工程实践中,借用其他企业的名义承揽工程的行为就是通常所说的"挂靠"。《建筑工程施工发包与承包违法行为认定查处管理办法》所称挂靠,是指单位或个人以其他有资质的施工单位的名义承揽工程的行为。承揽工程,包括参与投标、订立合同、办理有关施工手续、从事施工等活动。

需要注意的是,在实践中没有资质的单位或个人借用其他施工单位的资质承揽工程的属于"挂靠",有资质的施工单位相互借用资质承揽工程的,包括资质等级低的借用资质等级高的,资质等级高的借用资质等级低的,相同资质等级相互借用的,也属于"挂靠"。此外,以下情形,有证据证明属于挂靠的,应当认定为"挂靠"。

1)施工总承包单位或专业承包单位未派驻项目负责人、技术负责人、质量管理负责人、安全管理负责人等主要管理人员,或派驻的项目负责人、技术负责人、质量管理负责人、安全管理负责人中一人及以上与施工单位没有订立劳动合同且没有建立劳动工资和社会养老保险关系,或派驻的项目负责人未对该工程的施工活动进行组织管理,又不能进行合理解释并提供相应证明的。

2)合同约定由承包单位负责采购的主要建筑材料、构配件及工程设备或租赁的施工机械设备,由其他单位或个人采购、租赁,或施工单位不能提供有关采购、租赁合同及发票等证明,又不能进行合理解释并提供相应证明的。

3)专业作业承包人承包的范围是承包单位承包的全部工程,专业作业承包人计取的是除上缴给承包单位"管理费"之外的全部工程价款的。

4)承包单位通过采取合作、联营、个人承包等形式或名义,直接或变相将其承包的全部工程转给其他单位或个人施工的。

5)专业工程的发包单位不是该工程的施工总承包或专业承包单位的,但建设单位依约作为发包单位的除外。

6)专业作业的发包单位不是该工程承包单位的。

7)施工合同主体之间没有工程款收付关系,或者承包单位收到款项后又将款项转拨给其他单位和个人,又不能进行合理解释并提供材料证明的。

对认定有挂靠行为的施工单位或个人,依据《中华人民共和国招标投标法》第五十四条、《中华人民共和国建筑法》第六十五条和《建设工程质量管理条例》第六十条规定进行处罚。

(四)禁止他企业以本企业名义承揽工程

《建筑法》规定,禁止建筑施工企业以任何形式允许其他单位或者个人使用本企业的资质证书、营业执照,以本企业的名义承揽工程。建筑施工企业转让、出借资质证书或者以其他方式允许他人以本企业的名义承揽工程的,责令改正,没收违法所得,并处罚款,可以责令停业整顿,降低资质等级;情节严重的,吊销资质证书。对因该项承揽工程不符合规定的质量标准造成的损失,建筑施工企业与使用本企业名义的单位或者个人承担连带赔偿责任。《建设工程质量管理条例》规定,违反本条例规定,勘察、设计、施工、工程监理单位允许其他单位或者个人以本单位名义承揽工程的,责令改正,没收违法所得,对勘察、设计单位和工程监理单位处合同约定的勘察费、设计费和监理酬金 1 倍以上 2 倍以下的罚款;对施工单位处工程合同价款 2% 以上 4% 以下的罚款;可以责令停业整顿,降低资质等级;情节严重的,吊销资质证书。

【案例及评析】

随堂测试

1. 建筑业企业从事施工活动的范围是(   )。

A.营业执照的范围   B.合同的范围

C.资质等级许可的范围   D.工程实际范围

2. 李某借用甲公司的资质承揽了乙公司的装修工程,因为偷工减料不符合规定的质量标准,所造成的损失(   )承担赔偿责任。

A.仅由甲公司   B.由甲公司和李某共同

C.仅由乙公司   D.仅由李某

3. 新建施工企业,在向建设行政主管部门申请资质时,(   )不是必备的条件。

A有符合规定的注册资本   B.有符合规定的专业技术人员

C.有符合规定的工程质量保证体系   D.有符合规定的技术装备

4. 李某的施工队没有资质,挂靠丙公司承包工程,对此,下列选项中符合《建筑法》有关资质管理规定的观点是(   )。

A.李某不能用丙公司资质许可的业务范围承揽工程

B.李某可以借用丙公司的营业执照,但不能以自己的名义承揽工程

C.李某可以使用丙公司的资质证书,只要该工程的土建施工属于丙公司资质等级许可范围就行

D.丙公司可以允许李某使用本公司资质证书,但不能以丙公司的名义承揽工程

5. 根据工程承包相关法律规定,建筑业企业(   )承揽工程。

A.可以超越本企业资质等级许可的业务范围

B.可以另一个建筑施工企业的名义

C.只能在本企业资质等级许可的业务范围内

D.可允许其他单位或者个人使用本企业的资质证书

6. 根据《建筑法》的规定,以欺骗手段取得资质证书的需承担的法律责任是(   )。

A.资质许可由原资质许可机关予以撤回

B.吊销资质证书,并处罚款

C.给予警告,或处罚款

D.申请企业 5 年内不得再次申请建筑业企业资质

7. 关于建筑企业资质证书的申请和延续的说法,正确的有(   )。

A.企业首次申请或增项申请资质,应当申请最低等级资质

B.申请人以书面形式承诺符合审批条件的,行政审批机关根据申请人的承诺直接作出行政批准决定

C.建筑企业只能申请一项建筑企业资质

D. 建筑业企业资质证有效期届满前 6 个月,企业应当向原资质许可机关提出延续申请

E. 企业按规定提出延续申请后,资质许可机关未在资质证书有效期届满前作出是否准予延续决定的,视为准予延续

8. 关于建筑业企业资质法定条件的说法,正确的有(　　　　)。

A. 有符合规定的净资产

B. 必须自行拥有一定数量的大中型机械设备

C. 企业净资产以企业申请资质前 3 年总资产的平均值为准考核

D. 除各类别最低等级资质外,取消关于注册建造师等人员的指标考核

E. 有符合规定的,已完成工程业绩

任务 3.2　个人从事执业活动需要什么条件?

引入案例

"挂证"不给钱?工程师状告企业索要 26 万被驳回!

原告:储某某

被告:广东某某检测有限公司(以下称检测公司)

原告诉讼请求:

1. 请求判令被告支付薪资(顾问服务费)26 万元及利息给原告(利息以 26 万元为本金,自 20×× 年 9 月 10 日起按银行同期同类贷款利率计算至本金清偿之日止,暂计至第二年 3 月 9 日为 5 655 元)。

2. 本案诉讼费由被告承担。

根据当事人陈述和经审查确认的证据,法院认定事实如下。

两年前的 9 月 2 日,检测公司作为甲方,储某某作为乙方,双方签订《聘用协议》,约定甲方聘请乙方为甲方的兼职工程技术顾问。甲方聘用乙方的注册期限为三年,聘用薪资每年 100 000 元,由本合同签署日起。甲方承诺乙方注册证书仅用于企业申请资质、资质升级或资质年检使用,除此之外,甲方在未取得乙方许可的情况下,不得擅自使用乙方的一级注册消防工程师注册证及相关资料挂靠工程及设计等项目。乙方不承担甲方的任何实质性工作,不对甲方所做项目负技术责任,也不按月领取月薪。甲方在项目中所发生的一切有关质量和安全方面的事故责任以及由此造成的经济损失均由甲方承担,乙方不承担由此造成的任何责任和经济损失等相关内容。

签订上述协议后,储某某将一级注册消防工程师证书邮寄给检测公司。

6 月 8 日,检测公司向储某某发出《关于一级注册消防工程师费用支付的意见》,认为由于以前公司申请资质级别与目前实际审批资质不一致,以致出现所需报备人数减少,根据实际情况,检测公司在支付 40 000 元后,拒绝支付其余款项。储某某向广州市番禺区劳动人事争议仲裁委员会申请仲裁,该仲裁委员会认为储某某申请仲裁的争议不属劳动人事争议,决定不予受理。储某某遂诉至本院要求解决。

庭审中,检测公司陈述取得消防设施维护保养检测机构二级资质必须符合"注册消防工程师六人以上,其中一级注册消防工程师至少三人"的条件,故检测公司通过中介机构寻找注册消防工程师资质挂靠,只是借用储某某的资质证书。储某某陈述检测公司通过网络招聘方式联系储某某,称公司需要一级消防工程师储备人才,因公司资质问题不能承接太多项目,要求储某某以兼职工程技术顾问的方式入职,承诺每年支付 10 万元作为基础费用,储某某可通过远程方式提供技术解答帮助,如因项目需要使用证书,经双方协商一致,由储某某担任项目技术负责人,另行支付费用,储某某自始至终均没有出借或者出卖证书给检测公司的意思。检测公司陈述消防总队要求核实工程师的实际工作,因储某某另有工作单位,不同意检测公司出具任职证明,检测公司已将证书退还给储某某,储某某将资格证挂靠检测公司期间,本人担任广东某某消防工程

有限公司副总经理。

最终法院判决,驳回原告储某某全部诉讼请求。本诉受理费5 284元,由原告储某某负担2 641元,被告检测公司负担2 641元。

请思考:

（1）个人执业证书挂靠有哪些危害?

（2）挂证人员将承担什么法律责任?

【案例评析】

《建筑法》第十四条规定,从事建筑活动的专业技术人员,应当依法取得相应的执业资格证书,并在执业资格证书许可的范围内从事建筑活动。

我国建筑业实行执业资格制度的专业技术人员包括:注册建筑师、勘察设计注册工程师、注册监理工程师、注册造价工程师和注册建造师等。我国建筑业专业技术人员执业资格的核心内容主要包括以下内容:所有专业技术人员均需要参加统一考试;均需要注册;均有各自的执业范围;均须接受继续教育;执业人员不得同时应聘于两家不同的单位;不得任意转让出借执业证书等。

知识点一、注册建筑师

（一）概述

《中华人民共和国注册建筑师条例实施细则》规定,注册建筑师是指经考试、特许、考核认定取得中华人民共和国注册建筑师执业资格证书（以下简称执业资格证书）,或者经资格互认方式取得建筑师互认资格证书（以下简称互认资格证书）,并按照本细则注册,取得中华人民共和国注册建筑师注册证书（以下简称注册证书）和中华人民共和国注册建筑师执业印章（以下简称执业印章）,从事建筑设计及相关业务活动的专业技术人员。

未取得注册证书和执业印章的人员,不得以注册建筑师的名义从事建筑设计及相关业务活动。

国家实行注册建筑师全国统一考试制度,注册建筑师全国统一考试办法,由国务院建设行政主管部门会同国务院人事行政主管部门商国务院其他有关行政主管部门共同制定,由全国注册建筑师管理委员会组织实施。

一级注册建筑师考试内容包括:建筑设计前期工作、场地设计、建筑设计与表达、建筑结构、环境控制、建筑设备、建筑材料与构造、建筑经济、施工与设计业务管理和建筑法规等。上述内容分成若干科目进行考试。科目考试合格有效期为八年。二级注册建筑师考试内容包括:场地设计、建筑设计与表达、建筑结构与设备、建筑法规、建筑经济与施工等。上述内容分成若干科目进行考试。科目考试合格有效期为四年。

（二）注册

注册建筑师实行注册执业管理制度。取得执业资格证书或者互认资格证书的人员,必须经过注册方可以注册建筑师的名义执业。

取得一级注册建筑师资格证书并受聘于一个相关单位的人员,应当通过聘用单位向单位工商注册所在地的省、自治区、直辖市注册建筑师管理委员会提出申请;省、自治区、直辖市注册建筑师管理委员会受理后提出初审意见,并将初审意见和申请材料报全国注册建筑师管理委员会审批;符合条件的,由全国注册建筑师管理委员会颁发一级注册建筑师注册证书和执业印章。

申请人有下列情形之一的,不予注册。

1）不具有完全民事行为能力的。

2）申请在两个或者两个以上单位注册的。

3）未达到注册建筑师继续教育要求的。

4）因受刑事处罚,自刑事处罚执行完毕之日起至申请注册之日止不满五年的。

5）因在建筑设计或者相关业务中犯有错误受行政处罚或者撤职以上行政处分，自处罚、处分决定之日起至申请之日止不满二年的。

6）受吊销注册建筑师证书的行政处罚，自处罚决定之日起至申请注册之日止不满五年的。

7）申请人的聘用单位不符合注册单位要求的。

8）法律、法规规定不予注册的其他情形。

（三）执业

取得资格证书的人员，应当受聘于中华人民共和国境内的一个建设工程勘察、设计、施工、监理、招标代理、造价咨询、施工图审查、城乡规划编制等单位，经注册后方可从事相应的执业活动。从事建筑工程设计执业活动的，应当受聘并注册于中华人民共和国境内一个具有工程设计资质的单位。

注册建筑师的执业范围具体为：建筑设计；建筑设计技术咨询；建筑物调查与鉴定；对本人主持设计的项目进行施工指导和监督；国务院建设主管部门规定的其他业务。建筑设计技术咨询包括建筑工程技术咨询，建筑工程招标、采购咨询，建筑工程项目管理，建筑工程设计文件及施工图审查，工程质量评估，以及国务院建设主管部门规定的其他建筑技术咨询业务。

注册建筑师所在单位承担民用建筑设计项目，应当由注册建筑师任工程项目设计主持人或设计总负责人；工业建筑设计项目，须由注册建筑师任工程项目建筑专业负责人。

凡属工程设计资质标准中建筑工程建设项目设计规模划分表规定的工程项目，在建筑工程设计的主要文件（图纸）中，须由主持该项设计的注册建筑师签字并加盖其执业印章，方为有效。否则设计审查部门不予审查，建设单位不得报建，施工单位不准施工。

修改经注册建筑师签字盖章的设计文件，应当由原注册建筑师进行；因特殊情况，原注册建筑师不能进行修改的，可以由设计单位的法人代表书面委托其他符合条件的注册建筑师修改，并签字、加盖执业印章，对修改部分承担责任。

知识点二、勘察设计注册工程师

（一）概述

《勘察设计注册工程师管理规定》规定，注册工程师是指经考试取得中华人民共和国注册工程师资格证书，并按照本规定注册，取得中华人民共和国注册工程师注册执业证书和执业印章，从事建设工程勘察、设计及有关业务活动的专业技术人员。

未取得注册证书及执业印章的人员，不得以注册工程师的名义从事建设工程勘察、设计及有关业务活动。

根据《人力资源社会保障部关于公布国家职业资格目录的通知》，勘察设计注册工程师包括：注册结构工程师、注册土木工程师、注册化工工程师、注册电气工程师、注册公用设备工程师、注册环保工程师、注册石油天然气工程师、注册冶金工程师、注册采矿/矿物工程师和注册机械工程师。

（二）注册

注册工程师实行注册执业管理制度。取得资格证书的人员，必须经过注册方能以注册工程师的名义执业。

取得资格证书的人员申请注册，由国务院住房城乡建设主管部门审批；其中涉及有关部门的专业注册工程师的注册，由国务院住房城乡建设主管部门和有关部门审批。

取得资格证书并受聘于一个建设工程勘察、设计、施工、监理、招标代理、造价咨询等单位的人员，应当通过聘用单位提出注册申请，并可以向单位工商注册所在地的省、自治区、直辖市人民政府住房城乡建设主管部门提交申请材料；省、自治区、直辖市人民政府住房城乡建设主管部门收到申请材料后，应当在 5 日内将全部申请材料报审批部门。

有下列情形之一的，不予注册。

1）不具有完全民事行为能力的。

2）因从事勘察设计或者相关业务受到刑事处罚，自刑事处罚执行完毕之日起至申请注册之日止不满2年的。

3）法律、法规规定不予注册的其他情形

（三）执业

取得资格证书的人员，应受聘于一个具有建设工程勘察、设计、施工、监理、招标代理、造价咨询等一项或多项资质的单位，经注册后方可从事相应的执业活动。但从事建设工程勘察、设计执业活动的，应受聘并注册于一个具有建设工程勘察、设计资质的单位。

注册工程师的执业范围如下。

1）工程勘察或者本专业工程设计。

2）本专业工程技术咨询。

3）本专业工程招标、采购咨询。

4）本专业工程的项目管理。

5）对工程勘察或者本专业工程设计项目的施工进行指导和监督。

6）国务院有关部门规定的其他业务。

建设工程勘察、设计活动中形成的勘察、设计文件由相应专业注册工程师按照规定签字盖章后方可生效。各专业注册工程师签字盖章的勘察、设计文件种类及办法由国务院住房城乡建设主管部门会同有关部门规定。

修改经注册工程师签字盖章的勘察、设计文件，应当由该注册工程师进行；因特殊情况，该注册工程师不能进行修改的，应由同专业其他注册工程师修改，并签字、加盖执业印章，对修改部分承担责任。

知识点三、注册建造师

（一）概述

《注册建造师管理规定》规定，注册建造师是指通过考核认定或考试合格取得中华人民共和国建造师资格证书，并按照本规定注册，取得中华人民共和国建造师注册证书和执业印章，担任施工单位项目负责人及从事相关活动的专业技术人员。

《注册建造师执业管理办法（试行）》规定，大中型工程施工项目负责人必须由本专业注册建造师担任。一级注册建造师可担任大、中、小型工程施工项目负责人，二级注册建造师可以承担中、小型工程施工项目负责人。一级注册建造师可在全国范围内以一级注册建造师名义执业。通过二级建造师资格考核认定，或参加全国统考取得二级建造师资格证书并经注册人员，可在全国范围内以二级注册建造师名义执业。

（二）注册

注册建造师实行注册执业管理制度，注册建造师分为一级注册建造师和二级注册建造师。取得资格证书的人员，经过注册方能以注册建造师的名义执业。

注册证书和执业印章是注册建造师的执业凭证，由注册建造师本人保管、使用。注册证书与执业印章有效期为3年。

申请人有下列情形之一的，不予注册。

1）不具有完全民事行为能力的。

2）申请在两个或者两个以上单位注册的。

3）未达到注册建造师继续教育要求的。

4）受到刑事处罚，刑事处罚尚未执行完毕的。

5）因执业活动受到刑事处罚，自刑事处罚执行完毕之日起至申请注册之日止不满5年的。

6）因前项规定以外的原因受到刑事处罚，自处罚决定之日起至申请注册之日止不满3年的。

7）被吊销注册证书，自处罚决定之日起至申请注册之日止不满 2 年的。

8）在申请注册之日前 3 年内担任项目经理期间，所负责项目发生过重大质量和安全事故的。

9）申请人的聘用单位不符合注册单位要求的。

10）年龄超过 65 周岁的。

11）法律、法规规定不予注册的其他情形。

（三）执业

注册建造师的具体执业范围按照《注册建造师执业工程规模标准》执行。注册建造师不得同时在两个及两个以上的建设工程项目上担任施工单位项目负责人。注册建造师可以从事建设工程项目总承包管理或施工管理，建设工程项目管理服务，建设工程技术经济咨询，以及法律、行政法规和国务院建设主管部门规定的其他业务。

建设工程施工活动中形成的有关工程施工管理文件，应当由注册建造师签字并加盖执业印章。施工单位签署质量合格的文件上，必须有注册建造师的签字盖章。担任建设工程施工项目负责人的注册建造师对其签署的工程管理文件承担相应责任。注册建造师签章完整的工程施工管理文件方为有效。注册建造师有权拒绝在不合格或者有弄虚作假内容的建设工程施工管理文件上签字并加盖执业印章。

知识点四、注册造价师

（一）概述

《注册造价工程师管理办法》规定，注册造价工程师，是指通过土木建筑工程或者安装工程专业造价工程师职业资格考试取得造价工程师职业资格证书或者通过资格认定、资格互认，并按照本办法注册后，从事工程造价活动的专业人员。注册造价工程师分为一级注册造价工程师和二级注册造价工程师。未取得注册证书和执业印章的人员，不得以注册造价工程师的名义从事工程造价活动。

（二）注册

注册造价工程师实行注册执业管理制度。取得职业资格的人员，经过注册方能以注册造价工程师的名义执业。

取得执业资格的人员申请注册的，应当向聘用单位工商注册所在地的省、自治区、直辖市人民政府建设主管部门或者国务院有关部门提出注册申请。

1）不具有完全民事行为能力的。

2）申请在两个或者两个以上单位注册的。

3）未达到造价工程师继续教育合格标准的。

4）前一个注册期内工作业绩达不到规定标准或未办理暂停执业手续而脱离工程造价业务岗位的。

5）受刑事处罚，刑事处罚尚未执行完毕的。

6）因工程造价业务活动受刑事处罚，自刑事处罚执行完毕之日起至申请注册之日止不满 5 年的。

7）因前项规定以外原因受刑事处罚，自处罚决定之日起至申请注册之日止不满 3 年的。

8）被吊销注册证书，自被处罚决定之日起至申请注册之日止不满 3 年的。

9）以欺骗、贿赂等不正当手段获准注册被撤销，自被撤销注册之日起至申请注册之日止不满 3 年的。

10）法律、法规规定不予注册的其他情形。

（三）执业

一级注册造价工程师执业范围包括建设项目全过程的工程造价管理与工程造价咨询等，具体工作内容如下。

1）项目建议书、可行性研究投资估算与审核，项目评价造价分析。

2）建设工程设计概算、施工预算编制和审核。

3）建设工程招标投标文件工程量和造价的编制与审核。

4)建设工程合同价款、结算价款、竣工决算价款的编制与管理。

5)建设工程审计、仲裁、诉讼、保险中的造价鉴定,工程造价纠纷调解。

6)建设工程计价依据、造价指标的编制与管理。

7)与工程造价管理有关的其他事项。

二级注册造价工程师协助一级注册造价工程师开展相关工作,并可以独立开展以下工作。

1)建设工程工料分析、计划、组织与成本管理,施工图预算、设计概算编制。

2)建设工程量清单、最高投标限价、投标报价编制。

3)建设工程合同价款、结算价款和竣工决算价款的编制。

注册造价工程师应当根据执业范围,在本人形成的工程造价成果文件上签字并加盖执业印章,并承担相应的法律责任。最终出具的工程造价成果文件应当由一级注册造价工程师审核并签字盖章。

修改经注册造价工程师签字盖章的工程造价成果文件,应当由签字盖章的注册造价工程师本人进行;注册造价工程师本人因特殊情况不能进行修改的,应当由其他注册造价工程师修改,并签字盖章;修改工程造价成果文件的注册造价工程师对修改部分承担相应的法律责任。

知识点五、注册监理工程师

(一)概述

注册监理工程师,是指经考试取得中华人民共和国监理工程师资格证书(以下简称资格证书),并按照本规定注册,取得中华人民共和国注册监理工程师注册执业证书(以下简称注册证书)和执业印章,从事工程监理及相关业务活动的专业技术人员。

未取得注册证书和执业印章的人员,不得以注册监理工程师的名义从事工程监理及相关业务活动。

(二)注册

注册监理工程师实行注册执业管理制度。取得资格证书的人员,经过注册方能以注册监理工程师的名义执业。注册监理工程师依据其所学专业、工作经历、工程业绩,按照《工程监理企业资质管理规定》划分的工程类别,按专业注册。每人最多可以申请两个专业注册。

取得资格证书并受聘于一个建设工程勘察、设计、施工、监理、招标代理、造价咨询等单位的人员,应当通过聘用单位向单位工商注册所在地的省、自治区、直辖市人民政府建设主管部门提出注册申请;省、自治区、直辖市人民政府建设主管部门受理后提出初审意见,并将初审意见和全部申报材料报国务院建设主管部门审批;符合条件的,由国务院建设主管部门核发注册证书和执业印章。

申请人有下列情形之一的,不予初始注册、延续注册或者变更注册。

1)不具有完全民事行为能力的。

2)刑事处罚尚未执行完毕或者因从事工程监理或者相关业务受到刑事处罚,自刑事处罚执行完毕之日起至申请注册之日止不满2年的。

3)未达到监理工程师继续教育要求的。

4)在两个或者两个以上单位申请注册的。

5)以虚假的职称证书参加考试并取得资格证书的。

6)年龄超过65周岁的。

7)法律、法规规定不予注册的其他情形。

(三)执业

注册证书和执业印章是注册监理工程师的执业凭证,由注册监理工程师本人保管、使用。注册证书和执业印章的有效期为3年。

注册监理工程师可以从事工程监理、工程经济与技术咨询、工程招标与采购咨询、工程项目管理服务以及国务院有关部门规定的其他业务。

工程监理活动中形成的监理文件由注册监理工程师按照规定签字盖章后方可生效。

修改经注册监理工程师签字盖章的工程监理文件,应当由该注册监理工程师进行;因特殊情况,该注册监理工程师不能进行修改的,应当由其他注册监理工程师修改,并签字、加盖执业印章,对修改部分承担责任。

思 政 园 地

近年来,国家为了整治和规范建筑市场秩序,不断加大"挂证"查处力度。集中查处违规挂靠企业和个人,并进行追责处理,重点整治挂靠行为。《住房城乡建设部办公厅等关于开展工程建设领域专业技术人员职业资格"挂证"等违法违规行为专项整治的通知》指出,对工程建设领域勘察设计注册工程师、注册建筑师、建造师、监理工程师、造价工程师等专业技术人员及相关单位、人力资源服务机构进行全面排查,严肃查处持证人注册单位与实际工作单位不符、买卖租借(专业)资格(注册)证书等"挂证"违法违规行为,以及提供虚假就业信息、以职业介绍为名提供"挂证"信息服务等违法违规行为。通过专项整治,推动建立工程建设领域专业技术人员职业资格"挂证"等违法违规行为预防和监管长效机制。

在从事执业活动的过程中,应当积极践行诚实守信的社会主义核心价值观,依法执业。

随堂测试

1. 关于取得二级建造师资格证书的人员申请注册的说法,正确的是(　　　)。

A. 注册不受年龄的限制

B. 可以申请在两个单位注册

C. 受到的刑事处罚与执业活动无关的,不影响注册

D. 聘用单位不符合注册单位要求的,不予注册

2. 根据《住房城乡建设部办公厅等关于开展工程建设领域专业技术人员职业资格"挂证"等违法违规行为专项整治的通知》,下列实际工作单位与注册单位一致,但社会保险缴纳单位与注册单位不一致的人员,原则上不认定为"挂证"的是(　　　)。

A. 某国有企业改制,按该企业政策内退,但仍由该企业缴纳社会保险的职工

B. 在某造价咨询公司注册并实际工作,但由某商贸公司缴纳社会保险的军队转业人员

C. 某城建大学所属设计院聘用的该校在职教师

D. 在某监理公司注册并实际工作,但由某劳务公司缴纳社会保险的因征地拆迁暂无居所的人员

3. 王某经考试合格取得了一级建造师资格证书,2020 年 3 月受聘并注册于一家监理企业,2021 年 6 月王某与该监理单位解除了聘用合同,选择一家当地较大的建筑施工企业担任项目经理,则他必须进行(　　　)。

A. 初始注册　　　　　B. 延续注册　　　　　C. 变更注册　　　　　D. 增项注册

4. 下列人员中不属于建设工程从业人员的是(　　　)。

A. 注册资产评估师　　　B. 注册建造工程师　　　C. 注册建筑师　　　D. 注册监理工程师

5. 李某参加全国一级建造师资格考试,假如他成绩合格,就可以(　　　)。

A. 以建造师的名义担任建设工程项目施工的项目经理

B. 通过注册取得建造师资格证书

C. 取得建造师资格证书,通过注册以建造师名义执业

D. 取得建造师注册执业证书和执业印章

6. 关于建造师不予注册的说法,正确的是(　　　)。

A. 因执业活动之外的原因受到刑事处罚,自刑事处罚执行完毕之日起至申请注册之日不满五年的

B. 被吊销注册证书,自处罚决定之日起申请注册之日止不满三年的

C. 年龄超过 60 周岁的

D. 申请在两个或者两个以上单位注册的

7. 甲为某事业单位的技术人员,取得一级建造师资格证书后,正确的做法是( )。

A. 甲不辞职,即可受聘并注册于一个施工企业

B. 甲辞职后,可以受聘并注册于一个勘察企业

C. 甲不辞职,即可受聘并注册于一个设计企业

D. 甲辞职后,只能受聘并注册于一个施工企业

8. 下列选项中,注册建造师应当履行的义务包括( )。

A. 遵守法律、法规和有关规定,恪守职业道德

B. 执行技术标准、规范和规程

C. 能力较强者应担任两个以上建设工程项目施工的负责人

D. 对本人活动进行解释和辩解

E. 保守在执业中知悉的国家机密及他人的商业秘密

9. 下列二级建造师受聘和注册的情形中,属于"挂证"的有( )。

A. 属于军队自主择业人员,受聘并注册在丙施工企业

B. 在某事业单位工作,受聘并注册在甲施工企业

C. 在丁施工企业工作,受聘并注册在丁施工企业

D. 在某监理单位工作,受聘并注册在乙施工企业

E. 某大学教师,受聘并注册在该大学所属的监理单位

10. 下列情形,能导致注册监理工程师证书和执业印章失效的情形有( )。

A. 未达到出则监理工程师继续教育要求　　B. 聘用单位破产

C. 聘用单位被吊销营业执照　　D. 与聘用单位解除了劳动合同

E. 注册有效期满但未延续注册

本模块小结

从事建筑活动的建筑施工企业、勘察单位、设计单位和工程监理单位等企业,划分从业单位资质等级条件主要包括:拥有的注册资本、拥有的专业技术人员、拥有的技术装备和已完成的建筑工程业绩。《建设工程企业资质管理制度改革方案》对部分专业划分过细、业务范围相近、市场需求较小的企业资质类别予以合并,目前各类企业资质的分类与分级更加精简。但法律规定,禁止无资质承揽工程,禁止越级承揽工程,禁止以他企业名义承揽工程,禁止他企业以本企业名义承揽工程。

我国建筑业实行执业资格制度的专业技术人员包括注册建筑师、勘察设计注册工程师、注册监理工程师、注册造价工程师和注册建造师等。我国建筑业专业技术人员执业资格的核心内容主要包括以下内容:所有专业技术人员均需要参加统一考试;均需要注册;均有各自的执业范围;均须接受继续教育;执业人员不得同时应聘于两家不同的单位;不得任意转让出借执业证书等。

思考与讨论

1. 某建设有限公司(以下简称甲公司)与王某于20××年1月14日签订了内部承包合同,合同约定甲公司将其承接的某小区Ⅱ标段工程中的30#、31#住宅楼承包给王某施工。在承包合同中约定王某承建该工程系包工包料、自负盈亏,王某须向甲公司缴纳合同结算价款3%的管理费。王某在施工过程中,先后五次从唐某处购买钢材,共计钢材款30余万元。王某均向唐某出具欠条且加盖了建设公司项目部工程技术专用章(仅限报验、签证、自检、它用无效),欠条注明王某自愿在15日内一次性付清欠款,并加付每日按欠款额千分之五的违约金。由于唐某多次向王某催要未果,唐某于两年后5月15日向人民法院提起诉讼,要求王某与甲公司偿还欠款并支付违约金。

(1)试分析甲公司与王某的关系是否合法?

（2）唐某应如何维护自己的合法权利？

2.王某与某市第一建筑公司签订了一份承包经营协议,协议中约定:王某可以以第一建筑公司的名义对外承接工程,授权期间为三年,该期限内王某每年须向建筑公司上缴管理费12万元人民币。协议签订后,王某以第一建筑公司的名义承接了不少工程。三年期满时,第一建筑公司收到王某上缴管理费共计8万元。经第一建筑公司多次催要,王某仍不予支付,第一建筑公司就将王某诉讼至法院,要求王某缴清管理费。

试分析第一建筑公司的诉讼请求能实现吗？说明理由。

3.某建设集团在20××年二级注册建造师注册过程中连续发生4人次违规行为:一是该公司李某和徐某在申请二级建造师注册时,隐瞒其已经在另一个单位注册的事实,提供虚假材料;二是该公司张某在申请二级建造师注册时,未能完成建造师继续教育内容;三是该公司王某在申请二级建造师注册时,提供虚假资料,其实际年龄已经67周岁。本案中4名当事人的行为应做何处理？

践行建议

1)"没有金刚钻,别揽瓷器活",企业资质和个人执业资格是从事建设工程相关活动的前提,只有取得相应资质才能从事建设活动。

2)将理论学习与实际工程有机结合,做一个守底线,不忘初心的工程人。诚信执业,依法执业。

模块 4　城乡规划与建设用地法律制度

导读

　　本模块主要讲述城乡规划的基本概念,以及在建设准备阶段建设单位应当取得的规划许可,如何获得国有建设用地使用权。通过本模块学习,应达到以下目标。

　　知识目标:了解城乡规划的概念及分类,掌握建设工程"一书两证"的办理要求;熟悉土地所有权和使用权,掌握国有建设用地使用权的取得方式和要求,熟悉建设用地使用权的消灭。

　　能力目标:能够按照法律要求办理"一书两证";能够按照法律要求办理土地相关手续。

　　素质目标:树立和践行"绿水青山就是金山银山"的理念,坚定制度自信。

🌐 任务 4.1　怎样申领"一书两证"?

引入案例

20×× 年 11 月 27 日早上 7 时许,南宁市西乡塘区政府组织的联合执法组正式对望州路北二里 36 号的违章"楼薄薄"进行强制拆除。仅用了一个多小时,"楼薄薄"轰然倒下,这栋 3 年来被媒体多次曝光的违章建筑终于画上了句号。

这栋位于南宁市望州路北二里 36 号、园湖路延长线东侧的超薄楼层被网友拍照发上网后(见下图),被网友戏称"楼薄薄"引发全国网民热议。这座楼房高 4 层,房屋前后宽约 2 米左右,远远看去,好像一块长扁的米黄色豆腐条。有网友担心:万一发生地震、暴风雨等自然灾害,这栋楼房是否承受得住?"身材"如此单薄,会不会被风吹倒?

此事被全国媒体公开报道后引起热议,有关部门证实,这座楼房系违章建筑。22 日下午,南宁市西乡塘区政府相关部门来到"楼薄薄"现场办公,决定对其进行强制拆除,同时,"楼薄薄"旁的一排 15 间违章铺面也将一并拆除。

请思考:
(1)什么是"违章建筑"?
(2)合法的建设活动应当取得哪些规划许可?

知识点一、城乡规划概述

(一)城乡规划的概念

城乡规划是指各级人民政府为实现一定时期内行政区域的经济和社会发展目标,事先依法制定的用以确定规划区的性质、规模和发展方向、土地的合理利用、规划区的空间布局和规划区设施的科学配置的综合部署和具体安排。规划区,是指城市、镇和村庄的建成区以及因城乡建设和发展需要,必须实行规划控制的区域。规划区的具体范围由有关人民政府在组织编制的城市总体规划、镇总体规划、乡规划和村庄规划中,根据城乡经济社会发展水平和统筹城乡发展的需要划定。城乡规划是城乡建设和城乡管理的基本依据,是保障城乡土地合理利用和开发的基础。城乡规划具有公共政策的属性和作用,可以协调城乡空间布局,改善人居环境,促进城乡经济社会全面、协调、可持续发展。城乡规划还具有综合调控的地位和作用,是政府引导和调控城乡建设和发展的一项重要公

【相关概念】

共政策,是具有法定地位的发展蓝图。

(二)城乡规划的分类

根据《中华人民共和国城乡规制法》(简称《城乡规划法》)的规定,城乡规划包括城镇体系规划、城市规划、镇规划、乡规划和村庄规划。城市规划、镇规划分为总体规划和详细规划。详细规划分为控制性详细规划和修建性详细规划。城乡规划体系如图4-1所示。

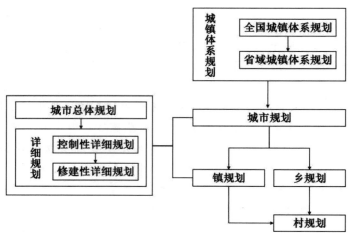

图 4-1 城乡规划体系

1. 总体规划

总体规划是指对城市、镇体系的规划和中心城区的规划。例如,确定城市性质和发展方向、布置主要交通运输枢纽的位置、大型公共建筑的规划与布点等。

2. 详细规划

详细规划是指根据总体规划,对城市整片近期建设地区或较大地段建设的各类建筑及其设施做出具体布置的计划。例如,局部地区近期需要建设的房屋建筑、市政工程、公用事业设施、园林绿化、城市人防工程等。详细规划分为控制性详细规划和修建性详细规划。

(1)控制性详细规划

控制性详细规划是以城市总体规划或分区规划为依据,确定建设地区的土地使用性质和使用强度的控制指标、道路和工程管线控制性位置以及空间环境控制的规划要求。控制性详细规划的重点问题是建筑的高度、密度、容积率等技术数据。

(2)修建性详细规划

修建性详细规划以城市总体规划、分区规划或控制性详细规划为依据,制订用以指导各项建筑和工程设施的设计和施工的规划设计。修建性详细规划可以由有关单位依据控制性详细规划及建设主管部门(城乡规划主管部门)提出的规划条件,委托城市规划编制单位编制。

(三)城乡规划的编制与公布

1. 城乡规划的编制

(1)城乡规划的编制权限

城乡规划的编制需要收集勘察、测绘、气象、地震、水文、环境等多方面的基础资料,进行多方面的发展预测,协调多方面的关系。因此,城乡规划不是一个职能部门能胜任的,需交由多个部门编制。

《城乡规划法》规定,全国城镇体系规划由国务院规划主管部门会同国务院有关部门组织编制,省域城镇体系规划交由省、自治区、直辖市人民政府组织编制。

《城乡规划法》规定,城市人民政府城乡规划主管部门根据城市总体规划的要求,组织编制城市的控制性详细规划。镇人民政府根据镇总体规划的要求,组织编制镇的控制性详细规划,县人民政府所在地镇的控制性详细规划,由县人民政府城乡规划主管部门根据镇总体规划的要求组织编制。城市、县人民政府城乡规划主管部门和镇人民政府可以组织编制重要地块的修建性详细规划。

《城乡规划法》第二十二条规定：乡、镇人民政府组织编制乡规划、村庄规划,报上一级人民政府审批。

（2）城乡规划的审批权限

城乡规划是复杂的、系统的、综合的、政策性的工作。对社会和经济的发展有深刻的影响,因此国家对审批城乡规则的权限有很强的限制。

城乡规划审批权限分为以下几部分。

1）报国务院审批的城乡总体规划。城镇规划体系,包括全国城镇体系规划和省域城镇体系规划;直辖市的城市总体规划;省、自治区人民政府所在地的城市及国务院确定的城市的总体规划,由省、自治区人民政府审查同意后,报国务院审批。

2）报省、自治区人民政府审批的城乡总体规划。除省、自治区人民政府所在地的城市以及国务院确定的城市之外,其他城市的总体规划报省、自治区人民政府审批。

3）报市、县级人民政府审批的城乡规划。县人民政府所在地镇的总体规划报市人民政府审批,其他镇的总体规划报县人民政府审批;乡、镇人民政府组织编制乡规划、村庄规划,报县人民政府审批。城市人民政府城乡规划主管部门组织编制城市的控制性详细规划,经本级人民政府批准后,报本级人民代表大会常务委员会和上一级人民政府备案。镇的控制性详细规划,报县人民政府审批。

2. 城乡规划的公布

城乡规划公布制度是指在规划报批前和批准后,采用适当的方式向全社会公布。《城乡规划法》规定,城乡规划报送审批前,组织编制机关应当依法将城乡规划草案予以公告,并采取论证会、听证会或者其他方式征求专家和公众的意见。公告的时间不得少于三十日。城乡规划批准后,组织编制机关应及时公布城乡规划,法律、行政法规规定不得公开的内容除外。

公布城乡规划有以下作用。

（1）有利于公众参与城乡规划的制定

城乡规划在报审前,组织编制机关依法公告城乡规划草案,并采取恰当的方式征求专家、公众的意见。公众可以通过向组织编制机关提交对草案的意见的方式参与到城乡规划的制订工作中。对公众的意见组织编制机关应充分考虑,并将意见采纳情况及理由附在报审材料中。

城乡规划在批准后,组织编制机关及时公布城乡规划,使公众了解城乡的性质、发展规模和发展方向、各项用地的布局、各项建设的具体安排等,调动公众参与城乡规划实施的积极性和主动性,并促使他们自觉遵守城乡规划,服从城乡规划的管理。

（2）有利于公众监督城乡规划的实施

《城乡规划法》规定,任何单位和个人有权就涉及其利害关系的建设活动是否符合规划的要求向城乡规划主管部分查询,有权向城乡规划主管部分或者有关部门举报或者控告违反城乡规划的行为。城乡规划的公布,增大了城乡规划实施过程的透明度,公众就可以对城乡规划区内的建设活动进行监督,发现问题及时举报,以便城乡规划行政主管部门能够及时制止和处理各种违法占地和违法建设行为。

知识点二、工程建设"一书两证"制度

引入案例

某市有一引资宾馆工程,有关部门特别重视该建设项目。投资方坚持要占用该市总体规划中心地区的一块规划绿地。有关领导自引资开始至选址设计方案均迁就投资方要求,市城乡规划主管部门曾提出过不

同意见,建议另行选址,但未被采纳,也未坚持。之后,投资方依据设计方案擅自开工,市城乡规划主管部门未予以制止。省城乡规划行政主管部门在监督检查中发现此事,立即责成市城乡规划主管部门依法查处。请思考:

【案例评析】

(1)该工程为什么受到查处?

(2)城乡规划主管部门该如何处理此事?

(一)选址意见书制度

1.选址意见书的概念

建设项目的用地选址是城乡规划得以实施的非常重要的一环,关系到城乡建设的性质、规模、布局,也关系到建设项目是否能够进行以及建设用地是否合理。

选址意见书是指,在建设工程在立项过程中,上报的设计任务书必须附有由城乡规划主管部门提出的关于建设项目选在哪个方位的意见。

《城乡规划法》规定,按照国家规定需要有关部门批准或者核准的建设项目,以划拨方式提供国有土地使用权的,建设单位在报送有关部门批准或者核准前,应当向城乡规划主管部门申请核发选址意见书。前款规定以外的建设项目不需要申请选址意见书。

2.选址意见书的内容

1)建设项目的基本情况,主要是指建设项目的名称、性质、用地与建设规模,供水与能源的需求量,采取的运输方式与运输量,以及废水、废气、废渣的排放方式和排放量。

2)建设项目规划选址的主要依据:经批准的项目建议书;建设项目与城市规划布局是否协调;建设项目与城市交通、通信、能源、市政、防灾规划是否衔接与协调;建设项目配套的生活设施与城市生活居住及公共设施规划是否衔接与协调;建设项目对于城市环境可能造成的污染影响,以及与城市环境保护规划和风景名胜、文物古迹保护规划是否协调。

3)建设项目选址,用地范围和具体规划要求。

3.建设项目选址意见书的核发程序

(1)选址申请

建设单位在编制建设项目设计任务时,应向建设项目所在地的县、市、直辖市人民政府规划行政主管部门提出建设项目选址申请。

(2)参加选址

城乡规划行政主管部门与计划部门、建设单位等有关部门一同进行建设项目的选址工作,包括现场勘察,共同商讨,对不同的拟建地址进行比较分析,听取有关部门、单位的意见。

(3)选址审查

城乡规划行政主管部门经过调查研究,分析和采用多方案比较论证,根据城乡规划要求对该建设项目选址进行审查。必要时应组织专家论证会或听证会进行慎重研究或者听取公众意见。

【案例及评析】

(4)核发选址意见书

城乡规划主管部门经过选址审查后,核发选址意见书;核发选址意见书实行分级管理规划。

(二)建设用地规划许可制度

1.建设用地规划许可证的概念和作用

建设用地规划许可证是指城乡规划行政主管部门依据城乡规划的要求和建设项目用地的实际需要,向提出用地申请的建设单位或个人核发的确定建设用地的位置、面积、界限的证件。

核发建设用地规划许可证的目的在于确保土地利用符合城市规划,维护建设单位按照规划使用土地的合法权益,为土地管理部门在规划区内行使权属管理职能提供必要的法律依据。

2. 划拨土地的建设用地规划许可证

《城乡规划法》第三十七条规定,在城市、镇规划区内以划拨方式提供国有土地使用权的建设项目,经有关部门批准、核准、备案后,建设单位应当向城市、县人民政府城乡规划主管部门提出建设用地规划许可申请,由城市、县人民政府城乡规划主管部门依据控制性详细规划核定建设用地的位置、面积、允许建设的范围,核发建设用地规划许可证。

建设单位在取得建设用地规划许可证后,方可向县级以上地方人民政府土地主管部门申请用地,经县级以上人民政府审批后,由土地主管部门划拨土地。

以划拨方式取得国有土地使用权的建设项目,建设用地规划许可证的办理程序见图4-2。

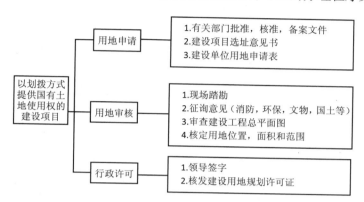

图 4-2 建设用地规划许可证(划拨)的办理程序

具体内容如下。

1)用地申请。凡在城市规划区内进行建设需要申请用地的,必须持国家批准建设项目的有关文件,向城乡规划主管部门提出申请。

2)确定位置和界限。城市规划行政主管部门在受理申请后,与有关单位一起到用地现场进行实地调查、踏勘。同时,向其他相关部门(如环境保护、消防安全、文物保护、土地管理等方面的主管部门)征求意见。

3)提供规划设计条件。在用地申请初审后,向申请人提供建设用地红线图,并提出规划设计要求。

4)提供规划设计总图。根据用地申请人上报的总平面和相关设计,城市规划行政主管部门根据城市规划要求和用地实际情况,依据合理用地、节约用地的原则,核定用地面积。

5)核发建设用地规划许可证。经上述审查合格后,城市规划行政主管部门向申请人颁发建设用地规划许可证。

3. 出让土地的建设用地规划许可证

《城乡规划法》规定,在城市、镇规划区内以出让方式提供国有土地使用权的,在国有土地使用权出让前,城市、县人民政府城乡规划主管部门应当依据控制性详细规划,提出出让地块的位置、使用性质、开发强度等规划条件,作为国有土地使用权出让合同的组成部分。未确定规划条件的地块,不得出让国有土地使用权。

以出让方式取得国有土地使用权的建设项目,建设单位在取得建设项目的批准、核准、备案文件和签订国有土地使用权出让合同后,向城市、县人民政府城乡规划主管部门领取建设用地规划许可证。

城市、县人民政府城乡规划主管部门不得在建设用地规划许可证中,擅自改变作为国有土地使用权出让合同组成部分的规划条件。

规划条件未纳入国有土地使用权出让合同的,该国有土地使用权出让合同无效;对未取得建设用地规划许可证的建设单位批准用地的,由县级以上人民政府撤销有关批准文件;占用土地的,应当及时退回;给当事人造成损失的,应当依法给予赔偿。

规划条件是指由城市、县人民政府城乡规划主管部门根据控制性详细规划提出的包括出让地块的位置、使用性质、开发强度等方面的要求。规划设计条件应当包括地块面积、土地使用性质、容积率、建筑密度、建筑高度、停车泊位、主要出入口、绿地比例、须配置的公共设施、工程设施、建筑界线、开发期限以及其他要求。

以出让方式取得国有土地使用权的建设项目，建设用地规划许可证的办理程序见图4-3。

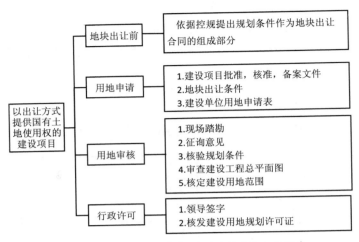

图4-3　建设用地规划许可证（出让）的办理程序

具体内容如下。

1）申请并取得规划条件。向城乡规划主管部门申请并取得规划条件。

2）申请并取得建设用地规划许可证。持建设项目的批准、核准、备案文件与土地管理部门签订的土地出让合同，并按期缴纳完毕出让金，向城乡规划主管部门申请并取得建设用地规划许可证。

（三）建设工程规划许可制度

1. 建设工程规划许可证的概念

建设工程规划许可证是指乡规划行政主管部门向建设单位或个人核发的确认其建设工程符合城乡规划要求的证件。它是申请工程开工的必备证件。《城乡规划法》第四十条规定，在城市、镇规划区内进行建筑物、构筑物、道路、管线和其他工程建设的，建设单位或者个人应当向城市、县人民政府城乡规划主管部门或者省、自治区、直辖市人民政府确定的镇人民政府申请办理建设工程规划许可证。

建设工程规划许可证是建设工程符合规划要求的法律凭证，是建设单位向建设行政主管部门申请施工许可的前提。建设工程的规划许可，一是可以确认城市中有关建设活动符合法定规划的要求，确保建设主体的合法权益；二是可以作为建设活动进行过程中接受监督检查时的法定依据；三是可以作为城乡建设档案的重要内容。

2. 建设工程规划许可证的核发程序

（1）申请单位或个人需提交必要的材料

提交的材料主要包括：使用土地的有关证明文件和建设工程设计方案等文件、需要编制修建性详细规划的建设项目、提交修建性详细规划。

（2）审批机关的审查

城市、县人民政府城乡规划主管部门或者省、自治区、直辖市人民政府确定的镇人民政府，根据控制性详细规划和其他规划条件，对上述材料进行审查，符合要求的，予以核发建设工程规划许可证。

（3）依法公布修建性详细规划和建设工程设计方案的总平面图

城市、县人民政府城乡规划主管部门或者省、自治区、直辖市人民政府确定的镇人民政府应当依法将经审定的修建性详细规划、建设工程设计方案的总平面图予以公布。

思 政 园 地

《住房和城乡建设部关于在实施城市更新行动中防止大拆大建问题的通知》指出，实施城市更新行动要顺应城市发展规律，尊重人民群众意愿，以内涵集约、绿色低碳发展为路径，转变城市开发建设方式，坚持"留改拆"并举、以保留利用提升为主，加强修缮改造，补齐城市短板，注重提升功能，增强城市活力。近期，各地积极推动实施城市更新行动，但有些地方出现继续沿用过度房地产化的开发建设方式、大拆大建、急功近利的倾向,随意拆除老建筑、搬迁居民、砍伐老树,变相抬高房价,增加生活成本,产生了新的城市问题。

知识点三、违法行为及法律责任

(一)城乡规划主管部门的违法行为及法律责任

镇人民政府或者县级以上人民政府城乡规划主管部门有下列行为之一的,由本级人民政府、上级人民政府城乡规划主管部门或者监察机关依据职权责令改正,通报批评;对直接负责的主管人员和其他直接责任人员依法给予处分。

1)未依法组织编制城市的控制性详细规划、县人民政府所在地镇的控制性详细规划的。

2)超越职权或者对不符合法定条件的申请人核发选址意见书、建设用地规划许可证、建设工程规划许可证、乡村建设规划许可证的。

3)对符合法定条件的申请人未在法定期限内核发选址意见书、建设用地规划许可证、建设工程规划许可证、乡村建设规划许可证的。

4)未依法对经审定的修建性详细规划、建设工程设计方案的总平面图予以公布的。

5)同意修改修建性详细规划、建设工程设计方案的总平面图前未采取听证会等形式听取利害关系人的意见的。

6)发现未依法取得规划许可或者违反规划许可的规定在规划区内进行建设的行为,而不予查处或者接到举报后不依法处理的。

(二)政府有关部门的违法行为及法律责任

县级以上人民政府有关部门有下列行为之一的,由本级人民政府或者上级人民政府有关部门责令改正,通报批评;对直接负责的主管人员和其他直接责任人员依法给予处分。

1)对未依法取得选址意见书的建设项目核发建设项目批准文件的。

2)未依法在国有土地使用权出让合同中确定规划条件或者改变国有土地使用权出让合同中依法确定的规划条件的。

3)对未依法取得建设用地规划许可证的建设单位划拨国有土地使用权的。

(三)城乡规划编制单位的违法行为及法律责任

城乡规划编制单位有下列行为之一的,由所在地城市、县人民政府城乡规划主管部门责令限期改正,处合同约定的规划编制费一倍以上二倍以下的罚款;情节严重的,责令停业整顿,由原发证机关降低资质等级或者吊销资质证书;造成损失的,依法承担赔偿责任。

1)超越资质等级许可的范围承揽城乡规划编制工作的。

2)违反国家有关标准编制城乡规划的。

未依法取得资质证书承揽城乡规划编制工作的,由县级以上地方人民政府城乡规划主管部门责令停止违法行为,依照前款规定处以罚款;造成损失的,依法承担赔偿责任。以欺骗手段取得资质证书承揽城乡规划编制工作的,由原发证机关吊销资质证书,依照本条第一款规定处以罚款;造成损失的,依法承担赔偿责任。城乡规划编制单位取得资质证书后,不再符合相应资质条件的,由原发证机关责令限期改正;逾期不改正的,降低资质等级或者吊销资质证书。

(四)建设单位或者个人的违法行为及法律责任

未取得建设工程规划许可证或者未按照建设工程规划许可证的规定进行建设的,由县级以上地方人民政府城乡规划主管部门责令停止建设;尚可采取改正措施消除对规划实施的影响的,限期改正,处建设工程造价5%以上10%以下的罚款;无法采取改正措施消除影响的,限期拆除,不能拆除的,没收实物或者违法收入,可以并处建设工程造价10%以下的罚款。在乡、村庄规划区内未依法取得乡村建设规划许可证或者未按照乡村建设规划许可证的规定进行建设的,由

【案例详情】

乡、镇人民政府责令停止建设、限期改正；逾期不改正的，可以拆除。城乡规划主管部门做出责令停止建设或者限期拆除的决定后，当事人不停止建设或者逾期不拆除的，建设工程所在地县级以上地方人民政府可以责成有关部门采取查封施工现场、强制拆除等措施。

随堂测试

1. 建筑空间布局、景观环境设计，市民活动的组织等内容属于(　　　　)的编制内容。

A. 土地利用总体规划　　B. 城市总体规划　　　C. 控制性详细规划　　　D. 修建性详细规划

2. 在城市、镇规划区内以划拨方式提供国有土地使用权的建设项目，需要通过的主要行政批准手续依次是(　　　　)。

A. 选址意见书→立项批准→建设用地规划许可→国有土地使用证→建设工程规划许可证→施工许可证

B. 立项批准→选址意见书→建设用地规划许可→国有土地使用证→建设工程规划许可证→施工许可证

C. 选址意见书→立项批准→国有土地使用证→建设用地规划许可→建设工程规划许可证→施工许可证

D. 选址意见书→国有土地使用证→立项批准→建设用地规划许可→建设工程规划许可证→施工许可证

3. 下列关于建设用地规划许可证的说法错误的是(　　　　)。

A. 规划条件应作为国有土地使用权出让合同的组成部分

B. 未确定规划条件的地块，不得出让国有土地使用权

C. 城市、县人民政府城乡规划主管部门不得在建设用地规划许可证中，擅自改变作为国有土地使用权出让合同组成部分的规划条件

D. 在国有土地使用权出让前，城市、县人民政府土地管理部门应当依据控制性详细规划，提出出让地块的位置、使用性质、开发强度等规划条件

4. 城市规划管理实行的"一书两证"制度，指的是(　　　　)。

A. 城市规划编制资质证书，建设用地规划许可证，建设工程规划许可证

B. 建筑项目选址意见书，建设用地规划许可证，建设工程规划许可证

C. 建筑项目可行性研究报告书，国有土地使用证，建设工程规划许可证

D. 建筑项目环境影响报告书，国有土地使用证，建设工程规划许可证

5. 根据《中华人民共和国城乡规划法》，由城市、县人民政府城乡规划主管部门依据(　　　　)核定建设用地的位置、面积、允许建设的范围，核发建设用地规划许可证。

A. 控制性详细规划　　　　　　　　　　B. 修建性详细规划

C. 选址意见书　　　　　　　　　　　　D. 项目建议书

6. 下列关于选址意见书的说法正确的是(　　　　)。

A. 以划拨方式提供国有土地使用权的都要办理选址意见书

B. 以出让方式提供国有土地使用权的都要办理选址意见书

C. 建设单位应当向城乡规划主管部门申请核发选址意见书

D. 建设单位应当向建设行政主管部门申请核发选址意见书

7. 选址意见书的核发程序中包括：①选址审查；②参加选址；③选址申请；④核发选址意见书等步骤，排列顺序正确的是(　　　　)。

A ①②③④　　　　　　B ①③②④　　　　　　C ③①②④　　　　　　D ②①③④

8. 下列关于建设用地规划许可证的说法正确的是(　　　　)。

A. 城市、县人民政府城乡规划主管部门依据控制性详细规划核定建设用地的位置、面积、允许建设的范

围

B. 城市、县人民政府城乡规划主管部门依据修建性详细规划核定建设用地的位置、面积、允许建设的范围

C. 建设单位在取得建设用地规划许可证之前,即可向县级以上地方人民政府土地主管部门申请用地

D. 建设单位在取得建设用地规划许可证后,方可向县级以上地方人民政府申请用地

9. ( )未纳入国有土地使用权出让合同时,该国有土地使用权出让合同无效。

A. 土地性质   B. 土地用途   C. 规划条件   D. 规划要点

10. 城市、县人民政府城乡规划主管部门或者省人民政府确定的镇人民政府应当依法将经审定的修建性详细规划、( )予以公布。

A. 建设工程设计方案的总平面图   B. 规划条件通知书

C. 建设用地规划许可证   D. 建设工程施工图

11. 城市规划分为总体规划和详细规划,详细规划分为( )。

A. 乡村详细规划   B. 城镇详细规划   C. 控制性详细规划   D. 修建性详细规划

E. 综合性详细规划

12. 以出让方式取得国有土地使用权的建设项目,在签订国有土地使用权出让合同后,建设单位应当持( ),向城市、县人民政府城乡规划主管部门领取建设用地规划许可证。

A. 建设项目的批准、核准、备案文件   B. 建设项目的选址意见书

C. 建设项目的环境影响评价报告   D. 建设工程设计方案

E. 国有土地使用权出让合同

13. 城市、县人民政府城乡规划主管部门或者省、自治区、直辖市人民政府确定的镇人民政府应当依法将经审定的( )予以公布。

A. 控制性详细规划   B. 修建性详细规划

C. 建设工程设计方案   D. 建设工程设计方案的总平面图

E. 建设工程施工图

14. 根据《城乡规划法》,未经批准进行临时建设的,可能会承担的法律责任有( )。

A. 停止建设   B. 重新办理规划许可证

C. 罚款   D. 限期拆除

E. 没收实物或者违法收入

15. 根据《城乡规划法》,未取得建设工程规划许可证或者未按照建设工程规划许可证的规定进行建设,可能会承担的法律责任有( )。

A. 停止建设   B. 重新办理规划许可证

C. 不予竣工验收   D. 限期拆除

E. 没收实物或者违法收入

任务 4.2 如何取得建设用土地?

引入案例

2023 年 8 月 1 日,昆明市官渡区人民政府发布了《关于对昆明保谕房地产开发有限公司 KCGD2018-23 号地块"名江百嘉商业中心"项目 1 宗闲置土地情况公示》。该公示称,昆明保谕房地产开发有限公司(以下简称保谕公司)通过出让方式取得位于官渡区金马街道办事处东旭骏城小区旁归十路与凤庆路交叉口东南侧 KCGD2018-23 号地块国有建设用地使用权,项目名称为"名江百嘉商业中心",不动产权证书号为

云（2019）官渡区不动产权第0589291号,批准用途为批发零售用地,面积约为29.17亩。保喻公司于2022年7月1日与我局签订了该宗地《国有建设用地使用权出让合同（合同补充条款）》（合同编号:CR53昆明市官渡2019017号),合同约定该宗地建设项目在2021年9月27日之前开工,在2024年9月27日之前竣工。

因保喻公司未按约定的开工时间动工建设,经2023年7月25日昆明市官渡区人民政府会审,认定该宗地为闲置土地,闲置原因属企业和政府、政府有关部门共同的行为造成,将根据《闲置土地处置办法》（中华人民共和国国土资源部令第53号）有关规定进行处置。

请思考:

（1）建设项目如何获取土地使用权?

（2）建设单位在利用土地时有什么要求?

>>>

知识点一、土地管理法概述

广义的土地是指地球表面能够为人们所控制和利用的陆地,上至一定高度的空间,下至地壳一定深度的立体空间中的自然物。狭义的土地是指一国领域范围内的陆地、内陆水域、滩涂、岛屿等一切土地。

土地是人类赖以生存和发展的活动空间和场所,一般从物权法的角度,土地的概念可以表述为,能够为人们所控制和利用的,有一定四至（土地的四边界线或四周与邻地分界线）的陆地表层与地表上下一定空间之和。

《中华人民共和国土地管理法》（以下简称《土地管理法》）根据土地的用途将土地分为三类:农用地、建设用地和未利用土地。农用地是指直接用于农业生产的土地,包括耕地、林地、草地、农田水利用地、养殖水面等。建设用地是指建造建筑物、构筑物的土地,包括城乡住宅和公共设施用地、工矿用地、交通水利设施用地、旅游用地、军事设施用地等。未利用地是指农用地和建设用地以外的土地。

知识点二、土地权属制度

（一）土地所有权

土地所有权是指国家或者农民集体依法对其所有的土地行使占有,使用,收益和处分的权利。我国实行的是社会主义公有制,土地所有权分为国家土地所有权和农民集体土地所有权。

1.国家土地所有权

国家土地所有权是指国家代表全体人民对国有土地依法占有、使用、收益和处分的权利。

根据《土地管理法》等有关法律的规定,国家对下述范围内的土地享有所有权。

1）城市市区（城市建成区）的土地。

2）农村和城市郊区中已经依法没收、征收、征购为国有的土地。

3）依法不属于集体所有的林地、草地、荒地、滩涂以及其他土地。

4）国家依法征用的土地。

5）农村集体经济组织全部成员转为城镇居民的,原属于其成员集体所有的土地。

6）因国家组织移民、自然灾害等原因,农民从建制地集体迁移后不再使用的原属于迁移农民集体所有的土地。

7）土地所有权有争议,不能依法证明争议的土地属于农民集体所有的,属于国家。

《土地管理法》规定,国家所有土地的所有权由国务院代表国家行使。但由于国务院无法直接行使土地所有权,在现实生活中是由地方各级人民政府,主要是由市、县人民政府及其土地管理部门实际行使该项权利,并依法报上级人民政府审批及向上级人民政府上缴部分土地收益。

2. 集体土地所有权

集体土地所有权是指农民集体全体成员依法对其所有的土地进行占有、使用、收益、处分的权利。在我国,农民集体所有的土地分别属于村民农民集体、乡(镇)农民集体和村民小组。

根据《土地管理法》等有关法规的规定,农民集体所有权的土地范围如下。

1)除由法律规定属于国家所有以外的农村和城市郊区的土地。

2)农村村民的宅基地和自留地、自留山。

3)土地改革时期分给农民并颁发了土地所有权证,现在仍由村或乡农民集体经济组织或其成员使用的。

4)不具上述情形,但农民集体连续使用其他农民集体所有的土地已满20年的,或者虽然未满20年但经县级以上人民政府根据具体情况确认其所有权的。

根据《土地管理法》的相关规定,农民集体所有的土地依法属于村农民集体所有的,由村集体经济组织或者村民委员会经营、管理;已经分别属于村内两个以上农村集体经济组织的农民集体所有的,由村内各经济组织或者村民小组经营、管理;已经属于乡(镇)农民集体所有的,由乡(镇)集体经济组织经营、管理。

(二)土地使用权

土地使用权是指土地使用人(法人、自然人、非法人组织)根据法律规定或合同的约定,依法对国家或集体所有的土地所享有的占有、使用、收益的权利。《土地管理法》规定,国有土地和农民集体所有的土地,可以依法确定给单位或者个人使用。

1. 国有土地使用权

国有土地使用权是指土地使用人依法对国有土地进行占有、使用、收益的权利。凡符合依法使用国有土地条件的单位和个人均可成为国有土地使用者。《土地管理法》规定,国家依法实行国有土地有偿使用制度。但是,国家在法律规定的范围内划拨国有土地使用权的除外。

可见,国有土地使用权的取得主要包括有偿使用和划拨两种方式。

2. 集体土地使用权

集体土地使用权是指农村集体经济组织及其成员以及符合法律规定的其他组织和个人依法对集体所有的土地享有占有、使用、收益的权利。

集体土地使用权依照土地的用途可划分为农地使用权(农业生产)和农村建设用地使用权(非农业生产)。

知识点三、建设用地

(一)建设用地的概念

建设用地是指建造建筑物、构筑物的土地,包括城乡住宅和公共设施用地、工矿用地、交通水利设施用地、旅游用地、军事设施用地等。

从广义上讲,建设用地是指一切非农建设和农业建设用地。根据《土地管理法》的规定,建设用地可以分为国有建设用地和农民集体所有建设用地。

(二)国有建设用地的取得

1. 土地使用权出让

土地使用权出让是指国家将国有土地使用权(以下简称土地使用权)在一定年限内出让给土地使用者,由土地使用者向国家支付土地使用权出让金的行为。土地使用权出让为土地的一级市场。根据房地产业的现行国家政策,国家垄断城镇土地一级市场,实行土地使用权有偿、有期限出让制度。

（1）出让方式

《中华人民共和国土地管理法实施条例》规定,国有土地使用权出让、国有土地租赁等应当依照国家有关规定通过公开的交易平台进行交易,并纳入统一的公共资源交易平台体系。除依法可以采取协议方式外,应当采取招标、拍卖、挂牌等竞争性方式确定土地使用者。因此,我国土地使用权的出让方式有四种:协议、招标、拍卖和挂牌。

协议出让是指出让方与受让方(土地使用者)通过谈判、协商,最终达成出让土地使用权一致意见的一种方式。 具体而言,首先土地使用权的有意受让人直接向国有土地的代表提出有偿使用土地的愿望,由国有土地的代表与有意受让人进行谈判和切磋,协商出让土地使用的有关事宜的一种出让方式。它主要适用于工业项目、市政公益事业项目、非盈利项目及政府为调整经济结构、实施产业政策而需要给予扶持、优惠的项目,采取此方式出让土地使用权的出让金不得低于国家规定所确定的最低价。以协议方式出让土地使用权,没有引入竞争机制,不具有公开性,人为因素较多,因此对这种方式要加以必要限制,以免造成不公平竞争、以权谋私及国有资产流失。

招标出让是指出让人发布招标公告,邀请特定或者不特定的单位或个人在规定的期限以内参加土地使用权书面投标,由招标方根据招投标结果择优确定土地使用者的方式。具体而言,在规定的期限内由符合受让条件的单位或者个人(受让方)根据出让方提出的条件,以密封书面投标形式竞报某地块的使用权,由招标小组经过开标、评标,最后择优确定中标者。投标内容由招标小组确定,可仅规定出标价,也可既规定出标价,又提出一个规划设计方案,开标、评标、决标须经公证机关公证。招标出让的方式主要适用于一些大型或关键性的发展计划与投资项目。土地使用权的招标投标应当遵循《招标拍卖挂牌出让国有土地使用权规定》《中华人民共和国招标投标法》的规定进行。

拍卖出让是指在指定的时间、地点利用公开场合,由政府的代表者主持拍卖土地使用权,土地公开叫价竞报,按"价高者得"的原则确定土地使用权受让人的一种方式。拍卖与招标不同之处在于,拍卖是按"价高者得"确定受让人,招标是按"最优者得"确定受让人,招标中最高标价不一定赢得竞投,还要综合考察其他条件,如规划设计方案。招标方式中,各投标人互不知道他方所提竞投条件,投标人也只有一次投标机会,投标书一经投出,不得随意更改,而拍卖则是各应买者之间的公开投标,报价随时可以提高。

拍卖出让方式引进了竞争机制,排除了人为干扰,政府也可获得最高收益,较大幅度地增加财政收入。这种方式主要适用于投资环境好、盈利大、竞争性强的商业、金融业、旅游业和娱乐业用地,特别是大中城市的黄金地段。

挂牌出让是指出让人发布挂牌公告,按照公告规定的期限将拟出让宗地的交易条件在指定的土地交易所挂牌公布,接受竞买人的报价申请并更新挂牌价格,根据挂牌期限截至时的出价结果确定土地使用者的方式。

挂牌确认成交的规则:在挂牌期限内只有一个竞买人报价的,且报价不低于底价,挂牌成交;在挂牌期限内有两个或两个以上的竞买人报价的,出价最高者为竞得人;报价相同的,先提交报价单者为竞得人(必须高于底价);在挂牌期内无应价者或者竞买人的报价均低于底价的,挂牌不成交。

挂牌也是一种公开竞价确定受让人的方式,也能很好地确保土地交易的公开、公平、公正,促进土地市场的健康发展。这种方式和拍卖招标相比,在竞得人遴选上,更加灵活,并且简便易行,费用低廉,特别适合那些地块较小、起价较低的项目。

（2）土地使用权出让的年限

土地使用权出让的年限,是指国家许可土地使用者可以使用国有土地的期限,包括国家法律规定的最高年限和合同具体约定的实际出让年限。

国家法律规定的出让土地使用权的最高使用年限,就是法律规定的一次签约出让土地使用权的最高年限。土地使用权年限届满时,土地使用者可以申请续期,具体由出让方和受让方在签订合同时确定,但不能高于法律规定的最高年限。考虑到我国国民经济和社会发展过程中的一系列变化的因素,《中华人民共和国城市房地产管理法》(以下简称《城市房地产管理法》)对土地使用权出让最高年限仅做了授权性的规定:"土地使用权出让最高年限由国务院规定。"

据此,《中华人民共和国国有土地使用权出让和转让暂行条例》按照出让土地的用途不同规定了各类用地使用权出让的最高年限:居住用地 70 年;工业用地 50 年;教育、科技、文化、卫生、体育用地 50 年;商业、旅游、娱乐用 40 年;综合或者其他用地 50 年。

合同约定的实际出让年限,是指出让方与受让方在出让合同中具体约定的受让方得以使用土地的期限。合同约定的出让年限,不得超过法律限定的最高年限。在国家法律规定的最高年限内,出让方和受让方可以自由约定土地使用权出让的年限。

2. 土地使用权转让

（1）土地使用权转让的概念

土地使用权转让是指土地使用者将土地使用权再转移的行为,包括出售、交换和赠与。但是,未按土地使用权出让合同规定的期限和条件投资开发、利用土地的,土地使用权不得转让。

（2）土地使用权转让的要求

土地使用权转让时,土地使用权出让合同和登记文件中所载明的权利、义务随之转移。土地使用者通过转让方式取得的土地使用权,其使用年限为土地使用权出让合同规定的使用年限减去原土地使用者已使用年限后的剩余年限。

土地使用权转让时,其地上建筑物、其他附着物所有权随之转让。地上建筑物、其他附着物的所有人或者共有人,享有该建筑物、附着物使用范围内的土地使用权。土地使用者转让地上建筑物、其他附着物所有权时,其使用范围内的土地使用权随之转让,但地上建筑物、其他附着物作为动产转让的除外。

土地使用权和地上建筑物、其他附着物所有权转让,应当依照规定办理过户登记。土地使用权和地上建筑物、其他附着物所有权分割转让的,应当经市、县人民政府土地管理部门和房产管理部门批准,并依照规定办理过户登记。土地使用权转让价格明显低于市场价格的,市、县人民政府有优先购买权。土地使用权转让的市场价格不合理上涨时,市、县人民政府可以采取必要的措施。土地使用权转让后,需要改变土地使用权出让合同规定的土地用途的,依照相关法律规定办理。

3. 临时用地

临时用地指在建设施工过程中或者地质勘查过程中需要临时使用国有或者集体所有的土地,使用完毕后,即恢复土地原状或改善土地利用状况,并归还土地所有人。

在建设施工过程中或者地质勘查过程中需要临时使用国有或者集体所有土地的应由建设单位向批准工程项目用地的机关提出临时用地申请,取得批准后,由建设单位与土地所有单位签订临时用地协议(征用而非征收),临时使用土地的使用者应当按照临时用地协议约定的用途使用土地,不得改变批准的用途,不得从事生产性、经营性活动,不得修建永久性建筑。临时使用土地期限一般不超过二年。期满后由建设单位清理场地并支付相应费用,到土地管理部门进行注销登记。临时使用土地如果超期可再次提出申请,不退地又不申请续期的视为违章用地。

4. 土地使用权划拨

土地使用权划拨,是指县级以上人民政府依法批准在土地使用者缴纳补偿、安置等费用后将该幅土地交付其使用,或者将土地使用权无偿交付给土地使用者使用的行为。以划拨方式取得土地使用权的,除法律、行政法规另有规定者外,没有使用期限的限制,划拨国有土地使用权是国有土地有偿、有限期使用制度的一种例外和补充。

根据《土地管理法》规定,建设单位使用国有土地,应当以出让等有偿使用方式取得;但是,下列建设用地,经县级以上人民政府依法批准,可以以划拨方式取得。

1）国家机关用地和军事用地。

2）城市基础设施用地和公益事业用地。

3）国家重点扶持的能源、交通、水利等基础设施用地。

4）法律、行政法规规定的其他用地。

明确土地使用权划拨的范围有两方面的意义:一是对土地利用的竞争领域和非竞争领域做出明确的法律界定,从而有利于分类管理;二是有利于明确产业政策和公共政策在土地利用领域的作用范围。

（三）建设用地使用权的消灭

1. 使用期限届满未续期

《民法典》规定，住宅建设用地使用权期限届满的，自动续期。续期费用的缴纳或者减免，依照法律、行政法规的规定办理。非住宅建设用地使用权期限届满后的续期，依照法律规定办理。该土地上的房屋以及其他不动产的归属，有约定的，按照约定；没有约定或者约定不明确的，依照法律、行政法规的规定办理。

《城市房地产管理法》规定，土地使用权出让合同约定的使用年限届满，土地使用者需要继续使用土地的，应当至迟于届满前一年申请续期，除根据社会公共利益需要收回该幅土地的，应当予以批准。经批准准予续期的，应当重新签订土地使用权出让合同，依照规定支付土地使用权出让金。土地使用权出让合同约定的使用年限届满，土地使用者未申请续期或者虽申请续期但依照前款规定未获批准的，土地使用权由国家无偿收回。

2. 依法收回

《土地管理法》规定，有下列情形之一的，由有关人民政府自然资源主管部门报经原批准用地的人民政府或者有批准权的人民政府批准，可以收回国有土地使用权。

1）为实施城市规划进行旧城区改建以及其他公共利益需要，确需使用土地的。

2）土地出让等有偿使用合同约定的使用期限届满，土地使用者未申请续期或者申请续期未获批准的。

3）因单位撤销、迁移等原因，停止使用原划拨的国有土地的。

4）公路、铁路、机场、矿场等经核准报废的。

《民法典》规定，建设用地使用权期限届满前，因公共利益需要提前收回该土地的，应当对该土地上的房屋以及其他不动产给予补偿，并退还相应的出让金。

《城市房地产管理法》规定，以出让方式取得土地使用权进行房地产开发的，必须按照土地使用权出让合同约定的土地用途、动工开发期限开发土地。超过出让合同约定的动工开发日期满一年未动工开发的，可以征收相当于土地使用权出让金20%以下的土地闲置费；满二年未动工开发的，可以无偿收回土地使用权；但是，因不可抗力或者政府、政府有关部门的行为或者动工开发必需的前期工作造成动工开发迟延的除外。

随堂测试

1. 以下不属于土地使用权应有内容的是（　　）。
A. 所有权　　　　　　B. 处分权　　　　　　C. 使用权　　　　　　D. 收益权

2. 关于国有土地建设用地使用权的说法，错误的是（　　）。
A. 国有土地建设用地使用权属于用益物权
B. 国有土地建设用地使用权可以通过出让或划拨方式设立
C. 国有土地建设用地使用权期限届满前，因公共利益需要可以提前收回
D. 国有土地建设用地使用权期限届满的，自动续期

3. 某一出让娱乐用地使用权的合同，已使用了10年，则转让后的土地使用权年限最多为（　　）。
A. 60年　　　　　　B. 50年　　　　　　C. 40年　　　　　　D. 30年

4. 下列关于出让土地使用权的说法中错误的是（　　）。
A. 必须符合土地利用总体规划、城市规划和年度建设用地计划
B. 土地使用权出让是国家将国有土地使用权出让的行为
C. 土地使用权的出让是有期限和有偿的
D. 土地使用证取得使用权的范围包含地下之物

5. 下列有关土地使用权出让合同约定的使用年限届满，土地使用者需要继续使用土地的说法中错误的是（　　）。
A. 应当至迟于届满前1年申请续期　　　　　B. 土地使用权自动续期
C. 需要重新签订土地使用权出让合同　　　　D. 需要按规定支付土地使用权出让金

6. 某市甲房地产开发总公司与乙公司签订了一份土地使用权转让合同,乙公司将其拥有使用权的一块土地转让给甲公司,甲公司支付了转让费。不久,在甲公司正式开工之前,乙公司就同一块土地与丙公司签订了土地使用权转让合同,并协助丙公司办理了土地使用权过户登记手续。本案中,拥有该土地使用权的是(　　)。

　　A. 甲　　　　　　　　B. 乙　　　　　　　　C. 丙　　　　　　　　D. 乙、丙共同拥有

7. 关于建设用地使用权的说法,正确的是(　　)。

　　A. 建设用地使用权存在于国家所有和集体所有的土地上

　　B. 建设用地使用权的设立可以采取转让方式

　　C. 建设用地使用权流转时,附着于该土地上的建筑物、构筑物及附属设施应一并处分

　　D. 建设用地使用权期间届满的,自动续期

8. 根据我国相关法律规定,下列各项中可以通过划拨方式取得国有土地使用权的有(　　)。

　　A. 三峡水利枢纽工程用地　　　　　　　　B. 北京市民政局用地

　　C. 奥运会主会场之一的"水立方"用地　　　D. 商品房开发用地

　　E. 娱乐设施用地

本模块小结

　　城乡规划是城乡建设和城乡管理的基本依据,包括城镇体系规划、城市规划、镇规划、乡规划和村庄规划。城市规划、镇规划分为总体规划和详细规划。详细规划分为控制性详细规划和修建性详细规划。工程建设"一书两证"包括:选址意见书、建设用地规划许可证、建设工程规划许可证。对于大多数建设工程来说,建设用地规划许可证和建设工程规划许可证是项目开工建设的必备证件。

　　土地是重要的自然资源,根据土地用途分为农用地、建设用地和未利用土地。土地所有权分为国家土地所有权和集体土地所有权。建造建筑物、构筑物应当在建设用地上进行,建设用地分为国有建设用地和农民集体所有建设用地。取得国有建设用地使用权可以通过出让、划拨、转让等方式。我国土地使用权的出让方式有四种:协议、招标、拍卖和挂牌。建设用地在使用期限届满未续期、依法收回等情况下,其使用权消灭。

思考与讨论

　　1. 某市红星中学拟另行选址兴建新校区,该项目欲利用该市专项资金,请绘制该项目取得"一书两证"的流程,并指出在办理"一书两证"时,应当提交哪些材料?

　　2. 某区政府大力开展旧城改造工作,建设单位对城市中心旧城危房地段拆迁后,进行住宅建设,该地块用地面积 22 700 平方米,用地改造为住宅,总建设规模 58 000 平方米,建设高度控制不超过 18 米,区政府主要领导根据地区发展需要,决定沿街的建设性质调整为高层商业及办公楼,另外,整个项目的总建筑规模调整为 87 000 平方米。区土地部门与建设单位签订了国有土地使用合同,土地用途为住宅。区规划局经请求区领导同意,为该项目核发了建设工程规划许可证。

　　当该地块两栋住宅已封顶,商业办公楼已建设到地下 1 层部分,市规划巡查执法部门在检查中发现了该项目的有关建设情况,责令建设单位立即停工,听候处理。

　　请问该项目为什么受到查处? 市规划部门应如何处理?

　　3. A 酒店与某市公园签订租赁合同,双方商定由 A 酒店承租公园内的醉仙饭店,并投资改建为 A 酒店的分店,原醉仙饭店的土地使用权属于园林局。改建期间,建设单位在原醉仙饭店的北侧加建一幢三层面积为 900 平方米的附属用房,在西侧加建一幢四层面积为 1 500 平方米的酒楼雅座。

　　相关部门发现后,对建设单位做出了没收加建的建筑物的处罚决定。

　　(1)酒店改建需要办理什么手续? 应该由谁办理?

　　(2)酒店改建过程中存在哪些不符合规定的行为?

　　(3)相关部门的处罚是否正确? 建设单位如不服处罚决定,可以采取什么措施?

4. 20×× 年 9 月 29 日,住房和城乡建设部发布了关于湖北省荆州市巨型关公雕像项目有关问题的通报,通报指出:"湖北省荆州市在古城历史城区范围内建设的巨型关公雕像,高达 57.3 米,违反了经批准的《荆州历史文化名城保护规划》有关规定,破坏了古城风貌和历史文脉。"据有关媒体报道,承建单位荆州旅游集团在多年前向荆州市住建部门和规划部门提交的施工许可和规划许可的申请,内容是雕像基座建设,并未包括雕像建设。申请很快得到审批。但在施工过程中,建设方在基座上加建了巨型关公雕像。这座雕像并没有报批任何的许可手续,是"违法建筑"。

(1)建设项目应当取得的"一书两证"是指什么?

(2)为什么说该关公雕像项目是"违法建筑"?

(3)该项目给我们带来了什么启示?

5. 山西省应急管理厅公布了《临汾市襄汾县聚仙饭店"8·29"重大坍塌事故调查报告》。调查认定,临汾市襄汾县聚仙饭店"8·29"重大坍塌事故,是一起因违法违规占地建设,且在无专业设计、无资质施工的情形下,多次盲目改造扩建,建筑物工程质量存在严重缺陷,导致在经营活动中部分建筑物坍塌的生产安全责任事故。

调查报告对占地及查处情况的通报指出,聚仙饭店总占地面积 1.72 亩(1 亩 ≈666.7 平方米),是祁建华先后 5 次占用本人家庭承包责任田所建,无集体土地建设用地审批手续。20×× 年 4 月 10 日,有群众向原襄汾县土地管理局举报"祁建华非法占用集体耕地建聚仙饭店"。原襄汾县土地管理局对祁建华违法占用耕地建房问题进行立案调查,依据襄汾县人民政府关于非农建设用地清查工作有关政策,考虑到祁建华没有宅基地,按照一户 3 分宅基地的标准,要求祁建华补办 191.06 平方米(0.28 亩)宅基地手续,并做出处罚决定。祁建华未补办宅基地手续、也未履行处罚决定。当年 12 月 16 日,原襄汾县国土资源局向襄汾县人民法院申请强制执行;第二年 1 月 13 日,襄汾县人民法院予以立案,并于第三年 8 月 3 日作出行政裁定,准予强制执行襄汾县国土资源局作出的行政处罚决定。

调查报告对聚仙饭店的处理建议指出,依照《土地管理法》第七十八条规定,由襄汾县人民政府农业农村主管部门责令退还非法占用的土地,限期拆除在非法占用的土地上新建的房屋。

(1)房屋建筑项目应当办理的相关手续和证件有哪些?

(2)该重大坍塌事故给了我们什么启示?

践行建议

1)树立和践行"绿水青山就是金山银山"的理念,坚持节约资源和保护环境的基本国策。

2)坚定制度自信。相信社会主义制度具有巨大优越性,相信社会主义制度能够推动发展、维护稳定,能够保障人民群众的自由平等权利和人身财产权利。

模块5 建设工程发包与承包法律制度

导读

　　本模块主要讲述建设工程发包与承包的基本规定、违法发包承包行为的界定,以及建设工程招标、投标、开标、评标和中标的相关规定。通过本模块学习,应达到以下目标。

　　知识目标:了解建设工程发包与承包的概念、方式,掌握发包、承包的法律规定,了解发包承包中违法行为的界定。理解建设工程招标投标的原则,掌握必须进行招标的项目情形,熟悉建设工程招投标的基本程序,掌握建设工程招投标、开标、评标和中标的法律规定。

　　能力目标:根据所学知识能够规范进行发包与承包活动,能够运用所学的基本知识进行招标或投标,能够运用所学知识界定建设工程发包承包、招标投标过程中的违法行为。

　　素质目标:培育和践行社会主义核心价值观,树立诚信、公平、公正、责任和法治意识。

任务 5.1　当"包工头"违法吗？

引入案例

案情回顾：20××年10月5日，A公司作为发包方与承包方B公司签订《X项目承包合同》。B公司将其承包的前述工程项目转包给第三人小H承建，后小H又将该工程转包给本案原告小N施工并签订《合作协议》。小N组织施工并完工后未与小H进行结算。发包方A公司也未与承包方B公司进行验收结算，工程于当年12月6日投入使用。A公司向B公司支付了工程款190万元。

第二年3月16日，A公司与B公司就涉案工程项目签订一份《基本建设工程结（决）算审核定案表》，载明工程项目最终结算总价为240余万元。小N与小H确认其承建的工程总价款与前述结算总价一致。但由于剩余工程款一直没有拿到，小N向新平县人民法院起诉，请求判令A公司、B公司、小H连带支付工程尾款及逾期付款利息合计60余万元。法院于第三年2月8日立案后，依法适用简易程序公开开庭进行了审理。

法院审理：关于工程价款金额及付款主体，法院认为，小N作为自然人不具有相应施工资质，同时，小H从B公司处转包工程及小N从小H处转包工程施工的行为，均因违反法律强制性规定而无效。涉案工程虽未经验收，但已于20××年年底交付使用，小N有权参照双方的约定要求小H向其支付工程价款和逾期付款利息。对此，小H均予认可，故本院认定小H应支付小N工程价款和逾期付款利息共60余万元。

关于B公司和A公司是否应向小N支付工程价款。B公司在向A公司承包涉案工程后，又转包给小H承建，后小H又将该工程转包给小N施工，被告A公司、B公司均与小N无合同关系，根据合同相对性原则，在法律无明确规定的情况下，合同当事人一方不能向与其没有合同关系的第三人提出基于合同的请求。小N主张B公司、A公司向其支付涉案工程款的诉讼请求不成立，法院不予支持。

裁判结果：新平县人民法院作出判决，由小H支付小N工程价款和逾期付款利息共60余万元，驳回其他诉求，案件受理费由小H承担。各方当事人均未上诉。

法官说法：本案中，B公司在向A公司承包涉案工程后，转包给小H承建，后小H又将该工程转包给原告小N施工，可见，原告小N与工程发包方和承包方均无合同关系。根据合同相对性原则，在法律无明确规定的情况下，合同当事人一方不能向与其没有合同关系的第三人提出基于合同的请求，相关法律法规也未规定建设工程多层转包关系中的施工人有权突破合同相对性请求发包人在欠付工程款范围内承担责任。为此，法院判决驳回了小N对B公司和A公司的诉讼请求。

（资料来源：新平县人民法院民事审判庭）

请思考：

（1）上述案例中，相关主体违反了哪些法律法规？

（2）建设工程的发包、承包有哪些特殊的规定？

知识点一、建设工程发包与承包概述

（一）建设工程发包与承包的概念

建设工程发包，是建设工程的建设单位（或总承包单位）将建设工程任务通过招标发包或直接发包的方式，交付给具有法定从业资格的单位完成，并按照合同约定支付报酬的行为。

建设工程承包,则是具有法定从业资格的单位依法承揽建设工程任务,通过签订合同,确立双方的权利与义务,按照合同约定取得相应报酬,并完成建设工程任务的行为。

(二)立法现状

建设工程发包与承包法律制度,是《建筑法》确定的建设活动的基本法律制度之一。1997 年我国通过了《中华人民共和国建筑法》,对建设工程发包承包活动作了规定。《中华人民共和国建招标投标法》和《建设工程质量管理条例》对建设工程发包与承包的有关行为又作了进一步规定。除此之外,相关法规、部门规章主要有以下内容。

1)《建筑工程施工发包与承包计价管理办法》(2014 年 2 月 1 日施行)。

2)《建筑工程施工发包与承包违法行为认定查处管理办法》(2019 年 1 月 1 日施行)。

3)《房屋建筑和市政基础设施工程施工分包管理办法》(修改后于 2019 年 3 月 13 日施行)。

4)《房屋建筑和市政基础设施项目工程总承包管理办法》(2020 年 3 月 1 日施行)。

(三)建设工程承发包的一般规定

1. 依法订立书面合同

《建筑法》规定,建筑工程的发包单位与承包单位应当依法订立书面合同,明确双方的权利和义务。发包单位和承包单位应当全面履行合同约定的义务。不按照合同约定履行义务的,依法承担违约责任。

根据我国法律规定,合同既可采用书面合同的形式,也可采用口头合同的形式,但法律另有规定或双方当事人另有约定的除外。建设工程合同一般都有涉及的金额大、合同履行期长、社会影响面广、合同标的十分重要的特点,从促使当事人慎重行事和避免对社会产生不良后果的主旨出发,《建筑法》及其他有关法规都规定建设工程合同必须采用书面形式。也就是说,以口头约定方式所订立的建设工程合同,由于其形式要件不符合法律规定,该合同在法律上将是无效的。

2. 招标投标活动的原则

《建筑法》规定,建筑工程发包与承包的招标投标活动,应当遵循公开、公正、平等竞争的原则,择优选择承包单位。建筑工程的招标投标,本法没有规定的,适用有关招标投标法律的规定。

3. 禁止任何形式的行贿受贿

《建筑法》规定,发包单位及其工作人员在建筑工程发包中不得收受贿赂、回扣或者索取其他好处。承包单位及其工作人员不得利用向发包单位及其工作人员行贿、提供回扣或者给予其他好处等不正当手段承揽工程。

4. 依法约定建筑工程的造价

《建筑法》规定,建筑工程造价应当按照国家有关规定,由发包单位与承包单位在合同中约定。公开招标发包的,其造价的约定,须遵守招标投标法律的规定。发包单位应当按照合同的约定,及时拨付工程款项。

思 政 园 地

通过行贿受贿来承发包工程的非法行为,是任何公正的社会都不能容忍的,必须予以禁止。值得注意的是,以单位名义所行使的行贿受贿,表面上看不是某一个人获得非法利益,没有犯罪主体,但其实质是集体共同犯罪,已构成单位犯罪。《刑法》对此有明确规定,对单位犯罪采取双罚制,即除对单位判处罚金外,还要对直接负责的主管人员和其他直接责任人员判处相应的刑罚。

知识点二、建设工程发包的规定

(一)建设工程发包方式

《建筑法》规定,建筑工程依法实行招标发包,对不适于招标发包的可以直接发包。

直接发包,是发包方与承包方直接进行协商,以约定工程建设的价格、工期和其他条件的交易方式。招标投标,是建设单位对拟建的建设工程项目通过法定的程序和方式吸引承包单位进行公平竞争,并从中选择条件优越者来完成建设工程任务的行为。这是在市场经济条件下常用的一种建设工程项目交易方式。

建设工程一般应实行招标发包，不适于招标发包的保密工程、特殊专业工程等可以直接发包。

（二）提倡工程总承包

《建筑法》规定，提倡对建筑工程实行总承包，禁止将建筑工程肢解发包。建筑工程的发包单位可以将建筑工程的勘察、设计、施工、设备采购一并发包给一个工程总承包单位，也可以将建筑工程勘察、设计、施工、设备采购的一项或者多项发包给一个工程总承包单位；但是，不得将应当由一个承包单位完成的建筑工程肢解成若干部分发包给几个承包单位。根据《房屋建筑和市政基础设施项目工程总承包管理办法》的规定，工程总承包是指承包单位按照与建设单位签订的合同，对工程设计、采购、施工或者设计、施工等阶段实行总承包，并对工程的质量、安全、工期和造价等全面负责的工程建设组织实施方式。

【《办法》详情】

工程总承包活动应当遵循合法、公平、诚实守信的原则，合理分担风险，保证工程质量和安全，节约能源，保护生态环境，不得损害社会公共利益和他人的合法权益。

建设单位应当根据项目情况和自身管理能力等，合理选择工程建设组织实施方式。建设内容明确、技术方案成熟的项目，适宜采用工程总承包方式。

建设单位应当在发包前完成项目审批、核准或者备案程序。采用工程总承包方式的企业投资项目，应当在核准或者备案后进行工程总承包项目发包。采用工程总承包方式的政府投资项目，原则上应当在初步设计审批完成后进行工程总承包项目发包；其中，按照国家有关规定简化报批文件和审批程序的政府投资项目，应当在完成相应的投资决策审批后进行工程总承包项目发包。

建设单位依法采用招标或者直接发包等方式选择工程总承包单位。工程总承包项目范围内的设计、采购或者施工中，有任一项属于依法必须进行招标的项目范围且达到国家规定规模标准的，应当采用招标的方式选择工程总承包单位。

（三）禁止肢解发包

《建筑法》规定，提倡对建筑工程实行总承包，禁止将建筑工程肢解发包。不得将应当由一个承包单位完成的建筑工程肢解成若干部分发包给几个承包单位。

《民法典》规定，发包人可以与总承包人订立建设工程合同，也可以分别与勘察人、设计人、施工人订立勘察、设计、施工承包合同。发包人不得将应当由一个承包人完成的建设工程肢解成若干部分发包给数个承包人。承包人不得将其承包的全部建设工程转包给第三人或者将其承包的全部建设工程肢解以后以分包的名义分别转包给第三人。

《建设工程质量管理条例》规定，本条例所称肢解发包，是指建设单位将应当由一个承包单位完成的建设工程分解成若干部分发包给不同的承包单位的行为。建设单位不得将建设工程肢解发包。违反本条例规定，建设单位将建设工程肢解发包的，责令改正，处工程合同价款 0.5% 以上 1% 以下的罚款；对全部或者部分使用国有资金的项目，并可以暂停项目执行或者暂停资金拨付。

（四）不得指定采购

【案例详情】

《建筑法》规定，按照合同约定，建筑材料、建筑构配件和设备由工程承包单位采购的，发包单位不得指定承包单位购入用于工程的建筑材料、建筑构配件和设备或者指定生产厂、供应商。

知识点三、建设工程承包的规定

（一）承包单位资质管理

《建筑法》规定，承包建筑工程的单位应当持有依法取得的资质证书，并在其资质等级许可的业务范围内承揽工程。禁止建筑施工企业超越本企业资质等级许可的业务范围或者以任何形式用其他建筑施工企业的名义承揽工程。禁止建筑施工企业以任何形式允许其他单位或者个人使用本企业的资质证书、营业执照，以本企业的名义承揽工程。

（二）建设工程承包方式

1. 工程总承包

（1）工程总承包项目的发包和承包

建设单位依法采用招标或者直接发包等方式选择工程总承包单位。工程总承包项目范围内的设计、采购或者施工中，有任一项属于依法必须进行招标的项目范围且达到国家规定规模标准的，应当采用招标的方式选择工程总承包单位。

《房屋建筑和市政基础设施项目工程总承包管理办法》规定，工程总承包单位应当同时具有与工程规模相适应的工程设计资质和施工资质，或者由具有相应资质的设计单位和施工单位组成联合体。工程总承包单位应当具有相应的项目管理体系和项目管理能力、财务和风险承担能力，以及与发包工程相类似的设计、施工或者工程总承包业绩。设计单位和施工单位组成联合体的，应当根据项目的特点和复杂程度，合理确定牵头单位，并在联合体协议中明确联合体成员单位的责任和权利。联合体各方应当共同与建设单位签订工程总承包合同，就工程总承包项目承担连带责任。

鼓励设计单位申请取得施工资质，已取得工程设计综合资质、行业甲级资质、建筑工程专业甲级资质的单位，可以直接申请相应类别施工总承包级资质。鼓励施工单位申请取得工程设计资质，具有一级及以上施工总承包资质的单位可以直接申请相应类别的工程设计甲级资质。完成的相应规模工程总承包业绩可以作为设计、施工业绩申报。

（2）工程总承包企业的责任

《建筑法》规定，建筑工程总承包单位按照总承包合同的约定对建设单位负责；分包单位按照分包合同的约定对总承包单位负责。总承包单位和分包单位就分包工程对建设单位承担连带责任。

《建设工程质量管理条例》进一步规定，建设工程实行总承包的，总承包单位应当对全部建设工程质量负责；建设工程勘察、设计、施工、设备采购的一项或者多项实行总承包的，总承包单位应当对其承包的建设工程或者采购的设备的质量负责。

《房屋建筑和市政基础设施项目工程总承包管理办法》规定，工程总承包单位应当对其承包的全部建设工程质量负责，分包单位对其分包工程的质量负责，分包不免除工程总承包单位对其承包的全部建设工程所负的质量责任。工程总承包单位、工程总承包项目经理依法承担质量终身责任。

工程总承包单位对承包范围内工程的安全生产负总责。分包单位应当服从工程总承包单位的安全生产管理，分包单位不服从管理导致生产安全事故的，由分包单位承担主要责任，分包不免除工程总承包单位的安全责任。

2. 共同承包

共同承包是指由两个以上具备承包资格的单位共同组成非法人的联合体，以共同的名义对工程进行承包的行为。这是在国际工程发承包活动中较为通行的一种做法，可有效地规避工程承包风险。

（1）共同承包的适用范围

《建筑法》规定，大型建筑工程或者结构复杂的建筑工程，可以由两个以上的承包单位联合共同承包。

作为大型的建筑工程或结构复杂的建筑工程，一般投资额大、技术要求复杂、建设周期长、潜在风险较大，如果采取联合共同承包的方式，有利于更好发挥各承包单位在资金、技术、管理等方面优势，增强抗风险能力，保证工程质量和工期，提高投资效益。至于中小型或结构不复杂的工程，则无需采用共同承包方式，完全可由一家承包单位独立完成。

（2）共同承包的资质要求

《建筑法》规定，两个以上不同资质等级的单位实行联合共同承包的，应当按照资质等级低的单位的业务许可范围承揽工程。这主要是为防止以联合共同承包为名而进行"资质挂靠"的不规范行为。

（3）共同承包的责任

《招标投标法》规定，联合体中标的，联合体各方应当共同与招标人签订合同，就中标项目向招标人承担连带责任。《建筑法》规定，共同承包的各方对承包合同的履行承担连带责任。

【案例详情】

共同承包各方应签订联合承包协议，明确约定各方的权利、义务以及相互合作、违约责任承担等条款。各承包方就承包合同的履行对建设单位承担连带责任。如果出现赔偿责任，建设单位有权向共同承包的任何一方请求赔偿，而被请求方不得拒绝，在其支付赔偿后可依据联合承包协议及有关各方过错大小，有权对超过自己应赔偿的那部分份额向其他方进行追偿。

思 政 园 地

港珠澳大桥是"一国两制"框架下、粤港澳三地首次合作共建的超大型跨海通道，全长55公里，设计使用寿命120年，总投资约1 200亿元人民币。经评标委员会评审，中国交通建设股份有限公司牵头的联合体成为第一中标候选人。该联合体的投标价为131亿元，是当时我国交通行业单个标段和设计施工总承包标的额最高的一个标。

港珠澳大桥主桥自珠海拱北对开的珠澳口岸人工岛伸展至粤港分界线，全长29.6公里，采用双向六车道的桥隧结合方案。本次招标的岛隧工程包括一条长约6.7公里的海底隧道和两个隧道人工岛。

该岛隧工程将采用沉管隧道方案，这也是目前世界范围内最长、综合难度最大的沉管隧道之一。岛隧工程结合、长距离通风及安全设计、超大管节的预制、复杂海洋条件下管节的浮运和沉放、高水压条件下管节的对接以及接头的水密性及耐久性等多项工程技术达到世界最高水准；连接沉管隧道东西；人工岛的技术难度也是世界级的，人工岛各部分差异沉降的控制、与沉管隧道的连接、岛、隧运营阶段的可靠性及耐久生等技术，都是极具挑战性的世界性难题。

担任港珠澳大桥岛隧工程设计施工总承包的牵头人为中国交通建设股份有限公司，它也是联合体中施工团队牵头人，施工团队其他成员还包括施工管理顾问艾奕康有限公司和上海城建（集团）公司。该联合体的设计牵头人为中交公路规划设计院有限公司，设计团队还包括丹麦科威国际咨询公司（COWIA/S）、上海市隧道工程轨道交通设计研究院及中交第四航务工程勘察设计院有限公司。

---

3. 分包

建设工程分包主要是指施工分包，包括专业工程分包和劳务作业分包。

专业工程分包，是指施工总承包企业将其所承包工程中的专业工程发包给具有相应资质的其他建筑业企业完成的活动。

劳务作业分包，是指施工总承包企业或者专业承包企业将其承包工程中的劳务作业发包给劳务分包企业完成的活动。

（1）分包工程的范围

《建筑法》规定，建筑工程总承包单位可以将承包工程中的部分工程发包给具有相应资质条件的分包单位。禁止承包单位将其承包的全部建筑工程转包给他人，禁止承包单位将其承包的全部建筑工程肢解以后以分包的名义分别转包给他人。施工总承包的，建筑工程主体结构的施工必须由总承包单位自行完成。

《招标投标法》规定，中标人按照合同约定或者经招标人同意，可以将中标项目的部分非主体、非关键性工作分包给他人完成。中标人不得向他人转让中标项目，也不得将中标项目肢解后分别向他人转让。《招标投标法实施条例》进一步规定，中标人不得向他人转让中标项目，也不得将中标项目肢解后分别向他人转让。中标人按照合同约定或者经招标人同意，可以将中标项目的部分非主体、非关键性工作分包给他人完成。接受分包的人应当具备相应的资格条件，并不得再次分包。中标人应当就分包项目向招标人负责，接受分包的人就分包项目承担连带责任。

据此，总承包单位承包工程后可以全部自行完成，也可以将其中的部分工程分包给其他承包单位完成，但只能依法分包部分工程，并且是非主体、非关键性工作；如果是施工总承包，其主体结构的施工则须由总承包单位自行完成。这主要是防止以分包为名而发生转包行为。

（2）分包单位的条件与认可

《建筑法》规定，建筑工程总承包单位可以将承包工程中的部分工程发包给具有相应资质条件的分包单位；但是，除总承包合同中约定的分包外，必须经建设单位认可。禁止总承包单位将工程分包给不具备相应资质条件的单位。

承包工程的单位须持有依法取得的资质证书,并在资质等级许可的业务范围内承揽工程。这一规定同样适用于工程分包单位。不具备资质条件的单位不允许承包建设工程,也不得承接分包工程。《房屋建筑和市政基础设施工程施工分包管理办法》还规定,严禁个人承揽分包工程业务。

总承包单位如果要将所承包的工程再分包给他人,应当依法告知建设单位并取得认可。这种认可应当依法通过两种方式:一是在总承包合同中规定分包的内容;二是在总承包合同中没有规定分包内容的,应当事先征得建设单位的同意。但是,劳务作业分包由劳务作业发包人与劳务作业承包人通过劳务合同约定,可不经建设单位认可。需要说明的是,分包工程须经建设单位认可,并不等于建设单位可以直接指定分包人。《房屋建筑和市政基础设施工程施工分包管理办法》规定,建设单位不得直接指定分包工程承包人。对于建设单位推荐的分包单位,总承包单位有权作出拒绝或者采用的选择。

【《办法》详情】

（3）分包单位不得再分包

《建筑法》规定,禁止分包单位将其承包的工程再分包。《招标投标法》也规定,接受分包的人不得再次分包。

这主要是防止层层分包,"层层剥皮",导致工程质量安全和工期等难以保障。为此,《房屋建筑和市政基础设施工程施工分包管理办法》中规定,除专业承包企业可以将其承包工程中的劳务作业发包给劳务分包企业外,专业分包工程承包人和劳务作业承包人都必须自行完成所承包的任务。

【案例及评析】

（4）分包单位的责任《建筑法》规定,建筑工程总承包单位按照总承包合同的约定对建设单位负责;分包单位按照分包合同的约定对总承包单位负责。总承包单位和分包单位就分包工程对建设单位承担连带责任。《招标投标法》规定,中标人应当就分包项目向招标人负责,接受分包的人就分包项目承担连带责任。

知识点四、违法发包承包行为的界定

（一）违法发包

违法发包,是指建设单位将工程发包给个人或不具有相应资质的单位、肢解发包、违反法定程序发包及其他违反法律法规规定发包的行为。

存在下列情形之一的,属于违法发包。

1）建设单位将工程发包给个人的。

2）建设单位将工程发包给不具有相应资质的单位的。

3）依法应当招标未招标或未按照法定招标程序发包的。

4）建设单位设置不合理的招标投标条件,限制、排斥潜在投标人或者投标人的。

5）建设单位将一个单位工程的施工分解成若干部分发包给不同的施工总承包或专业承包单位的。

（二）违法分包

违法分包,是指承包单位承包工程后违反法律法规规定,把单位工程或分部分项工程分包给其他单位或个人施工的行为。

根据《建设工程质量管理条例》中的相关规定,以下情形属于违法分包。

1）总承包单位将建设工程分包给不具备相应资质条件的单位的。

2）建设工程总承包合同中未约定,又未经建设单位认可,承包单位将其承包的部分建设工程交由其他单位完成的。

3）施工总承包单位将建设工程主体结构的施工分包给其他单位的。

4）分包单位将其承包的建设工程再分包的。

（三）转包

转包是指承包单位承包工程后,不履行合同约定的责任和义务,将其承包的全部工程或者

【案例及评析】

将其承包的全部工程肢解后以分包的名义分别转给其他单位或个人施工的行为。《建筑法》规定，禁止承包单位将其承包的全部建筑工程转包给他人，禁止承包单位将其承包的全部建筑工程肢解以后以分包的名义分别转包给他人。

《民法典》规定：承包人不得将其承包的全部建设工程转包给第三人或者将其承包的全部建设工程支解以后以分包的名义分别转包给第三人。

《建设工程质量管理条例》规定，本条例所称转包，是指承包单位承包建设工程，不履行合同约定的责任和义务，将其承包的全部建设工程转给他人或者将其承包的全部建设工程肢解以后以分包的名义分别转给其他单位承包的行为。

思 政 园 地

《保障农民工工资支付条例》（以下简称《条例》），是我国第一部保障农民工工资支付的专门性法规，是依法治欠的重要体现和制度保证，彰显了党中央、国务院对根治欠薪工作的高度重视，开启了依法治欠的新阶段。

《条例》保障的工资，是农民工的保命钱、活命钱、养命钱，是提升农民工群体获得感、幸福感、安全感的重要物质基础。《条例》规定，住房城乡建设、交通运输、水利等相关行业工程建设主管部门按照职责履行行业监管责任，督办因违法发包、转包、违法分包、挂靠、拖欠工程款等导致的拖欠农民工工资案件。相关行业工程建设主管部门应当依法规范本领域建设市场秩序，对违法发包、转包、违法分包、挂靠等行为进行查处，并对导致拖欠农民工工资的违法行为及时予以制止、纠正。

随堂测试

1. 下列情形中，不属于违法分包的是（　　　）。

A. 施工总承包单位将建设工程分包给不具备相应资质条件的单位的

B. 专业承包单位将其承包工程中的劳务作业发包给劳务分包单位的

C. 施工总承包合同中未有约定，又未经建设单位认可，施工总承包单位将其承包的部分建设工程交由其他单位完成的

D. 施工总承包单位将建设工程主体结构的施工分包给其他单位的

2. 在施工承包合同中约定由施工单位采购建筑材料。施工期间，建设单位要求施工单位购买某采石场的石料，理由是该石料物美价廉。对此，下面说法正确的是（　　　）。

A. 施工单位可以不接受

B. 建设单位的要求施工单位必须接受

C. 建设单位通过监理单位提出此要求，施工单位才必须接受

D. 建设单位以书面形式提出要求，施工单位就必须接受

3. 建筑工程总承包单位可以将承包工程中的部分工程发包给具有相应资质条件的分包单位；但是，除（　　　）中约定的分包外，必须经建设单位认可。

A. 分包合同　　　　　B. 总承包合同　　　　　C. 发包合同　　　　　D. 转包合同

4. 根据《建筑法》规定，建筑工程主体结构的施工（　　　）。

A. 必须由总承包单位自行完成

B. 可以由总承包单位分包给具有相应资质的其他施工单位

C. 经总监理工程师批准，可以由总承包单位分包给具有相应资质的其他施工单位

D. 经业主批准，可以由总承包单位分包给具有相应资质的其他施工单位

5. 关于联合体共同承包，下列说法正确的是（　　　）。

A. 共同承包最多只能由两个单位组成联合体

B. 不需要联合体中每一个单位都具有承包资质

C. 大型建筑工程或者结构复杂的建筑工程,必须由两个以上的承包单位联合共同承包

D. 共同承包的各方对承包合同的履行承担连带责任

6. 关于工程总承包企业的说法,正确的是(　　)。

A. 工程总承包企业不得自行实施设计和施工

B. 工程承包企业不得直接将工程项目的设计或者施工业务择优分包给具有相应资质的企业

C. 工程总承包企业自行实施施工的,可以将工程总承包项目工程主体结构的施工业务分包给其他单位

D. 工程总承包企业自行实施设计的,不得将工程总承包项目工程主体部分的设计业务分包给其他单位

7. 关于工程总承包,下列说法正确的是(　　)。

A. 工程总承包是指发包人将全部施工任务发包给具有施工总承包资质的建筑业企业

B. 工程总承包由施工总承包企业按照合同的约定向建设单位负责,承包完成施工任务

C. 工程总承包由工程总承包企业与建设单位签订合同

D. 施工总承包是对工程项目的设计、采购、施工等实行全过程的承包

8. 关于中标人再次发包的行为,下列说法中正确的是(　　)。

A. 中标人将中标项目转让给他人的合法

B. 将中标项目的部分主体、关键性工作分包给他人的合法

C. 分包人再次分包的违法

D. 将中标项目肢解后分别转让给他人的合法

9. 关于工程分包的说法,正确的是(　　)。

A. 分包单位应当具有相应的资质条件

B. 中标人可以将中标项目肢解后分别向他人分包

C. 专业分包工程可以再次分包

D. 分包单位就分包工程承担按份责任

10. 施工企业征得建设单位同意后,将部分非主体工程分包给具有相应资质条件的分包单位,关于该工程分包行为的说法,正确的是(　　)。

A. 分包合同因指定分包而无效

B. 分包单位应当按照分包合同的约定,对施工企业负责

C. 建设单位必须另行为分包工程办理施工许可证

D. 施工企业必须将分包合同报上级主管部门批准备案

11. 关于建设工程联合共同承包的说法,正确的有(　　)。

A. 对于中小型或者结构不复杂的工程,无须采用联合共同承包方式

B. 两个以上不同资质等级的单位实行联合共同承包的,可以按照资质等级高的单位的业务许可范围承揽工程

C. 两个以上具备承包资格的单位共同组成的联合体不具有法人资格

D. 联合共同承包的各方应当与建设单位分别订立合同

E. 联合共同承包的各方对承包合同的履行承担连带责任

12. 下列发包行为中,不符合法律规定的是(　　)。

A. 提倡对建筑工程实行总承包

B. 建筑工程的发包单位可以将建筑工程的勘察、设计、施工、设备采购一并发包给一个工程总承包单位

C. 建设单位将应当由一个承包单位完成的建设工程分解成若干部分发包给不同的承包单位

D. 建设单位可以将建筑工程勘察、设计、施工、设备采购的一项或者多项发包给一个工程总承包单位

任务 5.2　建设工程招标投标是怎么回事？

引入案例

"今天，三峡大坝正在以自主创新的雄奇英姿，全面发挥防洪、发电、航运等综合效益。三峡工程何以'能'？'能'在我们主要靠自主创新创造了100多项世界之最，建立起100多项工程质量和技术标准，同时创造了人类水利工程史上的辉煌成绩。"根据中国三峡总公司副总经理贺恭发表的《三峡工程建设中的招投标管理》一文中相关内容，招投标在三峡工程中所做的贡献有以下几个方面。

1）建筑安装工程。一期工程主要是前期准备工程、主体工程开挖及大江截流等，通过公开招标签订的主要项目合同金额为50.8亿元，与概算价格相比，节资率达8%左右。二期工程主要是大坝和电站厂房、船闸的基岩开挖和混凝土浇筑，施工难度大，通过公开招标签订的主要项目合同金额为93亿元，与概算价格相比，节资率达3%左右。

2）金属结构闸门采购。金属结构闸门属于非标设备，制造技术标准要求比较高，当时船闸和大坝电站厂房的闸门已招标采购9.66万吨，市场上没有可比价格，但从投标价分析，加工制作费、管理费及利润的取费费率具有竞争性，节资率达6%~8%。

3）金属结构闸门采购。公开招标18项，其中：国际招标5项，主要是水轮发电机组、高压电器及配套设备，合同总金额为9.3亿美元（折合人民币77.19亿元）；国内招标13项，合同总金额为2.12亿元人民币。从合同金额看，国际招标占97%。根据国内当时投产的大型水电站采购价格及市场行情调查、询价等综合分析，机电设备采购按国际、国内加权平均，总的节资率达13.4%，其中国际招标节资率达13%，国内招标节资率要大些，但所占比重较小。

4）大宗物资材料采购。三峡工程的主要物资材料，原概算中为定点厂家供应，二期工程开始实行招标采购。招标采购水泥112万吨，与市场价格相比，平均节资率达9%；一级粉煤灰招标采购69万吨，节资率达6%；钢材招标采购27万吨，节资率达3%。

>>>

思 政 园 地

招投标制度给三峡工程建设带来的效益显著。从宏观方面看，工程进度符合总体要求，质量满足设计要求，概算控制良好。同时，推行招投标制度，对工程质量、造价、进度"三控制"也起到了重要作用。从保证项目质量来看，通过工程招投标，选择真正符合要求的承包人和供货商，使项目的质量得以保证。

三峡工程的招标实践证明：技术如此复杂的重大建设项目实行招投标制度，对于创造公平竞争的市场环境，保障国有资金的有效使用，从而实现资源的优化配置，起到了积极的作用。我们一定能用突破核心技术的"三峡工程"，助力托举中华民族伟大复兴的中国梦。

知识点一、招标投标概述

（一）建设工程招标投标的概念

建设工程招标是一种采购行为，是指工程项目的招标人利用报价手段采购工程、服务或货物的行为。监理招标是对服务的采购，勘察、设计、施工招标是对工程产品本身的采购，而材料设备招标则是对货物的采购。招标人通过招标的手段，利用投标人之间的竞争，进行"货比三家""优中选优"，可以达到节约投资、提高工程或设备质量、提高服务质量、缩短工期或加快供货，并最终提高投资效益的目的。另外，投标人在中标后,也可按规定条件对部分专业性工程(如土石方工程、管道工程、吊装工程、设备安装工程等)进行二次招标,进行技术优势互补,来确保工程质量。

　　建设工程投标是建设工程招标的对称概念,是指经过特定审查而获得投标资格的建设项目承包单位,按照招标文件的要求,在规定的时间内向招标单位填报投标书,并争取中标的法律行为。招标人与中标人应签订明确双方权利义务的合同。

　　一个完整的招标投标过程,可以划分为招标准备阶段、招标投标阶段和决标成交阶段。

(二)立法现状

　　广义的招标投标法是指调整在招标投标活动中产生的各种关系的法律规范的总称。狭义的招标投标法是指 2017 年 12 月经修改后公布的《中华人民共和国招标投标法》(以下简称《招标投标法》),该法旨在规范招标投标活动,保护国家利益、社会公共利益和招标投标活动当事人的合法权益,提高经济效益,保证项目质量。与之配套的法律、法规、规章有以下内容。

　　1)《中华人民共和国政府采购法》(2014 年 8 月 31 日修正)。

　　2)《中华人民共和国政府采购法实施条例》(2015 年 3 月 1 日施行)。

　　3)《中华人民共和国招标投标法实施条例》(2019 年 3 月 2 日第三次修订)。

　　4)《工程建设项目自行招标试行办法》(2000 年 7 月 1 日施行)。

　　5)《评标委员会和评标方法暂行规定》(2001 年 7 月 5 日施行)。

　　6)《电子招标投标办法》(2013 年 5 月 1 日施行)。

　　7)《工程建设项目勘察设计招标投标办法》(修订后于 2013 年 5 月 1 施行)。

　　8)《工程建设项目施工招标投标办法》(修订后于 2013 年 5 月 1 施行)。

　　9)《建筑工程设计招标投标管理办法》(2017 年 5 月 1 日施行)。

　　10)《政府采购货物和服务招标投标管理办法》(修订后于 2017 年 10 月 1 日施行)。

　　11)《必须招标的工程项目规定》(2018 年 6 月 1 日施行)。

　　12)《必须招标的基础设施和公用事业项目范围规定》(2018 年 6 月 6 日施行)。

　　13)《招标公告和公示信息发布管理办法》(2018 年 1 月 1 日施行)。

　　14)《房屋建筑和市政基础设施工程施工招标投标管理办法》(修订后于 2018 年 9 月 28 日施行)。

(三)建设工程招标投标原则

　　《招标投标法》规定,招标投标活动应当遵循公开、公平、公正和诚实信用的原则。

1. 公开原则

　　公开原则,就是必须具有极高的透明度,招标信息、招标程序、开标过程、中标结果都必须公开,使每一个投标人获得同等的信息。

2. 公平原则

　　公平原则,就是要求招标人本着平等互利的原则拟订招标文件,拟定的权利、义务应当对等。

3. 公正原则

　　公正原则,就是要求按事先公布的标准进行评标,使所有人平等地享有同等的权利,公正地对待每一个投标人。另外,设定的标准、招标投标的过程要公平,不得以不合理的条件排斥或限制潜在的投标人。

【案例及评析】

4. 诚实信用原则

　　诚实信用原则,是所有民事活动都应遵循的基本原则之一。要求当事人应以诚实、守信的态度行使权利、履行义务,保证彼此都能得到自己应得的利益,同时不得损害第三人和社会的利益,不得弄虚作假、串通投标、泄露标底、骗取中标等。

(四)工程项目招标的范围

1. 必须进行招标的项目范围

　　《招标投标法》规定,在中华人民共和国境内进行下列工程建设项目包括项目的勘察、设计、施工、监理以及与工程建设有关的重要设备、材料等的采购,必须进行招标。

1)大型基础设施、公用事业等关系社会公共利益、公众安全的项目。

2)全部或者部分使用国有资金投资或者国家融资的项目。

3)使用国际组织或者外国政府贷款、援助资金的项目。

根据《必须招标的工程项目规定》以及《必须招标的基础设施和公用事业项目范围规定》的相关规定,全部或者部分使用国有资金投资或者国家融资的项目包括以下两点。

1)使用预算资金200万元人民币以上,并且该资金占投资额10%以上的项目。

2)使用国有企业事业单位资金,并且该资金占控股或者主导地位的项目。

u 使用国际组织或者外国政府贷款、援助资金的项目包括以下两点。

1)使用世界银行、亚洲开发银行等国际组织贷款、援助资金的项目。

2)使用外国政府及其机构贷款、援助资金的项目。

大型基础设施、公用事业等关系社会公共利益、公众安全的项目,必须招标的具体范围包括以下几点。

1)煤炭、石油、天然气、电力、新能源等能源基础设施项目。

2)铁路、公路、管道、水运,以及公共航空和A1级通用机场等交通运输基础设施项目。

3)电信枢纽、通信信息网络等通信基础设施项目。

4)防洪、灌溉、排涝、引(供)水等水利基础设施项目。

5)城市轨道交通等城建项目。

2. 必须进行招标的项目规模

根据《必须招标的工程项目规定》的相关规定,属于必须招标的工程项目,其勘察、设计、施工、监理以及与工程建设有关的重要设备、材料等的采购达到下列标准之一的,必须招标。

1)施工单项合同估算价在400万元人民币以上。

2)重要设备、材料等货物的采购,单项合同估算价在200万元人民币以上。

3)勘察、设计、监理等服务的采购,单项合同估算价在100万元人民币以上。

同一项目中可以合并进行的勘察、设计、施工、监理以及与工程建设有关的重要设备、材料等的采购,合同估算价合计达到前款规定标准的,必须招标。

3. 可以不进行招标的工程建设项目

《招标投标法》规定,涉及国家安全、国家秘密、抢险救灾或者属于利用扶贫资金实行以工代赈、需要使用农民工等特殊情况,不适宜进行招标的项目,按照国家有关规定可以不进行招标。

《招标投标法实施条例》还规定,除《招标投标法》规定可以不进行招标的特殊情况外,有下列情形之一的,可以不进行招标。

【案例及评析】

1)需要采用不可替代的专利或者专有技术。

2)采购人依法能够自行建设、生产或者提供。

3)已通过招标方式选定的特许经营项目投资人依法能够自行建设、生产或者提供。

4)需要向原中标人采购工程、货物或者服务,否则将影响施工或者功能配套要求。

5)国家规定的其他特殊情形。

知识点二、建设工程招标

(一)招标人

《招标投标法》规定,招标人是依照本法规定提出招标项目、进行招标的法人或者其他组织。据此,招标人不得是自然人。

（二）建设工程招标应必备的条件

《招标投标法》规定,招标项目按照国家有关规定需要履行项目审批手续的,应当先履行审批手续,取得批准。招标人应当有进行招标项目的相应资金或者资金来源已经落实,并应当在招标文件中如实载明。

此外,相关部门规章对建设工程项目招标应当具备的条件又做了进一步的细化,具体如下。

1. 勘察设计招标条件

依法必须进行勘察设计招标的工程建设项目,在招标时应当具备下列条件。

1)招标人已经依法成立。

2)按照国家有关规定需要履行项目审批、核准或者备案手续的,已经审批、核准或者备案。

3)勘察设计有相应资金或者资金来源已经落实。

4)所必需的勘察设计基础资料已经收集完成。

5)法律法规规定的其他条件。

2. 施工招标条件

依法必须招标的工程建设项目,应当具备下列条件才能进行施工招标。

1)招标人已经依法成立。

2)初步设计及概算应当履行审批手续的,已经批准。

3)有相应资金或资金来源已经落实。

4)有招标所需的设计图纸及技术资料。

3. 货物招标条件

依法必须招标的工程建设项目,应当具备下列条件才能进行货物招标。

1)招标人已经依法成立。

2)按照国家有关规定应当履行项目审批、核准或者备案手续的,已经审批、核准或者备案。

3)有相应资金或者资金来源已经落实。

4)能够提出货物的使用与技术要求。

（三）建设工程招标的组织形式

根据《招标投标法》规定,招标组织形式包括自行招标和委托招标。

1. 自行招标

自行招标是指招标人自身具有编制招标文件和组织评标能力,依法自行办理招标。任何单位和个人不得强制其委托招标代理机构办理招标事宜。依法必须进行招标的项目,招标人自行办理招标事宜的,应当向有关行政监督部门备案。

建设单位自行招标应具备以下条件。

1)具有法人资格或是依法成立的其他组织。

2)有与招标工程相适应的经济、技术管理人员。

3)有组织编制招标文件的能力。

4)有审查投标单位资质的能力。

5)有组织开标、评标、定标的能力。

2. 委托招标

委托招标,是指招标人委托招标代理机构办理招标事宜。招标人有权自行选择招标代理机构,委托其办理招标事宜。任何单位和个人不得以任何方式为招标人指定招标代理机构。招标代理机构是依法设立、从事招标代理业务并提供相关服务的社会中介组织。

（四）建设工程招标方式

1. 公开招标和邀请招标

《招标投标法》规定,招标分为公开招标和邀请招标。

公开招标是指招标人以招标公告的方式邀请不特定的法人或者其他组织投标。依法必须进行招标的项目的招标公告,应当通过国家指定的报刊、信息网络或者其他媒介发布。

邀请招标是指招标人以投标邀请书的方式邀请特定的法人或者其他组织投标。招标人采用邀请招标方式的,应当向三个以上具备承担招标项目的能力、资信良好的特定的法人或者其他组织发出投标邀请书。国务院发展计划部门确定的国家重点项目和省、自治区、直辖市人民政府确定的地方重点项目不适宜公开招标的,经国务院发展计划部门或者省、自治区、直辖市人民政府批准,可以进行邀请招标。

《招标投标法实施条例》进一步规定,国有资金占控股或者主导地位的依法必须进行招标的项目,应当公开招标。但有下列情形之一的,可以邀请招标。

1)技术复杂、有特殊要求或者受自然环境限制,只有少量潜在投标人可供选择。

2)采用公开招标方式的费用占项目合同金额的比例过大。

《政府采购货物和服务招标投标管理办法》规定,货物服务招标分为公开招标和邀请招标。公开招标,是指采购人依法以招标公告的方式邀请非特定的供应商参加投标的采购方式。邀请招标,是指采购人依法从符合相应资格条件的供应商中随机抽取三家以上供应商,并以投标邀请书的方式邀请其参加投标的采购方式。

2. 总承包招标和两阶段招标

《招标投标法实施条例》规定,招标人可以依法对工程以及与工程建设有关的货物、服务全部或者部分实行总承包招标。以暂估价形式包括在总承包范围内的工程、货物、服务属于依法必须进行招标的项目范围且达到国家规定规模标准的,应当依法进行招标。以上所称暂估价,是指总承包招标时不能确定价格而由招标人在招标文件中暂时估定的工程、货物、服务的金额。

对技术复杂或者无法精确拟定技术规格的项目,招标人可以分两阶段进行招标。第一阶段,投标人按照招标公告或者投标邀请书的要求提交不带报价的技术建议,招标人根据投标人提交的技术建议确定技术标准和要求,编制招标文件。第二阶段,招标人向在第一阶段提交技术建议的投标人提供招标文件,投标人按照招标文件的要求提交包括最终技术方案和投标报价的投标文件。

(五)建设工程招标基本程序

建设工程招标的基本程序见图 5-1。

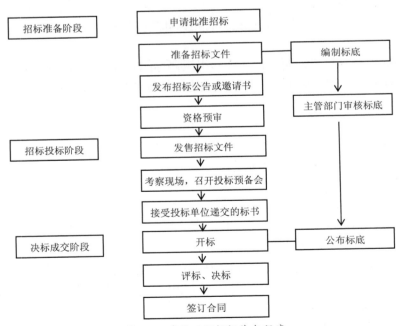

图 5-1 建设工程招标基本程序

1. 招标准备工作

招标的准备工作主要包括成立招标组织、确定招标方式以及申请批准招标。其中招标申请是招标单位向政府主管机关提交招标申请书用以要求开始组织招标、办理招标事宜。招标申请书主要包括以下内容:工程名称、建设地点、招标工程建设规模、结构类型、招标范围、招标方式、投标人资格要求、项目前期准备情况

（土地征用、拆迁情况、勘察设计情况、施工现场条件等）、招标机构组织情况等。

《招标投标法》规定，招标项目按照国家有关规定需要履行项目审批手续的，应当先履行审批手续，取得批准。招标人应当有进行招标项目的相应资金或者资金来源已经落实，并应当在招标文件中如实载明。

招标申请书批准后，就可以编制资格预审文件和招标文件。

2. 依法编制招标文件

（1）招标文件的内容

建设工程招标文件既是投标单位编制投标文件的依据，也是招标单位与将来中标单位签订工程承包合同的基础，招标文件中提出的各项要求对整个招标工作乃至承发包双方都有约束力。《招标投标法》规定，招标人应当根据招标项目的特点和需要编制招标文件。招标文件应当包括招标项目的技术要求、对投标人资格审查的标准、投标报价要求和评标标准等所有实质性要求和条件以及拟签订合同的主要条款。国家对招标项目的技术、标准有规定的，招标人应当按照其规定在招标文件中提出相应要求。招标项目需要划分标段、确定工期的，招标人应当合理划分标段、确定工期，并在招标文件中载明。

招标人应当根据招标工程的特点和需要，自行或者委托工程招标代理机构编制招标文件。招标文件应当包括下列内容。

1）投标须知，包括工程概况、招标范围、资格审查条件、开标的时间和地点、评标的方法和标准等。

2）招标工程的技术要求和设计文件。

3）采用工程量清单招标的，应当提供工程量清单。

4）投标函的格式及附录。

5）拟签订合同的主要条款。

6）要求投标人提交的其他材料。

（2）确定编制投标文件所需的合理时间

《招标投标法》规定，招标人应当确定投标人编制投标文件所需要的合理时间；但是依法必须进行招标的项目，自招标文件开始发出之日起至投标人提交投标文件截止之日止，最短不得少于二十日。

《招标投标法实施条例》规定，招标人应当在招标文件中载明投标有效期。投标有效期从提交投标文件的截止之日起算。《工程建设项目施工招标投标办法》规定，招标文件应当规定一个适当的投标有效期，以保证招标人有足够的时间完成评标和与中标人签订合同。投标有效期从投标人提交投标文件截止之日起计算。在原投标有效期结束前，出现特殊情况的，招标人可以书面形式要求所有投标人延长投标有效期。投标人同意延长的，不得要求或被允许修改其投标文件的实质性内容，但应当相应延长其投标保证金的有效期；投标人拒绝延长的，其投标失效，但投标人有权收回其投标保证金。因延长投标有效期造成投标人损失的，招标人应当给予补偿，但因不可抗力需要延长投标有效期的除外。

（3）编制标底或最高投标限价

标底是招标人对该工程的预期价格。《工程建设项目施工招标投标办法》规定，招标人可根据项目特点决定是否编制标底。编制标底的，标底编制过程和标底在开标前必须保密。招标项目编制标底的，应根据批准的初步设计、投资概算，依据有关计价办法，参照有关工程定额，结合市场供求状况，综合考虑投资、工期和质量等方面的因素合理确定。标底由招标人自行编制或委托中介机构编制。一个工程只能编制一个标底。任何单位和个人不得强制招标人编制或报审标底，或干预其确定标底。招标项目可以不设标底，进行无标底招标。

《招标投标法实施条例》规定，招标项目设有标底的，招标人应当在开标时公布。标底只能作为评标的参考，不得以投标报价是否接近标底作为中标条件，也不得以投标报价超过标底上下浮动范围作为否决投标的条件。

最高投标限价也称招标控制价或拦标价，是招标人根据招标项目的内容范围、需求目标、设计图纸、技术标准、招标工程量清单等，结合有关规定、规范标准、投资计划、工程定额、造价信息、市场价格以及合理可行的技术经济实施方案，通过科学测算并在招标文件中公开的招标人可以接受的最高投标价格或最高投标价格的计算方法。招标人设有最高投标限价的，应当在招标文件中明确最高投标限价或者最高投标限价的计算方法。招标人不得规定最低投标限价。

3. 发布招标公告或投标邀请书

如前所述,招标的方式有两种:公开招标和邀请招标。采用公开招标的工程项目,应当在国家或者地方指定的报刊、信息网络或者其他媒介上发布招标公告。采用邀请招标方式的,应当向三个以上符合资质条件的潜在投标人发出投标邀请书。

《招标投标法》规定,招标公告应当载明招标人的名称和地址、招标项目的性质、数量、实施地点和时间以及获取招标文件的办法等事项。具体包括以下内容。

1)招标人的名称和地址。

2)招标项目的内容、规模、资金来源。

3)招标项目的实施地点和工期。

4)获取招标文件或者资格预审文件的地点和时间。

5)对招标文件或者资格预审文件收取的费用。

6)对招标人的资质等级的要求。

4. 资格审查

资格审查分为资格预审和资格后审。

《招标投标法实施条例》规定,招标人采用资格预审办法对潜在投标人进行资格审查的,应当发布资格预审公告、编制资格预审文件。招标人应当合理确定提交资格预审申请文件的时间。依法必须进行招标的项目提交资格预审申请文件的时间,自资格预审文件停止发售之日起不得少于 5 日。

资格预审应当按照资格预审文件载明的标准和方法进行。国有资金占控股或者主导地位的依法必须进行招标的项目,招标人应当组建资格审查委员会审查资格预审申请文件。资格审查委员会及其成员应当遵守《招标投标法》和《招标投标法实施条例》有关评标委员会及其成员的规定。资格预审结束后,招标人应当及时向资格预审申请人发出资格预审结果通知书。未通过资格预审的申请人不具有投标资格。通过资格预审的申请人少于 3 个的,应当重新招标。潜在投标人或者其他利害关系人对资格预审文件有异议的,应当在提交资格预审申请文件截止时间 2 日前提出。招标人应当自收到异议之日起 3 日内作出答复;作出答复前,应当暂停招标投标活动。招标人编制资格预审文件的内容违反法律、行政法规的强制性规定,违反公开、公平、公正和诚实信用原则,影响资格预审结果的,依法必须进行招标的项目的招标人应当在修改资格预审文件后重新招标。招标人采用资格后审办法对投标人进行资格审查的,应当在开标后由评标委员会按照招标文件规定的标准和方法对投标人的资格进行审查。

【案例及评析】

5. 招标文件的发售

招标文件应在招标公告或投标邀请书中规定的时间、地点、方式,按规定的价格发售给各个投标人。《招标投标法实施条例》规定,招标人应当按照资格预审公告、招标公告或者投标邀请书规定的时间、地点发售资格预审文件或者招标文件。资格预审文件或者招标文件的发售期不得少于 5 日。招标人发售资格预审文件、招标文件收取的费用应当限于补偿印刷、邮寄的成本支出,不得以营利为目的。

6. 招标文件的澄清与修改

《招标投标法》规定,招标人对已发出的招标文件进行必要的澄清或者修改的,应当在招标文件要求提交投标文件截止时间至少十五日前,以书面形式通知所有招标文件收受人。该澄清或者修改的内容为招标文件的组成部分。

7. 现场考察和标前会议

（1）现场考察

招标人在投标须知中规定的时间组织投标人进行现场考察。设置此程序的目的,一方面是让投标人了解工程项目的现场情况、自然条件、施工条件以及周围的环境条件,以便于编制投标文件;另一方面要求投标人通过实地考察确定投标的原则和策略,避免合同履行过程中投标人以不了解现场情况为理由推卸应承担的合同责任。

建设工程现场考察主要包括以下内容。

1）自然地理条件：工程所在地的地理位置、地形地貌、用地范围、气象、水文情况（如气温、湿度、风力、降雨）、地质情况等。

2）施工条件：施工场地四周的情况，布置临时设施、生活营地的可能性；供水排水、供电、通信、道路交通条件；附近现有建筑物情况等。

3）市场环境：建筑及装饰材料、施工机械设备、燃料动力和生活用品供应情况以及价格水平；劳务市场情况等。

（2）标前会议

标前会议也称投标预备会或答疑会，是招标人为解答招标文件和现场考察中的问题，以便投标人更好地编制投标文件而组织召开的会议。投标人提出招标文件和现场考察中的问题，招标人在标前会议上予以解答，并形成书面文件，发送给每一位投标人。除了解答问题外，招标人还可对招标文件的某些内容加以修改或予以补充说明，补充文件作为招标文件的组成部分，具有同等效力。但是补充或修改影响到投标文件编制的，招标人应适当延长提交投标文件的截止时间。

标前会议应在招标管理机构监督下，由招标人或其委托的招标代理机构组织并主持召开，参加会议的人员包括招标人、招标文件收受人、招标代理机构人员、招标文件的编制人员等。

8. 终止招标的情形

《招标投标法实施条例》规定，招标人终止招标的，应当及时发布公告，或者以书面形式通知被邀请的或者已经获取资格预审文件、招标文件的潜在投标人。已经发售资格预审文件、招标文件或者已经收取投标保证金的，招标人应当及时退还所收取的资格预审文件、招标文件的费用，以及所收取的投标保证金及银行同期存款利息。

【案例及评析】

（六）招标活动中的禁止性规定

在招标活动中，招标人不得以不合理的条件限制、排斥潜在投标人。《招标投标实施条例》明确规定，招标人有下列行为之一的，属于以不合理条件限制、排斥潜在投标人或者投标人。

1）就同一招标项目向潜在投标人或者投标人提供有差别的项目信息。

2）设定的资格、技术、商务条件与招标项目的具体特点和实际需要不相适应或者与合同履行无关。

3）依法必须进行招标的项目以特定行政区域或者特定行业的业绩、奖项作为加分条件或者中标条件。

4）对潜在投标人或者投标人采取不同的资格审查或者评标标准。

5）限定或者指定特定的专利、商标、品牌、原产地或者供应商。

6）依法必须进行招标的项目非法限定潜在投标人或者投标人的所有制形式或者组织形式。

7）以其他不合理条件限制、排斥潜在投标人或者投标人。

思 政 园 地

某行政单位工作人员小张参加同学组织的聚会。席间，一施工单位老板向其询问正在招标的某项目投标人报名情况和评标专家等信息，小张在酒后感觉不能拂了同学面子，遂据实告知。后该施工老板通过非法手段得知了各投标人报价，对自身报价进行了调整，并通过评标委员会成员李某在评标的时引导暗示，获得中标资格。经调查后，单位分别对小张和李某进行了处分。

招标人不得向他人透露已获取招标文件的潜在投标人的名称、数量或者可能影响公平竞争的有关招标投标的其他情况，或者泄露标底。评标委员会成员不得接受任何单位或者个人明示或者暗示提出的倾向或者排斥特定投标人的要求。否则，将受到相应的处罚。

知识点三、建设工程投标

（一）投标人

《招标投标法》规定，投标人是响应招标、参加投标竞争的法人或者其他组织。投标人应当具备承担招标项目的能力；国家有关规定对投标人资格条件或者招标文件对投标人资格条件有规定的，投标人应当具备规定的资格条件。

《招标投标法实施条例》规定，投标人参加依法必须进行招标的项目的投标，不受地区或者部门的限制，任何单位和个人不得非法干涉。

与招标人存在利害关系可能影响招标公正性的法人、其他组织或者个人，不得参加投标。单位负责人为同一人或者存在控股、管理关系的不同单位，不得参加同标段投标或者未划分标段的同一招标项目投标。违反以上规定的，相关投标均无效。

投标人发生合并、分立、破产等重大变化的，应当及时书面告知招标人。投标人不再具备资格预审文件、招标文件规定的资格条件或者其投标影响招标公正性的，其投标无效。

【拓展知识】

（二）联合体投标

联合体投标是一种特殊的投标人组织形式，一般适用于大型的或结构复杂的建设项目。

《招标投标法》规定，两个以上法人或者其他组织可以组成一个联合体，以一个投标人的身份共同投标。联合体各方均应当具备承担招标项目的相应能力；国家有关规定或者招标文件对投标人资格条件有规定的，联合体各方均应当具备规定的相应资格条件。由同一专业的单位组成的联合体，按照资质等级较低的单位确定资质等级。

联合体各方应当签订共同投标协议，明确约定各方拟承担的工作和责任，并将共同投标协议连同投标文件一并提交招标人。联合体中标的，联合体各方应当共同与招标人签订合同，就中标项目向招标人承担连带责任。招标人不得强制投标人组成联合体共同投标，不得限制投标人之间的竞争。

《招标投标法实施条例》进一步规定，招标人应当在资格预审公告、招标公告或者投标邀请书中载明是否接受联合体投标。招标人接受联合体投标并进行资格预审的，联合体应当在提交资格预审申请文件前组成。资格预审后联合体增减、更换成员的，其投标无效。联合体各方在同一招标项目中以自己名义单独投标或者参加其他联合体投标的，相关投标均无效。

（三）投标文件

1. 投标文件的内容要求

《招标投标法》规定，投标人应当按照招标文件的要求编制投标文件。投标文件应当对招标文件提出的实质性要求和条件作出响应。招标项目属于建设施工项目的，投标文件的内容应当包括拟派出的项目负责人与主要技术人员的简历、业绩和拟用于完成招标项目的机械设备等。

2013年3月国家发展和改革委员会、财政部、住房和城乡建设部等9部门经修改后发布的《<标准施工招标资格预审文件>和<标准施工招标文件>暂行规定》中进一步明确，投标文件应包括下列内容。

1) 投标函及投标函附录。

2) 法定代表人身份证明或附有法定代表人身份证明的授权委托书。

3) 联合体协议书。

4) 投标保证金。

5) 已标价工程量清单。

6) 施工组织设计。

7) 项目管理机构。

8) 拟分包项目情况表。

9) 资格审查资料。

10) 投标人须知前附表规定的其他材料。

但是,投标人须知前附表规定不接受联合体投标的,或投标人没有组成联合体的,投标文件不包括联合体协议书。

《建筑工程施工发包与承包计价管理办法》规定,投标报价不得低于工程成本,不得高于最高投标限价。投标报价应当依据工程量清单、工程计价有关规定、企业定额和市场价格信息等编制。

2. 投标文件的修改与撤回

《招标投标法》规定,投标人在招标文件要求提交投标文件的截止时间前,可以补充、修改或者撤回已提交的投标文件,并书面通知招标人。补充、修改的内容为投标文件的组成部分。

《招标投标法实施条例》进一步规定,投标人撤回已提交的投标文件,应当在投标截止时间前书面通知招标人。

3. 投标文件的送达与签收

《招标投标法》规定,投标人应当在招标文件要求提交投标文件的截止时间前,将投标文件送达投标地点。招标人收到投标文件后,应当签收保存,不得开启。投标人少于 3 个的,招标人应当依法重新招标。在招标文件要求提交投标文件的截止时间后送达的投标文件,招标人应当拒收。

《招标投标法实施条例》进一步规定,未通过资格预审的申请人提交的投标文件,以及逾期送达或者不按照招标文件要求密封的投标文件,招标人应当拒收。招标人应当如实记载投标文件的送达时间和密封情况,并存档备查。

(四)投标保证金

1. 投标保证金的数额

《招标投标法实施条例》规定,招标人在招标文件中要求投标人提交投标保证金的,投标保证金不得超过招标项目估算价的 2%。

《工程建设项目施工招标投标办法》规定,招标人可以在招标文件中要求投标人提交投标保证金。投标保证金除现金外,可以是银行出具的银行保函、保兑支票、银行汇票或现金支票。投标保证金不得超过项目估算价的 2%,但最高不得超过八十万元人民币。投标保证金有效期应当与投标有效期一致。

《房屋建筑和市政基础设施工程施工招标投标管理办法》规定,招标人可以在招标文件中要求投标人提交投标担保。投标担保可以采用投标保函或者投标保证金的方式。投标保证金可以使用支票、银行汇票等,一般不得超过投标总价的 2%,最高不得超过 50 万元。

2. 投标保证金有效期

《招标投标法实施条例》规定,投标保证金有效期应当与投标有效期一致。

3. 投标保证金提交

依法必须进行招标的项目的境内投标单位,以现金或者支票形式提交的投标保证金应当从其基本账户转出。招标人不得挪用投标保证金。

实行两阶段招标的,招标人要求投标人提交投标保证金的,应当在第二阶段提出。

4. 投标保证金的没收与退还

投标截止后投标人撤销投标文件的,招标人可以不退还投标保证金。中标人无正当理由不与招标人订立合同,在签订合同时向招标人提出附加条件,或者不按照招标文件要求提交履约保证金的,取消其中标资格,投标保证金不予退还。

招标人终止招标,已经收取投标保证金的,招标人应当及时退还所收取的投标保证金及银行同期存款利息。投标人撤回已提交的投标文件,招标人已收取投标保证金的,应当自收到投标人书面撤回通知之日起 5 日内退还。招标人最迟应当在书面合同签订后 5 日内向中标人和未中标的投标人退还投标保证金及银行同期存款利息。

思 政 园 地

安徽省安庆市公共资源交易中心发布通报:中铁十四局集团有限公司在安庆市沿江东路改建工程施工项目投标文件中提交虚假材料,被取消第一中标候选人资格、没收投标保证金人民币壹仟万元、记不良行为记录1次。

在工程建设招标投标过程中，无论是企业还是个人都应当遵守"公开、公平、公正、诚实信用"的原则，保证提供的各类资料的完整性和真实性，在任何情况下都不得弄虚作假，为社会提供优质的工程。

（五）禁止串通投标和其他不正当竞争

《中华人民共和国反不正当竞争法》规定，本法所称的不正当竞争行为，是指经营者在生产经营活动中，违反本法规定，扰乱市场竞争秩序，损害其他经营者或者消费者的合法权益的行为。在建设工程招标投标活动中，投标人的不正当竞争行为主要是：投标人相互串通投标、招标人与投标人串通投标、投标人以行贿手段谋取中标、投标人以低于成本的报价竞标、投标人以他人名义投标或者以其他方式弄虚作假骗取中标。

1. 禁止投标人相互串通投标

《招标投标法》规定，投标人不得相互串通投标报价，不得排挤其他投标人的公平竞争，损害招标人或者其他投标人的合法权益。

《招标投标法实施条例》进一步规定，禁止投标人相互串通投标。有下列情形之一的，属于投标人相互串通投标。

1）投标人之间协商投标报价等投标文件的实质性内容。

2）投标人之间约定中标人。

3）投标人之间约定部分投标人放弃投标或者中标。

4）属于同一集团、协会、商会等组织成员的投标人按照该组织要求协同投标。

5）投标人之间为谋取中标或者排斥特定投标人而采取的其他联合行动。

有下列情形之一的，视为投标人相互串通投标。

1）不同投标人的投标文件由同一单位或者个人编制。

2）不同投标人委托同一单位或者个人办理投标事宜。

3）不同投标人的投标文件载明的项目管理成员为同一人。

4）不同投标人的投标文件异常一致或者投标报价呈规律性差异。

5）不同投标人的投标文件相互混装。

6）不同投标人的投标保证金从同一单位或者个人的账户转出。

2. 禁止招标人与投标人串通投标

《招标投标法》规定，投标人不得与招标人串通投标，损害国家利益、社会公共利益或者他人的合法权益。

《招标投标法实施条例》进一步规定，禁止招标人与投标人串通投标。有下列情形之一的，属于招标人与投标人串通投标。

1）招标人在开标前开启投标文件并将有关信息泄露给其他投标人。

2）招标人直接或者间接向投标人泄露标底、评标委员会成员等信息。

3）招标人明示或者暗示投标人压低或者抬高投标报价。

4）招标人授意投标人撤换、修改投标文件。

5）招标人明示或者暗示投标人为特定投标人中标提供方便。

6）招标人与投标人为谋求特定投标人中标而采取的其他串通行为。

3. 禁止投标人以行贿手段谋取中标

《反不正当竞争法》规定，经营者不得采用财物或者其他手段贿赂下列单位或者个人，以谋取交易机会或者竞争优势。

1）交易相对方的工作人员。

2）受交易相对方委托办理相关事务的单位或者个人。

3）利用职权或者影响力影响交易的单位或者个人。

经营者的工作人员进行贿赂的，应当认定为经营者的行为；但是经营者有证据证明该工作人员的行为与为经营者谋取交易机会或者竞争优势无关的除外。

同时,《反不正当竞争法》还规定,经营者在交易活动中,可以以明示方式向交易相对方支付折扣,或者向中间人支付佣金。经营者向交易相对方支付折扣、向中间人支付佣金的,应当如实入账。接受折扣、佣金的经营者也应当如实入账。

《招标投标法》也规定,禁止投标人以向招标人或者评标委员会成员行贿的手段谋取中标。

投标人以行贿手段谋取中标是一种严重的违法行为,其法律后果是中标无效,有关责任人和单位要承担相应的行政责任或刑事责任,给他人造成损失的还应承担民事赔偿责任。

4. 投标人不得以低于成本的报价竞标

低于成本的报价竞标不仅属不正当竞争行为,还易导致中标后的偷工减料,影响建设工程质量。《招标投标法》规定,投标人不得以低于成本的报价竞标。

《建筑工程施工发包与承包计价管理办法》中进一步规定,投标报价低于工程成本或者高于最高投标限价总价的,评标委员会应当否决投标人的投标。

5. 投标人不得以他人名义投标或以其他方式弄虚作假骗取中标

《招标投标法》第三十三条中规定,投标人以他人名义投标或者以其他方式弄虚作假,骗取中标的,中标无效。

《招标投标法实施条例》进一步规定,使用通过受让或者租借等方式获取的资格、资质证书投标的,属于《招标投标法》第三十三条规定的以他人名义投标。投标人有下列情形之一的,属于《招标投标法》第三十三条规定的以其他方式弄虚作假的行为。

1)使用伪造、变造的许可证件。

2)提供虚假的财务状况或者业绩。

3)提供虚假的项目负责人或者主要技术人员简历、劳动关系证明。

4)提供虚假的信用状况。

5)其他弄虚作假的行为。

思 政 园 地

招标投标制度是社会主义市场经济体制的重要组成部分,对于充分发挥市场在资源配置中的决定性作用,更好发挥政府作用,深化投融资体制改革,提高国有资金使用效益,预防惩治腐败具有重要意义。近年来,各地区、各部门认真执行《招标投标法》及配套法规规章,全社会依法招标投标的意识不断增强,招标投标活动不断规范,在维护国家利益、社会公共利益和招标投标活动当事人合法权益方面发挥了重要作用。

《国家发展改革委等部门关于严格执行招标投标法规制度进一步规范招标投标主体行为的若干意见》指出,坚决打击遏制违法投标和不诚信履约行为。投标人应当严格遵守有关法律法规和行业标准规范,依法诚信参加投标,自觉维护公平竞争秩序。不得通过受让、租借或者挂靠资质投标;不得伪造、变造资质、资格证书或者其他许可证件,提供虚假业绩、奖项、项目负责人等材料,或者以其他方式弄虚作假投标;不得与招标人、招标代理机构或其他投标人串通投标;不得与评标委员会成员私下接触,或向招标人、招标代理机构、交易平台运行服务机构、评标委员会成员、行政监督部门人员等行贿谋取中标;不得恶意提出异议、投诉或者举报,干扰正常招标投标活动。中标人不得无正当理由不与招标人订立合同,在签订合同时向招标人提出附加条件,不按照招标文件要求提交履约保证金或履约保函,或者将中标项目转包、违法分包。

知识点四、建设工程开标、评标和中标

(一)开标

开标是指投标截止后,招标人按招标文件规定的时间和地点,开启投标人提交的投标文件,公开宣布投

标人的名称、投标价格及投标文件中的其他主要内容的活动。

1. 开标的时间和地点

《招标投标法》规定，开标应当在招标文件确定的提交投标文件截止时间的同一时间公开进行；开标地点应当为招标文件中预先确定的地点。

根据这一规定，提交投标文件的截止时间即是开标时间，它一般都精确至某年某月某时某分。之所以这样规定，是避免开标与投标截止时间之间存在时间间隔，从而防止泄露投标内容等一些不正当行为的发生。

开标地点事先在招标文件中明确规定，也更有利于投标人准时参加开标，从而更好地维护其合法利益。

2. 开标的主持人和参加人

《招标投标法》规定，开标由招标人主持，邀请所有投标人参加。

邀请所有投标人参加，是为了保证招标投标的公正，使他们了解开标的过程和其他投标人的投标情况，让开标活动在广泛监督的情况下进行，保证招标工作的公开、公平、公正。开标时，还可邀请招标投标主管部门、监察部门的有关人员参加，也可委托公证部门对整个开标过程依法进行公证。

3. 投标文件有效性的查验

【案例及评析】

开标时，由投标人或者其推选的代表检查投标文件的密封情况，也可以由招标人委托的公证机构检查并公证；经确认无误后，由工作人员当众拆封，宣读投标人名称、投标价格和投标文件的其他主要内容。招标人在招标文件要求提交投标文件的截止时间前收到的所有投标文件，开标时都应当当众予以拆封、宣读。开标过程应当记录，并存档备查。

思 政 园 地

从"面对面"到"屏对屏"，云上开标提了效能、降了成本。近年来，各地陆续推行"不见面开标、无干扰评标"模式，投标人只需登录网上开标大厅，足不出户、随时随地就能参与开标过程，节省了人力、物力、时间成本。

"自从有了这个线上不见面开标和远程异地评标，简直太方便了！成本低了，风险小了，投标企业放心了，招标单位也安心了。"安徽省东至县某建筑有限公司负责人说。

如今，部分省市已经实现投标企业从领取招标文件、参加投标、领取中标通知书到签订合同全过程一次都不用跑，全部在公共资源交易线上平台完成，企业得到了实实在在的实惠。

（二）评标

在工程开标后，由招标单位组织评标委员会对各投标人的投标文件进行审查、评比和分析，是整个招标与投标过程中的重要环节。招标人应当采取必要的措施，保证评标在严格保密的情况下进行。任何单位和个人不得干预、影响评标的过程和结果。

1. 评标委员会

评标由招标人依法组建的评标委员会负责。

依法必须进行招标的项目，其评标委员会由招标人的代表和有关技术、经济等方面的专家组成，成员人数为五人以上单数，其中技术、经济等方面的专家不得少于成员总数的三分之二。

前款专家应当从事相关领域工作满八年并具有高级职称或者具有同等专业水平，由招标人从国务院有关部门或者省、自治区、直辖市人民政府有关部门提供的专家名册或者招标代理机构的专家库内的相关专业的专家名单中确定；一般招标项目可以采取随机抽取方式，特殊招标项目可以由招标人直接确定。

与投标人有利害关系的人不得进入相关项目的评标委员会；已经进入的应当更换。

评标委员会成员的名单在中标结果确定前应当保密。

2. 评标标准和方法

《招标投标法》规定，评标委员会应当按照招标文件确定的评标标准和方法，对投标文件进行评审和比较；设有标底的，应当参考标底。《招标投标法实施条例》进一步规定，评标委员会成员应当依照招标投标法和本条例的规定，按照招标文件规定的评标标准和方法，客观、公正地对投标文件提出评审意见。招标文件没有规定的评标标准和方法不得作为评标的依据。

评标方法的科学性对于实施平等的竞争,公平合理地选择中标人是极为重要的。常见的评标方法有经评审的最低投标价法和综合评估法。

（1）经评审的最低投标价法

经评审的最低投标价法一般适用于具有通用技术、性能标准或者招标人对其技术、性能没有特殊要求的招标项目。

采用经评审的最低投标价法的,中标人的投标文件应当符合招标文件规定的技术要求和标准,评标委员会无需对投标文件的技术部分进行价格折算。

采用经评审的最低投标价法的,应当在投标文件能够满足招标文件实质性要求的投标人中,评审出投标价格最低的投标人,但投标价格低于其企业成本的除外。

（2）综合评估法

不宜采用经评审的最低投标价法的招标项目,一般应当采取综合评估法进行评审。采用综合评估法的,应当对投标文件提出的工程质量、施工工期、投标价格、施工组织设计或者施工方案、投标人及项目经理业绩等,能否最大限度地满足招标文件中规定的各项要求和评价标准进行评审和比较。

3. 投标被否决的情形

根据《招标投标法实施条例》,有下列情形之一的,评标委员会应当否决其投标。

1）投标文件未经投标单位盖章和单位负责人签字。

2）投标联合体没有提交共同投标协议。

3）投标人不符合国家或者招标文件规定的资格条件。

4）同一投标人提交两个以上不同的投标文件或者投标报价,但招标文件要求提交备选投标的除外。

5）投标报价低于成本或者高于招标文件设定的最高投标限价。

6）投标文件没有对招标文件的实质性要求和条件作出响应。

7）投标人有串通投标、弄虚作假、行贿等违法行为。

根据《评标委员会和评标方法暂行规定》,评标委员会应当审查每一投标文件是否对招标文件提出的所有实质性要求和条件做出响应。未能在实质上响应的投标,应当予以否决。

下列情况属于重大偏差。

1）没有按照招标文件要求提供投标担保或者所提供的投标担保有瑕疵。

2）投标文件没有投标人授权代表签字和加盖公章。

3）投标文件载明的招标项目完成期限超过招标文件规定的期限。

4）明显不符合技术规格、技术标准的要求。

5）投标文件载明的货物包装方式、检验标准和方法等不符合招标文件的要求。

6）投标文件附有招标人不能接受的条件。

7）不符合招标文件中规定的其他实质性要求。

投标文件有上述情形之一的,为未能对招标文件做出实质性响应,并按规定作否决投标处理。招标文件对重大偏差另有规定的,从其规定。

4. 投标文件的澄清、说明和补正

评标委员会可以要求投标人对投标文件中含义不明确的内容作必要的澄清或者说明,但是澄清或者说明不得超出投标文件的范围或者改变投标文件的实质性内容。也就是说,评标委员会可以书面形式要求投标人对投标文件中含义不明确,对同类问题表述不一致或者有明显文字和计算错误的内容作必要的澄清、说明或补正。评标委员会不得向投标人提出带有暗示性或诱导性的问题或向其明确投标文件中的遗漏和错误。

根据规定,投标文件不响应招标文件的实质性要求和条件的,招标人应当拒绝,不允许投标人通过修正或撤销其不符合要求的差异或保留,使之成为具有响应性的投标。评标委员会在对实质上响应招标文件要求的投标进行报价评估时,除招标文件另有约定外,应当按下述原则进行修正。

【案例及评析】

1）用数字表示的数额与用文字表示的数额不一致时，以文字数额为准。

2）单价与工程量的乘积与总价之间不一致时，以单价为准。若单价有明显的小数点错位，应以总价为准，并修改单价。

5. 评标报告

评标完成后，评标委员会应当向招标人提交书面评标报告和中标候选人名单。中标候选人应当不超过三个，并标明排序。评标报告应当由评标委员会全体成员签字。对评标结果有不同意见的评标委员会成员应当以书面形式说明其不同意见和理由，评标报告应当注明该不同意见。评标委员会成员拒绝在评标报告上签字又不书面说明其不同意见和理由的，视为同意评标结果。

6. 评标结果公示

依法必须进行招标的项目，招标人应当自收到评标报告之日起三日内公示中标候选人，公示期不得少于三日。

投标人或者其他利害关系人对依法必须进行招标的项目的评标结果有异议的，应当在中标候选人公示期间提出。招标人应当自收到异议之日起三日内作出答复；作出答复前，应当暂停招标投标活动。

思 政 园 地

四川省评标专家管理委员会发布了《关于贾某等19位评标专家的处理情况通报》，通报了关于贾某等19位评标专家的处理决定。

其中，贾某（证书编号：510****7）为谋取不正当利益，在评标活动中收受他人财物，犯受贿罪，经四川省泸州市江阳区人民法院审理，判处有期徒刑十一年。郑某才（证书编号：511****5）为谋取不正当利益，在评标活动中收受他人财物，犯非国家工作人员受贿罪，经四川省高级人民法院审理，判处有期徒刑三年。胡某芳（证书编号：511****1）为谋取不正当利益，在评标活动中收受他人财物，犯非国家工作人员受贿罪，经四川省江安县人民法院审理，判处有期徒刑二年六个月。

同时，根据《中华人民共和国招标投标法》第五十六条、《中华人民共和国招标投标法实施条例》第七十二条、《评标专家和评标专家库管理暂行办法》第十五条、《四川省评标专家库管理办法》第十九条规定，决定取消贾某、郑某才、胡某芳等19人担任评标委员会成员的资格，不得再参加任何依法必须进行招标的项目的评标。

评标专家在参与工程项目评标活动过程中要遵纪守法，切实增强法律意识纪律意识、责任意识，严格遵守法规纪律，认真、公正、诚实、廉洁地履行职责，确保评标活动顺利进行。

（三）中标

1. 中标的条件

《招标投标法》规定，中标人的投标应当符合下列条件之一。

1）能够最大限度满足招标文件中规定的各项综合评价标准。

2）能够满足招标文件的实质性要求，并且经评审的投标价格最低；但是投标价格低于成本的除外。

第二个条件主要适用于具有通用技术、性能标准成招标人对其技术、性能没有特殊要求的招标项目，即适用于一般项目；第一个条件则适用于没有通用技术、性能标准或有特殊要求的招标项目。

2. 中标通知书

中标通知书是招标人向中标的投标人发出告知其中标的书面通知文件。《招标投标法》规定，中标人确定后，招标人应向中标人发出中标通知书，并同时将中标结果通知所有未中标的投标人。中标通知书发出后，即对招标人和中标人产生法律效力。招标投标过程就是订立合同的过程，从其法律性质看，投标属于要约行为，而中标通知书则是招标人作出承诺的行为，即同意中标人投标文件的意思表示。

3. 中标后合同的签订

《招标投标法》规定，招标人和中标人应当自中标通知书发出之日起30日内，按照招标文件和中标人的投标文件订立书面合同。招标人和中标人不得再行订立背离合同实质性内容的其他协议，如签了这样的协议，其在法律上也将是无效的。

4. 中标人的法定义务

中标人应当按照承包合同的约定履行义务,完成中标项目。中标人不得向他人转让中标项目,也不得将中标项目肢解后分别向他人转让。中标人按照合同约定或者经招标人同意,可以将中标项目的部分非主体、非关键性工作分包给他人完成。接受分包的人应当具备相应的资格条件,并不得再次分包。中标人应当就分包项目向招标人负责,接受分包的人就分包项目承担连带责任。

中标人接到中标通知书后,即成为该招标工程的承包人,应在规定的时间内与招标人签订施工合同。此时,招标人和中标人还要进行决标后的谈判,将合同履行过程中的细节问题具体落实到合同内,并最后签署合同。在决标后的谈判中,如果中标人拒绝签订合同,业主有权没收其投标保证金,再按规定与其他中标候选人签订合同。

5. 提交招标投标报告

《招标投标法》规定,依法必须进行招标的项目,招标人应当自确定中标人之日起十五日内,向有关行政监督部门提交招标投标情况的书面报告。这是国家对招标投标活动进行的监督活动之一,对保护国家利益、社会公共利益及公众安全具有重要的作用。

思 政 园 地

为提高工程建设项目质量,优化资源配置,有效打击和防范围标、串标行为,近年来,全国各地公共资源交易中心稳步推进工程建设领域"评定分离"工作,提升了工程招投标效能,主要表现在以下几方面。

1)压实招标人主体责任。招标人通过"评定分离"定标系统,通过一系列规范严谨的程序行使定标权,以线上票决方式决定中标单位,让"评标委员会评标"与"招标人定标"相分离,将中标人的最终选择权还给招标人,进一步压实招标人主体责任,真正对招标投标活动及最终的招标结果负责,有效地避免了评标评审专家自由裁量权过大的情况,遏制了围标、串标、虚假招标等违法行为,促进了公共资源交易过程规范透明。

2)降低投标人交易成本。采用"评定分离"一体化交易云平台,在原有固定评标场所的基础上打造流动式定标场所,让中标候选人通过线上电子文件、线上视频对话等方式来参与定标,实现了中标候选人"零跑腿""无纸化"参与定标,有效降低了投标企业交易成本。

3)有效遏制非理性竞标。"评定分离"在定标环节给予招标人充分的择优权,让招标人可以在一个范围内自己确定中标人,突出招标人的自主定标权,有助于选到履约能力强的中标人。同时,投标人也将因此改变以前倾力研究评标办法以提高中标率的做法,转而将精力放在对工程履约表现、现场质量安全管理方面,在源头上促进投标单位加强合同履约,这对于遏制非理性竞标等起到了积极有效的作用。

随堂测试

1. 甲设计单位自行研发的异型特种结构设计技术获得国家专利,乙建设单位投资700万元建设某一必须使用该专利技术的旅游项目。则对该项目设计任务的发包方式表述正确的是(　　　)。

A. 因施工合同估算价超过400万元,故必须公开招标

B. 采用特定的专利技术,经有关主管部门批准后可以直接发包

C. 关系社会公共利益的项目,即使采用特定的专利技术也不能直接发包

D. 若其设计费超过100万元必须公开招标

2. 全部使用国有资金投资的项目,重要设备的采购,单项合同估算价在(　　　)万元人民币以上的,必须进行招标。

A. 50　　　　　　　　　B. 100　　　　　　　　　C. 200　　　　　　　　　D. 400

3. 根据《招标投标法》,可以不进行招标的工程项目有(　　　)。

A. 国有企业开发建设的商住两用的工程项目

B. 涉及国家秘密的工程项目

C. 涉及抢险救灾的工程项目

D. 利用扶贫资金实行以工代赈、需要使用农民工的工程项目

E. 涉及国家安全的工程项目

4. 依法必须进行招标的项目，自招标文件开始发出之日起至投标人提交投标文件截止之日止，最短不得少于(   )日。

A. 30   B. 25   C. 20   D. 15

5. 关于招标文件的说法，正确的是(   )。

A. 招标文件的要求不得高于法律规定

B. 潜在投标人对招标文件有异议的，招标人做出答复前，招标投标活动继续进行

C. 招标文件中载明的投标有效期从提交投标资格预审文件之日起算

D. 招标人修改已发出的招标文件，应当以书面形式通知所有招标文件收受人

6. 根据《招标投标法实施条例》，国有资金占控股或者主导地位的依法必须进行招标的项目，可以邀请招标的有(   )。

A. 技术复杂，只有少量潜在投标人可供选择的项目

B. 国务院发展改革部门确定的国家重点项目

C. 受自然环境限制，只有少量潜在投标人可供选择的项目

D. 采用公开招标方式的费用占项目合同金额的比例过大的项目

E. 省、自治区、直辖市人民政府确定的地方重点项目

7. 关于两阶段招标的说法，正确的是(   )。

A. 实施两阶段招标，招标人要求投标人提交投标保证金的，应当在第一阶段提出

B. 第一阶段投标人应当提交带报价的技术建议

C. 对于无法精确拟定技术规格的项目，招标人可以分两阶段进行招标

D. 招标人应当在第一阶段之前向所有潜在投标人提供招标文件

8. 招标人的下列行为中，属于以不合理条件限制、排斥潜在投标人或者投标人的有(   )。

A. 就同一招标项目向潜在投标人或者投标人提供有差别的项目信息

B. 对潜在投标人或者投标人采取不同的资格审查或者评标标准

C. 限定或者指定特定的专利、商标、品牌、原产地或者供应商

D. 依法必须进行招标的项目，限定潜在投标人或者投标人的所有制形式或组织形式

E. 根据招标项目的具体特点，设定资格、技术、商务条件

9. 关于投标文件的送达和接收的说法，正确的是(   )。

A. 投标文件逾期送达的，可以推迟开标

B. 未按招标文件要求密封的投标文件，招标人不得拒收

C. 招标人签收投标文件后，特殊情况下，经批准可以在开标前开启投标文件

D. 招标文件可以在法定拒收情形外另行规定投标文件的拒收情况

10. 投标有效期应从(   )之日起计算。

A. 开始提交投标文件   B. 提交投标保证金

C. 确定中标结果   D. 招标文件规定的提交投标文件截止

11. 根据《招标投标法实施条例》关于投标保证金的说法，正确的有(   )。

A. 投标保证金有效期应当与投标有效期一致

B. 投标保证金不得超过招标项目估算价的2%

C. 两阶段招标中要求提交投标保证金的，应当在第一阶段提出

D. 招标人应当在中标通知书发出后5日内退还中标人的投标保证金

E. 未中标的投标人的投标保证金及银行同期贷款利息，招标人最迟应当在书面合同签订后5日内退还

12. 下列投标人的情形中，属于以他人名义投标的是(   )。

A. 使用通过受让或者租赁的方式获取的资质证书投标

B. 使用伪造、编造的许可证件投标

C. 提供虚假的财务状况或者业绩投标

D. 提供虚假的信用状况投标

13. 下列情形中,属于投标人相互串通投标的是(　　)。

A. 投标人之间协商投标报价等投标文件的实质性内容

B. 两个以上投标人的投标文件具有特殊标记

C. 不同投标人的投标文件在同一文印店装订

D. 不同投标人的投标保函由同一银行开具

14. 甲、乙、丙三公司意欲组成一个联合体参加某建设工程项目的投标,以下各项行为中会导致投标无效的是(　　)。

A. 甲、乙、丙三公司签订了一份共同投标协议,明确约定各方拟承担的工作和责任

B. 资格预审后,丁公司想要加入联合体,于是甲、乙、丙三公司与之签订了合作协议

C. 甲、乙、丙三公司以一个投标人的身份共同投标

D. 甲、乙、丙三公司约定就中标项目承担连带责任

15.《招标投标法》规定,招标投标活动应当遵循(　　)的原则。

A. 公开　　　　　　　B. 合法　　　　　　　C. 公平　　　　　　　D. 公正

E. 诚实信用

16. 甲公司将高速公路项目路面工程招标工作委托给具有相应资质的乙招标代理机构进行。招标公告规定,购买招标文件时间为 2023 年 8 月 23 号上午 9 时至 2023 年 8 月 25 日下午 4 时,标前会议时间为 2023 年 8 月 28 日上午 9 时,投标书递交截止时间为 2023 年 9 月 15 日下午 4 时。根据我国《招标投标法》的有关规定,开标时间为(　　)。

A. 2023 年 8 月 25 日下午 4 时　　　　　　B. 2023 年 8 月 28 日上午 9 时

C. 2023 年 9 月 15 日下午 4 时　　　　　　D. 2023 年 9 月 16 日上午 9 时

17. 根据《招标投标法》,可以确定中标人的主体是(　　)。

A. 经招标人授权的招标代理机构　　　　　　B. 招标投标行政监督部门

C. 经招标人授权的评标委员会　　　　　　　D. 公共资源交易中心

18. 关于依法必须进行招标的项目公示中标候选人的说法,正确的是(　　)。

A. 投标人或者其他利害关系人对评标结果有异议的,应当在中标候选人公示期间提出

B. 招标人应当自收到评标报告之日起 5 日内公示中标候选人

C. 公示期不得少于 5 日

D. 招标人应当自收到异议之日起 3 日内作出答复,作出答复前,招标投标活动继续进行

19. 关于开标的说法,正确的是(　　)。

A. 开标可以在招标文件确定的提交投标文件截止时间之后公开进行

B. 开标地点可以不在招标文件预先确定的地点,但招标人须在开标前 5 日书面通知所有获取招标文件的潜在投标人

C. 开标应当由招标代理机构主持,邀请所有投标人参加

D. 投标人少于 3 个的,不得开标

20. 关于招标项目标底或投标限价的说法,正确的是(　　)。

A. 若招标项目设有标底,开标时应当公布

B. 设有最高投标限价地,应规定最低投标限价

C. 评标时可以投标报价是否接近标底作为中标条件

D. 可以投标报价超过标底上下 15% 作为否定投标的条件

21. 关于中标和签订合同的说法,正确的是(　　)。

A.招标人应当授权评标委员会直接确定中标人

B.招标人与中标人签订合同的标的、价款、质量等主要条款应当与招标文件一致,但履行期限可以另行协商确定

C.确定中标人的权利属于招标人

D.中标人应当自中标通知书送达之日起30日内,按照招标文件与投标人订立书面合同

22.按照《招标投标法实施条例》的规定,下列投标应该被否决的有(　　)。

A.投标文件未经投标单位盖章和单位负责人签字

B.投标人提交投标文件后,又在投标截止日期前一天,书面提出报价降低2%

C.招标文件规定的进度要求为36个月,投标文件中确定工期为34个月

D.投标文件中明显报价计算错误,评委会书面通知该投标人。投标人书面澄清,并未超出投标文件的范围,也未改变投标文件的实质性内容

23.下列招标人的行为中合法的是(　　)。

A.招标人可以根据需要组织部分潜在投标人踏勘项目现场

B.招标人可以限定或者指定特定的专利、品牌、原产地或供应商

C.依法必须进行招标的项目招标人限定投标人必须为国有企业

D.依法必须进行招标的项目以非特定行业的奖项作为加分条件

24.建设工程招标的基本程序主要包括:①发售招标文件;②编制招标文件;③委托招标代理机构;④履行项目审批手续;⑤开标、评标;⑥签订合同;⑦发布招标公告或投标邀请书;⑧发出中标通知书。上述程序正确的是(　　)。

A.①②③④⑤⑥⑦⑧　　　　　　　　B.③②④⑦①⑤⑧⑥

C.②③①④⑦⑤⑥⑧　　　　　　　　D.④③②⑦①⑤⑧⑥

25.关于施工项目投标保证金的说法,不正确的是(　　)。

A.招标人在招标文件中可以要求投标人提交投标保证金

B.投标保证金有效期应当与投标有效期一致

C.投标保证金不得超过招标项目合同价的2%

D.投标人无正当理由不与招标人订立合同,取消其中标资格、投标保证金不予退还

26.关于招标程序,下列选项中正确的有(　　)。

A.招标人终止招标的,应当及时发布公告,或者以书面形式通知被邀请的或者已经获取资格预审文件、招标文件的潜在投标人

B.依法必须进行招标的项目,其评标委员会由招标人的代表和有关技术、经济等方面的专家组成

C.投标人对开标有异议的,应当在开标现场提出,招标人可以日后作出答复

D.国有资金占控股或者主导地位的依法必须进行招标的项目,招标人应当组建资格审查委员会审查资格预审申请文件

E.标人对开标有异议的,应当在开标之后提出,招标人必须立即作出答复

27.关于中标的说法,正确的有(　　)。

A.中标人确定后,招标人应当公示中标通知书

B.中标人确定后,招标人无须将中标结果通知所有未中标的投标人

C.在确定中标人前,招标人不得与投标人就投标价格、投标方案等实质性内容进行谈判

D.中标人确定后,招标人应当向中标人发出中标通知书

E.中标通知书对招标人和中标人具有法律效力

28.关于投标保证金的说法,正确的有(　　)。

A.招标人在招标文件中可以要求投标人提交投标保证金

B.退还投标保证金时,无须退还保证金利息

C.投标保证金有效期应当与投标有效期一致

D. 投标保证金不得超过招标项目结算价的 2%

E. 中标人无正当理由不与招标人订立合同,取消其中标资格,投标保证金不予退还

本模块小结

建设工程发包与承包法律制度,是《建筑法》确定的建设活动的基本法律制度之一。建筑工程的发包单位与承包的方式包括直接发包和招标投标,无论采用哪种方式均应当签订书面合同约定建筑工程的造价,禁止任何形式的行贿受贿。国家提倡对建筑工程实行总承包,禁止肢解发包,对合同约定由工程承包单位采购的建筑材料、建筑构配件和设备,发包单位不得指定生产厂、供应商。承包建筑工程的单位应当持有依法取得的资质证书,并在其资质等级许可的业务范围内承揽工程。建筑工程总承包单位按照总承包合同的约定对建设单位负责;分包单位按照分包合同的约定对总承包单位负责。总承包单位和分包单位就分包工程对建设单位承担连带责任。两个以上的承包单位联合共同承包的,联合体各方应当共同与发包人签订合同,就承包项目承担连带责任。建设工程分包,包括专业工程分包和劳务作业分包。建筑工程总承包单位可以将承包工程中的部分工程发包给具有相应资质条件的分包单位;但是,除总承包合同中约定的分包外,必须经建设单位认可。禁止总承包单位将工程分包给不具备相应资质条件的单位。

建设工程招标是指工程项目的招标人利用报价手段采购工程、服务或货物的行为。招标投标活动应当遵循公开、公平、公正和诚实信用的原则。国家对必须进行招标的项目范围和规模作了明确规定。招标人可以通过自行招标或委托招标开展招标活动,在项目满足招标条件后申请批准招标,并按照法定程序、规定时间、相关要求进行以下工作:招标准备工作、发布招标公告或投标邀请书、资格审查、招标文件的编制和发售、现场考察和标前会议。在招标活动中,招标人不得以不合理的条件限制、排斥潜在投标人。投标人可以自行投标或组成联合体进行投标。投标人应当按照招标文件的要求编制投标文件。投标文件应当对招标文件提出的实质性要求和条件做出响应。投标人应当按照招标文件的要求提交投标文件、投标文件。法律禁止串通投标和其他不正当竞争。开标应当在招标文件确定的提交投标文件截止时间的同一时间公开进行;开标地点应当为招标文件中预先确定的地点。开标由招标人主持,邀请所有投标人参加。开标时,由投标人或者其推选的代表检查投标文件的密封情况,也可以由招标人委托的公证机构检查并公证;经确认无误后,由工作人员当众拆封,宣读投标人名称、投标价格和投标文件的其他主要内容。评标由招标人依法组建的评标委员会负责。招标人应当采取必要的措施,保证评标在严格保密的情况下进行。评标委员会应当根据《招标投标法实施条例》《评标委员会和评标方法暂行规定》以及招标文件的要求,对存在重大偏差和未有实质性响应招标文件的投标文件进行否决。中标人确定后,招标人应向中标人发出中标通知书,并同时将中标结果通知所有未中标的投标人。招标人和中标人应当自中标通知书发出之日起 30 日内,按照招标文件和中标人的投标文件订立书面合同。依法必须进行招标的项目,招标人应当自确定中标人之日起 15 日内,向有关行政监督部门提交招标投标情况的书面报告。

思考与讨论

1. 某甲单位要修建一栋六层的职工宿舍楼,为了住宿楼尽快开工并投入使用,单位领导决定将该楼交给有多次合作经验的乙施工单位进行施工,并在合同中约定合同执行总价包干,除部分价格较高的装饰材料外,其余建筑材料均由乙施工单位自行采购。为了保证工程质量,甲单位还在合同中指定要求使用本某市名牌企业生产的建筑水泥。乙施工单位随后将一至三层的土建部分分包给丙施工单位,将装饰装修部分分包给了丁施工单位,随后便着手准备给排水、空调等设备的订购工作。请指出案例中的不妥之处,并说明理由。

2. 建设单位 A 因某建设项目对外发包,施工企业 B、C 分别中标该项目一、二期工程的施工任务,D、E 两施工企业组成的联合体承接了三期工程的施工,(其中 D 企业拥有施工总承包三级资质、E 企业拥有施工总承包一级资质,该项目要求施工总承包二级资质)。自然人甲与 B 公司磋商,B 公司愿意将中标范围内的桩基工程交由甲负责施工。由于甲不具备施工资质,甲另与一桩基公司 F 协商,想以 F 公司名义承包该桩基施工工程。在得到 A 的认可后,B 将幕墙工程交于 G 公司,随后由于技术难度较大,G 公司将锚固件安装委

托给 H 公司完成。A 与 C 的承包合同中约定预拌混凝土工程由 J 公司承接,由 K 承接劳务部分,随后 K 又与 L 签订合同,约定两家企业合作完成二期工程的劳务作业。在施工过程中,E 公司并未参与该项目的管理及施工活动,D 随后将劳务交给 M 公司,以工料机全包的形式结算劳务费用。

(1)案例中合法的承发包关系有哪些?

(2)案例中不合法的承发包关系有哪些? 分别属于哪种情形?

3.A 公司与 B 公司组成联合体中标某工程,A 与 B 约定权利义务按 60% 与 40% 划分。后因故工程停工,业主于是向 B 公司提出索赔 100 万元。B 公司认为根据 AB 两公司的约定,自己只应承担 40 万元赔偿,其余部分不应由自己承担。

B 公司的说法成立吗? 业主能否要求 B 公司支付 100 万元? 说明理由。

4. 某省重点工程项目计划于 20×× 年 12 月 28 日开工,由于工程复杂,技术难度高,一般施工队伍难以胜任,业主自行决定采取邀请招标方式。于 20×× 年 9 月 8 日向通过资格预审的 A、B、C、D、E 五家施工承包企业发出了投标邀请书。该五家企业均接受了邀请,并于规定时间 9 月 20 日至 22 日购买了招标文件。

招标文件中规定,10 月 18 日下午 4 时是招标文件规定的投标截止时间。评标标准:能够最大限度地满足招标文件中规定的各项综合评价标准。

在投标截止时间之前,A、B、D、E 四家企业提交了投标文件,但 C 企业于 10 月 18 日下午 5 时才送达,原因是中途堵车。10 月 21 日下午由当地招投标监督管理办公室主持进行了公开开标。

评标委员会成员共有 7 人组成,其中招标人代表 3 人(包括 E 公司总经理 1 人、D 公司副总经理 1 人、业主代表 1 人)、技术经济方面专家 4 人。评标委员会于 10 月 28 日提出了书面评标报告。B、A 企业分列综合得分第一、第二名。招标人考虑到 B 企业投标报价高于 A 企业,要求评标委员会按照投标价格标准将 A 企业排名第一,B 企业排名第二。11 月 10 日招标人向 A 企业发出了中标通知书,并于 12 月 12 日签订了书面合同。

依据《中华人民共和国招标投标法》,回答下面问题。

(1)业主自行决定采取邀请招标方式的做法是否妥当? 说明理由。

(2)C 企业投标文件是否有效? 说明理由。

(3)请指出开标工作的不妥之处,说明理由。

(4)请指出评标委员会成员组成的不妥之处,说明理由。

(5)招标人要求按照价格标准评标是否违法? 说明理由。

(6)合同签证的日期是否违法? 说明理由。

5. 某项目招标拟采用资格预审的方式进行,某承包商对招标文件进行了仔细分析,编制了投标文件,该承包商将技术标和商务标分别封装,在封口处加盖本单位公章和项目经理签字后,在投标截止日期前 1 天上午将投标文件报送业主。开标会由市招投标办的工作人员主持,市公证处有关人员到会,各投标单位代表均到场。开标前,市公证处人员对各投标单位进行了资格预审。开标后,另一投标单位才将投标文件送达指定地点,招标人将该情况记录在案,经招标人检查投标文件的密封情况无误后,将所有投标文件拆封并宣读投标单位名称、投标价格、投标工期和有关投标文件的重要说明。根据背景资料,在该项目招标程序中存在哪些问题? 并指出正确做法。

6. 某自来水厂建设项目使用国债资金,在确定施工招标方案时,招标人决定 W 项目自行招标,并采取邀请招标方式选择施工队伍,评标方法采用经评审的最低投标价法,招标人授权评标委员会直接确定中标人。在招标评标过程中,发生了如下事件:

事件 1:本次招标向 A、B、C、D、E 共五家潜在投标人发出邀请,A、B、D、E 潜在投标人均在规定时间内提交了投标文件,C 潜在投标人没有提交投标文件。

事件 2:评标委员会由 5 人组成,其中招标人代表 1 人,招标人上级主管部门代表 1 人,其余 3 人从省政府有关部门提供的专家名册中随机抽样产生。

事件 3:在评标过程中,发现 A 投标人的投标文件没有按照招标文件规定的格式进行编制。

事件 4:在评标过程中,发现 D 投标人的投标文件商务部分中有 2 处用大写表示的数额与用小写表示的数额不一致。

（1）本案有哪些违反招投标法的行为？

（2）如何处理事件 1 至事件 4？并说明理由。

7. 綦江县 20×× 年度农业综合开发项目于 20×× 年 11 月 3 日公开开标，该项目分 7 个标段，标的总计近 550 万元，前来参加投标的县内外企业共 235 家。开标过程中，工作人员按照开标程序对各投标企业所交的 1 万元投标保证金进行核验，发现有 34 家投标企业使用"冥币"冒充保证金。主办方当即将这 34 家投标单位取消了投标资格，决定其余 202 家投标单位当天下午继续参加投标。

招标单位报案后，公安机关迅速对此事展开调查。经调查，重庆某工程监理咨询有限责任公司第九项目部工作人员张某，邀平时有业务往来的余某、赵某和高某密谋，欲揽下部分工程，伪造了重庆某建筑公司、重庆某建设（集团）有限公司第一分公司等 48 家单位投标的相关材料、证件、印章，因无法凑足现金，高某按照张某的要求，花 116 元买了一袋冥币。11 月 2 日，在张某的办公室，张某等 4 人将冥币分别装进伪造的 34 家公司的相关材料袋中。次日，赵某找到刘某、张某等 16 人帮助投标。

（1）涉案人员张某等 4 人违反了哪些法律规定？应当承担什么法律责任？

（2）招标人应当如何避免类似事件的发生？

8. 某建设单位（招标人）准备建一座图书馆，由于该工程在设计上比较复杂，要求参加投标单位应具有建筑工程施工总承包二级及以上资质。拟参加此次投标的 5 家单位中 A、B、D 单位为二级资质，C 单位为三级资质，E 单位为一级资质。C 单位法定代表人（张某）是建设单位某主要领导的亲戚，招标人在资格预审时出现了分歧，正在犹豫不决时，C 单位提前准备组成联合体投标，经张某私下活动，招标人同意让 C 与 A 联合承包工程，并明确向 A 暗示，如果不接受这个投标方案，则该工程的中标将授予 B 单位。A 为了获得该项工程，同意了与 C 联合承包该工程，并同意将停车楼交给 C 单位施工。于是 A 和 C 联合投标获得成功。A 与建设单位签订了《建设工程施工合同》，A 与 C 也签订了联合承包工程的协议。

请指出上述案例中的不妥之处，并说明理由。

践行建议

1）在企业承揽业务的过程中，按照法律法规的要求办事，避免出现违法发包、违法分包、转包和挂靠的情况。从业人员发现以上违法行为时，应当立即向当地建设行政主管部门报告。

2）遵守"公开、公平、公正、诚实信用"的原则，正确认识招投标过程中出现的不正当竞争等违法行为，树立诚信、平等、公平、法治的新时代中国特色社会主义核心价值观。

3）关注国家建设行政主管部门发布的最新政策，主动学习电子招投标的相关知识和要求。

模块 6　建设工程合同法律制度

导读

　　本模块主要讲述建设工程合同法律制度，包括合同的一般规定、合同的订立与效力、合同的履行、变更和终止、违约责任，以及建设工程合同示范文本的相关规定。通过本模块学习，应达到以下目标。

　　知识目标：了解建筑工程合同的概念、基本原则，熟悉要约、承诺，熟悉承担缔约过失的情形，掌握合同的订立程序、合同效力，掌握合同的履行、变更、转让与权利义务终止，熟悉违约责任承担方式，了解建设工程合同示范文本。

　　能力目标：能够运用所学的基本知识正确订立建筑工程合同，并能正确履行合同，分析合同当事人承担违约责任的情形，指出恰当承担违约责任的方式。

　　素质目标：树立诚实守信、公平正义的契约精神。

任务 6.1　什么是合同？

某百货公司因建造一栋大楼，急需钢材，遂向本省的甲、乙、丙钢材厂发出传真，传真中称："我公司急需标号为 01 型号的钢材 200 吨，如贵厂有货，请速来传真，我公司愿派人前往购买。"三家钢材厂收到传真，先后向百货公司回复了传真，在传真中告知他们均备有现货，且告知了各自钢材的价格。而甲钢材厂在发出传真的同时，便派车给百货公司送去了 100 吨钢材。在该批钢材送达之前，百货公司得知丙钢材厂所生产的钢材质量较好，且价格合理，因此，向丙钢材厂去传真，称："我公司愿购买贵厂 200 吨 01 型号钢材，盼速送货，运费由我公司负担。"在发出传真后的第二天上午，丙钢材厂发函称已准备发货。下午，甲钢材厂将 100 吨钢材送到百货公司，被告知，他们已决定购买丙钢材厂的钢材，因此不能接受其送来的钢材。甲钢材厂认为，百货公司拒收货物已构成违约，双方因协商不成，甲钢材厂遂向法院提起诉讼。

请思考：

（1）上述案例中是否产生了合同关系？

（2）百货公司应该购买谁的钢材？

（3）上述案例中的主体应承担哪些责任？

（4）建设工程合同有什么特殊的地方？

知识点一、合同的概念和原则

合同是民事主体之间设立、变更、终止民事法律关系的协议。合同是旨在设立、变更、终止民事法律关系的法律行为，是当事人之间意思表示一致的产物。狭义的合同是指债权合同，即两个以上的民事主体之间设立、变更、终止债权关系的协议。广义的合同是指两个以上的民事主体之间设立、变更、终止民事权利义务关系的协议。广义的合同除了民法中债权合同之外，还包括物权合同、身份合同，以及行政法中的行政合同和劳动法中的劳动合同等。

建设工程合同是承包人进行工程建设，发包人支付价款的合同。建设工程合同包括工程总承包、工程勘察合同、工程设计合同、施工合同等。

建设工程合同的订立，应当遵循平等原则、自愿原则、公平原则、诚实信用原则、合法原则等。

思 政 园 地

《民法典》第四至十条，规定了建设工程合同应遵循的原则如下。

第四条　民事主体在民事活动中的法律地位一律平等。

第五条　民事主体从事民事活动，应当遵循自愿原则，按照自己的意思设立、变更、终止民事法律关系。

第六条　民事主体从事民事活动，应当遵循公平原则，合理确定各方的权利和义务。

第七条　民事主体从事民事活动，应当遵循诚信原则，秉持诚实，恪守承诺。

第八条　民事主体从事民事活动，不得违反法律，不得违背公序良俗。

第九条　民事主体从事民事活动，应当有利于节约资源、保护生态环境。

第十条　处理民事纠纷,应当依照法律;法律没有规定的,可以适用习惯,但是不得违背公序良俗。

知识点二、合同的形式

《民法典》规定,当事人订立合同,可以采用书面形式、口头形式或者其他形式。书面形式是合同书、信件、电报、电传、传真等可以有形地表现所载内容的形式。以电子数据交换、电子邮件等方式能够有形地表现所载内容,并可以随时调取查用的数据电文,视为书面形式。

《民法典》明确规定,建设工程合同应当采用书面形式。

(一)书面形式

书面形式,是指以文字写成书面文件的方式达成的协议。这种形式明确肯定,有据可查,对于防止纠纷和解决争议,具有重要作用。传统的书面形式有合同书、书信、电报、电传、传真等;还有电子数据交换、电子邮件等形式。

(二)口头形式

口头形式,是指当事人面对面地谈话或者以电话交谈等方式达成的协议。口头订立合同的特点是直接、简便、快速,数额较小或者现款交易通常采用口头形式。口头合同是老百姓日常生活中广泛采用的合同形式。口头合同最大的缺陷就是发生纠纷举证难。

(三)其他形式

其他形式,是指根据当事人的行为或者特定情形推定成立的合同,也称之为默示合同。此类合同是指当事人未用语言明确表示成立,而是根据当事人的行为推定合同成立。如房屋租赁合同,租赁期满后,出租人未提出让承租人退房,承租人也未表示退房而是继续交房屋租金,出租人仍然接受租金。尽管当事人没有重新签订合同,但是可以依当事人的行为推定合同仍然有效,继续履行。

知识点三、合同的内容

(一)合同的一般内容

合同的内容,即合同当事人的权利、义务,除法律规定的以外,主要由合同的条款确定。合同的内容由当事人约定,一般包括以下条款。

1)当事人的姓名或者名称和住所。

2)标的,如有形财产、无形财产、劳务、工作成果等。

3)数量,应选择使用共同接受的计量单位、计量方法和计量工具。

4)质量,可约定质量检验方法、质量责任期限与条件、对质量提出异议的条件与期限等,质量要求不明确的,按照强制性国家标准履行;没有强制性国家标准的,按照推荐性国家标准履行;没有推荐性国家标准的,按照行业标准履行;没有国家标准、行业标准的,按照通常标准或者符合合同目的的特定标准履行。

5)价款或者报酬,应规定清楚计算价款或者报酬的方法。

6)履行期限、地点和方式。

7)违约责任,可在合同中约定定金、违约金、赔偿金额以及赔偿金的计算方法等。

8)解决争议的方法。

当事人可以参照各类合同的示范文本订立合同。

(二)建设工程合同的内容

勘察、设计合同的内容一般包括提交有关基础资料和概预算等文件的期限、质量要求、费用以及其他协作条件等条款。

施工合同的内容一般包括工程范围、建设工期、中间交工工程的开工和竣工时间、工程质量、工程造价、技术资料交付时间、材料和设备供应责任、拨款和结算、竣工验收、质量保修范围和质量保证期、相互协作等条款。

建设工程实行监理的,发包人应当与监理人采用书面形式订立委托监理合同。发包人与监理人的权利和义务以及法律责任,应当依照《民法典》中"合同编"委托合同以及其他有关法律、行政法规的规定。

随堂测试

1. 合同是民事主体之间设立、变更、终止(　　)的协议。

A. 商事法律关系　　　　B. 民事法律关系　　　　C. 权利义务关系　　　　D. 债务债权关系

2. 下列订立合同的形式中视为书面形式的是(　　)。

A. 电子邮件　　　　B. 电报　　　　C. 合同书　　　　D. 传真

3. 下列合同各项内容中,不属于合同主要条款的是(　　)。

A. 价款或者报价　　　　B. 保险条款

C. 履行期限、地点、和方式　　　　D. 当事人的名称

4. 根据《民法典》,不可以采用口头形式的合同是(　　)。

A. 租赁合同　　　　B. 买卖合同　　　　C. 建设工程合同　　　　D. 借款合同

5. 建设工程合同包括下列选项中除(　　)的合同。

A. 建设工程勘察合同　　　　B. 建设工程设计合同

C. 建设工程监理委托合同　　　　D. 建设工程施工总承包合同

6. 某施工企业于 2013 年承建某单位办公楼,2014 年 4 月竣工验收合格并交付使用,2019 年 5 月,甲致函该单位,说明屋面防水保修期满及以后使用维护的注意事项。此事体现合同法的(　　)原则。

A. 公平　　　　B. 自愿　　　　C. 诚实信用　　　　D. 维护公共利益

7. 某建筑工程公司在施工中泄漏了业主方的一些技术秘密,其行为违反了(　　)。

A. 平等原则　　　　B. 自愿原则　　　　C. 公平原则　　　　D. 诚实信用原则

任务 6.2　什么样的合同才有效?

引入案例

A 建筑公司挂靠于一资质较高的 B 建筑公司,以 B 建筑公司名义承揽了一项工程,并与建设单位 C 公司签订了施工合同。但在施工过程中,由于 A 建筑公司的实际施工技术力量和管理能力都较差,造成了工程进度的延误和一些工程质量缺陷。C 公司以此为由,不予支付余下的工程款。A 建筑公司以 B 建筑公司名义将 C 公司告上了法庭。请思考:

(1) A. 建筑公司以 B 建筑公司名义与 C 公司签订的施工合同是否有效?

(2) C. 公司是否应当支付余下的工程款?

【案例评析】

>>>

知识点一、合同订立的方式

(一)要约承诺方式

《民法典》规定,当事人订立合同,可以采取要约、承诺方式或者其他方式。

1. 要约

要约是希望与他人订立合同的意思表示，该意思表示应当符合下列条件。

1）内容具体确定。

2）表明经受要约人承诺，要约人即受该意思表示约束。

2. 承诺

承诺是受要约人同意要约的意思表示。承诺的内容应当与要约的内容一致。受要约人对要约的内容作出实质性变更的，为新要约。有关合同标的、数量、质量、价款或者报酬、履行期限、履行地点和方式、违约责任和解决争议方法等的变更，是对要约内容的实质性变更。

承诺生效时合同成立，但是法律另有规定或者当事人另有约定的除外。

3. 要约邀请

要约邀请是希望他人向自己发出要约的表示。拍卖公告、招标公告、招股说明书、债券募集办法、基金招募说明书、商业广告和宣传、寄送的价目表等为要约邀请。

商业广告和宣传的内容符合要约条件的，构成要约

（二）其他订立方式

在工程实践中，还存在着广泛的其他的合同订立方式，比如，交叉要约、合同书、招标、拍卖和挂牌等。

《民法典》规定，当事人采用合同书形式订立合同的，自当事人均签名、盖章或者按指印时合同成立。在签名、盖章或者按指印之前，当事人一方已经履行主要义务，对方接受时，该合同成立。

（三）缔约过失责任

1. 缔约过失责任的概念

缔约过失责任，是指在合同缔结过程中，当事人一方或双方因自己的过失而导致合同不成立、无效或被撤销，应对信赖其合同为有效成立的相对人赔偿基于此项信赖而发生的损害。缔约过失责任既不同于违约责任，也有别于侵权责任，是一种独立的责任。现实生活中确实存在由于过失给当事人造成损失，但合同尚未成立的情况。缔约过失责任的规定能够解决这种情况的责任承担问题。

2. 承担缔约过失的情形

（1）假借订立合同，恶意进行磋商

恶意磋商，是指一方没有订立合同的诚意，假借合同与对方磋商而导致另一方遭受损失的行为。如甲施工企业知悉自己的竞争对手在协商与乙企业联合投标，为了与对手竞争，遂与乙企业谈判联合投标事宜，在谈判中故意拖延时间，使竞争对手失去与乙企业联合的机会，之后宣布谈判终止，致使乙企业遭受重大损失。

（2）故意隐瞒与订立合同有关的重要事实或提供虚假情况

故意隐瞒重要事实或者提供虚假情况，是指以涉及合同成立与否的事实予以隐瞒或者提供与事实不符的情况而引诱对方订立合同的行为。如行为人隐瞒无权代理这一事实而与相对人进行磋商；施工企业不具有相应的资质等级而谎称具有；故意隐瞒标的物的瑕疵等。

（3）有其他违背诚实信用原则的行为

其他违背诚实信用原则的行为，主要指当事人一方对附随义务的违反，即违反了通知、保护、说明等义务。

（4）违反缔约中的保密义务

当事人在订立合同过程中知悉的商业秘密，无论合同是否成立，不得泄露或者不正当使用。泄露或者不正当使用该商业秘密给对方造成损失的，应当承担损害赔偿责任。例如，发包人在建设工程招标投标中或者合同谈判中知悉对方的商业秘密，如果泄露或者不正当使用，给承包人造成损失的，应当承担损害赔偿责任。

【案例及评析】

知识点二、合同的效力

（一）合同的生效

合同生效是指合同产生法律约束力。合同生效后，其效力主要体现在以下几个方面。

1）在当事人之间产生法律效力。一旦合同成立生效后，当事人应当依合同的规定，享受权利，承担义务。

2）合同生效后产生的法律效果还表现在对当事人以外的第三人产生一定的法律拘束力。

3）合同生效后当事人违反合同的，将依法承担民事责任，必要时人民法院也可以采取强制措施使当事人依合同的规定承担责任、履行义务，对另一方当事人进行补救。

1. 合同生效的条件

根据《民法典》的相关规定，当事人签订合同应当具备下列条件方能有效。

1）行为人具有相应的民事行为能力。

2）意思表示真实。

3）不违反法律、行政法规的强制性规定，不违背公序良俗。

2. 合同生效的时间

依法成立的合同，自成立时生效，但是法律另有规定或者当事人另有约定的除外。

依照法律、行政法规的规定，合同应当办理批准等手续的，依照其规定。未办理批准等手续影响合同生效的，不影响合同中履行报批等义务条款以及相关条款的效力。应当办理申请批准等手续的当事人未履行义务的，对方可以请求其承担违反该义务的责任。

合同生效可以附条件，但是根据其性质不得附条件的除外。附生效条件的合同，自条件成就时生效。合同生效可以附期限，但是根据其性质不得附期限的除外。附生效期限的合同，自期限届至时生效。

（二）无效合同

无效合同是指当事人违反了法律规定的条件而订立的，国家不承认其效力，不给予法律保护的合同。无效合同自订立之时即没有法律效力，不论合同履行到什么阶段，合同被确认无效后，这种无效的确认要溯及到合同订立时。

1. 无效的民事行为

根据《民法典》的相关规定，下列合同无效。

（1）无民事行为能力人订立的合同

《民法典》规定，不满八周岁的未成年人为无民事行为能力人，不能辨认自己行为的成年人为无民事行为能力人。无民事行为能力人实施的民事法律行为无效。

（2）行为人与相对人以虚假的意思表示订立的合同

《民法典》规定，行为人与相对人以虚假的意思表示实施的民事法律行为无效。

意思表示是指当事人把设立、变更、终止民事权利、民事义务的内在意愿用一定形式表达出来。意思表示真实就是民事法律行为必须出于当事人的自愿，反映当事人的真实意思。行为人与相对人以虚假的意思表示订立的合同违背了法律规定的合同生效条件。

（3）违反法律、行政法规的强制性规定订立的合同

《民法典》规定，违反法律、行政法规的强制性规定的民事法律行为无效。但是，该强制性规定不导致该民事法律行为无效的除外。

法律、行政法规中包含强制性规定和任意性规定。强制性规定排除了合同当事人的意思自由，即当事人在合同中不得协议排除法律、行政法规的强制性规定，否则将构成无效合同。

应当指出的是，法律是指全国人大及其常委会颁布的法律，行政法规是指由国务院颁布的法规。在实践中，有的将仅违反了地方现定的合同认定为无效是违法的。

（4）违背公序良俗订立的合同

《民法典》规定，违背公序良俗的民事法律行为无效。

公序良俗是指民事主体的行为应当遵守公共秩序,符合善良风俗,不得违反国家的公共秩序和社会的一般道德。

(5)行为人与相对人恶意串通,损害他人合法权益订立的合同

《民法典》规定,行为人与相对人恶意串通,损害他人合法权益的民事法律行为无效。

2.无效的免责条款

免责条款,是指当事人在合同中约定免除或者限制其未来责任的合同条款;免责条款无效,是指没有法律约束力的免责条款。

《民法典》规定,合同中的下列免责条款无效。

1)造成对方人身伤害的。

2)因故意或者重大过失造成对方财产损失的。

造成对方人身伤害就侵犯了对方的人身权,造成对方财产损失就侵犯了对方的财产权。人身权和财产权是法律赋予的权利,如果合同中的条款对此予以侵犯,该条款就是违法条款,这样的免责条款是无效的。

3.建设工程无效施工合同的主要情形

《最高人民法院关于审理建设工程施工合同纠纷案件适用法律问题的解释(一)》规定,建设工程施工合同具有下列情形之一的,应当认定无效。

1)承包人未取得建筑业企业资质或者超越资质等级的。

2)没有资质的实际施工人借用有资质的建筑施工企业名义的。

3)建设工程必须进行招标而未招标或者中标无效的。

承包人因转包、违法分包建设工程与他人签订的建设工程施工合同,应当依据民法典的相关规定,认定无效。

4.无效合同的法律后果

《民法典》规定,无效的或者被撤销的民事法律行为自始没有法律约束力。民事法律行为部分无效,不影响其他部分效力的,其他部分仍然有效。

因此,无效合同自始没有法律约束力。合同部分无效,不影响其他部分效力的,其他部分仍然有效。合同不生效、无效、被撤销或者终止的,不影响合同中有关解决争议方法的条款的效力。

民事法律行为无效、被撤销或者确定不发生效力后,行为人因该行为取得的财产,应当予以返还;不能返还或者没有必要返还的,应当折价补偿。有过错的一方应当赔偿对方由此所受到的损失;各方都有过错的,应当各自承担相应的责任。法律另有规定的,依照其规定。

《民法典》规定,建设工程施工合同无效,但是建设工程经验收合格的,可以参照合同关于工程价款的约定折价补偿承包人。建设工程施工合同无效且建设工程经验收不合格的,按照以下情形处理。

1)修复后的建设工程经验收合格的,发包人可以请求承包人承担修复费用。

2)修复后的建设工程经验收不合格的,承包人无权请求参照合同关于工程价款的约定折价补偿。

发包人对因建设工程不合格造成的损失有过错的,应当承担相应的责任。

(三)效力待定合同

效力待定合同是指合同虽然已经成立,但因其不完全符合有关生效要件的规定,其合同效力能否发生尚未确定,须经法律规定的条件具备才能生效。

1.限制行为能力人订立的合同

《民法典》规定,限制民事行为能力人实施的纯获利益的民事法律行为或者与其年龄、智力、精神健康状况相适应的民事法律行为有效;实施的其他民事法律行为经法定代理人同意或者追认后有效。

相对人可以催告法定代理人自收到通知之日起30日内予以追认。法定代理人未作表示的,视为拒绝追认。民事法律行为被追认前,善意相对人有撤销的权利,撤销应当以通知的方式作出。

2.无权代理人订立的合同

行为人没有代理权、超越代理权或者代理权终止后,仍然实施代理行为,未经被代理人追认的,对被代理人不发生效力。

相对人可以催告被代理人自收到通知之日起 30 日内予以追认。被代理人未作表示的,视为拒绝追认。行为人实施的行为被追认前,善意相对人有撤销的权利撤销应当以通知的方式作出。

行为人实施的行为未被追认的,善意相对人有权请求行为人履行债务或者就其受到的损害请求行为人赔偿。但是,赔偿的范围不得超过被代理人追认时相对人所能获得的利益。

相对人知道或者应当知道行为人无权代理的,相对人和行为人按照各自的过错承担责任。无权代理人以被代理人的名义订立合同,被代理人已经开始履行合同义务或者接受相对人履行的,视为对合同的追认。

(四)可撤销合同

所谓可撤销合同,是指因意思表示不真实,通过有撤销权的机构行使撤销权,使已经生效的意思表示归于无效的合同。

1. 可撤销合同的种类

(1)因重大误解订立的合同

《民法典》规定,基于重大误解实施的民事法律行为,行为人有权请求人民法院或者仲裁机构予以撤销。

所谓重大误解,是指误解者作出意思表示时,对涉及合同法律效果的重要事项存在着认识上的显著缺陷,其后果是使误解者的利益受到较大的损失,或者达不到误解者订立合同的目的。这种情况的出现,并不是由于行为人受到对方的欺诈、胁迫或者是对方利用本方处于危困状态、缺乏判断能力等情形下签订的合同,而是由于行为人自己的大意、缺乏经验或者信息不通而造成的。

(2)在订立合同时显失公平的合同

所谓显失公平的合同,就是一方当事人在利用对方处于危困状态、缺乏判断能力等情形,使当事人之间享有的权利和承担的义务严重不对等,致使民事法律行为成立时显失公平的合同。如标的物的价值与价款过于悬殊,承担责任或风险显然不合理的合同,都可称为显失公平的合同。

(3)以欺诈手段订立的合同

《民法典》规定,一方以欺诈手段,使对方在违背真实意思的情况下实施的民事法律行为,受欺诈方有权请求人民法院或者仲裁机构予以撤销。第三人实施欺诈行为,使一方在违背真实意思的情况下实施的民事法律行为,对方知道或者应当知道该欺诈行为的,受欺诈方有权请求人民法院或者仲裁机构予以撤销。

(4)以胁迫的手段订立的合同

一方或者第三人以胁迫手段,使对方在违背真实意思的情况下实施的民事法律行为,受胁迫方有权请求人民法院或者仲裁机构予以撤销。

2. 合同撤销权的行使

《民法典》规定,有下列情形之一的,撤销权消灭。

1)当事人自知道或者应当知道撤销事由之日起 1 年内、重大误解的当事人自知道或者应当知道撤销事由之日起 90 日内没有行使撤销权。

2)当事人受胁迫,自胁迫行为终止之日起 1 年内没有行使撤销权。

3)当事人知道撤销事由后明确表示或者以自己的行为表明放弃撤销权。

当事人自民事法律行为发生之日起 5 年内没有行使撤销权的,撤销权消灭。

【案例及评析】

3. 被撤销合同的法律后果

《民法典》规定,无效的或者被撤销的民事法律行为自始没有法律约束力。民事法律行为部分无效,不影响其他部分效力的,其他部分仍然有效。

随堂测试

1. 甲公司向乙公司购买了一批辅材,甲公司和乙公司约定采用合同书的方式订立合同,由于施工进度紧张,在甲公司的催促之下,甲公司和乙公司在合同未签字盖章之前,乙公司将钢材送到了甲公司的项目现场,甲公司接收并投入工程使用,甲公司和乙公司之间买卖合同的状态是(　　　)。

A. 无效　　　　　B. 条件成就时生效　　　　C. 成立　　　　　D. 可撤销

2. 施工单位向电梯生产公司订购两部 A 型电梯,并要求 5 日内交货。电梯生产公司回函表示如果延长

1 周可如约供货。电梯生产公司的回函属于(　　　)。

 A. 要约邀请   B. 承诺   C. 新要约   D. 部分承诺

3. 某施工企业向某建筑材料供应商发出购买建筑材料的要约,该建筑材料供应商在承诺有效期内对该要约作出了完全同意的答复,则该卖合同成的时间为(　　　)。

 A. 建筑材料供应商的答复文件到达施工企业时

 B. 施工企业发出订购建筑材料的要约时

 C. 建筑材料供应商发出答复文件时

 D. 施工企业订购建筑材料的要约到达建筑材料供应商时

4. 某施工企业在中标以后,招标人以工期紧张为由要求施工单位先行进场施工再择日签订书面合同,施工单位如约进场并开始平整场地等相关工作。1 个月以后,招标人以未签订书面合同为由不予支付施工单位工程款,对此,下列说法错误的是(　　　)。

 A. 因为没有签订书面合同,因此施工单位与招标人的合同关系并未成立

 B. 按照《民法典》规定,施工单位与招标人应当订立书面合同

 C. 按照《招标投标法实施条例》规定,施工单位与招标人应当在中标通知书发出之日起 30 日内订立书面合同

 D. 在工期紧张的情况下,施工单位与招标人可以协商不签订书面合同

5. 下列关于合同效力的说法错误是(　　　)。

 A. 依法成立的合同,自成立时生效,但是法律另有规定或者当事人另有约定的除外

 B. 依法成立的合同,仅对当事人具有法律约束力,但是法律另有规定的除外

 C. 合同中的免责条款无效,则合同整体无效

 D. 合同无效,不影响合同中有关解决争议方法的条款的效力

6. 2020 年 1 月 10 日,李某与某装饰公司订立合同,合同约定装饰公司应当于 2020 年 4 月 10 日以前完成李某房屋的装修任务,若延迟完工,装饰公司将向李某支付合同价款总额 0.1%/ 天的违约金。受疫情影响,装饰公司未能按期完工。对此,下列说法错误的是(　　　)。

 A. 装饰公司可以与李某就合同履行期限进行重新协商

 B. 装饰公司可以请求人民法院变更合同

 C. 装饰公司可以请求人民法院解除合同

 D. 装饰公司可以请求人民法院认定合同无效

7. 关于可撤销合同撤销权的说法,正确的是(　　　)。

 A. 因欺诈致使对方意思表示不真实,构成撤销事由

 B. 可以使尚未成立的合同归于无效

 C. 撤销权的行使应当以通知的方式作出

 D. 当事人不得自行放弃撤销权

8. 下列分包合同有效的是(　　　)。

 A. 承包人承包了某土方开挖工程后,将其承包的工程全部分包给甲施工企业

 B. 承包人承包了某土建工程后,将工程的主体结构部分分包给乙施工企业

 C. 承包人承包了某十台设备安装工程后,将三台设备安装工程的劳务作业分包给丙劳务企业

 D. 分包人承包了某装饰装修工程后,将地面瓷砖铺设的工程再分包给丁施工企业

9. 某监理公司为了承揽某开发公司的监理业务,在开发公司的要求下,同意为其免费进行招标代理,但是在招标代理工作完成后,开发公司并未将监理业务委托给该监理公司,则招标代理合同属于(　　　)。

 A. 可撤销合同 B. 有效合同 C. 无效合同 D. 可变更合同

10. 合同中关于(　　　)的条款的效力具有相对独立性,不受合同无效、变更或者终止的影响。

 A. 违约责任 B. 解决争议 C. 价款或酬金 D. 数量和质量

11. 房地产开发商发包的工程由乙包工头借用甲施工企业的资质中标并签订施工合同,工程竣工验收质

量合格,乙包工头要求按合同约定支付工程款,则(　　　)。

A.合同无效,不应支付工程款　　　　　　B.合同无效,应参照合同约定支付工程款

C.合同有效,不应支付工程款　　　　　　D.合同有效,应参照合同约定支付工程款

12.甲公司授权其采购员去采购乙公司的某产品 100 件,采购员拿着甲公司的空白合同书与乙公司订立了购买 200 件某产品的合同,由此发生纠纷后,应当采取的处理方式是(　　　)。

A.甲公司支付 100 件产品的货款

B.甲公司可以向乙公司无偿退货

C.由乙公司交付 100 件产品,甲公司支付相应的货款

D.由乙公司交付 200 件产品,甲公司支付相应的货款

13.根据《民法典》的规定,下列合同中免责条款有效的是(　　　)。

A.造成对方人身伤害的　　　　　　　　　B.因故意造成对方财产损失的

C.因过失造成对方财产损失的　　　　　　D.因重大过失造成对方财产损失的

14.无效合同、可撤销合同的确认应由(　　　)裁定。

A.人民法院　　　　　B.当事人双方　　　　　C.主管部门　　　　　D.检察机构

15.下列建设工程施工合同中,属于无效合同的是(　　　)。

A.工程价款支付条款显失公平的合同

B.发包人对投标文件有重大误解订立的合同

C.依法必须进行招标的项目存在中标无效情形的合同

D.承包人以胁迫手段订立的施工合同

16.关于无效施工合同工程款结算的说法,正确的是(　　　)。

A.施工合同无效,且建设工程经竣工验收不合格,修复后的建筑工程经竣工验收不合格,承包人请求支付工程价款的,不予支持

B.施工合同无效,但建设工程经竣工验收合格,承包人请求参照合同约定支付工价款的,不予支持

C.施工合同无效,且建设工程经竣工验收不合格,承包人请求参照合同约定支付工程价款的,应予支持

D.施工合同无效,且建设工程经竣工验收不合格,修复后的建设工程经验收合格,发包人请求承包人承担修复费用的,不予支持

任务 6.3　合同应当如何履行?

引入案例

甲、乙订有一买卖合同,约定甲于 6 月 1 日前交货,乙收到货后 1 个月内付款。过了 6 月 1 日,甲未交货,但要求乙付款,乙称:"你必须先交货,我 1 个月后再付款。"

请思考:乙的主张有无道理?

知识点一、合同的履行

(一)合同的履行原则

当事人应当按照约定全面履行自己的义务。

当事人应当遵循诚信原则,根据合同的性质、目的和交易习惯履行通知、协助、保密等义务。

当事人在履行合同过程中,应当避免浪费资源、污染环境和破坏生态。

当事人姓名名称变更或法定代表人、承办人变动,不影响合同继续履行。

(二)合同履行顺序

当事人互负债务,没有先后履行顺序的,应当同时履行。一方在对方履行之前有权拒绝其履行请求。一方在对方履行债务不符合约定时,有权拒绝其相应的履行请求。当事人互负债务,有先后履行顺序,应当先履行债务一方未履行的,后履行一方有权拒绝其履行请求。先履行一方履行债务不符合约定的,后履行一方有权拒绝其相应的履行请求。

应当先履行债务的当事人,有确切证据证明对方有下列情形之一的,可以中止履行。

1)经营状况严重恶化。

2)转移财产、抽逃资金,以逃避债务。

3)丧失商业信誉。

4)有丧失或者可能丧失履行债务能力的其他情形。

当事人没有确切证据中止履行的,应当承担违约责任。

债权人可以拒绝债务人提前履行债务,但是提前履行不损害债权人利益的除外。债务人提前履行债务给债权人增加的费用,由债务人负担。

债权人可以拒绝债务人部分履行债务,但是部分履行不损害债权人利益的除外。债务人部分履行债务给债权人增加的费用,由债务人负担。

知识点二、合同的变更

工程建设合同的变更,是指对已经依法成立的合同,在承认其法律效力的前提下,因为当事人的协商或者法定原因而将合同权利义务予以改变的情形。

当事人协商一致,可以变更合同。当事人对合同变更的内容约定不明确的,推定为未变更。

(一)合同的变更须经当事人双方协商一致

如果双方当事人就变更事项达成一致意见,则变更后的内容取代原合同的内容,当事人应当按照变更后的内容履行合同。如果一方当事人未经对方同意就改变合同的内容,不仅变更的内容对另一方没有约束力,其做法还是一种违约行为,应当承担违约责任。

(二)对合同变更内容约定不明确的推定

合同变更的内容必须明确约定。如果当事人对于合同变更的内容约定不明确,则将被推定为未变更。任何一方不得要求对方履行约定不明确的变更内容。

(三)合同基础条件变化的处理

合同成立后,合同的基础条件发生了当事人在订立合同时无法预见的、不属于商业风险的重大变化,继续履行合同对于当事人一方明显不公平的,受不利影响的当事人可以与对方重新协商;在合理期限内协商不成的,当事人可以请求人民法院或者仲裁机构变更或者解除合同。

【案例及评析】

知识点三、合同权利义务的转让

(一)合同权利(债权)的转让

1.合同权利(债权)的转让范围

《民法典》规定,债权人可以将债权的全部或者部分转让给第三人,但是有下列情形之一的除外。

1)根据债权性质不得转让。

2）按照当事人约定不得转让。

3）依照法律规定不得转让。

当事人约定非金钱债权不得转让的，不得对抗善意第三人。当事人约定金钱债权不得转让的，不得对抗第三人。

2. 合同权利（债权）的转让应当通知债务人

《民法典》规定，债权人转让债权，未通知债务人的，该转让对债务人不发生效力。债权转让的通知不得撤销，但是经受让人同意的除外。

※※※ 需要说明的是，债权人转让权利应当通知债务人，未经通知的转让行为对债务人不发生效力，但债权人债权的转让无需得到债务人的同意。这一方面是尊重债权人对其权利的行使，另一方面也防止债权人滥用权利损害债务人的利益。当债务人接到权利转让的通知后，权利转让即行生效，原债权人被新的债权人替代，或者新债权人的加入使原债权人不再完全享有原债权。

3. 债务人对让与人的抗辩

《民法典》规定，债务人接到债权转让通知后，债务人对让与人的抗辩，可以向受让人主张。

抗辩权是指债权人行使债权时，债务人根据法定事由对抗债权人行使请求权的权利。

债务人的抗辩权是其固有的一项权利，并不随权利的转让而消灭。在权利转让的情况下，债务人可以向新债权人行使该权利。受让人不得以任何理由拒绝债务人权利的行使。

（二）合同义务（债务）的转让

《民法典》规定，债务人将债务的全部或者部分转移给第三人的，应当经债权人同意。债务人或者第三人可以催告债权人在合理期限内予以同意，债权人未作表示的，视为不同意。

债务转移分为两种情况：一是债务的全部转移，在这种情况下，新的债务人完全取代了旧的债务人，新的债务人负责全面履行债务；另一种情况是债务的部分转移，即新的债务人加入到原债务中，与原债务人一起向债权人履行义务。无论是转移债务还是部分债务，债务人都需要征得债权人同意。未经债权人同意，债务人转移债务的行为对债权人不发生效力。

（三）合同中权利和义务的一并转让

《民法典》规定，当事人一方经对方同意，可以将自己在合同中的权利和义务一并转让给第三人。合同的权利和义务一并转让的，适用债权转让、债务转移的有关规定。

权利和义务一并转让，是指合同一方当事人将其权利和义务一并转移给第三人，由第三人全部地承受这些权利和义务。权利义务一并转让的后果，导致原合同关系的消灭，第三人取代了转让方的地位，产生出一种新的合同关系。只有经对方当事人同意，才能将合同的权利和义务一并转让。如果未经对方同意，一方当事人擅自一并转让权利和义务的，其转让行为无效，对方有权就转让行为对自己造成的损害，追究转让方的违约责任。

知识点四、合同的终止

合同的终止是指依法生效的合同，因具备法定的或当事人约定的情形，合同的债权、债务归于消灭，债权人不再享有合同的权利，债务人也不必再履行合同的义务。

《民法典》规定，有下列情形之一的，债权债务终止。

1）债务已经履行。

2）债务相互抵销。

3）债务人依法将标的物提存。

4）债权人免除债务。

5）债权债务同归于一人。

6）法律规定或者当事人约定终止的其他情形。

合同解除的,该合同的权利义务关系终止。

(一)合同解除的概念

合同的解除是指合同有效成立后,当具备法律规定的合同解除条件时,因当事人一方或双方的意思表示而使合同关系归于消灭的行为。

合同解除具有如下特征。

1)合同的解除适用于合法有效的合同,而无效合同、可撤销合同不发生合同解除。

2)合同解除须具备法律规定的条件。非依照法律规定,当事人不得随意解除合同。我国法律规定的合同解除条件主要有约定解除和法定解除。

3)合同解除须有解除的行为。无论哪一方当事人享有解除合同的权利,其必须向对方提出解除合同的意思表示,才能达到合同解除的法律后果。

4)合同解除使合同关系自始消灭或者向将来消灭,可视为当事人之间未发生合同关系,或者合同尚存的权利义务不再履行。

(二)合同解除的种类

1. 约定解除合同

《民法典》规定,当事人协商一致,可以解除合同。当事人可以约定一方解除合同的事由。解除合同的事由发生时,解除权人可以解除合同。

2. 法定解除合同

《民法典》规定,有下列情形之一的,当事人可以解除合同。

1)因不可抗力致使不能实现合同目的。

2)在履行期限届满前,当事人一方明确表示或者以自己的行为表明不履行主要债务。

3)当事人一方迟延履行主要债务,经催告后在合理期限内仍未履行。

4)当事人一方迟延履行债务或者有其他违约行为致使不能实现合同目的。

5)法律规定的其他情形。

以持续履行的债务为内容的不定期合同,当事人可以随时解除合同,但是应当在合理期限之前通知对方。

法定解除是法律直接规定解除合同的条件,当条件具备时,解除权人可直接行使解除权;约定解除则是双方的法律行为,单方行为不能导致合同的解除。

(三)解除合同的程序

《民法典》规定,当事人一方依法主张解除合同的,应当通知对方。合同自通知到达对方时解除;通知载明债务人在一定期限内不履行债务则合同自动解除,债务人在该期限内未履行债务的,合同自通知载明的期限届满时解除。对方对解除合同有异议的,任何一方当事人均可以请求人民法院或者仲裁机构确认解除行为的效力。当事人一方未通知对方,直接以提起诉讼或者申请仲裁的方式依法主张解除合同,人民法院或者仲裁机构确认该主张的,合同自起诉状副本或者仲裁申请书副本送达对方时解除。

【案例及评析】

随堂测试

1. 甲公司和乙公司订立了预制构件承揽合同,合同履行过半,甲公司突然通知乙公司解除合同,关于甲公司和乙公司权利的说法,正确的是(　　　)。

A. 经乙公司同意后甲公司方可解除合同

B. 乙公司有权要求甲公司继续履行合同

C. 合同履行过半后,甲公司无权解除合同

D. 甲公司有权随时解除合同,但应当向乙公司赔偿相应的损失

2. 关于建设工程施工合同解除的说法,正确的是(　　　)。

A. 合同约定的工期内承包人没有完工,发包人可以解除合同

B. 发包人未按合同约定支付工程价款,承包人可以解除合同

C. 承包人将承包的工程转包,发包人可以解除合同

D. 承包人已经完工的建设工程质量不合格,发包人可以解除合同

3. 关于施工合同变更的说法,正确的是(　　)。

A. 施工合同变更应当办理批准登记手续

B. 工程变更必然导致施工合同条款变更

C. 施工合同非实质性条款的变更,无需双方当事人协商一致

D. 当事人对施工合同变更内容约定不明确的推定为未变更

4. 合同成立后,合同的基础条件发生了当事人在订立合同时无法预见的、不属于商业风险的重大变化,继续履行合同对于当事人一方明显不公平的,则(　　)。

A. 受不利影响的当事人可以与对方重新协商

B. 受不利影响的当事人只能继续履行合同

C. 受不利影响的当事人可以通知对方解除合同

D. 受不利影响的当事人可以通知对方变更合同

5. 根据《民法典》,发包人可以解除合同的情形是(　　)。

①承包人将建设工程转包;②承包人将建设工程违法分包;③承包人延误工期;④承包人将劳务作业分包;⑤承包人竣工验收不合格。

A. ①②⑤　　　　　B. ①②③④　　　　　C. ①②　　　　　D. ②③④⑤

6. 根据《民法典》,承包人可以解除合同的情形是(　　)。

A. 发包人提供的主要建筑材料不符合强制性标准的

B. 发包人不履行协助义务,致使承包人无法施工,经催告后在合理期限内仍未履行相应义务的

C. 发包人不履行协助义务,致使承包人无法施工的

D. 发包人超过合同范围提出技术变更的

7. 施工合同约定,某施工项目中所使用的钢筋由建设单位提供,在施工过程中11月1日送达施工现场的一批钢筋经施工单位检测不符合国家强制性标准,施工单位做法正确的是(　　)。

A. 通知建设单位解除合同

B. 通知建设单位进行合同变更

C. 向建设单位发出催告,如果在合理期限内建设单位仍不提供符合要求的钢筋的,施工单位可以解除合同

D. 先行购买符合要求的钢筋用于项目施工,并及时向建设单位提出索赔请求

8. 甲公司向乙公司购买50吨水泥,后甲通知乙需要更改购买数量,但一直未明确具体数量。交货期届至,乙将50吨水泥交付给甲,甲拒绝接受,理由是已告知要变更合同。关于双方合同关系的说法,正确的是(　　)。

A. 乙承担损失

B. 甲可根据实际情况部分接收

C. 双方合同已变更,乙送货构成违约

D. 甲拒绝接收,应承担违约责任

9. 某施工合同约定质量标准为合格,监理工程师在巡视时要求承包人"把活儿做得更细些,到时不会少了你们的"。于是项目经理在施工中提高了质量标准,因此增加了费用,则该笔费用应由(　　)承担。

A. 监理工程师　　　　B. 建设单位　　　　C. 项目经理　　　　D. 施工单位

10. 根据《民法典》,允许单方解除合同的情形是(　　)。

A. 法定代表人变更　　　　　　　　　B. 当事人一方发生合并、分立

C. 由于不可抗力致使合同不能履行　　　D. 当事人一方违约

11. 承包人与材料供应商合同约定买卖钢材 500 吨,由于施工内容的调整变化,发包人通知承包人可能要改变交货数量,但一直没有明确具体交货数额。交货期到达,供应商将 500 吨钢筋交付承包人,承包人拒绝接受,理由是合同已协议变更,则正确的说法是(　　　　)。

　　A. 供应商应承担由此给承包人造成的损失　　　　B. 承包人可根据实际情况部分接受货物

　　C. 由于双方已变更合同,供应商应暂停送货　　　　D. 如承包人拒绝接受钢材,应承担违约责任

12. 甲与乙签订了一份合同后,乙将自己的债务转移给丙,并征得甲的同意,现丙履行债务的行为不符合合同的约定,甲有权请求(　　　　)承担违约责任。

A. 丙　　　　　　　　B. 乙　　　　　　　　C. 乙和丙共同　　　　　　　　D. 乙或者丙

🏮 任务 6.4　违约后有什么后果?

知识点一、违约责任的概述

(一)违约责任的概念

违约责任是指合同当事人任何一方不履行合同义务或者履行合同义务不符合约定而应当承担的法律责任。违约行为的表现形式包括不履行和不适当履行。不履行是指当事人不能履行或者拒绝履行合同义务。不能履行合同的事人一般也应承相违约责任。不适当履行则包括不履行以外的其他所有违约情况。

《民法典》规定,当事人一方不履行合同义务或者履行合同义务不符合约定的,应当承担继续履行、采取补救措施或者赔偿损失等违约责任。

当事人双方都违反合同的,应各自承担相应的责任。

(二)违约责任的特征

违约责任具有如下特征。

1)违约责任的产生是以合同当事人不履行合同义务为条件的。

2)违约责任具有相对性。

3)违约责任主要具有补偿性,即旨在弥补或补偿因违约行为造成的损害后果。

4)违约责任可以由合同当事人约定,但约定不符合法律要求的,将会被宣告无效或被撤销。

5)违约责任是民事责任的一种形式。

(三)当事人承担违约责任应具备的条件

《民法典》规定,当事人一方明确表示或者以自己的行为表明不履行合同义务的,对方可以在履行期限届满前请求其承担违约责任。

承担违约责任,首先是合同当事人发生了违约行为,即有违反合同义务的行为;其次,非违约方只需证明违约方的行为不符合合同约定,便可以要求其承担违约责任,而不需要证明其主观上是否具有过错;第三,违约方若想免于承担违约责任,必须举证证明其存在法定的或约定的免责事由,而法定免责事由主要限于不可抗力,约定的免责事由主要是合同中的免责条款。

知识点二、承担违约责任的方式

合同当事人违反合同义务,承担违约责任的种类主要有继续履行、采取补救措施、停止违约行为、赔偿损失、支付违约金或定金等。

守约方可以要求违约方停止违约行为,采取补救措施,继续履行合同约定;也可以按照合同约定,要求违约方支付违约金或没收定金。

(一)继续履行

《民法典》规定,当事人一方不履行合同义务或者履行合同义务不符合约定的,应当承担继续履行、采取补救措施或者赔偿损失等违约责任。

继续履行是一种违约后的补救方式,是否要求违约方继续履行是非违约方的一项权利。继续履行可以与违约金、定金、赔偿损失并用,但不能与解除合同的方式并用。

(二)采取补救措施

《民法典》规定,对违约责任没有约定或者约定不明确,受损害方根据标的的性质以及损失的大小,可以合理选择请求对方承担修理、重作、更换、退货、减少价款或者报酬等违约责任。

当事人违反合同的事实发生后,为防止损失发生或者扩大,而由违约方依照法律规定或者约定采取必要的补救措施,以给权利人弥补或者挽回损失的责任形式。采取补救措施的责任形式,主要发生在质量不符合约定的情况下。建设工程合同中,采取补救措施是施工单位承担违约责任常用的方法。

(三)违约金和定金

违约金有法定违约金和约定违约金两种:由法律规定的违约金为法定违约金,由当事人约定的违约金为约定违约金。

《民法典》规定,当事人可以约定一方违约时应当根据违约情况向对方支付一定数额的违约金,也可以约定因违约产生的损失赔偿额的计算方法。

约定的违约金低于造成的损失的,人民法院或者仲裁机构可以根据当事人的请求予以增加;约定的违约金过分高于造成的损失的,人民法院或者仲裁机构可以根据当事人的请求予以适当减少。当事人可以约定一方向对方给付定金作为债权的担保。定金合同自实际交付定金时成立。定金的数额由当事人约定;但是,不得超过主合同标的额的 20%,超过部分不产生定金的效力。实际交付的定金数额多于或者少于约定数额的,视为变更约定的定金数额。债务人履行债务的,定金应当抵作价款或者收回。给付定金的一方不履行债务或者履行债务不符合约定,致使不能实现合同目的的,无权请求返还定金;收受定金的一方不履行债务或者履行债务不符合约定,致使不能实现合同目的的,应当双倍返还定金。

【案例及评析】

当事人既约定违约金,又约定定金的,一方违约时,对方可以选择适用违约金或者定金条款。定金不足以弥补一方违约造成的损失的,对方可以请求赔偿超过定金数额的损失。

(四)违约责任的免除

在合同履行过程中,如果出现法定的免责条件或合同约定的免责事由,违约人将免于承担违约责任。我国的《民法典》仅承认不可抗力为法定的免责事由。

《民法典》规定,当事人一方因不可抗力不能履行合同的,根据不可抗力的影响,部分或者全部免除责任,但是法律另有规定的除外。

因不可抗力不能履行合同的,应当及时通知对方,以减轻可能给对方造成的损失,并应当在合理期限内提供证明。

当事人迟延履行后发生不可抗力的,不免除其违约责任。

思 政 园 地

诚信是一个人的立身之本,一个企业的生存之本,一个民族的万世根基。

建设工程合同是法律地位平等的承包人和发包人经过充分协商达成一致的民事合同,双方当事人应当遵循诚实信用原则全面履行自己的义务,履行过程中如果出现欺诈、蒙骗、任意毁约等不诚信行为,违约者将承担相应的法律责任。

随堂测试

1. 建设单位在施工合同履行中未能按约定付款，由此可能承担的法律责任是（　　）。
A. 警告　　　　　　B. 支付违约金　　　　　　C. 罚款　　　　　　D. 赔礼道歉

2. 施工单位因违反施工合同而支付违约金后，建设单位要求其继续履行合同，施工单位应（　　）。
A. 拒绝履行　　　　　　　　　　　　B. 继续履行
C. 缓期履行　　　　　　　　　　　　D. 要求对方支付一定费用后履行

3. 下列有关定金与违约金区别的表述，不正确的（　　）。
A. 定金须于合同履行前交付，而违约金只能发生违约行为以后交付
B. 定金一般是约定的，而违约金一般是法定的
C. 定金有证约和预先给付的作用，而违约金没有
D. 定金主要起担保作用，而违约金主要是违反合同的民事责任形式

4. 下列情形中，可以导致施工单位免除违约责任的是（　　）。
A. 施工单位因严重安全事故隐患且拒不改正而被监理工程师责令暂停施工，致使工期延误
B. 因拖延民工工资，部分民工停工抗议导致工期延误
C. 地震导致已完工程被爆破拆除重建，造成建设单位费用增加
D. 由于工人过失导致混凝土浇筑质量不符合要求，造成返工

5. 某建筑公司和材料供应公司签订合同，约定了违约金，并交付定金，因为供应公司违约未能按期供货，则（　　）。
A. 建筑公司可以要求供应公司支付违约金并双倍返回定金
B. 建筑公司可以选择违约金或者定金条款，二者不得同时使用
C. 建筑公司选择违约金条款后，不得要求返还定金
D. 供应商有权选择定金或违约金支付

6. 某工程施工中某水泥厂为施工企业供应水泥，延迟交货一周，延迟交货导致施工企业每天损失 0.4 万元，第一天晚上施工企业为减少损失，采取紧急措施共花费 1 万元，使剩余 6 天共损失 0.7 万元。则水泥厂因违约应向施工企业赔偿的损失为（　　）。
A. 1.1 万元　　　　　B. 1.7 万元　　　　　C. 2.1 万元　　　　　D. 2.8 万元

7. 甲建设单位与乙设计院签订了设计合同，合同约定，设计费为 200 万元，定金为设计费的 15%，甲已支付定金。如果乙在规定期限内不履行合同，应该返还给甲（　　）万元。
A. 30　　　　　　B. 40　　　　　　C. 60　　　　　　D. 70

8. 施工合同当事人向人民法院主张的诉讼请求中，可以得到支持的是（　　）。
A. 解除合同并赔偿损失　　　　　　　B. 继续履行并解除合同
C. 支付违约金和双倍返还定金　　　　D. 确认合同无效并支付违约金

9. 建设工程施工合同履行过程中可能会出现以下原因所造成的损失，不应由承包人承担损失的是（　　）。
A. 因承包人采购的原材料未按照约定时间运到现场，导致窝工、停工的损失
B. 承包人将主体工程分包给某分包商，分包商承揽的工程不符合质量标准造成的损失
C. 发包方中途变更设计造成的损失
D. 发包方采购的材料经承包方验收入库后，工地出现偷盗造成材料损失

10. 关于定金的说法，正确的是（　　）。
A. 收受定金的一方不履行约定的债务的，应当原数额返还定金
B. 定金合同自合同订立之日起生效
C. 既约定违约金又约定定金的，一方违约时，对方可以选择适用违约金或者定金条款
D. 定金的数额由当事人约定，但不得超过主合同标的额的 10%

11. 当事人一方违约后,对方当事人应当采取适当措施防止损失的扩大。因防止损失扩大而支出的合理费用,由(　　)承担。

A. 非违约方

B. 违约方

C. 违约方与非违约方按比例

D. 违约方与非违约方平均

12. 下列各项中,关于施工企业转让、出借资质证书或者以其他方式允许他人以本企业的名义承揽工程,因该项承揽工程不符合规定的质量标准给建设单位造成损失的,说法正确的是(　　)。

A. 施工企业承担全部赔偿责任

B. 挂靠单位或者个人承担全部赔偿责任

C. 施工企业与挂靠单位或者个人承担连带赔偿责任

D. 施工企业与挂靠单位或者个人分别承担各自应负的责任

13. 建设工程施工合同中,违约责任的主要承担方式有(　　)。

A. 返还财产　　　　B. 修理　　　　C. 赔偿损失　　　　D. 继续履行

E. 消除危险

14. 关于违约金的说法,正确的有(　　)。

A. 支付违约金是一种民事责任的承担方式

B. 约定的违约金低于造成的损失时,当事人可以请求人民法院或者仲裁机构予以增加

C. 违约支付违约金后,非违约方有权要求其继续履行

D. 当事人既约定违约金又约定定金的,一方违约时对方可以同时适用违约金条款和定金条款

E. 约定的违约金过分高于造成的损失的,当事人可以请求人民法院或者仲裁机构予以减少

任务 6.5　建设工程合同有什么不同?

知识点一、建设工程合同的概念和特征

(一)建设工程合同的概念

《民法典》规定,建设工程合同是承包人进行工程建设,发包人支付价款的合同。建设工程合同包括工程勘察、设计、施工合同。

从合同理论上说,建设工程合同是广义承揽合同的一种,也是承包人(承揽人)按照发包人(定作人)的要求完成工作,交付工作成果,发包人给付报酬的合同。但由于建设工程合同在经济活动、社会生活中的重要作用,以及在国家管理、合同标的等方面均有别于一般的承揽合同,我国一直将建设工程合同列为单独的一类重要合同。但考虑到建设工程合同毕竟是从承揽合同中分离出来的,《民法典》规定,建设工程合同中没有规定的,适用承揽合同的有关规定。

由此可以看出,建设工程合同实质上是一种承揽合同,或者说是承揽合同的一种特殊类型。

(二)建设工程合同的特征

建设工程合同具有以下几个特征。

1. 建设工程合同的标的具有特殊性

建设工程合同是从承揽合同中分化出来的,也属于一种完成工作的合同。与承揽合同不同的是,建设工程合同的标的为不动产建设项目。也正由于此,使得建设工程合同又具有内容复杂,履行期限长,投资规模大,风险较大等特点。

2. 建设工程合同的当事人具有特定性

作为建设工程合同当事人一方的承包人，一般情况下只能是具有从事勘察、设计、施工资格的法人。这是由建设工程合同的复杂性所决定的。

3. 建设工程合同具有一定的计划性和程序性

由于建设工程合同与国民经济建设及人民群众生活都有着密切的关系，因此该合同的订立和履行，必须符合国家基本建设计划的要求，并接受有关政府部门的管理和监督。

4. 建设工程合同是要式合同

《民法典》规定，建设工程合同应当采用书面形式。某些建设工程合同须采取批准形式，如《民法典》规定，国家重大建设工程合同，应当按照国家规定的程序和国家批准的投资计划、可行性研究报告等文件订立。

与承揽合同相同，建设工程合同也是双务合同、有偿合同和诺成合同。

知识点二、建设工程合同的示范文本

《民法典》规定，当事人可以参照各类合同的示范文本订立合同。

（一）合同示范文本的作用

合同示范文本是指由规定的国家机关事先拟定的对当事人订立合同起示范作用的合同文本。多年的实践表明，如果缺乏合同示范文本，一些当事人签订的合同不规范，条款不完备，漏洞较多，将给合同履行带来很大困难，不仅影响合同履约率，还导致合同纠纷增多，解决纠纷的难度增大。

（二）建设工程合同示范文本

国务院建设行政主管部门和国务院原工商行政管理部门，相继制定了《建设项目工程总承包合同（示范文本）》《建设工程勘察合同（示范文本）》《建设工程设计合同（示范文本）》《建设工程委托监理合同（示范文本）》《建设工程施工合同（示范文本）》《建设工程施工专业分包合同（示范文本）》《建设工程施工劳务分包合同（示范文本）》《园林绿化工程施工合同示范文本（试行）》等一系列建设工程合同示范文本。

（三）合同示范文本的法律地位

合同示范文本对当事人订立合同起参考作用，但不要求当事人必须采用合同示范文本，即合同的成立与生效同当事人是否采用合同示范文本无直接关系。合同示范文本具有引导性、参考性，但无法律强制性，为非强制性使用文本。

随堂测试

1. 关于合同示范文本的说法，正确的是（　　）。

A. 示范文本能够使合同的签订规范和条款完备

B. 示范文本为强制使用的合同文本

C. 采用示范文本是合同成立的前提

D. 采用示范文本是合同生效的前提

2. 不属于《建设工程施工合同（示范文本）》组成部分的是（　　）。

A. 合同协议书　　　　　　　　　　　B. 标准招标文件

C. 通用合同条款　　　　　　　　　　D. 专用合同条款

3. 关于合同示范文本法律地位的说法，错误的是（　　）。

A. 合同示范文本具有参考性

B. 合同示范文本具有引导性

C. 合同示范文本无法律强制性

D. 合同的成立与生效同当事人是否采用合同示范文本有直接关系

4.关于合同示范文本的法律地位,下列表述中错误的是(　　　　)。

A.当事人可以参照各类合同的示范文本订立合同

B.合同示范性文本对当事人订立合同起参考作用

C.签订合同时有合同示范性文本的必须使用

D.合同成立与否与是否采用合同示范性文本无直接关系

本模块小结

合同是民事主体之间设立、变更、终止民事法律关系的协议。建设工程合同的订立,应当遵循平等、自愿、公平、诚实信用、合法等原则,并依法采用书面形式。

当事人订立合同,可以采取要约、承诺方式或者其他方式。当事人签订合同,行为人应当具有相应的民事行为能力,意思表示应当真实,不违反法律、行政法规的强制性规定,不违背公序良俗。不满足这些要求的合同具有效力瑕疵,甚至无效。无民事行为能力人订立的合同;行为人与相对人以虚假的意思表示订立的合同;违反法律、行政法规的强制性规定订立的合同;违背公序良俗订立的合同;行为人与相对人恶意串通,损害他人合法权益订立的合同,这些合同均为无效合同。无效合同自始没有法律约束力。

当事人应当按照约定全面、恰当地履行合同义务。当事人协商一致,可以变更合同。合同权利、义务的转让应当遵循法律的规定。因债务履行、债务相互抵销、标的物提存、免除债务、债权债务同归于一人、合同解除等情形合同终止。

当事人一方不履行合同义务或者履行合同义务不符合约定的,应当承担继续履行、采取补救措施或者赔偿损失等违约责任。当事人双方都违反合同的,应各自承担相应的责任。当事人一方因不可抗力不能履行合同的,根据不可抗力的影响,部分或者全部免除责任。

国务院建设行政主管部门和国务院原工商行政管理部门,相继制定了一系列建设工程合同示范文本。合同示范文本对当事人订立合同起参考作用,具有引导性、参考性。

思考与讨论

1.甲建筑公司(以下简称甲公司)拟向乙建材公司(以下简称乙公司)购买一批钢材。双方经过口头协商,约定购买钢材100吨,单价每吨4 500元人民币,并拟订了准备签字盖章的买卖合同文本。乙公司签字盖章后,交给了甲公司准备签字盖章。由于施工进度紧张,在甲公司催促下,乙公司在未收到甲公司签字盖章的合同文本情形下,将100吨钢材送到甲公司工地现场。甲公司接收并投入工程使用。后来甲拖欠货款,双方发生了纠纷。

问题:甲、乙公司的买卖合同是否成立?

2.判断以下合同的效力并说明理由。

(1)甲将真迹误认为是赝品与乙订立买卖合同。

(2)甲以次充好,欺骗乙相信赝品为真古董,与乙订立买卖合同。

(3)甲乙为躲避买房卖房税,签订了阴阳合同,其阴合同为实际履行的合同,阳合同为表面签订的合同。

(4)甲乙订立房屋买卖合同,此时,房屋价格迅速上涨,甲见利忘义不想继续履行买卖合同,于是与其表弟丙串通将房屋过户给丙。

(5)甲乙两人签订买卖合同,后因疫情原因,若依照原合同继续履行,对甲明显不公平。

3.某大型房地产开发公司A,欲对其新开发的项目招标,B公司作为具有设计、施工资质的总承包单位,接受了该项目的前期设计咨询,后在A进行招标时,包括B公司在内的多家单位参与投标,评标委员会将包括B公司在内的3名中标候选人报给A后,A都不满意,但因与B公司先前有了解,便与B公司协商,如果确定B公司中标,可否不按投标文件签订施工合同,B公司同意。于是,该房地产开发公司确定B公司中标。之后双方签订施工合同,工程质量也验收合格。在工程价款结算时,B公司提出按照招投标文件而非双方所签的合同进行结算。B公司提出的要求能否得到支持?

4. 黄某因与某国有房地产开发公司 A 负责人李某是朋友,在 A 公司对某项目施工进行招标时,李某要求黄某找施工企业 B 来投标,B"顺利"中标,后双方签订了施工合同。开工前,李某因涉嫌受贿罪被抓,新领导陈某认为工期太长,于是双方签订第二份施工合同将工期缩短,后又签订了第一份补充协议,施工企业同意无偿建设住房配套设施,之后在履行过程中基于设计变更签订了第二份补充协议。后工期超期 1 年多,A 公司主张超期赔偿。

问题:该以哪份合同结算? 施工企业该如何有效抗辩?

5. 某建筑公司通过招投标承包了开发商的高档商品房工程施工,签订的备案合同约定工程价款 5 000 多万元。其后,开发商称其是中外合资企业,要与国际惯例接轨,采用 FIDIC 条款,与承包人又签订了一份承包合同,约定工程价款是 4 000 多万元。工程竣工后,双方产生了结算纠纷。

问题:应当确定哪份合同作为工程款结算的依据?

6. 承包人和发包人签订了物流货物堆放场地平整工程合同,规定工程按该市工程造价管理部门颁布的《综合价格》进行结算。在履行合同过程中,因发包人未解决好征地问题,使承包人 7 台推土机无法进入场地,窝工 200 天,致使承包人没有按期交工。经发包人和承包人口头交涉,在征得承包人同意的基础上按承包人实际完成的工程量变更合同,并商定按《广东省某厂估价标准机械化施工标准》结算。工程完工结算时因为窝工问题和结算依据发生争议。承包人起诉,要求发包人承担全部窝工责任并坚持按第一次合同规定的计价依据和标准办理结算,而发包人在答辩中则要求承包人承担延期交工责任。法院经审理判决第一个合同有效,第二个口头交涉的合同无效,工程结算的依据应当依双方第一次签订的合同为准。

建设工程合同可以通过口头形式订立吗? 请你根据以上情况,加以评析。

践行建议

1)在工作和生活的各个细节中,时刻秉承"诚信"的社会主义核心价值观。诚信即诚实守信,是人类社会千百年传承下来的道德传统,也是社会主义道德建设的重点内容,它强调诚实劳动、信守承诺、诚恳待人。

2)在合同管理的各个环节中,坚定契约精神。合同双方应该保持诚信和透明度,在彼此之间互相尊重、信任和诚实的基础之上,遵守合同条款,履行各自义务。

模块 7　建设工程勘察设计法律制度

导读

本模块主要讲述建设工程勘察设计相关法律制度。通过本模块学习,应达到以下目标。

知识目标: 了解建设工程勘察、设计的概念,了解建设工程设计的依据,熟悉工程设计的阶段;掌握设计文件修改的正确做法,掌握施工图设计文件审查的要求。

能力目标: 能够在发现设计文件有问题时采取正确的做法,能够根据相关规定办理设计文件审查手续。

素质目标: 培养认真严谨的工作态度。

引入案例

河北省A市某商住楼工程，建筑面积9 485平方米，共十层，一层是商业用房，二至十层为住宅，20××年8月开始勘察设计。该工程由A市城镇建设开发公司开发建设，A市建筑设计研究勘察队进行岩土工程勘察，A市建筑设计院设计，A市建筑安装工程有限公司施工，A市工程建设监理公司监理。在检查中专家发现，工程中勘察地质结构的方法、判定建筑物场地类别的方法都是错误的；其一层结构设计方案不合理，抗震构造柱有漏设，构造柱箍筋相当一部分弯钩不符合规范要求，砌筑砂浆饱满度不够。

对于不按强制性标准执行的工程或者达不到强制性标准要求的，必须进行相应处理。本案中，应对结构方案、抗震构造、受力计算进行全面审核后，提出相应的处理方案，以消除结构隐患，确保建设项目的质量和安全。

请思考：

（1）工程勘察、设计工作的依据是什么？

（2）施工图设计文件可以直接用于施工吗？

任务 7.1　建设工程勘察设计的任务是什么？

知识点一、工程勘察设计概述

（一）工程勘察设计的概念

建设工程勘察是指为满足工程建设的规划、设计、施工、运营及综合治理等方面的需要，对地形、地质及水文等情况进行测绘、勘探测试，并提供相应成果和资料的活动，岩土工程中的勘测、设计、处理、监测活动也属于工程勘察范畴。

建设工程设计是指根据建设工程的要求，对建设工程所需的技术、经济、资质环境等条件进行综合分析、论证，编制建设工程设计文件的活动。

在工程建设的各个环节中，勘察是基础，设计是整个工程建设的灵魂。它们对工程的质量和效益都发挥着十分重要的作用。建设工程勘察、设计应当与社会、经济发展水平相适应，做到经济效益、社会效益和环境效益相统一。

（二）立法现状

工程勘察设计法规是指调整工程勘察设计活动中发生的各种社会关系的法律规范的总称。目前，我国工程勘察设计方面的立法层次总体来说还比较低，主要由住房和城乡建设部及相关部委的规章和规范性文件组成。国务院及住房和城乡建设部先后颁发了多项管理文件，现行的主要法规、规章有以下几点。

1）《建设工程勘察设计管理条例》（修改后于2017年10月7日施行）。

2）《建设工程抗震管理条例》（2021年9月1日施行）。

3）《建设工程质量管理条例》（修改后于2019年4月23日施行）。

4）《房屋建筑和市政基础设施工程施工图设计文件审查管理办法》（修改后于2018年12月13日施行）。

5）《勘察设计注册工程师管理规定》（修改后于2016年10月20日施行）。

6）《建设工程勘察设计资质管理规定》（修改后于2018年12月22日施行）。

7)《建筑工程设计文件编制深度规定(2016 版)》(2017 年 1 月 1 日施行)。

8)《房屋建筑和市政基础设施工程勘察文件编制深度规定》(2020 年版)(2020 年 10 月 1 日施行)等。

知识点二、建设工程勘察设计文件的编制与实施

(一)建设工程勘察设计的原则和依据

1. 建设工程设计的主要原则

建设工程设计是建设工程的主导环节,对建设工程的质量、投资效益起着决定性的作用。为保证工程设计的质量,使建设工程设计与社会经济发展水平相适应,真正做到经济效益、社会效益和环境效益相统一,相关法规规定工程设计必须遵循以下主要原则。

(1)贯彻经济、社会发展规划

城乡规划和产业政策经济、社会发展规划及产业政策,是国家某一时期的建设目标和指导方针,工程设计必须贯彻其精神,城市规划、村庄和镇规划经批准公布,即成为建设工程必须遵守的规定。工程设计活动也必须符合其要求。

(2)综合利用资源,满足环保要求

工程设计中,要充分考虑矿产、能源、水、林、牧、渔等资源的综合利用。要求"城市节能,农村节地",要因地制宜,提高土地利用率。要尽量利用荒地、劣地,不占或少占耕地。工业项目中,要选用耗能少的生产工艺和设备;民用项目中,要采取节约能源的措施,提供区域集中供热,重视余热利用。城市的新建、扩建和改建项目,应配套建设节约用水用电设施。在工程设计时,还应积极改进工艺采取行之有效的技术措施,防止粉尘、毒物、废水、废气、废渣、噪声、放射性物质及其他有害因素对环境的污染,要进行综合治理和利用,使设计符合国家环保标准。

(3)遵守建设工程技术标准

建设工程中有关安全、卫生和环境保护等方面的标准都是强制性标准,工程设计时必须严格遵守。

(4)采用新技术、新工艺、新材料、新设备

工程设计应当广泛吸收国内外先进的科研和技术成果,结合我国的国情和工程实际情况,积极采用新技术、新工艺、新材料、新设备,以保证建设工程的先进性和可靠性。

(5)重视技术和经济效益的结合

采用先进的技术,可提高效率,增加产量,降低成本,但往往会增加建设投资和建设工期。因此要注重技术和经济效益的结合,从总体上全面考虑工程的经济效益、社会效益和环境效益。

(6)公共建筑和住宅要注意美观、适用和协调

建筑既要有实用功能,又要美化城市,给人们提供精神享受。公共建筑和住宅设计应巧于构思,使其造型新颖、独具特色,但又要与周围环境相协调,保护自然景观,同时还要满足功能适用、结构合理的要求。

2. 建设工程设计的依据

建设工程设计的依据是各个建设工程在设计前必须进行的各种调查和研究,得出的工程建设目的和条件。

《建设工程勘察设计管理条例》规定,编制建设工程勘察、设计文件,应当以下列规定为依据。

1)项目批准文件。

2)城市规划。

3)工程建设强制性标准。

4)国家规定的建程勘察、设计深度要求。

铁路、交通、水利等专业建设工程,还应当以专业规划的要求为依据。

如有可能,设计单位应积极参加项目建议书的编制、建设地址的选择、建设规划的制定及试验研究等设计的前期工作。对大型水利枢纽、水电站、大型矿山、大型工厂等重点项目,在项目建议书批准前,可根据长

远规划的要求进行必要的资源调查、工程地质和水文勘察、经济调查和多种方案的技术经济比较等方面的工作，从中了解和掌握有关情况，收集必要的设计基础资料，为编制设计文件做好准备。

知识点三、工程设计的阶段和内容

（一）设计阶段的划分

设计阶段可根据建设项目的复杂程度而决定。

1.一般建设项目

一般建设项目的设计可按初步设计和施工图设计两个阶段进行。

2.技术复杂的建设项目

技术上复杂的建设项目，可增加技术设计阶段，即按初步设计、技术设计、施工图设计三个阶段进行。

3.存在总体部署问题的建设项目

一些涉面广的项目，如大型矿区、油田林区、垦区、联合企业等，存在总体开发部署等重大问题，在进行一般设计前还可进行总体规划设计或总体设计。

（二）各设计阶段的工作内容

1.总体设计

总体设计一般由文字说明和图纸两部分组成。其内容包括：建设规模、产品方案、原材料来源、工艺流程概况、主要设备配备、主要建筑物及构筑物、公用和辅助工程、"三废"治理及环境保护方案、占地面积估计、总图布置及运输方案、生活区规划、生产组织和劳动定员估计、工程进度和配合要求、投资估算等。

2.初步设计

初步设计一般应包括以下有关文字说明和图纸：设计依据、设计指导思想、产品方案、各类资源的用量和来源、工艺流程、主要设备选型及配置、总图运输、主要建筑物和构筑物、公用及辅助设施、新技术采用情况、主要材料用量、外部协作条件、占地面积的土地利用情况、综合利用和"三废"治理、生活区建设、抗震和人防措施、生产组织和劳动定员、各项技术经济指标、建设顺序和期限、总概算等。

初步设计的深度应满足以下要求：设计方案的比选和确定、主要设备材料订货、土地的征用、基建投资的控制、施工招标文件的编制、施工图设计的编制、施工组织设计的编制、施工准备和生产准备等。

3.技术设计

技术设计的内容，由有关部门根据工程的特点和需要，自行制订。其深度应能满足确定设计方案中重大技术问题和有关实验、设备制造等方面的要求。

4.施工图设计

施工图设计，应根据已获批准的初步设计进行。其深度应能满足以下要求：设备材料的安排和非标准设备的制作与施工、施工图预算的编制、施工要求等并应注明建设工程的合理使用年限。

（三）建设工程抗震设计

《建设工程抗震管理条例》规定，建设工程勘察文件中应当说明抗震场地类别，对场地地震效应进行分析，并提出工程选址、不良地质处置等建议。

建设工程设计文件中应当说明抗震设防烈度、抗震设防类别以及拟采用的抗震设防措施。采用隔震减震技术的建设工程，设计文件中应当对隔震减震装置技术性能、检验检测、施工安装和使用维护等提出明确要求。

对位于高烈度设防地区、地震重点监视防御区的下列建设工程，设计单位应当在初步设计阶段按照国家有关规定编制建设工程抗震设防专篇，并作为设计文件组成部分。

1）重大建设工程。

2）地震时可能发生严重次生灾害的建设工程。

3）地震时使用功能不能中断或者需要尽快恢复的建设工程。

对超限高层建筑工程,设计单位应当在设计文件中予以说明,建设单位应当在初步设计阶段将设计文件等材料报送省、自治区、直辖市人民政府住房和城乡建设主管部门进行抗震设防审批。住房和城乡建设主管部门应当组织专家审查,对采取的抗震设防措施合理可行的,予以批准。超限高层建筑工程抗震设防审批意见应当作为施工图设计和审查的依据。

前款所称超限高层建筑工程,是指超出国家现行标准所规定的适用高度和适用结构类型的高层建筑工程以及体型特别不规则的高层建筑工程。

知识点四、设计文件的审批与修改

（一）设计文件的审批

在我国,建设工程设计文件实行分级管理、分级审批的原则。根据《基本建设设计工作管理暂行办法》,设计文件具体审批权限规定如下。

1）大中型建设项目的初步设计和总概算及技术设计,按隶属关系,由国务院主管部门或省、直辖市、自治区审批。

2）小型建设项目初步设计的审批权限,由主管部门或省、市、自治区自行规定。

3）总体规划设计（或总体设计）的审批权限与初步设计的审批权限相同。

4）各部直接代管下放项目的初步设计,以国务院主管部门为主,会同有关省、市、自治区审查或批准。

5）施工图设计除主管部门规定要审查者外,一般不再审批,设计单位要对施工图的质量负责,并向生产、施工单位进行技术交底,听取意见。

（二）设计文件的修改

设计文件是建设工程的主要依据,经批准后,就不得任意修改和变更。如确须修改,则须经有关部门批准,其批准权限,视修改的内容所涉及的范围而定。

《建设工程勘察设计管理条例》规定,建设单位、施工单位、监理单位不得修改建设工程勘察、设计文件;确需修改建设工程勘察、设计文件的,应当由原建设工程勘察、设计单位修改。经原建设工程勘察、设计单位书面同意,建设单位也可以委托其他具有相应资质的建设工程勘察、设计单位修改。修改单位对修改的勘察、设计文件承担相应责任。施工单位、监理单位发现建设工程勘察、设计文件不符合工程建设强制性标准、合同约定的质量要求的,应当报告建设单位,建设单位有权要求建设工程勘察、设计单位对建设工程勘察、设计文件进行补充、修改。建设工程勘察、设计文件内容需要做重大修改的,建设单位应当报经原审批机关批准后,方可修改。

【案例及评析】

任务 7.2　施工图设计文件可以直接用于施工吗?

知识点一、施工图审查的概念

《房屋建筑和市政基础设施工程施工图设计文件审查管理办法》规定,国家实施施工图设计文件（含勘察文件,以下简称施工图）审查制度。

施工图审查是指施工图审查机构（以下简称审查机构）按照有关法律、法规,对施工图涉及公共利益、公众安全和工程建设强制性标准的内容进行的审查。

施工图未经审查合格的,不得使用。从事房屋建筑工程、市政基础设施工程施工、监理等活动,以及实施对房屋建筑和市政基础设施工程质量安全监督管理,应当以审查合格的施工图为依据。

知识点二、施工图审查主体

（一）施工图审查机构

审查机构是专门从事施工图审查业务,不以营利为目的的独立法人。省、自治区、直辖市人民政府住房城乡建设主管部门应当将审查机构名录报国务院住房城乡建设主管部门备案,并向社会公布。

审查机构按承接业务范围分两类,一类机构承接房屋建筑、市政基础设施工程施工图审查业务范围不受限制;二类机构可以承接中型及以下房屋建筑、市政基础设施工程的施工图审查。

（二）建设单位的责任

建设单位应当将施工图送审查机构审查,但审查机构不得与所审查项目的建设单位、勘察设计企业有隶属关系或者其他利害关系。

建设单位不得明示或者暗示审查机构违反法律法规和工程建设强制性标准进行施工图审查,不得压缩合理审查周期、压低合理审查费用。

建设单位应当向审查机构提供下列资料并对所提供资料的真实性负责。

1）作为勘察、设计依据的政府有关部门的批准文件及附件。

2）全套施工图。

3）其他应当提交的材料。

知识点三、施工图审查的内容及结论

（一）施工图审查的内容

审查机构应当对施工图审查下列内容。

1）是否符合工程建设强制性标准。

2）地基基础和主体结构的安全性。

3）消防安全性。

4）人防工程（不含人防指挥工程）防护安全性。

5）是否符合民用建筑节能强制性标准,对执行绿色建筑标准的项目,还应当审查是否符合绿色建筑标准。

6）勘察设计企业和注册执业人员以及相关人员是否按规定在施工图上加盖相应的图章和签字。

7）法律、法规、规章规定必须审查的其他内容。

（二）施工图审查结论

审查机构对施工图进行审查后,应当根据下列情况分别作出处理。

1）审查合格的,审查机构应当向建设单位出具审查合格书,并在全套施工图上加盖审查专用章。审查合格书应当有各专业的审查人员签字,经法定代表人签发,并加盖审查机构公章。审查机构应当在出具审查合格书后5个工作日内,将审查情况报工程所在地县级以上地方人民政府住房城乡建设主管部门备案。

2）审查不合格的,审查机构应当将施工图退建设单位并出具审查意见告知书,说明不合格原因。同时,应当将审查意见告知书及审查中发现的建设单位、勘察设计企业和注册执业人员违反法律、法规和工程建设强制性标准的问题,报工程所在地县级以上地方人民政府住房城乡建设主管部门。

施工图退建设单位后,建设单位应当要求原勘察设计企业进行修改,并将修改后的施工图送原审查机构复审。

（三）法律责任

任何单位或者个人不得擅自修改审查合格的施工图;确需修改的,凡涉及《房屋建筑和市政基础设施工程施工图设计文件审查管理办法》第十一条规定内容的,建设单位应当将修改后的施工图送原审查机构审查。

勘察设计企业应当依法进行建设工程勘察、设计,严格执行工程建设强制性标准,并对建设工程勘察、设计的质量负责。

审查机构对施工图审查工作负责,承担审查责任。施工图经审查合格后,仍有违反法律、法规和工程建设强制性标准的问题,给建设单位造成损失的,审查机构依法承担相应的赔偿责任。

按规定应当进行审查的施工图,未经审查合格的,住房城乡建设主管部门不得颁发施工许可证。

建设单位违反《房屋建筑和市政基础设施工程施工图设计文件审查管理办法》规定,有下列行为之一的,由县级以上地方人民政府住房城乡建设主管部门责令改正,处 3 万元罚款;情节严重的,予以通报。

1）压缩合理审查周期的。

2）提供不真实送审资料的。

3）对审查机构提出不符合法律、法规和工程建设强制性标准要求的。

建设单位为房地产开发企业的,还应当依照《房地产开发企业资质管理规定》进行处理。

随堂测试

1.施工企业在施工过程中发现设计文件和图纸有差错的,应当（　　　）。

A.继续按设计文件和图纸施工

B.及时向建设单位或监理单位提出意见和建议

C.对设计文件和图纸进行修改,按修改后的设计文件和图纸进行施工

D.对设计文件和图纸进行修改,征得设计单位同意后,按修改后的设计文件和图纸进行施工

2.在施工过程中,工程监理人员发现工程设计不符合建筑工程质量标准或者合同约定的质量要求的,应当（　　　）。

A.直接要求施工人员进行改正　　　　　　B.要求设计单位按要求进行改正

C.报告建设单位要求施工单位改正　　　　D.报告建设单位要求设计单位改正

3.某项目分期开工建设,开发商二期工程 3、4 号楼仍然复制使用一期工程的施工图纸。施工时施工单位发现该图纸使用的 02 标准图集现已废止,施工单位的正确做法是（　　　）。

A.继续按图施工　　　　　　　　　　　　B.按现行图集套改后继续施工

C.及时向相关单位提出修改建议　　　　　D.由施工单位技术人员修改图纸

4.根据《建设工程勘察设计管理条例》,未经县级以上建设行政主管部门或者交通水利等有关部门审查批准的（　　　）,不得使用。

A.勘察文件　　　　B.设计方案　　　　C.施工图设计文件　　　　D.施工组织设计文件

5.下列说法不正确的是（　　　）。

A.从事建设工程勘察、设计活动,应当坚持先勘察、后设计、再施工的原则

B.建设工程勘察、设计单位必须依法进行建设工程勘察、设计,严格执行工程建设强制性标准,并对建设工程勘察、设计的质量负责

C.设计文件中选用的材料、构配件、设备,应当注明其规格、型号、性能、生产厂家和供应商

D.建设工程勘察、设计注册执业人员和其他专业技术人员只能受聘于一个建设工程勘察、设计单位

6.某工程设计文件需要作重大修改,则（　　　）。

A 设计单位应和建设单位协商一致修改后即可使用

B 设计单位可直接进行修改

C 应由建设单位报原审批机关批准

D 须开专家论证会后,设计单位方可修改

7.国家实施施工图设计文件审查制度,审查的内容不包含(　　)。

A.施工图涉及公共利益的内容

B.施工图涉及公众安全的内容

C.施工图涉及工程建设强制性标准的内容

D.施工图涉及室内空间布局、装饰装修的内容

8.将建筑工程的消防设计图纸及有关资料报送公安消防机构审核的单位是(　　)。

A.设计单位　　　　　　B.监理单位　　　　　　C.建设单位　　　　　　D.施工单位

本模块小结

从事建设工程勘察、设计活动,应当坚持先勘察、后设计、再施工的原则。建设工程勘察、设计单位必须依法进行建设工程勘察、设计,严格执行工程建设强制性标准,并对建设工程勘察、设计的质量负责。建设工程设计应当满足经济、社会发展规划,要综合利用资源,满足环保要求,严格遵守建设工程技术标准,积极采用新技术、新工艺、新材料、新设备,重视技术和经济效益的结合。设计阶段可分为总体设计、初步设计、技术设计、施工图设计等阶段。设计文件是建设工程的主要依据,经批准后,就不得任意修改和变更。如确须修改,则须经有关部门批准,其批准权限,视修改的内容所涉及的范围而定。国家实施施工图设计文件审查制度,施工图未经审查合格的,不得使用。

思考与讨论

1.据新华社衡阳11月15日电,湖南衡阳"11.3"特大火灾坍塌事故重大嫌疑人——坍塌的衡州大厦开发商永兴集团有限公司董事长李文革已被当地警方控制。

记者从联合调查组了解到,李文革当年在没有取得施工许可证和工程规划许可证的情况下,没有通过正规设计单位,擅自施工和雇请设计人员,设计了两套设计施工图纸,一套用于实际施工,一套用于报建,报建图纸和实际施工图纸不同:私自更改了规划平面布置图;将原来三栋平行建筑楼改为"回"字形的建筑楼;并且将设计的7层楼增至8层,局部增至9层。此外,李文革还采取了少报多建,逃避规费的手段,擅自扩大建筑面积;企业没有建筑施工资质,私自雇请人员组织施工,没有经过质量监督部门的监督,并在补办手续过程中编造虚假合同和许可证件。衡州大厦竣工后,没有组织验收便投入使用。在使用过程中,又私自改变衡州大厦底层的使用性质,没有办理报批程序。企业安全管理混乱,制度不健全。鉴于这些原因,联合调查组建议有关部门对李文革采取强制性措施,以配合调查组做好调查工作。记者从联合调查组了解到,李文革14日上午已被当地警方滞留询问。与此同时,一些与坍塌的衡州大厦相关建筑设计人员、组织施工人员物业管理人员等涉嫌违法违规的人员,也已被当地警方采取强制性措施。

该案例涉及哪些责任人员？有哪些违规之处？

2.某写字楼项目的整体结构属"筒中筒",中间"筒"高18层,四周裙楼3层,地基设计是"满堂红"布桩,素混凝土排土灌桩。施工到12层时,地下筏板剪切破坏,地下水上冲。经鉴定发现,此地基土属于饱和土,地基中素混凝土排土桩被破坏。

经调查得知:该工程的地质勘察报告已经载明,此地基属于饱和土;在打桩过程中曾出现跳土现象。

本案中设计方有何过错,违反了什么规定？

3.某厂新建一车间,分别与某设计院和某建筑公司签订设计合同和施工合同。工程竣工后厂房北侧墙壁发生裂缝。为此某厂向法院起诉建筑公司。经勘验裂缝,是由于地基不均匀沉降引起,结论是结构设计图纸所依据的地质资料不准确,于是某厂又起诉设计院,设计院答辩称,设计院是根据某厂提供的地质资料设计的不应承担事故责任。经法院查证:某厂提供的地质资料不是新建车间的地质资料,而是与该车间相邻的某厂的地质资料,事故前设计院也不知该情况。

试分析事故的责任人是谁？

4.某建筑设计院承担了海棠花园公寓的工程设计工作。在设计中,基本保持了原审批的初步设计标准,控制了总体规模(600套),其总平面布置、道路、建筑物的层数、层高、总高度以及地下车库、人防设施,均按照原初步设计及市规划局批准的方案设计。但是,由于原初步设计存在一些不足之处,经业主同意,设计院做了一些必要的修改和调整。其中包括:

(1)修改了公寓内平面不合理部分;

(2)对电梯间过小的问题进行了调整;

(3)加宽了基础尺寸。

由于进行了上述修改和调整,使得海棠花园公寓较批准的规划建筑面积增加了810平方米。

试分析,业主要求对原初步设计进行修改和调整是否符合法律法规的要求? 业主应当履行哪些相关手续?

践行建议

1)在执业过程中如果发现建设工程勘察、设计文件不符合工程建设强制性标准、合同约定的质量要求的,应当立即报告建设单位。建设单位要求建设工程勘察、设计单位对建设工程勘察、设计文件进行补充、修改。任何单位和个人不得随意修改建设工程勘察、设计文件。

2)当前我国勘察设计行业和建筑业正处在数字化转型的关键时期。北京、深圳等地已经陆续开展建设工程人工智能审图试点,建设工程领域新技术、新科技的应用日渐广泛和深入。

模块 8 建设工程施工管理法律制度

导读

　　本模块主要讲述建设工程施工许可、建设工程安全生产管理、建设工程质量管理、建设工程监理等制度。通过本模块学习,应达到以下目标。

　　知识目标:掌握施工许可证的法定批准条件,分析施工许可证的法律效力;理解建设工程安全生产管理的基本方针,了解申请领取安全生产许可证的条件,掌握施工单位和相关单位的安全生产责任,掌握生产安全事故的等级,了解安全施工应急处理及报告;熟悉建设工程五方责任主体项目负责人质量终身责任制度的内涵,掌握建设单位和施工单位的质量责任和义务,了解相关单位的质量责任和义务;了解工程监理企业与建设各方的关系,掌握建设工程监理的范围,掌握建设工程监理的职责。

　　能力目标:能够运用所学知识办理施工许可证,能够分析简单的安全生产事故原因及责任,能够分析简单的质量事故原因及责任,能够分析监理人员的基本职责。

　　素质目标:加强工程伦理意识,具备正确的伦理判断;培养实事求是的品质,做一个健全的工程师,具有大国工匠精神。

任务 8.1　什么情况下可以开工?

引入案例

　　某房地产公司与出租汽车公司(以下合并简称建设方)合作,在某市区共同开发房地产项目。该项目包括两部分,一部分是 6.3 万平方米的住宅工程,另一部分是与住宅相配套的 3.4 万平方米的综合楼。该项目的住宅工程各项手续和证件齐备,已经竣工验收。综合楼工程由于合作双方对于该工程是作为基建计划还是开发计划申报问题没能统一意见,从而使综合楼建设的各项审批手续未能办理。由于住宅工程已竣工验收,配套工程急需跟上,在综合楼施工许可证未经审核批准的情况下开始施工。该行为被市监督执法大队发现后及时制止,并责令停工。

　　请思考:建设方在综合楼项目的建设中有何过错,应如何处理?

【案例评析】

>>>

　　建筑工程施工许可制度,指建设行政主管部门根据建设单位的申请,依法对建筑工程是否具备施工条件进行审查,符合条件者准许该建筑工程开始施工并颁发施工许可证的一种制度。

　　《建筑法》规定,建筑工程开工前,建设单位应当按照国家有关规定向工程所在地县级以上人民政府建设行政主管部门申请领取施工许可证;但是,国务院建设行政主管部门确定的限额以下的小型工程除外。按照国务院规定的权限和程序批准开工报告的建筑工程,不再领取施工许可证。按照国务院规定的权限和程序批准开工报告的建筑工程,不再领取施工许可证。

知识点一、施工许可证的适用范围

(一)施工许可证的适用范围

1. 需要办理施工许可证的建设工程

　　《建筑工程施工许可管理办法》(2021 年 3 月修订)规定,在中华人民共和国境内从事各类房屋建筑及其附属设施的建造、装修装饰和与其配套的线路、管道、设备的安装,以及城镇市政基础设施工程的施工,建设单位在开工前应当依照本办法的规定,向工程所在地的县级以上人民政府建设行政主管部门(以下简称发证机关)申请领取施工许可证。

2. 不需要办理施工许可证的建设工程

　　(1)限额以下的小型工程

　　按照《建筑法》的规定,国务院建设行政主管部门确定的限额以下的小型工程,可以不申请办理施工许可证。

　　据此,《建筑工程施工许可管理办法》规定,工程投资额在 30 万元以下或者建筑面积在 300 平方米以下的建筑工程,可以不申请办理施工许可证。省、自治区、直辖市人民政府住房城乡建设主管部门可以根据当地的实际情况,对限额进行调整,并报国务院住房城乡建设主管部门备案。

　　(2)抢险救灾等工程

　　《建筑法》规定,抢险救灾及其他临时性房屋建筑和农民自建低层住宅的建筑活动,不适用本法。鉴于上述工程的特殊性,无需办理施工许可证。

3. 不重复办理施工许可证的建设工程

　　《建筑法》规定,按照国务院规定的权限和程序批准开工报告的建筑工程,不再领取施工许可证。这有两层含义：一是实行开工报告批准制度的建设工程，必须符合国务院的规定，其他任何部门的规定无效；二是开工报告与施工许可证不要重复办理。

4.另行规定的建设工程

军用房屋建筑工程有其特殊性。所以，《建筑法》规定，军用房屋建筑工程建筑活动的具体管理办法，由国务院、中央军事委员会依据本法制定。

（二）施行开工报告制度的建设工程

开工报告制度是我国沿用已久的一种建设项目开工管理制度。1979年，原国家计划委员会、国家基本建设委员会设立了该项制度。1984年将其简化。1988年以后，又恢复了开工报告制度。2019年4月公布的《政府投资条例》规定，国务院规定应当审批开工报告的重大政府投资项目，按照规定办理开工报告审批手续后方可开工建设。

知识点二、申请主体和法定批准条件

（一）施工许可证的申请主体

《建筑法》规定，建设单位应当按照国家有关规定向工程所在地县级以上人民政府建设行政主管部门申请领取施工许可证。

建设单位（又称业主或项目法人）是建设项目的投资者，为建设项目开工和施工单位进场做好各项前期准备工作，是建设单位应尽的义务。因此，施工许可证的申请领取，应该是由建设单位负责，而不是施工单位或者其他单位。

（二）施工许可证的法定批准条件

《建筑法》规定，申请领取施工许可证，应当具备下列条件。

1）已经办理该建筑工程用地批准手续。

2）依法应当办理建设工程规划许可证的，已经取得建设工程规划许可证。

3）需要拆迁的，其拆迁进度符合施工要求。

4）已经确定建筑施工企业。

5）有满足施工需要的资金安排、施工图纸及技术资料。

6）有保证工程质量和安全的具体措施。

《建筑工程施工许可管理办法》进一步规定，建设单位申请领取施工许可证，应当具备下列条件，并提交相应的证明文件。

1）依法应当办理用地批准手续的，已经办理该建筑工程用地批准手续。

2）依法应当办理建设工程规划许可证的，已经取得建设工程规划许可证。

3）施工场地已经基本具备施工条件，需要征收房屋的，其进度符合施工要求。

4）已经确定施工企业。按照规定应当招标的工程没有招标，应当公开招标的工程没有公开招标，或者肢解发包工程，以及将工程发包给不具备相应资质条件的企业的，所确定的施工企业无效。

5）有满足施工需要的资金安排、施工图纸及技术资料，建设单位应当提供建设资金已经落实承诺书，施工图设计文件已按规定审查合格

6）有保证工程质量和安全的具体措施。施工企业编制的施工组织设计中有根据建筑工程特点制定的相应质量、安全技术措施。建立工程质量安全责任制并落实到人。专业性较强的工程项目编制了专项质量、安全施工组织设计，并按照规定办理了工程质量、安全监督手续。

县级以上地方人民政府住房城乡建设主管部门不得违反法律法规规定，增设办理施工许可证的其他条件。

由于施工活动自身的复杂性，以及各类工程的建设要求也不同，申领施工许可证的条件会随着国家对建设活动管理的不断完善而作相应调整。但是，按照《建筑法》的规定，只有全国人大及其常委会制定的法律

和国务院制定的行政法规,才有权增加施工许可证新的申领条件,其他如部门规章、地方性法规、地方规章等都不得规定增加施工许可证的申领条件。据此,《建筑工程施工许可管理办法》明确规定,县级以上地方人民政府住房城乡建设主管部门不得违反法律法规规定,增设办理施工许可证的其他条件。

目前,已增加的施工许可证申领条件主要是消防设计审核。《中华人民共和国消防法》规定,特殊建设工程未经消防设计审查或者审查不合格的,建设单位、施工单位不得施工;其他建设工程,建设单位未提供满足施工需要的消防设计图纸及技术资料的,有关部门不得发放施工许可证或者批准开工报告。

上述各项法定条件必须同时具备,缺一不可。发证机关应当自收到申请之日起七日内,对符合条件的申请颁发施工许可证。对于证明文件不齐全或者失效的,应当当场或者五日内一次告知建设单位需要补正的全部内容,审批时间可以自证明文件补正齐全后作相应顺延;对于不符合条件的,应当自收到申请之日起七日内书面通知建设单位,并说明理由。

《建筑工程施工许可管理办法》还规定,应当申请领取施工许可证的建筑工程未取得施工许可证的,一律不得开工。任何单位和个人不得将应当申请领取施工许可证的工程项目分解为若干限额以下的工程项目,规避申请领取施工许可证。

思 政 园 地

为进一步贯彻落实《国务院关于加快推进全国一体化在线政务服务平台建设的指导意见》,深化"放管服"改革,提升建筑业政务服务质量,按照国务院办公厅电子政务办公室要求,决定在全国范围内推广应用建筑工程施工许可证电子证照(以下简称施工许可电子证照)。《住房和城乡建设部办公厅关于全面推行建筑工程施工许可证电子证照的通知》提出,自 2021 年 1 月 1 日起,全国范围内的房屋建筑和市政基础设施工程项目全面实行施工许可电子证照。电子证照与纸质证照具有同等法律效力。

知识点三、施工许可证的管理

(一)办理程序

建设单位在申请办理施工许可证时,应当按照下列程序进行。

1)建设单位向发证机关领取《建筑工程施工许可证申请表》。

2)建设单位持加盖单位及法定代表人印鉴的《建筑工程施工许可证申请表》,并附相关证明文件,向发证机关提出申请。

3)发证机关在收到建设单位报送的《建筑工程施工许可证申请表》和所附证明文件后,对于符合条件的,应当自收到申请之日起七日内颁发施工许可证;对于证明文件不齐全或者失效的,应当当场或者五日内一次告知建设单位需要补正的全部内容,审批时间可以自证明文件补正齐全后作相应顺延;对于不符合条件的,应当自收到申请之日起七日内书面通知建设单位,并说明理由。

建筑工程在施工过程中,建设单位或者施工单位发生变更的,应当重新申请领取施工许可证。

(二)施工许可证的法律效力

1. 施工许可证的时效性

《建筑法》规定,建设单位应当自领取施工许可证之日起三个月内开工。因故不能按期开工的,应当向发证机关申请延期;延期以两次为限,每次不超过三个月。既不开工又不申请延期或者超过延期时限的,施工许可证自行废止。

2. 核验施工许可证的规定

《建筑法》规定,在建的建筑工程因故中止施工的,建设单位应当自中止施工之日起一个月内,向发证机关报告,并按照规定做好建筑工程的维护管理工作。建筑工程恢复施工时,应当向发证机关报告;中止施工满一年的工程恢复施工前,建设单位应当报发证机关核验施工许可证。

所谓中止施工,是指建设工程开工后,在施工过程中因特殊情况的发生而中途停止施工的情形。中止施工的原因很复杂,如地震、洪水等不可抗力,以及宏观调控压缩基建规模、停建缓建建设工程等。

对于因故中止施工的,建设单位应当按照规定的时限履行相关义务或责任,以防止建设工程在中止施工期间遭受不必要的损失,保证在恢复施工时可以尽快启动。例如,建设单位与施工单位应当确定合理的停工部位,并协商提出善后处理的具体方案,明确双方的职责、权利和义务;建设单位应当派专人负责,定期检查中止施工工程的质量状况,发现问题及时解决;建设单位要与施工单位共同做好中止施工的工地现场安全、防火、防盗、维护等项工作,防止因工地脚手架、施工铁架、外墙挡板等腐烂、断裂、坠落、倒塌等导致发生人身安全事故,并保管好工程技术档案资料。

在恢复施工时,建设单位应当向发证机关报告恢复施工的有关情况。中止施工满一年的,在建设工程恢复施工前,建设单位还应当报发证机关核验施工许可证,看是否仍具备组织施工的条件,经核验符合条件的,应允许恢复施工,施工许可证继续有效;经核验不符合条件的,应当收回其施工许可证,不允许恢复施工,待条件具备后,由建设单位重新申领施工许可证。

（三）重新办理批准手续的规定

对于实行开工报告制度的建设工程,《建筑法》规定,按照国务院有关规定批准开工报告的建筑工程,因故不能按期开工或者中止施工的,应当及时向批准机关报告情况。因故不能按期开工超过六个月的,应当重新办理开工报告的批准手续。

按照国务院有关规定批准开工报告的建筑工程,一般都属于大中型建设项目。对于这类工程因故不能按期开工或者中止施工的,在审查和管理上应该更严格。

（四）违法行为的法律后果

《建筑法》规定,违反本法规定,未取得施工许可证或者开工报告未经批准擅自施工的,责令改正,对不符合开工条件的责令停止施工,可以处以罚款。《建筑工程质量管理条例》规定,违反本条例规定,建设单位未取得施工许可证或者开工报告未经批准,擅自施工的,责令停止施工,限期改正,处工程合同价款1%以上2%以下的罚款。

【案例及评析】

《建筑工程施工许可管理办法》规定,对于未取得施工许可证或者为规避办理施工许可证将工程项目分解后擅自施工的,由有管辖权的发证机关责令停止施工,限期改正,对建设单位处工程合同价款1%以上2%以下罚款;对施工单位处3万元以下罚款。

随堂测试

1. 根据《建筑工程施工许可管理办法》,下列建设工程开工前建设单位应当申请领取施工许可证的是（　　　）。

A. 投资额为25万元的公共厕所

B. 建筑面积为325平方米的公园管理用房

C. 建筑面积为600平方米的地铁施工临时办公室

D. 农民自建低层住宅

2. 关于核验施工许可证的说法,正确的是（　　　）。

A. 中止施工经核验符合条件期间,由建设单位做好建设工程的维护管理工作

B. 在建的建筑工程因故中止施工的,施工企业应当自中止之日起3个月内报发证机关核验

C. 中止施工满6个月的,在建筑工程恢复施工前,应当报发证机关核验施工许可证

D. 经核验不符合条件的,不允许其恢复施工,待条件具备后再申请核验

3. 根据《建筑法》,属于申请领取施工许可证法定条件的是（　　　）。

A. 项目复杂,施工难度大的,已经投保建筑工程一切险

B. 需要拆迁的,拆迁工作已完成

C. 按照规定应为委托监理的工程,已委托监理

D. 已经确定建筑施工企业

4. 建设单位于 2018 年 1 月 15 日申请领取了施工许可证,但因受政策风险影响,工程于 2019 年 1 月 22 日才决定开工,则建设单位(　　)。

A. 向发证机关报告后即可开工

B. 应向发证机关申请施工许可证延期

C. 应当报发证机关重新核验施工许可证

D. 应向发证机关重新申请领取施工许可证

5. 关于施工许可中"已经确定施工企业"的说法正确的是(　　)。

A. 已与施工企业签署合作意向　　　　　　　　B. 评标结果已公示

C. 施工合同已签订　　　　　　　　　　　　　D. 施工合同已向建设行政主管部门备案

6. 某建设单位于 2019 年 3 月 20 日领到工程施工许可证后,因故不能按规定期限开工而申请延期,通过申请延期所持工程施工许可证的有效期最多可延长到 2019 年(　　)为止。

A. 7 月 19 日　　　　　　B. 8 月 19 日　　　　　　C. 9 月 19 日　　　　　　D. 12 月 19 日

7. 关于施工许可"保证工程质量安全的具体措施",说法正确的是(　　)。

A. 办理质量监督手续之前,应当先行申领施工许可证

B. 施工企业应当具备相应资质

C. 由监理单位出具"施工场地已具备施工条件的证明"

D. 建立工程质量安全责任制并落实到人

8. 某房地产开发公司拟在某市旧城区开发住宅小区工程项目,按照国家有关规定,该开发公司应当向工程所在地的区政府建设局申请领取施工许可证。申请领取施工许可证的时间最迟应当在(　　)

A. 确定施工单位前　　　　　　　　　　　　　B. 住宅小区工程开工前

C. 确定监理单位前　　　　　　　　　　　　　D. 住宅小区工程竣工验收前

9. 根据《建筑工程施工许可管理办法》,下列建设工程中,不需要办理施工许可证的有(　　)。

A. 抢险救灾及其他临时性房屋建筑

B. 农民自建低层住宅

C. 按照国务院规定的权限和程序批准开工报告的建筑工程

D. 工程投资额在 50 万元以下的建筑工程

E. 建筑面积在 500 平方米以下的建筑工程

10. 关于施工许可证与已确定的施工企业安全生产许可证之间关系的说法,正确的(　　)。

A. 施工许可证以安全生产许可证的取得为条件

B. 施工许可证与安全生产许可证无关

C. 安全生产许可证以施工许可证取得为前提

D. 因吊销安全生产许可证,更换施工企业的,施工许可证应当重新申请领取

E. 施工许可证与安全生产许可证的持证主体相同

任务 8.2　安全第一、预防为主!

引入案例

《住房和城乡建设部办公厅关于 2020 年房屋市政工程生产安全事故情况的通报》中指出, 2020 年,全国共发生房屋市政工程生产安全事故 689 起、死亡 794 人,比 2019 年事故起数减少 84 起、死亡人数减少 110 人,分别下降 10.87% 和 12.17%。全国有 30 个省(区、市)和新疆生产建设兵团发生房屋市政工程生产安全事故,其中 13 个省(区、市)死亡人数同比上升。

2020年,全国房屋市政工程生产安全事故按照类型划分,高处坠落事故407起,占总数的59.07%;物体打击事故83起,占总数的12.05%;起重机械伤害事故45起,占总数的6.53%;土方、基坑坍塌事故42起,占总数的6.53%;施工机具伤害事故26起,占总数的3.77%;触电事故22起,占总数的3.19%;其他类型事故64起,占总数的9.29%。

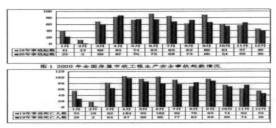

2020 年全国房屋市政工程生产安全事故起数情况

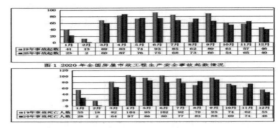

2020 年全国房屋市政工程生产安全事故死亡人数情况

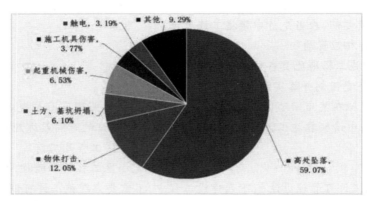

2020 年全国房屋市政工程生产安全事故类型情况

图片来源:住房和城乡建设部

请思考:

(1)房屋市政工程生产安全事故产生的原因有哪些?

(2)如何避免生产安全事故的产生?

(3)建设工程相关主体都负有哪些安全生产责任?

>>>

知识点一、建设工程安全生产管理概述

(一)建设工程安全生产概念

建设工程安全生产是指建筑生产过程中要避免人员、财产的损失及对周围环境的破坏。主要包括施工现场的人员安全,财产设备安全,施工现场及附近的道路、管线和房屋的安全,施工现场和周围的环境保护及工程建成后的使用安全等方面的内容。

建设工程安全生产管理是指建设行政主管部门、建筑安全监督机构、建筑施工企业及有关单位对建筑生产过程中的安全工作,进行计划、组织、指挥、控制、监督等一系列的管理活动。具体包括建设行政主管部门对于建设活动过程中安全生产的行业管理和从事建设活动的主体在从事建设活动过程中所进行的安全生产管理。

(二)建设工程安全生产立法现状

建设工程生产的特点与一般工业产品生产的特点相比较具有自身的特殊性,建设工程生产过程所面临

的不安全因素(包括人的不安全行为和物的不安全状态)远远超过其他行业产品的生产过程,导致建设工程生产过程中安全事故频发,对人民健康、生命、财产安全造成无法弥补的损失,严重损害社会公共利益。为有效保证建设生产安全,我国目前已经建立了较完善的建设工程安全生产管理法律制度体系,相关法律、法规、部门规章主要有以下内容。

1)《中华人民共和国安全生产法》(2002 年 11 月 1 日施行,2021 年 6 月 10 日第三次修正)。

2)《中华人民共和国建筑法》(1998 年 3 月 1 日施行,2019 年 4 月 23 日第二次修正)。

3)《建设工程安全生产管理条例》(2004 年 2 月 1 日施行)。

4)《安全生产许可证条例》(2004 年 1 月 13 日施行,2014 年 7 月 29 日第二次修订)。

5)《生产安全事故应急条例》(2019 年 4 月 1 日施行)。

6)《生产安全事故报告和调查处理条例》(2007 年 6 月 1 日施行)。

7)《建筑施工企业主要负责人、项目负责人和专职安全生产管理人员安全生产管理规定》(2014 年 9 月 1 日施行)。

8)《建筑施工企业安全生产许可证管理规定》(2004 年 6 月 29 日施行,2015 年 1 月 22 日修改)。

9)《危险性较大的分部分项工程安全管理规定》(2018 年 6 月 1 日施行)。

(三)建设工程安全生产管理的基本方针

《中华人民共和国安全生产法》(以下简称《安全生产法》)中规定:安全生产管理,坚持"安全第一、预防为主、综合治理"的方针。

所谓"安全第一",就是指在生产经营活动中,在处理保证安全与实现生产经营活动的其他各项目标的关系上,要始终把安全,特别是从业人员和其他人员的人身安全放在首要的位置,实现"安全优先"的原则,在确保安全的前提下,再来努力实现生产经营的其他目标。

所谓"预防为主",就是指对安全生产的管理,主要不是放在发生事故后去组织抢救、进行事故调查,找原因、追究责任、堵漏洞,而是要谋事在先,尊重科学、探索规律,采取有效的事前控制措施,千方百计地预防事故的发生,做到防患于未然,将事故消灭在萌芽状态。虽然人类在生产活动中还不可能完全杜绝安全事故的发生,但只有思想重视,预防措施得当,事故特别是重大事故的发生还是可以大大减少的。

所谓"综合治理",就是指适应我国安全生产形势的要求,自觉遵循安全生产规律,正视安全生产工作的长期性、艰巨性和复杂性,抓住安全生产工作中的主要矛盾和关键环节,综合运用经济、法律、行政等手段,人管、法治、技防多管齐下,有效解决安全生产领域的问题。

"安全第一、预防为主、综合治理"是相辅相成、辩证统一的,具有十分深刻的内涵。"安全第一"是从保护和发展生产力的角度,表明在生产范围内安全与生产的关系,肯定安全在生产活动中的首要位置和重要性。"预防为主"是指在生产活动中,针对生产的特点,对生产要素采取管理措施,有效地控制不安全因素的发展和扩大,把可能发生的事故消灭在萌芽状态,以保证生产过程中人的安全与健康。

为保证"安全第一、预防为主、综合治理"方针的落实,《安全生产法》及其他相关法规,还具体规定了安全生产责任制度、安全生产教育培训制度、安全生产检查监督制度、安全生产劳动保护制度、安全生产的市场准入制度及安全生产事故责任追究制度等基本制度。

思 政 园 地

《安全生产法》规定,安全生产工作坚持中国共产党的领导。安全生产工作应当以人为本,坚持人民至上、生命至上,把保护人民生命安全摆在首位,树牢安全发展理念,坚持安全第一、预防为主、综合治理的方针,从源头上防范化解重大安全风险。安全生产工作实行管行业必须管安全、管业务必须管安全、管生产经营必须管安全,强化和落实生产经营单位主体责任与政府监管责任,建立生产经营单位负责、职工参与、政府监管、行业自律和社会监督的机制。

知识点二、建设工程安全生产许可制度

《安全生产许可证条例》规定,国家对矿山企业、建筑施工企业和危险化学品、烟花爆竹、民用爆炸物品生产企业实行安全生产许可制度。企业未取得安全生产许可证的,不得从事生产活动。省、自治区、直辖市人民政府建设主管部门负责建筑施工企业安全生产许可证的颁发和管理,并接受国务院建设主管部门的指导和监督。

(一)申请领取安全生产许可证的条件

《建筑施工企业安全生产许可证管理规定》中规定,建筑施工企业取得安全生产许可证,应当具备下列安全生产条件。

1)建立、健全安全生产责任制,制定完备的安全生产规章制度和操作规程。

2)保证本单位安全生产条件所需资金的投入。

3)设置安全生产管理机构,按照国家有关规定配备专职安全生产管理人员。

4)主要负责人、项目负责人、专职安全生产管理人员经建设主管部门或者其他有关部门考核合格。

5)特种作业人员经有关业务主管部门考核合格,取得特种作业操作资格证书。

6)管理人员和作业人员每年至少进行一次安全生产教育培训并考核合格。

7)依法参加工伤保险,依法为施工现场从事危险作业的人员办理意外伤害保险,为从业人员交纳保险费。

8)施工现场的办公、生活区及作业场所和安全防护用具、机械设备、施工机具及配件符合有关安全生产法律、法规、标准和规程的要求。

9)有职业危害防治措施,并为作业人员配备符合国家标准或者行业标准的安全防护用具和安全防护服装。

10)有对危险性较大的分部分项工程及施工现场易发生重大事故的部位、环节的预防、监控措施和应急预案。

11)有生产安全事故应急救援预案、应急救援组织或者应急救援人员,配备必要的应急救援器材、设备。

12)法律、法规规定的其他条件。

建筑施工企业未取得安全生产许可证的,不得从事建筑施工活动。

(二)安全生产许可证的申请

建筑施工企业从事建筑施工活动前,应当依照《建筑施工企业安全生产许可证管理规定》向企业注册所在地省级以上建设主管部门申请领取安全生产许可证。

建筑施工企业申请安全生产许可证时,应当向建设主管部门提供下列材料。

1)建筑施工企业安全生产许可证申请表。

2)企业法人营业执照。

3)第四条规定的相关文件、材料。

建筑施工企业申请安全生产许可证,应当对申请材料实质内容的真实性负责,不得隐瞒有关情况或者提供虚假材料。

(三)安全生产许可证的有效期

安全生产许可证的有效期为 3 年。安全生产许可证有效期满需要延期的,企业应当于期满前 3 个月向原安全生产许可证颁发管理机关申请办理延期手续。

企业在安全生产许可证有效期内,严格遵守有关安全生产的法律法规,未发生死亡事故的,安全生产许可证有效期届满时,经原安全生产许可证颁发管理机关同意,不再审查,安全生产许可证有效期延期 3 年。

(四)违法行为应承担的法律责任

1.未取得安全生产许可证擅自进行生产应承担的法律责任

《安全生产许可证条例》规定,未取得安全生产许可证擅自进行生产的,责令停止生产,没收违法所得,

并处 10 万元以上 50 万元以下的罚款；造成重大事故或者其他严重后果，构成犯罪的，依法追究刑事责任。

2. 安全生产许可证有效期满未办理延期手续继续进行生产应承担的法律责任

《安全生产许可证条例》规定，安全生产许可证有效期满未办理延期手续，继续进行生产的，责令停止生产，限期补办延期手续，没收违法所得，并处 5 万元以上 10 万元以下的罚款；逾期仍不办理延期手续，继续进行生产的，依照未取得安全生产许可证擅自进行生产的规定处罚。

3. 转让安全生产许可证应承担的法律责任

《安全生产许可证条例》规定，转让安全生产许可证的，没收违法所得，处 10 万元以上 50 万元以下的罚款，并吊销其安全生产许可证；构成犯罪的，依法追究刑事责任；接受转让的，依照未取得安全生产许可证擅自进行生产的规定处罚。冒用安全生产许可证或者使用伪造的安全生产许可证的，依照未取得安全生产许可证擅自进行生产的规定处罚。

【案例及评析】

知识点三、施工单位的安全生产责任

思 政 园 地

《中华人民共和国国民经济和社会发展第十四个五年规划和 2035 年远景目标纲要》中指出，应提高安全生产水平：完善和落实安全生产责任制，建立公共安全隐患排查和安全预防控制体系。建立企业全员安全生产责任制度，压实企业安全生产主体责任。加强安全生产监测预警和监管监察执法，深入推进危险化学品、矿山、建筑施工、交通、消防、民爆、特种设备等重点领域安全整治，实行重大隐患治理逐级挂牌督办和整改效果评价。推进企业安全生产标准化建设，加强工业园区等重点区域安全管理。加强矿山深部开采与重大灾害防治等领域先进技术装备创新应用，推进危险岗位机器人替代。在重点领域推进安全生产责任保险全覆盖。由此可知，工程建设中重视安全生产工作已成为全社会的共识。

（一）安全生产资质条件

《建设工程安全生产管理条例》规定，施工单位从事建设工程的新建、扩建、改建和拆除等活动，应当具备国家规定的注册资本、专业技术人员、技术装备和安全生产等条件，依法取得相应等级的资质证书，并在其资质等级许可的范围内承揽工程。

（二）施工总承包单位与分包单位安全责任的划分

《建设工程安全生产管理条例》规定，建设工程实行施工总承包的，由总承包单位对施工现场的安全生产负总责。

总承包单位应当自行完成建设工程主体结构的施工。

总承包单位依法将建设工程分包给其他单位的，分包合同中应当明确各自的安全生产方面的权利、义务。总承包单位和分包单位对分包工程的安全生产承担连带责任。

分包单位应当服从总承包单位的安全生产管理，分包单位不服从管理导致生产安全事故的，由分包单位承担主要责任。

（三）建立安全生产责任制度

《建设工程安全生产管理条例》规定，施工单位主要负责人依法对本单位的安全生产工作全面负责。施工单位应当建立健全安全生产责任制度和安全生产教育培训制度，制定安全生产规章制度和操作规程，保证本单位安全生产条件所需资金的投入，对所承担的建设工程进行定期和专项安全检查，并做好安全检查记录。

施工单位的项目负责人应当由取得相应执业资格的人员担任，对建设工程项目的安全施工负责，落实安全生产责任制度、安全生产规章制度和操作规程，确保安全生产费用的有效使用，并根据工程的特点组织制定安全施工措施，消除安全事故隐患，及时、如实报告生产安全事故。

(四)安全生产基本保障措施

1. 安全生产费用

《建设工程安全生产管理条例》规定,施工单位对列入建设工程概算的安全作业环境及安全施工措施所需费用,应当用于施工安全防护用具及设施的采购和更新、安全施工措施的落实、安全生产条件的改善,不得挪作他用。

2. 安全生产管理机构及专职安全管理人员

《建设工程安全生产管理条例》规定,施工单位应当设立安全生产管理机构,配备专职安全生产管理人员。

专职安全生产管理人员负责对安全生产进行现场监督检查。发现安全事故隐患,应当及时向项目负责人和安全生产管理机构报告;对违章指挥、违章操作的,应当立即制止。

3. 编制安全施工方案

《建设工程安全生产管理条例》规定,施工单位应当在施工组织设计中编制安全技术措施和施工现场临时用电方案,对下列达到一定规模的危险性较大的分部分项工程编制专项施工方案,并附具安全验算结果,经施工单位技术负责人、总监理工程师签字后实施,由专职安全生产管理人员进行现场监督:基坑支护与降水工程;土方开挖工程;模板工程;起重吊装工程;脚手架工程;拆除、爆破工程;国务院建设行政主管部门或者其他有关部门规定的其他危险性较大的工程。

对前款所列工程中涉及深基坑、地下暗挖工程、高大模板工程的专项施工方案,施工单位还应当组织专家进行论证、审查。

4. 安全施工技术交底

《建设工程安全生产管理条例》规定,建设工程施工前,施工单位负责项目管理的技术人员应当对有关安全施工的技术要求向施工作业班组、作业人员作出详细说明,并由双方签字确认。

5. 危险部位安全警示标志的设置

《建设工程安全生产管理条例》规定,施工单位应当在施工现场入口处、施工起重机械、临时用电设施、脚手架、出入通道口、楼梯口、电梯井口、孔洞口、桥梁口、隧道口、基坑边沿、爆破物及有害危险气体和液体存放处等危险部位,设置明显的安全警示标志。安全警示标志必须符合国家标准。

【案例及评析】

6. 对施工现场生活区、作业环境的要求

《建设工程安全生产管理条例》规定,施工单位应当将施工现场的办公、生活区与作业区分开设置,并保持安全距离;办公、生活区的选址应当符合安全性要求。职工的膳食、饮水、休息场所等应当符合卫生标准。施工单位不得在尚未竣工的建筑物内设置员工集体宿舍。

7. 环境污染防护措施

《建设工程安全生产管理条例》规定,施工单位因建设工程施工可能造成损害的毗邻建筑物、构筑物和地下管线等,应当采取专项保护措施。

施工单位应当遵守有关环境保护法律、法规的规定,在施工现场采取措施,防止或减少粉尘、废气、废水、固体废物、噪声、振动和施工照明对人和环境的危害和污染。

8. 消防安全保障措施

消防安全是建设工程安全生产管理的重要组成部分,是施工单位现场安全生产管理的工作重点之一。《建设工程安全生产管理条例》规定,施工单位应当在施工现场建立消防安全责任制度,确定消防安全责任人,制定用火、用电、使用易燃易爆材料等各项消防安全管理制度和操作规程,设置消防通道、消防水源,配备消防设施和灭火器材,并在施工现场入口处设置明显标志。

9. 劳动安全管理规定

《建设工程安全生产管理条例》规定,施工单位应当向作业人员提供安全防护用具和安全防护服装,并书面告知危险岗位的操作规程和违章操作的危害。

作业人员有权对施工现场的作业条件、作业程序和作业方式中存在的安全问题提出批评、检举和控告,有权拒绝违章指挥和强令冒险作业。在施工中发生危及人身安全的紧急情况时,作业人员有权立即停止作业或者在采取必要的应急措施后撤离危险区域。

《建设工程安全生产管理条例》规定,作业人员应当遵守安全施工的强制性标准、规章制度和操作规程,正确使用安全防护用具、机械设备等。

《建设工程安全生产管理条例》规定,施工单位应当为施工现场从事危险作业的人员办理意外伤害保险。意外伤害保险费由施工单位支付。实行施工总承包的,由总承包单位支付意外伤害保险费。意外伤害保险期限自建设工程开工之日起至竣工验收合格止。

10. 安全防护用具及机械设备、施工机具的安全管理

《建设工程安全生产管理条例》规定,施工单位采购、租赁的安全防护用具、机械设备、施工机具及配件,应当具有生产(制造)许可证、产品合格证,并在进入施工现场前进行查验。

施工现场的安全防护用具、机械设备、施工机具及配件必须由专人管理,定期进行检查、维修和保养,建立相应的资料档案,并按照国家有关规定及时报废。

《建设工程安全生产管理条例》规定,施工单位在使用施工起重机械和整体提升脚手架、模板等自升式架设设施前,应当组织有关单位进行验收,也可以委托具有相应资质的检验检测机构进行验收;使用承租的机械设备和施工机具及配件的,由施工总承包单位、分包单位、出租单位和安装单位共同进行验收。验收合格的方可使用。

(五)安全教育培训制度

1. 特种作业人员培训和持证上岗

《建设工程安全生产管理条例》规定,垂直运输机械作业人员、安装拆卸工、爆破作业人员、起重信号工、登高架设作业人员等特种作业人员,必须按照国家有关规定经过专门的安全作业培训,并取得特种作业操作资格证书后,方可上岗作业。

2. 安全管理人员和作业人员的安全教育培训和考核

《建设工程安全生产管理条例》规定,施工单位的主要负责人、项目负责人、专职安全生产管理人员应当经建设行政主管部门或者其他有关部门考核合格后方可任职。

施工单位应当对管理人员和作业人员每年至少进行一次安全生产教育培训,其教育培训情况记入个人工作档案。安全生产教育培训考核不合格的人员,不得上岗。

3. 作业人员进入新岗位、新工地或采用新技术时的上岗教育培训

《建设工程安全生产管理条例》规定,作业人员进入新的岗位或者新的施工现场前,应当接受安全生产教育培训。未经教育培训或者教育培训考核不合格的人员,不得上岗作业。

施工单位在采用新技术、新工艺、新设备、新材料时,应当对作业人员进行相应的安全生产教育。

【案例及评析】

知识点四、相关单位的安全生产责任

(一)建设单位的安全生产责任

建设单位应当向施工单位提供施工现场及毗邻区域内供水、排水、供电、供气、供热、通信、广播电视等地下管线资料,气象和水文观测资料,相邻建筑物和构筑物、地下工程的有关资料,并保证资料的真实、准确、完整。建设单位因建设工程需要,向有关部门或者单位查询前款规

【案例及评析】

定的资料时,有关部门或者单位应当及时提供。建设单位不得对勘察、设计、施工、工程监理等单位提出不符合建设工程安全生产法律、法规和强制性标准规定的要求,不得压缩合同约定的工期。

建设单位在编制工程概算时,应当确定建设工程安全作业环境及安全施工措施所需费用。

建设单位不得明示或者暗示施工单位购买、租赁、使用不符合安全施工要求的安全防护用具、机械设备、施工机具及配件、消防设施和器材。建设单位在申请领取施工许可证时,应当提供建设工程有关安全施工措施的资料。依法批准开工报告的建设工程,建设单位应当自开工报告批准之日起 15 日内,将保证安全施工的措施报送建设工程所在地的县级以上地方人民政府建设行政主管部门或者其他有关部门备案。

【案例及评析】

建设单位应当将拆除工程发包给具有相应资质等级的施工单位。建设单位应当在拆除工程施工 15 日前,将下列资料报送建设工程所在地的县级以上地方人民政府建设行政主管部门或者其他有关部门备案。

1)施工单位资质等级证明。

2)拟拆除建筑物、构筑物及可能危及毗邻建筑的说明。

3)拆除施工组织方案。

4)堆放、清除废弃物的措施。

实施爆破作业的,应当遵守国家有关民用爆炸物品管理的规定。

(二)勘察设计单位的安全生产责任

勘察单位应当按照法律、法规和工程建设强制性标准进行勘察,提供的勘察文件应当真实、准确,满足建设工程安全生产的需要。勘察单位在勘察作业时,应当严格执行操作规程,采取措施保证各类管线、设施和周边建筑物、构筑物的安全。

设计单位应当按照法律、法规和工程建设强制性标准进行设计,防止因设计不合理导致生产安全事故的发生。设计单位应当考虑施工安全操作和防护的需要,对涉及施工安全的重点部位和环节在设计文件中注明,并对防范生产安全事故提出指导意见。采用新结构、新材料、新工艺的建设工程和特殊结构的建设工程,设计单位应当在设计中提出保障施工作业人员安全和预防生产安全事故的措施建议。设计单位和注册建筑师等注册执业人员应当对其设计负责。

(三)监理单位的安全生产责任

工程监理单位应当审查施工组织设计中的安全技术措施或者专项施工方案是否符合工程建设强制性标准。

工程监理单位在实施监理过程中,发现存在安全事故隐患的,应当要求施工单位整改;情况严重的,应当要求施工单位暂时停止施工,并及时报告建设单位。施工单位拒不整改或者不停止施工的,工程监理单位应当及时向有关主管部门报告。

工程监理单位和监理工程师应当按照法律、法规和工程建设强制性标准实施监理,并对建设工程安全生产承担监理责任。

(四)其他相关单位的安全生产责任

为建设工程提供机械设备和配件的单位,应当按照安全施工的要求配备齐全有效的保险、限位等安全设施和装置。

出租的机械设备和施工机具及配件,应当具有生产(制造)许可证、产品合格证。出租单位应当对出租的机械设备和施工机具及配件的安全性能进行检测,在签订租赁协议时,应当出具检测合格证明。禁止出租检测不合格的机械设备和施工机具及配件。

在施工现场安装、拆卸施工起重机械和整体提升脚手架、模板等自升式架设设施,必须由具有相应资质的单位承担。安装、拆卸施工起重机械和整体提升脚手架、模板等自升式架设设施,应当编制拆装方案、制定安全施工措施,并由专业技术人员现场监督。施工起重机械和整体提升脚手架、模板等自升式架设设施安装完毕后,安装单位应当自检,出具自检合格证明,并向施工单位进行安全使用说明,办理验收手续并签字。施工起重机械和整体提升脚手架、模板等自升式架

【案例及评析】

设设施的使用达到国家规定的检验检测期限的,必须经具有专业资质的检验检测机构检测。经检测不合格的,不得继续使用。

检验检测机构对检测合格的施工起重机械和整体提升脚手架、模板等自升式架设设施,应当出具安全合格证明文件,并对检测结果负责。

知识点五、建设工程安全事故的调查处理

（一）生产安全事故的等级划分

《安全生产法》规定,生产安全一般事故、较大事故、重大事故、特别重大事故的划分标准由国务院规定。根据《生产安全事故报告和调查处理条例》,根据生产安全事故造成的人员伤亡或者直接经济损失,事故一般分为以下等级。

1)特别重大事故,是指造成30人以上死亡,或者100人以上重伤(包括急性工业中毒,下同),或者1亿元以上直接经济损失的事故。

2)重大事故,是指造成10人以上30人以下死亡,或者50人以上100人以下重伤,或者5 000万元以上1亿元以下直接经济损失的事故。

3)较大事故,是指造成3人以上10人以下死亡,或者10人以上50人以下重伤,或者1 000万元以上5 000万元以下直接经济损失的事故。

4)一般事故,是指造成3人以下死亡,或者10人以下重伤,或者1 000万元以下直接经济损失的事故。

所称的"以上"包括本数,所称的"以下"不包括本数。

（二）生产安全事故报告

1. 事故单位报告

事故发生后,事故现场有关人员应当立即向本单位负责人报告;单位负责人接到报告后,应当于一小时内向事故发生地县级以上人民政府应急管理部门和负有安全生产监督管理职责的有关部门报告。

情况紧急时,事故现场有关人员可以直接向事故发生地县级以上人民政府应急管理部门和负有安全生产监督管理职责的有关部门报告。

2. 监管部门的报告

（1）生产安全事故的逐级报告

应急管理部门和负有安全生产监督管理职责的有关部门接到事故报告后,应当依照下列规定上报事故情况,并通知公安机关、劳动保障行政部门、工会和人民检察院。

1)特别重大事故、重大事故逐级上报至国务院应急管理部门和负有安全生产监督管理职责的有关部门。

2)较大事故逐级上报至省、自治区、直辖市人民政府应急管理部门和负有安全生产监督管理职责的有关部门。

3)一般事故上报至设区的市级人民政府应急管理部门和负有安全生产监督管理职责的有关部门。

应急管理部门和负有安全生产监督管理职责的有关部门依照前款规定上报事故情况,应当同时报告本级人民政府。国务院应急管理部门和负有安全生产监督管理职责的有关部门以及省级人民政府接到发生特别重大事故、重大事故的报告后,应当立即报告国务院。

必要时,应急管理部门和负有安全生产监督管理职责的有关部门可以越级上报事故情况。

（2）生产安全事故报告的时间要求

应急管理部门和负有安全生产监督管理职责的有关部门逐级上报事故情况,每级上报的时间不得超过二小时。

3. 报告的内容

报告事故应当包括下列内容：

1）事故发生单位概况。

2）事故发生的时间、地点以及事故现场情况。

3）事故的简要经过。

4）事故已经造成或者可能造成的伤亡人数（包括下落不明的人数）和初步估计的直接经济损失。

5）已经采取的措施。

6）其他应当报告的情况。

事故报告后出现新情况的，应当及时补报。自事故发生之日起30日内，事故造成的伤亡人数发生变化的，应当及时补报。

4. 应急救援

事故发生单位负责人接到事故报告后，应当立即启动事故相应应急预案，或者采取有效措施，组织抢救，防止事故扩大，减少人员伤亡和财产损失。

事故发生地有关地方人民政府、应急管理部门和负有安全生产监督管理职责的有关部门接到事故报告后，其负责人应当立即赶赴事故现场，组织事故救援。

5. 现场与证据

事故发生后，有关单位和人员应当妥善保护事故现场以及相关证据，任何单位和个人不得破坏事故现场、毁灭相关证据。

因抢救人员、防止事故扩大以及疏通交通等原因，需要移动事故现场物件的，应当做出标志，绘制现场简图并做出书面记录，妥善保存现场重要痕迹、物证。

（三）施工生产安全事故调查处理

1. 事故调查的管辖

《生产安全事故报告和调查处理条例》规定，特别重大事故由国务院或者国务院授权有关部门组织事故调查组进行调查。

重大事故、较大事故、一般事故分别由事故发生地省级人民政府、设区的市级人民政府、县级人民政府负责调查。省级人民政府、设区的市级人民政府、县级人民政府可以直接组织事故调查组进行调查，也可以授权或者委托有关部门组织事故调查组进行调查。未造成人员伤亡的一般事故，县级人民政府也可以委托事故发生单位组织事故调查组进行调查。上级人民政府认为必要时，可以调查由下级人民政府负责调查的事故。

自事故发生之日起30日内，因事故伤亡人数变化导致事故等级发生变化，依照规定应当由上级人民政府负责调查的，上级人民政府可以另行组织事故调查组进行调查。

2. 事故调查报告的期限与内容

事故调查组应当自事故发生之日起60日内提交事故调查报告；特殊情况下，经负责事故调查的人民政府批准，提交事故调查报告的期限可以适当延长，但延长的期限最长不超过60日。

事故调查报告应当包括下列内容。

1）事故发生单位概况。

2）事故发生经过和事故救援情况。

3）事故造成的人员伤亡和直接经济损失。

4）事故发生的原因和事故性质。

5）事故责任的认定以及对事故责任者的处理建议。

6）事故防范和整改措施。

3. 事故的处理

《生产安全事故报告和调查处理条例》规定，重大事故、较大事故、一般事故，负责事故调查的人民政府应当自收到事故调查报告之日起15日内做出批复；特别重大事故，30日内做出批复。特殊情况下，批复时间可以适当延长，但延长的时间最长不超过30日。事故处理的情况由负责事故调查的人民政府或者其授权的有关部门、机构向社会公布，依法应当保密的除外。

【案例及评析】

知识点六、违反建设工程安全生产管理的法律责任

（一）建设单位法律责任

《建设工程安全生产管理条例》规定，违反本条例的规定，建设单位未提供建设工程安全生产作业环境及安全施工措施所需费用的，责令限期改正；逾期未改正的，责令该建设工程停止施工。建设单位未将保证安全施工的措施或者拆除工程的有关资料报送有关部门备案的，责令限期改正，给予警告。

《建设工程安全生产管理条例》规定，违反本条例的规定，建设单位有下列行为之一的，责令限期改正，处 20 万元以上 50 万元以下的罚款；造成重大安全事故，构成犯罪的，对直接责任人员，依照刑法有关规定追究刑事责任；造成损失的，依法承担赔偿责任。

1）对勘察、设计、施工、工程监理等单位提出不符合安全生产法律、法规和强制性标准规定的要求的。

2）要求施工单位压缩合同约定的工期的。

3）将拆除工程发包给不具有相应资质等级的施工单位的。

（二）施工单位法律责任

《建设工程安全生产管理条例》规定，违反本条例的规定，施工单位有下列行为之一的，责令限期改正；逾期未改正的，责令停业整顿，依照《中华人民共和国安全生产法》的有关规定处以罚款；造成重大安全事故，构成犯罪的，对直接责任人员，依照刑法有关规定追究刑事责任。

1）未设立安全生产管理机构、配备专职安全生产管理人员或者分部分项工程施工时无专职安全生产管理人员现场监督的。

2）施工单位的主要负责人、项目负责人、专职安全生产管理人员、作业人员或者特种作业人员，未经安全教育培训或者经考核不合格即从事相关工作的。

3）未在施工现场的危险部位设置明显的安全警示标志，或者未按照国家有关规定在施工现场设置消防通道、消防水源、配备消防设施和灭火器材的。

4）未向作业人员提供安全防护用具和安全防护服装的。

5）未按照规定在施工起重机械和整体提升脚手架、模板等自升式架设设施验收合格后登记的。

6）使用国家明令淘汰、禁止使用的危及施工安全的工艺、设备、材料的。

《建设工程安全生产管理条例》规定，违反本条例的规定，施工单位挪用列入建设工程概算的安全生产作业环境及安全施工措施所需费用的，责令限期改正，处挪用费用 20% 以上 50% 以下的罚款；造成损失的，依法承担赔偿责任。

《建设工程安全生产管理条例》规定，违反本条例的规定，施工单位有下列行为之一的，责令限期改正；逾期未改正的，责令停业整顿，并处 5 万元以上 10 万元以下的罚款；造成重大安全事故，构成犯罪的，对直接责任人员，依照刑法有关规定追究刑事责任。

1）施工前未对有关安全施工的技术要求做出详细说明的。

2）未根据不同施工阶段和周围环境及季节、气候的变化，在施工现场采取相应的安全施工措施，或者在城市市区内的建设工程的施工现场未实行封闭围挡的。

3）在尚未竣工的建筑物内设置员工集体宿舍的。

4）施工现场临时搭建的建筑物不符合安全使用要求的。

5）未对因建设工程施工可能造成损害的毗邻建筑物、构筑物和地下管线等采取专项防护措施的。

施工单位有前款规定第 4）、5）项行为，造成损失的，依法承担赔偿责任。

《建设工程安全生产管理条例》规定，违反本条例的规定，施工单位有下列行为之一的，责令限期改正；逾期未改正的，责令停业整顿，并处 10 万元以上 30 万元以下的罚款；情节严重的，降低资质等级，直至吊销资质证书；造成重大安全事故，构成犯罪的，对直接责任人员，依照刑法有关规定追究刑事责任；造成损失的，依法承担赔偿责任。

1）安全防护用具、机械设备、施工机具及配件在进入施工现场前未经查验或者查验不合格即投入使

用的。

2）使用未经验收或者验收不合格的施工起重机械和整体提升脚手架、模板等自升式架设设施的。

3）委托不具有相应资质的单位承担施工现场安装、拆卸施工起重机械和整体提升脚手架、模板等自升式架设设施的。

4）在施工组织设计中未编制安全技术措施、施工现场临时用电方案或者专项施工方案的。

《建设工程安全生产管理条例》规定，违反本条例的规定，施工单位的主要负责人、项目负责人未履行安全生产管理职责的，责令限期改正；逾期未改正的，责令施工单位停业整顿；造成重大安全事故、重大伤亡事故或者其他严重后果，构成犯罪的，依照刑法有关规定追究刑事责任。作业人员不服管理、违反规章制度和操作规程冒险作业造成重大伤亡事故或者其他严重后果，构成犯罪的，依照刑法有关规定追究刑事责任。施工单位的主要负责人、项目负责人有前款违法行为，尚不够刑事处罚的，处 2 万元以上 20 万元以下的罚款或者按照管理权限给予撤职处分；自刑罚执行完毕或者受处分之日起，5 年内不得担任任何施工单位的主要负责人、项目负责人。

《建设工程安全生产管理条例》规定，施工单位取得资质证书后，降低安全生产条件的，责令限期改正；经整改仍未达到与其资质等级相适应的安全生产条件的，责令停业整顿，降低其资质等级直至吊销资质证书。

（三）工程监理单位法律责任

《建设工程安全生产管理条例》规定，违反本条例的规定，工程监理单位有下列行为之一的，责令限期改正；逾期未改正的，责令停业整顿，并处 10 万元以上 30 万元以下的罚款；情节严重的，降低资质等级，直至吊销资质证书；造成重大安全事故，构成犯罪的，对直接责任人员，依照刑法有关规定追究刑事责任；造成损失的，依法承担赔偿责任。

1）未对施工组织设计中的安全技术措施或者专项施工方案进行审查的。

2）发现安全事故隐患未及时要求施工单位整改或者暂时停止施工的。

3）施工单位拒不整改或者不停止施工，未及时向有关主管部门报告的。

4）未依照法律、法规和工程建设强制性标准实施监理的。

（四）勘察、设计单位法律责任

《建设工程安全生产管理条例》规定，违反本条例的规定，勘察单位、设计单位有下列行为之一的，责令限期改正，处 10 万元以上 30 万元以下的罚款；情节严重的，责令停业整顿，降低资质等级，直至吊销资质证书；造成重大安全事故，构成犯罪的，对直接责任人员，依照刑法有关规定追究刑事责任；造成损失的，依法承担赔偿责任。

1）未按照法律、法规和工程建设强制性标准进行勘察、设计的。

2）采用新结构、新材料、新工艺的建设工程和特殊结构的建设工程，设计单位未在设计中提出保障施工作业人员安全和预防生产安全事故的措施建议的。

（五）执业人员和其他相关单位法律责任

《建设工程安全生产管理条例》规定，注册执业人员未执行法律、法规和工程建设强制性标准的，责令停止执业 3 个月以上 1 年以下；情节严重的，吊销执业资格证书，5 年内不予注册；造成重大安全事故的，终身不予注册；构成犯罪的，依照刑法有关规定追究刑事责任。

《建设工程安全生产管理条例》规定，违反本条例的规定，为建设工程提供机械设备和配件的单位，未按照安全施工的要求配备齐全有效的保险、限位等安全设施和装置的，责令限期改正，处合同价款 1 倍以上 3 倍以下的罚款；造成损失的，依法承担赔偿责任。

《建设工程安全生产管理条例》规定，违反本条例的规定，出租单位出租未经安全性能检测或者经检测不合格的机械设备和施工机具及配件的，责令停业整顿，并处 5 万元以上 10 万元以下的罚款；造成损失的，依法承担赔偿责任。

《建设工程安全生产管理条例》规定，违反本条例的规定，施工起重机械和整体提升脚手架、模板等自升式架设设施安装、拆卸单位有下列行为之一的，责令限期改正，处 5 万元以上 10 万元以下的罚款；情节严重的,责令停业整顿,降低资质等级,直至吊销资质证书;造成损失的,依法承担赔偿责任。

1)未编制拆装方案、制定安全施工措施的。

2)未由专业技术人员现场监督的。

3)未出具自检合格证明或者出具虚假证明的。

4)未向施工单位进行安全使用说明,办理移交手续的。

施工起重机械和整体提升脚手架、模板等自升式架设设施安装、拆卸单位有前款规定的第1)项、第3)项行为,经有关部门或者单位职工提出后,对事故隐患仍不采取措施,因而发生重大伤亡事故或者造成其他严重后果,构成犯罪的,对直接责任人员,依照刑法有关规定追究刑事责任。

随堂测试

1.关于建筑施工企业安全生产许可证的说法,正确的是(　　　)。

A.建筑施工企业变更法定代表人,应当办理安全生产许可证的变更手续

B.安全生产许可证有效期可以自动延期

C.安全生产许可证延期后的有效期短于原有效期

D.建筑施工企业变更地址,安全生产许可证无须办理变更手续

2.某建筑企业在安全生产许可证有效期内,未发生死亡事故的,则安全生产许可证届满时(　　　)。

A.必须再次审查,审查合格延期3年

B.不再审查,有效期直至发生死亡事故时终止

C.按照初始条件重新申请办理

D.经原安全生产许可证颁发管理机关同意,不再审查,有效期延期3年

3.确定建设工程安全作业环境及安全施工措施所需费用,应当包括在(　　　)内。

A.建设单位编制的工程概算　　　　　　　　B.建设单位编制的工程估算

C.施工单位编制的工程概算　　　　　　　　D.施工单位编制的工程预算

4.建设工程施工总承包单位依法将建设工程分包给其他单位的,关于安全生产责任的说法,正确的是(　　　)。

A.分包合同中应当明确总、分包单位各自的安全生产方面的权利和义务

B.分包单位的安全生产责任由分包单位独立承担

C.总承包单位对分包单位的安全生产承担全部责任

D.总承包单位和分包单位对施工现场安全生产承担同等责任

5.根据《安全生产许可证条例》,必须持特种作业操作证书上岗的人员是(　　)。

A.项目经理　　　　　　B.建筑架子工　　　　　　C.兼职安全员　　　　　　D.BIM系统操作员

6.下列责任中,属于设计单位安全责任的是(　　　)。

A.确定安全施工措施所需费用

B.安全技术措施进行审查

C.审查专项施工方案是否符合工程建设强制性标准

D.对涉及施工安全的重点单位和环节在设计文件中注明,并对防范生产安全事故提出指导意见

7.使用承租的机械设备和施工机具及配件的,由(　　　)共同进行验收。

A.建设单位、监理单位和施工企业

B.监理单位、施工企业和安装单位

C.施工总承包单位、分包单位、出租单位和安装单位

D.建设单位、施工企业和安全生产监督管理部门

8.根据《建筑施工企业安全生产许可证管理规定》,建筑施工企业取得安全生产许可证应当经过住房城乡建设主管部门或者其他有关部门考核合格的人员是(　　　)。

A. 主要负责人、部门负责人和项目负责人

B. 主要负责人、项目负责人和专职安全生产管理人员

C. 部门负责人、项目负责人和专职安全生产管理人员

D. 主要负责人、项目负责人和从业人员

9. 施工总承包单位和分包单位对分包工程安全生产承担的责任是（　　）。

A. 独立责任　　　　　　　B. 按份责任　　　　　　　C. 补充责任　　　　　　　D. 连带责任

10. 关于施工企业强令施工人员冒险作业的说法，正确的是（　　）。

A. 施工企业有权对不服从指令的施工人员进行处罚

B. 施工企业可以解除不服从管理的施工人员的劳动合同

C. 施工人员有权拒绝该指令

D. 施工人员必须无条件服从施工企业发出的命令，确保施工生产进度的顺利开展

11. 关于购买、租赁和使用用具设备等的说法，正确的是（　　）。

A. 建设单位不得要求购买、租赁和使用不符合安全施工要求的用具设备等

B. 施工单位为了赶工期，在建设单位允许的情况下使用不符合安全施工要求的施工机具及配件

C. 建设单位为施工单位指定租赁机械设备

D. 建设单位要求施工单位购买甲供应商的消防器材

12. 建设安全生产监督机构在检查施工现场时，发现某施工单位在未竣工的建筑物内设置员工集体宿舍。该集体宿舍（　　）。

A. 经工程所在地建设安全监督机构同意，可以继续使用

B. 经工程所在地建设行政主管部门同意，可以继续使用

C. 经工程所在地质量监督机构同意，可以继续使用

D. 所住员工必须无条件迁出

13. 根据《建设工程安全生产管理条例》，下列分部分项工程中，属于达到一定规模的危险性较大的需要编制专项施工方案，并附具安全验算结果的有（　　）。

A. 基坑支护与降水工程　　　　　　　　　　B. 模板工程

C. 脚手架工程　　　　　　　　　　　　　　D. 装饰装修工程

E. 拆除、爆破工程

14. 根据《建筑施工企业安全生产许可证管理规定》，建筑施工企业取得安全生产许可证应当具备的条件有（　　）。

A. 有严格的职业危害防治措施，并为施工现场管理人员配备符合国家标准或者行业标准的安全防护用具和安全防护服装

B. 建立、健全安全生产责任制，制定完备的安全生产规章制度和操作规程

C. 主要负责人、项目负责人、专职安全生产管理人员经建设主管部门或者其他安全生产主管部门考核合格

D. 特种作业人员经有关业务主管部门考核合格，取得特种作业操作资格证书

E. 有生产安全事故应急救援预案、应急救援组织或者应急救援人员，配备必要的应急救援器材、设备

15. 根据《建设工程安全生产管理条例》，建设单位的安全生产责任有（　　）。

A. 需要进行爆破作业的，办理申请批准手续

B. 提出防范生产安全事故的指导意见和措施建议

C. 不得要求施工企业购买不符合安全施工的用具设备

D. 对安全技术措施或者专项施工方案进行审查

E. 申领施工许可证应当提供有关安全施工措施的资料

16. 根据《安全生产法》，生产经营单位的从业人员有权了解其作业场所工作岗位存在的（　　）。

A. 事故隐藏　　　　　B. 危险因素　　　　　C. 防范措施　　　　　D. 安全通病

E. 事故应急措施

任务 8.3　百年大计、质量第一!

引入案例

某市花园小区 6 号楼为 5 层砖混结构住宅楼,设计采用混凝土小型砌块砌筑,墙体交接处和转角处加混凝土构造柱,施工过程中发现部分墙体出现裂缝,经处理后继续施工,竣工验收合格后交付使用。业主入住后,装修时发现墙体空心,经核实,原来设计混凝土构造柱的地方只放置了少量钢筋,没有浇筑混凝土。最后经法定检测机构采用超声波检测法检测后,统计发现大约有 75% 墙体中未按设计要求设置构造柱,只在 1 层部分墙体中有构造柱,成了重大的质量隐患。

请思考:

(1)引起工程质量问题的原因有哪些?

(2)该工程已交付使用,施工单位是否需要对此承担责任? 为什么?

(3)建设工程的相关主体都负有哪些质量责任?

>>>

知识点一、建设工程质量管理概述

思政园地

中国建筑业协会发出通知,公布 2022~2023 年度第一批中国建设工程鲁班奖(国家优质工程)入选名单,此次入选鲁班奖工程共 119 项。鲁班奖是中国建设工程质量的最高荣誉奖,有"建筑奥斯卡"美誉,创办于 1987 年,是一项由国家住建部指导、中国建筑业协会实施评选的奖项,每两年评选一次。获奖工程质量被认可达到中国国内领先水平。

(一)建设工程质量的概念

狭义的建设工程质量仅指工程实体质量,即指在国家现行的有关法律、法规、技术标准、设计文件和合同中,对工程的安全、适用、经济、美观等特性的综合要求。这一概念强调的是工程的实体质量,如基础是否坚固、主体结构是否安全以及通风、采光是否合理等。

广义的建设工程质量还包括工程建设参与者的服务质量和工作质量。反映在他们的服务是否及时、主动,态度是否诚恳、守信,管理水平是否先进,工作效率是否高效等方面。工作质量是指参与工程的建设者,为了保证工程实体质量所从事工作的水平和完善程度,包括社会工作质量,如社会调查、市场预测、质量回访和保修服务等;生产过程工作质量,如管理工作质量、技术工作质量和后勤工作质量等。

工作质量直接决定了实体质量,工程实体质量的好坏是决策、建设工程勘察、设计、施工等单位各方面、各环节工作质量的综合反映。

（二）建设工程质量管理立法现状

我国目前已经建立了以《建筑法》为核心，法规、部门规章、建设标准、规范性文件等组成的较为完善的建筑工程质量管理法律制度体系，相关法规、规章有以下内容。

1）《建设工程质量管理条例》（2000年1月10日施行，2019年4月23日第二次修订）。

2）《房屋建筑工程质量保修办法》（2000年06月30日施行）。

3）《实施工程建设强制性标准监督规定》（2000年08月25日施行，2015年1月22日修订）。

4）《建设工程勘察质量管理办法》（2003年2月1日施行，2021年4月1日修订）。

5）《建设工程质量检测管理办法》（2005年11月01日施行，2015年5月4日修订）。

6）《房屋建筑和市政基础设施工程质量监督管理规定》（2010年09月01日施行）。

7）《建筑工程五方责任主体项目负责人质量终身责任追究暂行办法》（2014年8月25日施行）。

（三）建设工程质量的管理体系

建设工程质量不仅关系工程的适用性和建设项目的投资效果，而且关系到人民群众生命及财产安全的问题。因此，加强建设工程质量管理，是一个十分重要的问题。我国已经建立起了对建设工程质量进行管理的体系，包括纵向管理和横向管理两个方面。

纵向管理是国家对建设工程质量所进行的监督管理，它具体由建设行政主管部门及其授权机构实施，这种管理贯穿在建设工程的全过程和各个环节之中，它既对建设工程从计划、规划、土地管理、环保、消防等方面进行监督管理，又对建设工程的主体从资质认定审查，成果质量检测、验证和奖惩等方面进行监督管理，还对建设工程中各种活动，如建设工程招标投标、工程施工、验收、维修等进行监督管理。

横向管理又包括两个方面。一是工程承包单位，如勘察单位、设计单位、施工单位自己对所承担工作的质量管理。这些主体应当按要求建立专门的质检机构，配备相应的质检人员，建立相应的质量保证制度，如审核校对制、培训上岗任制、质量抽检制、各级质量责任制和部门领导质量责任制等。二是建设单位对所建工程的管理，它可成立相应的机构和人员，对所建工程的质量进行监督管理，也可委托社会监理单位对建设工程的质量进行监理。

（四）建设工程五方责任主体项目负责人质量终身责任制度

建筑工程五方责任主体项目负责人是指承担建筑工程项目建设的建设单位项目负责人、勘察单位项目负责人、设计单位项目负责人、施工单位项目经理、监理单位总监理工程师。建筑工程开工建设前，建设、勘察、设计、施工、监理单位法定代表人应当签署授权书，明确本单位项目负责人。

建筑工程五方责任主体项目负责人质量终身责任，是指参与新建、扩建、改建的建筑工程项目负责人按照国家法律法规和有关规定，在工程设计使用年限内对工程质量承担相应责任。

工程质量终身责任实行书面承诺和竣工后永久性标牌等制度。项目负责人应当在办理工程质量监督手续前签署工程质量终身责任承诺书，连同法定代表人授权书，报工程质量监督机构备案。项目负责人如有更换的，应当按规定办理变更程序，重新签署工程质量终身责任承诺书，连同法定代表人授权书，报工程质量监督机构备案。建筑工程竣工验收合格后，建设单位应当在建筑物明显部位设置永久性标牌，载明建设、勘察、设计、施工、监理单位名称和项目负责人姓名。

建筑工程五方责任主体项目负责人的主要质量责任如下。

1）建设单位项目负责人对工程质量承担全面责任，不得违法发包、肢解发包，不得以任何理由要求勘察、设计、施工、监理单位违反法律法规和工程建设标准，降低工程质量，其违法违规或不当行为造成工程质量事故或质量问题应当承担责任。

2）勘察、设计单位项目负责人应当保证勘察设计文件符合法律法规和工程建设强制性标准的要求，对因勘察、设计导致的工程质量事故或质量问题承担责任。

3）施工单位项目经理应当按照经审查合格的施工图设计文件和施工技术标准进行施工，对因施工导致的工程质量事故或质量问题承担责任。

4）监理单位总监理工程师应当按照法律法规、有关技术标准、设计文件和工程承包合同进行监理，对施工质量承担监理责任。

知识点二、工程建设标准法律制度

思 政 园 地

住房和城乡建设部发布的《关于深化工程建设标准化工作改革的意见》(以下简称《意见》),指出我国工程建设标准(以下简称标准)经过 60 余年发展,国家、行业和地方标准已达 7 000 余项,形成了覆盖经济社会各领域、工程建设各环节的标准体系,在保障工程质量安全、促进产业转型升级、强化生态环境保护、推动经济提质增效、提升国际竞争力等方面发挥了重要作用。但与技术更新变化和经济社会发展需求相比,仍存在着标准供给不足、缺失滞后,部分标准老化陈旧、水平不高等问题,需要加大标准供给侧改革,完善标准体制机制,建立新型标准体系。

《意见》指出,工程建设标准化工作改革的总体目标是:标准体制适应经济社会发展需要,标准管理制度完善、运行高效,标准体系协调统一、支撑有力。按照政府制定强制性标准、社会团体制定自愿采用性标准的长远目标,到 2020 年,适应标准改革发展的管理制度基本建立,重要的强制性标准发布实施,政府推荐性标准得到有效精简,团体标准具有一定规模。到 2025 年,以强制性标准为核心、推荐性标准和团体标准相配套的标准体系初步建立,标准有效性、先进性、适用性进一步增强,标准国际影响力和贡献力进一步提升。

2017 年 11 月经修改后公布的《中华人民共和国标准化法》(以下简称《标准化法》)规定,本法所称标准(含标准样品),是指农业、工业、服务业以及社会事业等领域需要统一的技术要求。

《标准化法》规定,标准包括国家标准、行业标准、地方标准和团体标准、企业标准。国家标准分为强制性标准、推荐性标准,行业标准、地方标准是推荐性标准。强制性标准必须执行。国家鼓励采用推荐性标准。

(一)工程建设标准的分类

1. 工程建设国家标准

工程建设国家标准分为强制性标准和推荐性标准。

(1)工程建设国家标准的范围和类型

《标准化法》规定,对保障人身健康和生命财产安全、国家安全、生态环境安全以及满足经济社会管理基本需要的技术要求,应当制定强制性国家标准。对满足基础通用、与强制性国家标准配套、对各有关行业起引领作用等需要的技术要求,可以制定推荐性国家标准。

原建设部《工程建设国家标准管理办法》规定,对需要在全国范围内统一的下列技术要求,应当制定国家标准。

1)工程建设勘察、规划、设计、施工(包括安装)及验收等通用的质量要求。

2)工程建设通用的有关安全、卫生和环境保护的技术要求。

3)工程建设通用的术语、符号、代号、量与单位、建筑模数和制图方法。

4)工程建设通用的试验、检验和评定等方法。

5)工程建设通用的信息技术要求。

6)国家需要控制的其他工程建设通用的技术要求。法律另有规定的,依照法律的规定执行。

下列标准属于强制性标准。

1)工程建设勘查、规划、设计、施工(包括安装)及验收等通用的综合标准和重要的通用的质量标准。

2)工程建设通用的有关安全、卫生和环境保护的标准。

3)工程建设重要的通用的术语、符号、代号、量与单位、建筑模数和制图方法标准。

4)工程建设重要的通用的试验、检验和评定方法等标准。

5)工程建设重要的通用的信息技术标准。

6）国家需要控制的其他工程建设通用的标准。

（2）工程建设国家标准的制定、审批发布和编号

《工程建设国家标准管理办法》规定，制定国家标准的工作程序按准备、征求意见、送审、报批四个阶段进行。

《标准化法》规定，强制性国家标准由国务院批准发布或者授权批准发布。强制性标准文本应当免费向社会公开。国家推动免费向社会公开推荐性标准文本。

《工程建设国家标准管理办法》规定，工程建设国家标准的编号由国家标准代号、发布标准的顺序号和发布标准的年号组成。强制性国家标准的代号为"GB"，推荐性国家标准的代号为"GB/T"。例如，《建筑工程施工质量验收统一标准》（GB 50300—2013），其中 GB 表示为强制性国家标准，50300 表示标准发布顺序号，2013 表示是 2013 年批准发布；《工程建设施工企业质量管理规范》（GB/T 50430—2017），其中 GB/T 表示为推荐性国家标准，50430 表示标准发布顺序号，2007 表示是 2017 年批准发布的。

2. 工程建设行业标准

《标准化法》规定，对没有推荐性国家标准、需要在全国某个行业范围内统一的技术要求，可以制定行业标准。行业标准由国务院有关行政主管部门制定，报国务院标准化行政主管部门备案。

（1）工程建设行业标准的范围

《工程建设行业标准管理办法》规定，下列技术要求可以制定行业标准。

1）工程建设勘查、规划、设计、施工（包括安装）及验收等行业专用的质量要求。

2）工程建设行业专用的有关安全、卫生和环境保护的技术要求。

3）工程建设行业专用的术语、符号、代号、量与单位和制图方法。

4）工程建设行业专用的试验、检验和评定等方法。

5）工程建设行业专用的信息技术要求。

6）其他工程建设行业专用的技术要求。

行业标准不得与国家标准相抵触。行业标准的某些规定与国家标准不一致时，必须有充分的科学依据和理由，并经国家标准的审批部门批准。行业标准在相应的国家标准实施后，应当及时修订或废止。

（2）工程建设行业标准的制定、修订程序与复审

工程建设行业标准的制定、修订程序，也可以按准备、征求意见、送审和报批四个阶段进行。工程建设行业标准实施后，根据科学技术的发展和工程建设的实际需要，该标准的批准部门应当适时进行复审，确认其继续有效或予以修订、废止。一般五年复审一次。

3. 工程建设地方标准

我国幅员辽阔，各地的自然环境差异较大，而工程建设在许多方面要受到自然环境的影响。例如，我国的黄土地区、冻土地区以及膨胀土地区，对建筑技术的要求有很大区别。因此，工程建设标准除国家标准、行业标准外，还需要有相应的地方标准。

《标准化法》规定，为满足地方自然条件、风俗习惯等特殊技术要求，可以制定地方标准。

地方标准由省、自治区、直辖市人民政府标准化行政主管部门制定；设区的市级人民政府标准化行政主管部门根据本行政区域的特殊需要，经所在地省、自治区、直辖市人民政府标准化行政主管部门批准，可以制定本行政区域的地方标准。

4. 工程建设团体标准

国家鼓励学会、协会、商会、联合会、产业技术联盟等社会团体协调相关市场主体共同制定满足市场和创新需要的团体标准，由本团体成员约定采用或者按照本团体的规定供社会自愿采用。团体标准是依法成立的社会团体为满足市场和创新需要，协调相关市场主体共同制定的标准。

制定团体标准，应当遵循开放、透明、公平的原则，保证各参与主体获取相关信息，反映各参与主体的共同需求，并应当组织对标准相关事项进行调查分析、实验、论证。

《团体标准管理规定》规定，国家实行团体标准自我声明公开和监督制度。鼓励社会团体参与国际标准化活动，推进团体标准国际化。

制定团体标准应当遵循开放、透明、公平的原则，吸纳生产者、经营者、使用者、消费者、教育科研机构、检测及认证机构、政府部门等相关方代表参与，充分反映各方的共同需求。支持消费者和中小企业代表参与团体标准制定。

团体标准的技术要求不得低于强制性标准的相关技术要求。

团体标准由本团体成员约定采用或者按照本团体的规定供社会自愿采用。

制定团体标准的一般程序包括：提案、立项、起草、征求意见、技术审查、批准、编号、发布、复审。

团体标准实施效果良好，且符合国家标准、行业标准或地方标准制定要求的，团体标准发布机构可以申请转化为国家标准、行业标准或地方标准。

5. 工程建设企业标准

《标准化法》规定，企业可以根据需要自行制定企业标准，或者与其他企业联合制定企业标准。国家支持在重要行业、战略性新兴产业、关键共性技术等领域利用自主创新技术制定团体标准、企业标准。

推荐性国家标准、行业标准、地方标准、团体标准、企业标准的技术要求不得低于强制性国家标准的相关技术要求。国家鼓励社会团体、企业制定高于推荐性标准相关技术要求的团体标准、企业标准。

国家实行团体标准、企业标准自我声明公开和监督制度。企业应当公开其执行的强制性标准、推荐性标准、团体标准或者企业标准的编号和名称；企业执行自行制定的企业标准的，还应当公开产品、服务的功能指标和产品的性能指标。国家鼓励团体标准、企业标准通过标准信息公共服务平台向社会公开。

企业应当按照标准组织生产经营活动，其生产的产品、提供的服务应当符合企业公开标准的技术要求。企业研制新产品、改进产品，进行技术改造，应当符合本法规定的标准化要求。

需要说明的是，标准、规范、规程都是标准的表现方式，习惯上通称为标准。当针对产品、方法、符号、概念等基础标准时，一般采用"标准"，如《道路工程标准》《建筑抗震鉴定标准》等；当针对工程勘察、规划、设计、施工等通用的技术事项作出规定时，一般采用"规范"，如《混凝土结构设计规范》《住宅建筑设计规范》《建筑设计防火规范》等；当针对操作、工艺、管理等专用技术要求时，一般采用"规程"，如《建筑安装工程工艺及操作规程》《建筑机械使用安全操作规程》等。

【案例及评析】

（二）工程建设强制性标准的实施

工程建设标准制定的目的在于实施。否则，再好的标准也是一纸空文。我国工程建设领域出现的各类工程质量事故，大都是没有贯彻或没有严格贯彻强制性标准的结果。因此，《标准化法》规定，强制性标准必须执行。《建筑法》规定，建筑活动应当确保建筑工程质量和安全，符合国家的建设工程安全标准。

1. 工程建设各方主体实施强制性标准的法律规定

《建筑法》规定，建设单位不得以任何理由，要求建筑设计单位或者建筑施工企业在工程设计或施工企业作业中，违反法律、行政法规和建筑工程质量、安全标准，降低工程质量。

建筑工程设计应当符合按照国家规定的建筑安全规程和技术规范，保证工程的安全性能。勘察、设计文件应当符合有关法律、行政法规的规定和建筑工程质量、安全标准、建筑工程勘察、设计技术规范以及合同的约定。设计文件选用的建筑材料、建筑构配件和设备，应当注明其规格、型号、性能等技术指标，其质量要求必须符合国家规定的标准。

建筑工程监理应当按照法律、行政法规及有关的技术标准、设计文件和建筑工程承包合同，对承包单位在施工质量、建设工期和建设资金使用等方面，代表建设单位实施监督。工程监理人员认为工程施工不符合工程设计要求、施工技术标准和合同约定的，有权要求建筑施工企业改正。工程监理人员发现工程设计不符合建筑工程质量标准或者合同约定的质量要求的，应当报告建设单位要求设计单位改正。

《建设工程质量管理条例》进一步规定，建设单位不得明示或者暗示设计单位或者施工单位违反工程建设强制性标准，降低建设工程质量。建筑设计单位和建筑施工企业对建设单位违反规定提出的降低工程质量的要求，应当予以拒绝。

勘察、设计单位必须按照工程建设强制性标准进行勘察、设计，并对其勘察、设计的质量负责。

施工单位必须按照工程设计图纸和施工技术标准施工，不得擅自修改工程设计，不得偷工减料。施工单位必须按照工程设计要求、施工技术标准和合同约定,对建筑材料、建筑构配件、设备和商品混凝土进行检验,检验应当有书面记录和专人签字,未经检验或者检验不合格的,不得使用。

2.工程建设强制性标准的实施管理

《实施工程建设强制性标准监督规定》中规定,在中华人民共和国境内从事新建、扩建、改建等工程建设活动,必须执行工程建设强制性标准。

建设工程勘察、设计文件中规定采用的新技术、新材料,可能影响建设工程质量和安全,又没有国家技术标准的,应当由国家认可的检测机构进行试验、论证,出具检测报告,并经国务院有关主管部门或者省、自治区、直辖市人民政府有关主管部门组织的建设工程技术专家委员会审定后,方可使用。工程建设中采用国际标准或者国外标准,现行强制性标准未作规定的,建设单位应当向国务院住房城乡建设行政主管部门或者国务院有关行政主管部门备案。

建设项目规划审查机构应当对工程建设规划阶段执行强制性标准的情况实施监督。

施工图设计文件审查单位应当对工程建设勘察、设计阶段执行强制性标准的情况实施监督。

建筑安全监督管理机构应当对工程建设施工阶段执行施工安全强制性标准的情况实施监督。

工程质量监督机构应当对工程建设施工、监理、验收等阶段执行强制性标准的情况实施监督。

(三)违反强制性标准的法律责任

《建筑法》规定,建设单位违反本法规定,要求建筑设计单位或者建筑施工企业违反建筑工程质量、安全标准,降低工程质量的,责令改正,可以处以罚款;构成犯罪的,依法追究刑事责任。

《建筑法》规定,建筑设计单位不按照建筑工程质量、安全标准进行设计的,责令改正,处以罚款;造成工程质量事故的,责令停业整顿,降低资质等级或者吊销资质证书,没收违法所得,并处罚款;造成损失的,承担赔偿责任;构成犯罪的,依法追究刑事责任。

《建筑法》规定,建筑施工企业在施工中偷工减料的,使用不合格的建筑材料、建筑构配件和设备的,或者有其他不按照工程设计图纸或者施工技术标准施工的行为的,责令改正,处以罚款;情节严重的,责令停业整顿,降低资质等级或者吊销资质证书;造成建筑工程质量不符合规定的质量标准的,负责返工、修理,并赔偿因此造成的损失;构成犯罪的,依法追究刑事责任。

《建设工程质量管理条例》规定,违反本条例规定,勘察单位未按照工程建设强制性标准进行勘察的,设计单位未按照工程建设强制性标准进行设计的,责令改正,处10万元以上30万元以下的罚款,造成工程质量事故的,责令停业整顿,降低资质等级;情节严重的,吊销资质证书;造成损失的,依法承担赔偿责任。

《建设工程质量管理条例》规定,违反本条例规定,施工单位在施工中偷工减料的,使用不合格的建筑材料、建筑构配件和设备的,或者有不按照工程设计图纸或者施工技术标准施工的其他行为的,责令改正,处工程合同价款2%以上4%以下的罚款;造成建设工程质量不符合规定的质量标准的,负责返工、修理,并赔偿因此造成的损失;情节严重的,责令停业整顿,降低资质等级或者吊销资质证书。

《建设工程安全生产管理条例》规定,违反本条例的规定,建设单位对勘察、设计、施工、工程监理等单位提出不符合安全生产法律、法规和强制性标准规定的要求的,责令限期改正,处20万元以上50万元以下的罚款;造成重大安全事故,构成犯罪的,对直接责任人员,依照刑法有关规定追究刑事责任;造成损失的,依法承担赔偿责任;

《建设工程安全生产管理条例》规定,违反本条例的规定,勘察单位、设计单位未按照法律、法规和工程建设强制性标准进行勘察、设计的,责令限期改正,处10万元以上30万元以下的罚款;情节严重的,责令停业整顿,降低资质等级,直至吊销资质证书;造成重大安全事故,构成犯罪的,对直接责任人员,依照刑法有关规定追究刑事责任;造成损失的,依法承担赔偿责任。

《建设工程安全生产管理条例》规定,违反本条例的规定,工程监理单位未依照法律、法规和工程建设强制性标准实施监理的,责令限期改正;逾期未改正的,责令停业整顿,并处10万元以上30万元以下的罚款;情节严重的,降低资质等级,直至吊销资质证书;造成重大安全事故,构成犯罪的,对直接责任人员,依照刑法有关规定追究刑事责任;造成损失的,依法承担赔偿责任。

《建设工程安全生产管理条例》规定,注册执业人员未执行法律、法规和工程建设强制性标准的,责令停止执业 3 个月以上 1 年以下;情节严重的,吊销执业资格证书, 5 年内不予注册;造成重大安全事故的,终身不予注册;构成犯罪的,依照刑法有关规定追究刑事责任。

《建设工程抗震管理条例》规定,违反本条例规定,建设单位明示或者暗示勘察、设计、施工等单位和从业人员违反抗震设防强制性标准,降低工程抗震性能的,责令改正,处 20 万元以上 50 万元以下的罚款;情节严重的,处 50 万元以上 500 万元以下的罚款;造成损失的,依法承担赔偿责任。

《建设工程抗震管理条例》规定,违反本条例规定,设计单位未按照抗震设防强制性标准进行设计的,责令改正,处 10 万元以上 30 万元以下的罚款;情节严重的,责令停业整顿,降低资质等级或者吊销资质证书;造成损失的,依法承担赔偿责任。

《建设工程抗震管理条例》规定,违反本条例规定,施工单位在施工中未按照抗震设防强制性标准进行施工的,责令改正,处工程合同价款 2% 以上 4% 以下的罚款;造成建设工程不符合抗震设防强制性标准的,负责返工、加固,并赔偿因此造成的损失;情节严重的,责令停业整顿,降低资质等级或者吊销资质证书。

随堂测试

1. 关于团体标准的说法,正确的是( )。
A. 国家鼓励社会团体制定高于推荐性标准相关技术要求的团体标准
B. 在关键共性技术领域应当利用自主创新技术制定团体标准
C. 制定团体标准的一般程序包括准备、征求意见、送审和报批四个阶段
D. 团体标准对本团体成员强制适用

2. 关于工程建设标准的说法,正确的是( )。
A. 强制性国家标准由国务院批准发布或者授权批准发布
B. 行业标准可以是强制性标准
C. 国家标准公布后,原有的行业标准继续实施
D. 国家标准的复审一般在颁布后 5 年进行一次

3. 关于工程建设企业标准实施的说法,正确的是( )。
A. 企业可以不公开其执行的企业标准的编号和名称
B. 企业执行自行制定的企业标准的,其产品的功能指标和性能指标不必公开
C. 国家实行企业标准自我声明公开和监督制度
D. 企业标准应当通过标准信息公共服务平台向社会公开

4. 关于推荐标准,下面说法正确的是( )。
A. 不管是什么级别的推荐性标准,都可以不执行
B. 如果是推荐性地方标准,也必须要执行
C. 如果是推荐性行业标准,也必须要执行
D. 如果是推荐性国家标准,也必须要执行

5. 根据《标准化法》关于企业标准的说法,正确的是( )。
A. 企业标准的制定应当经过行业主管部门批准
B. 企业标准可以高于国家标准
C. 企业标准应当高于行业标准
D. 企业标准应当与团体标准相符

6. 涉及保障人体健康、人身财产安全的标准应当是( )。
A. 国家标准　　　　　B. 行业标准　　　　　C. 强制性标准　　　　　D. 推荐性标准

7. 某工程施工中,关于推荐性技术标准 T 的适用问题,有关各方产生了争议,下列观点中正确的是( )。
A. 该标准应该强制执行,由此增加的费用由施工方承担

B. 既然 T 是推荐性技术标准，且在合同中未作明确约定，故不必执行

C. 虽然 T 属于推荐性技术标准，但监理工程师可以决定在此工程中采用

D. 施工单位应当执行监理工程师的决定，否则将终止合同

8. 下列对工程建设标准有关内容的理解，正确的是（　　）。

A. 推荐性标准在任何情况下，都没有法律约束力

B. 概算定额不属于工程建设标准范围

C. 违反工程建设强制性标准，但没有造成严重后果，不属于违法行为

D. 建设行政主管部门可依据《工程建设强制性条文》对责任者进行处罚

9. 下列关于实施工程建设强制性标准的表述中，正确的是（　　）。

A. 工程建设强制性标准是关于工程质量标准的强制性标准

B. 采用新技术、新工艺、新材料的建设工程，可不受强制性标准的限制

C.《工程建设标准强制性条文》是从技术上确保建设工程质量的关键

D. 工程建设中采用国际标准，可不受现行强制性标准限制

10. 根据《标准化法》，下列标准中不能制定为强制性标准的有（　　）。

A. 行业标准　　　　　　　B. 地方标准　　　　　　　C. 团体标准　　　　　　　D. 企业标准

E. 国家标准

知识点三、建设单位的质量责任和义务

住房和城乡建设部发布《关于落实建设单位工程质量首要责任的通知》（以下简称《通知》）指出，建设单位作为工程建设活动的总牵头单位，承担着重要的工程质量管理职责，对保障工程质量具有主导作用。各地要充分认识严格落实建设单位工程质量首要责任的必要性和重要性，进一步建立健全工程质量责任体系，推动工程质量提升，保障人民群众生命财产安全，不断满足人民群众对高品质工程和美好生活的需求。

对此，《建设工程质量管理条例》对建设单位的质量责任和义务做了明确的规定。

（一）依法发包工程

《建设工程质量管理条例》规定，建设单位应当将工程发包给具有相应资质等级的单位。建设单位不得将建设工程肢解发包。建设单位应当依法对工程建设项目的勘察、设计、施工、监理以及与工程建设有关的重要设备、材料等的采购进行招标。

《建筑工程五方责任主体项目负责人质量终身责任追究暂行办法》进一步规定，建设单位项目负责人对工程质量承担全面责任，不得违法发包、肢解发包，不得以任何理由要求勘察、设计、施工、监理单位违反法律法规和工程建设标准，降低工程质量，其违法违规或不当行为造成工程质量事故或质量问题应当承担责任。

建设单位将工程发包给具有相应资质等级的单位来承担，是保证建设工程质量的基本前提。《建设工程勘察设计资质管理规定》《建筑业企业资质管理规定》《工程监理企业资质管理规定》等均对工程勘察单位、工程设计单位、施工企业和工程监理单位的资质等级、资质标准、业务范围等做出了明确规定。如果建设单位选择不具备相应资质等级的承包人，一方面极易造成工程质量低劣，甚至使工程项目半途而废；另一方面也扰乱了建设市场秩序，助长了不正当竞争。

建设单位发包工程时，应该根据工程特点，以有利于工程的质量、进度、成本控制为原则，合理划分标段，而不能肢解发包工程。否则，将使整个工程建设在管理和技术上缺乏应有的统筹协调，从而造成施工现场秩序混乱、责任不清，严重影响工程质量，一旦出现质量问题难辞其咎。

（二）依法提供原始资料

《建设工程质量管理条例》规定，建设单位必须向有关的勘察、设计、施工、工程监理等单位提供与建设工程有关的原始资料。原始资料必须真实、准确、齐全。

原始资料是工程勘察、设计、施工、监理等单位赖以进行相关工程建设的基础性材料。建设单位作为建

设活动的总负责方,向有关单位提供原始资料,以及施工地段地下管线现状资料,并保证这些资料的真实、准确、齐全,是其基本的质量责任和义务。

(三)限制不合理的干预行为

《建筑法》规定,建设单位不得以任何理由,要求建筑设计单位或者建筑施工企业在工程设计或者施工作业中,违反法律、行政法规和建筑工程质量、安全标准,降低工程质量。

《政府投资条例》规定,政府投资项目应当按照国家有关规定合理确定并严格执行建设工期,任何单位和个人不得非法干预。

《建设工程质量管理条例》进一步规定,建设工程发包单位,不得迫使承包方以低于成本的价格竞标,不得任意压缩合理工期。建设单位不得明示或者暗示设计单位或者施工单位违反工程建设强制性标准,降低建设工程质量。

成本是构成价格的主要部分,是承包方估算投标价格的依据和最低的经济底线。如果建设单位迫使承包方以低于成本的价格中标,势必会导致中标单位在承包工程后,为了减少开支、降低成本而采取偷工减料、以次充好、粗制滥造等手段,最终导致建设工程出现质量问题,影响投资效益的发挥。

建设单位也不得任意压缩合理工期。因为,合理工期是指在正常建设条件下,采取科学合理的施工工艺和管理方法,以现行的工期定额为基础,结合工程项目建设的实际,经合理测算和平等协商而确定的使参与各方均获满意的经济效益的工期。如果盲目要求赶工期,势必会简化工序,不按规程操作,从而导致建设工程出现质量等诸多问题。

建设单位更不得以任何理由,诸如建设资金不足、工期紧等,违反强制性标准的规定,要求设计单位降低设计标准,或者要求施工单位采用建设单位采购的不合格材料设备等。因为,强制性标准是保证建设工程结构安全可靠的基础性要求,违反了这类标准,必然会给建设工程带来重大质量隐患。

(四)依法报审施工图设计文件

《建设工程质量管理条例》规定,施工图设计文件未经审查批准的,不得使用。施工图设计文件是编制施工图预算、安排材料、设备订货和非标准设备制作,进行施工、安装和工程验收等工作的依据。因此,施工图设计文件的质量直接影响建设工程的质量。

建立和实施施工图设计文件审查制度,是许多发达国家确保建设工程质量的成功做法。我国于1998年开始进行建筑工程项目施工图设计文件审查试点工作,在节约投资、发现设计质量隐患和避免违法违规行为等方面都有明显的成效。通过开展对施工图设计文件的审查,既可以对设计单位的成果进行质量控制,也能纠正参与建设活动各方特别是建设单位的不规范行为。

(五)依法实行工程监理

《建设工程质量管理条例》规定,实行监理的建设工程,建设单位应当委托具有相应资质等级的工程监理单位进行监理,也可以委托具有工程监理相应资质等级并与被监理工程的施工承包单位没有隶属关系或者其他利害关系的该工程的设计单位进行监理。

《建设工程质量管理条例》还规定,下列建设工程必须实行监理。

1)国家重点建设工程。

2)大中型公用事业工程。

3)成片开发建设的住宅小区工程。

4)利用外国政府或者国际组织贷款、援助资金的工程。

5)国家规定必须实行监理的其他工程。

(六)依法办理工程质量监督手续

《建设工程质量管理条例》规定,建设单位在开工前,应当按照国家有关规定办理工程质量监督手续,工程质量监督手续可以与施工许可证或者开工报告合并办理。

据此,建设单位在开工之前,应当依法到建设行政主管部门或铁路、交通、水利等有关管理部门,或其委托的工程质量监督机构办理工程质量监督手续,接受政府主管部门的工程质量监督。

（七）依法保证建筑材料等符合要求

《建设工程质量管理条例》规定，按照合同约定，由建设单位采购建筑材料、建筑构配件和设备的，建设单位应当保证建筑材料、建筑构配件和设备符合设计文件和合同要求。建设单位不得明示或者暗示施工单位使用不合格的建筑材料、建筑构配件和设备。

在工程实践中，常由建设单位采购建筑材料、构配件和设备，在合同中应当明确约定采购责任，即谁采购、谁负责。对于建设单位负责供应的材料设备，在使用前施工单位应当按照规定对其进行检验和试验，如果不合格，不得在工程上使用，并应通知建设单位予以退换。

（八）依法进行装修工程

《建设工程质量管理条例》规定，涉及建筑主体和承重结构变动的装修工程，建设单位应当在施工前委托原设计单位或者具有相应资质等级的设计单位提出设计方案；没有设计方案的，不得施工。房屋建筑使用者在装修过程中，不得擅自变动房屋建筑主体和承重结构。

随意拆改建筑主体结构和承重结构等，会危及建设工程安全和人民生命财产安全。因此，建设单位应当委托该建筑工程的原设计单位或者具有相应资质条件的设计单位提出装修工程的设计方案。如果没有设计方案就擅自施工，将留下质量隐患甚至造成质量事故，后果严重。至于房屋使用者，在装修过程中也不得擅自变动房屋建筑主体和承重结构，如拆除隔墙、窗洞改门洞等，否则很有可能会酿成房倒屋塌的灾难。

【相关案例】

知识点四、施工单位的质量责任和义务

施工单位是工程建设的重要责任主体之一。由于施工阶段影响质量稳定的因素和涉及责任主体均较多，协调管理的难度较大，施工阶段的质量责任制度尤为重要。

（一）对施工质量负责和总分包单位的质量责任

1. 对施工质量负责

《建筑法》规定，建筑施工企业对工程的施工质量负责。《建设工程质量管理条例》进一步规定，施工单位对建设工程的施工质量负责。施工单位应当建立质量责任制，确定工程项目的项目经理、技术负责人和施工管理负责人。

对施工质量负责是施工单位法定的质量责任。施工单位是建设工程质量的重要责任主体，但不是唯一的责任主体。建设工程质量要受到多方面因素的制约，在勘察、设计质量没有问题的前提下，整个建设工程的质量状况，最终将取决于施工质量。

2. 总分包单位的质量责任

《建筑法》规定，建筑工程实行总承包的，工程质量由工程总承包单位负责，总承包单位将建筑工程分包给其他单位的，应当对分包工程的质量与分包单位承担连带责任。分包单位应当接受总承包单位的质量管理。《建设工程质量管理条例》进一步规定，建设工程实行总承包的，总承包单位应当对全部建设工程质量负责；建设工程勘察、设计、施工、设备采购的一项或者多项实行总承包的，总承包单位应当对其承包的建设工程或者采购的设备的质量负责。总承包单位依法将建设工程分包给其他单位的，分包单位应当按照分包合同的约定对其分包工程的质量向总承包单位负责，总承包单位与分包单位对分包工程的质量承担连带责任。

【案例及评析】

（二）按照工程设计图纸和施工技术标准施工的规定

《建筑法》规定，建筑施工企业必须按照工程设计图纸和施工技术标准施工，不得偷工减料。工程设计的修改由原设计单位负责，建筑施工企业不得擅自修改工程设计。

《建设工程质量管理条例》进一步规定，施工单位必须按照工程设计图纸和施工技术标准施工，不得擅自修改工程设计，不得偷工减料。施工单位在施工过程中发现设计文件和图纸有差错的，应当及时提出意见和建议。

1. 按图施工,遵守标准

按工程设计图纸施工,是保证工程实现设计意图的前提,也是明确划分设计、施工单位质量责任的前提。施工技术标准则是工程建设过程中规范施工行为的技术依据。施工单位只有按照施工技术标准,特别是强制性标准的要求施工,才能保证工程的施工质量。此外,从法律的角度来看,工程设计图纸和施工技术标准都属于合同文件的组成部分,如果施工单位不按照工程设计图纸和施工技术标准施工,则属于违约行为,应该对建设单位承担违约责任。

2. 防止设计文件和图纸出现差错

工程项目的设计往往涉及多个专业之间的协调配合。所以,设计文件和图纸也有可能会出现差错。这些差错通常会在图纸会审或施工过程中被逐渐发现。施工人员特别是施工管理负责人、技术负责人以及项目经理等,均为具有丰富实践经验的专业技术人员、专业管理人员。施工单位在施工过程中发现设计文件和图纸有差错的,有义务及时向建设单位或监理单位提出意见和建议,以免造成不必要的损失和质量问题。这也是其履行施工合同应尽的基本义务。

【案例及评析】

(三)对建筑材料、设备等进行检验检测的规定

建设工程属于特殊产品,其质量隐蔽性强、终检局限性大,在施工全过程质量控制中,必须严格执行法定的检验、检测制度,否则将造成质量隐患甚至导致质量事故。

《建筑法》规定,建筑施工企业必须按照工程设计要求、施工技术标准和合同的约定,对建筑材料、建筑构配件和设备进行检验,不合格的不得使用。《建设工程质量管理条例》进一步规定,施工单位必须按照工程设计要求、施工技术标准和合同约定,对建筑材料、建筑构配件、设备和商品混凝土进行检验,检验应当有书面记录和专人签字;未经检验或者检验不合格的,不得使用。

1. 建筑材料、构配件、设备和商品混凝土的检验制度

施工单位对进入施工现场的建筑材料、建筑构配件、设备和商品混凝土实行检验制度,是施工单位质量保证体系的重要组成部分,也是保证施工质量的重要前提。

施工单位的检验要依据工程设计要求、施工技术标准和合同约定。检验对象是将在工程施工中使用的建筑材料、建筑构配件、设备和商品混凝土。合同若有其他约定的,检验工作还应满足合同相应条款的要求。检验结果要按规定的格式形成书面记录,并由相关的专业人员签字。对于未经检验或检验不合格的,不得在施工中使用。

2. 施工检测的见证取样和送检制度

《建设工程质量管理条例》规定,施工人员对涉及结构安全的试块、试件以及有关材料,应当在建设单位或者工程监理单位监督下现场取样,并送具有相应资质等级的质量检测单位进行检测。

所谓见证取样和送检,是指在建设单位或工程监理单位人员的见证下,由施工单位的现场试验人员对工程中涉及结构安全的试块、试件和材料在现场取样,并送至具有法定资格的质量检测单位进行检测的活动。

见证人员应由建设单位或该工程的监理单位中具备施工试验知识的专业技术人员担任,并由建设单位或该工程的监理单位书面通知施工单位、检测单位和负责该项工程的质量监督机构。

在施工过程中,见证人员应按照见证取样和送检计划,对施工现场的取样和送检进行见证。取样人员应在试样或其包装上作出标识、封志。标识和封志应标明工程名称、取样部位、取样日期、样品名称和样品数量,并由见证人员和取样人员签字。见证人员和取样人员应对试样的代表性和真实性负责。

(四)施工质量检验和返修的规定

1. 施工质量检验制度

施工质量检验,通常是指工程施工过程中工序质量检验(或称为过程检验),包括预检、自检、交接检、专职检、分部工程中间检验以及隐蔽工程检验等。

【案例及评析】

《建设工程质量管理条例》规定,施工单位必须建立、健全施工质量的检验制度,严格工序管理,作好隐蔽工程的质量检查和记录。隐蔽工程在隐蔽前,施工单位应当通知建设单位和建设工程质量监督机构。

(1)严格工序质量检验和管理

任何一项工程的施工,都是通过一个由许多工序或过程组成的工序(或过程)网络来实现

的。完善的检验制度和严格的工序管理是保证工序或过程质量的前提。因此,施工单位要加强对施工工序或过程的质量控制,特别是要加强影响结构安全的地基和结构等关键施工过程的质量控制。

（2）强化隐蔽工程质量检查

隐蔽工程,是指在施工过程中某一道工序所完成的工程实物,被后一道工序形成的工程实物所隐蔽,而且不可以逆向作业的那部分工程。例如,钢筋混凝土工程施工中,钢筋为混凝土所覆盖,前者即为隐蔽工程。

由于隐蔽工程被后续工序覆盖后,其施工质量就很难检验及认定。所以,隐蔽工程在覆盖前,施工单位除了要做好检查、检验并作好记录外,还应当及时通知建设单位(实施监理的工程为监理单位)和建设工程质量监督机构,以接受政府监督和向建设单位提供质量保证。

2. 建设工程的返修

《建筑法》规定,对已发现的质量缺陷,建筑施工企业应当修复。《建设工程质量管理条例》进一步规定,施工单位对施工中出现质量问题的建设工程或者竣工验收不合格的建设工程,应当负责返修。

《民法典》也作了相应规定,因施工人的原因致使建设工程质量不符合约定的,发包人有权请求施工人在合理期限内无偿修理或者返工、改建。返修作为施工单位的法定义务,其返修包括施工过程中出现质量问题的建设工程和竣工验收不合格的建设工程两种情形。不论是施工过程中出现质量问题的建设工程,还是竣工验收时发现质量问题的工程,施工单位都要负责返修。

对于非施工单位原因造成的质量问题,施工单位也应当负责返修,但是因此而造成的损失及返修费用由责任方负责。

【案例及评析】

（五）建立健全职工教育培训制度的规定

《建设工程质量管理条例》规定,施工单位应当建立、健全教育培训制度,加强对职工的教育培训;未经教育培训或者考核不合格的人员,不得上岗作业。

施工单位的教育培训通常包括各类质量教育和岗位技能培训等。先培训、后上岗,是对施工单位的职工教育的基本要求。特别是与质量工作有关的人员,如总工程师、项目经理、质量体系内审员、质量检查员、施工人员、材料试验及检测人员;关键技术工种,如焊工、钢筋工、混凝土工等,未经培训或者培训考核不合格的人员,不得上岗工作或作业。

思 政 园 地
匠心书写"中国质量"项目诠释"工匠精神"

工期:853 天!

项目负责人:罗资奇!

在琶洲互联网创新集聚区的腾讯广州总部大楼项目门口的公示栏上,简单标示出中建二局华南分公司高级工程师、一级建造师罗资奇和这栋 200 米超高层建筑的关系。

自参加工作以来,罗资奇参建工程达 36 项,总建筑面积达 600 万平方米,他精益求精,用匠心书写"中国质量";他创新不止,多项国家级殿堂级荣誉代表着建筑领域中国质量的最高水准;他执着专注,26年扎根施工一线,从最基层施工员成长为建筑施工领域的顶级专家。

把"不可能"变成"可能"

珠江畔,一个耀眼的新地标正冉冉升起,这便是由罗资奇团队主持建设的腾讯广州总部大楼项目。这座 200 米高的大楼有 4 道最大跨度达 28 米的单边超大直挑结构,这 4 个"空中花园"的绝佳视觉设计却给罗资奇团队带来了高难度的施工挑战。

为了呈现最佳建筑效果,28 米直挑臂不允许任何下顶或上拉结构。但普通钢桁根本无法做到直挑 28米。在 200 米的高空,直挑结构每往外延伸 1 米,施工难度将呈几何级数增长。这种直挑结构设计很可能会导致后端核心筒顶部多达 100 毫米的拉伸变形,存在严重的结构安全问题。"必须实现核心筒混凝土可预先浇筑!"罗资奇迅速带领工作室开展科技攻关,多次联合设计方、专家等多方进行直挑设计优化和论证工作,最终决定在核心筒墙体埋置竖向预应力钢棒和具有回弹性的金属波纹管,为有效实现核心筒预先浇筑混凝土"强筋健骨"。

"我们就要把这个看似不可能变成可能!"罗资奇带领工作室对方案进行抽丝剥茧的分析并不断优化。最终,他敲定了"四两拨千斤"的方案,通过在外墙设置一定预应力钢筋,巧妙"借力打力"将悬挑结构的拉力转移回核心筒,像拉跷跷板一样牢固地支撑起28米的"空中飞桥",解决了云端"架桥"的重大难题!

把"拦路虎"变成"垫脚石"

在项目施工过程中,罗资奇发现存在管线错综复杂的问题,"在施工高峰期,同时穿插施工的分包单位多达40多家,如果不及时解决,就没办法保质保量完成工期目标。"当时,BIM技术刚从国外引进不久,成熟应用于国内大型公共建筑的案例极少。但为了快速解决管线排布问题,罗资奇迅速成立了BIM小组。他累了就趴桌上打个盹,困了则浓茶相伴解乏,"从零学起到熟练应用,我们当时只花了一个月时间!"BIM技术在罗资奇团队眼中不再是可怕的"拦路虎",而是攀向新高度的"垫脚石"。

最终,罗资奇创新性地采用建立大数据智慧工地系统,主导全专业设计施工,解决了图纸复核、碰撞分析、管综优化、施工模拟等复杂技术及管线合理布置问题,极大地提升了复杂管线的安装精度,实现了提前4个半月开业,创造了"业界奇迹"。

从"中国速度"到"中国质量",罗资奇主持建设的3个大型城市综合体均获国家级工程奖项,他也因此被誉为"国家优质工程奖突出贡献者"。

（来源:羊城晚报）

知识点五、相关单位的质量责任和义务

（一）勘察、设计单位的质量责任和义务

1. 依法承揽工程的勘察、设计业务

《建设工程质量管理条例》规定,从事建设工程勘察,设计的单位应依法取得相应等级的资质证书,并在其资质等级许可的范围内承揽工程。禁止勘察,设计单位超越其资质等级许可的范围内以其他勘察,设计单位的名义承揽工程。禁止勘察、设计单位运行其他单位或个人以本单位的名义承揽工程。勘察,设计单位不得转包或者违法分包所承揽的工程。

2. 勘察、设计必须执行强制性标准

《建设工程质量管理条例》规定,勘察,设计单位必须按照工程建设强制性标准进行勘察、设计,并对其勘察、设计的质量负责。

3. 勘察单位提供的勘察成果必须真实、准确

《建设工程质量管理条例》规定,勘察单位提供的地质、测重、水文等勘察结果必须真实、准确。

4. 设计依据和设计深度

《建设工程质量管理条例》规定,设计单位应当根据勘察成果文件进行建设工程设计。设计文件应当符合国家规定的设计深度要求,注明工程合理使用年限。

5. 依法规范设计对建筑材料等的选用

《建筑法》《建设工程质量管理条例》都规定,设计单位在设计文件中选用的建筑材料、建筑构（配）件和设备,应当注明规格、型号、性能等技术指标,其质量要求必须符合国家规定的标准。除有特殊要求的建筑材料、专用设备、工艺生产线等外,设计单位不得指定生产厂、供应商。

6. 依法对设计文件进行技术交底

《建设工程质量管理条例》规定,设计单位应当就审查合格的施工图设计文件向施工单位做出详细说明。

7. 依法参与建设工程质量事故分析

《建设工程质量管理条例》规定,设计单位应当参与建设工程质量事故分析,并对因设计造成的质量事故,提出相应的技术处理方案。

【案例及评析】

(二)工程监理单位的质量责任和义务

1. 依法承担工程监理业务

《建筑法》规定,工程监理单位应当在其资质等级许可的监理范围内,承担工程监理业务。工程监理单位不得转让工程监理业务。

《建设工程质量管理条例》进一步规定,工程监理单位应当依法取得相应等级的资质证书,并在其资质等级许可的范围内承担工程监理业务。禁止工程监理单位超越本单位资质等级许可的范围或者以其他工程监理单位的名义承担工程监理业务。禁止工程监理单位允许其他单位或者个人以本单位的名义承担工程监理业务。工程监理单位不得转让工程监理业务。

2. 对有隶属关系或其他利害关系的回避

《建筑法》《建设工程质量管理条例》都规定,工程监理单位与被监理工程的施工承包单位以及建筑材料、建筑构(配)件和设备供应单位有隶属关系或者其他利害关系的,不得承担该项建设工程的监理业务。

3. 监理工作的依据和监理责任

《建设工程质量管理条例》规定,工程监理单位应当依照法律、法规以及有关技术标准、设计文件和建设工程承包合同,代表建设单位对施工质量实施监理,并对施工质量承担监理责任。

工程监理的依据如下。

1)法律、法规,如《建筑法》《民法典》《建设工程质量管理条例》。

2)有关技术标准,如《工程建设标准强制性条文》以及建设工程承包合同中确认采用的推荐性标准等。

3)设计文件,施工图设计等设计文件既是施工的依据,也是监理单位对施工活动进行监督管理的依据。

4)建设工程承包合同,监理单位据此监督施工单位是否全面履行合同约定的义务。

监理单位对施工质量承担监理责任,包括违约责任和违法责任。

4. 工程监理的职责和权限

《建设工程质量管理条例》规定,工程监理单位应当选派具备相应资格的总监理工程师和监理工程师进驻施工现场。未经监理工程师签字,建筑材料、建筑构(配)件和设备不得在工程上使用或者安装,施工单位不得进行下一道工序的施工。未经总监理工程师签字,建设单位不拨付工程款,不进行竣工验收。

监理工程师拥有对建筑材料、建筑构(配)件和设备以及每道施工工序的检查权,对检查不合格的,有权决定是否允许在工程上使用或进行下一道工序的施工。工程监理实行总监理工程师负责制。总监理工程师依法和在授权范围内可以发布有关指令,全面负责受委托的监理工程。

5. 工程监理的形式

《建设工程质量管理条例》规定,监理工程师应当按照工程监理规范的要求,采取旁站、巡视和平行检验等形式,对建设工程实施监理。

(三)政府部门质量监督管理的相关规定

1. 我国的建设工程质量监督管理体制

《建设工程质量管理条例》规定,国务院建设行政主管部门对全国的建设工程质量实施统一监督管理。国务院铁路、交通、水利等有关部门按照国务院规定的职责分工,负责对全国的有关专业建设工程质量进行监督管理。

2. 政府监督检查的内容和有权采取的措施

《建设工程质量管理条例》规定,国务院建设行政主管部门和国务院铁路、交通、水利等有关部门以及县级以上地方人民政府建设行政主管部门和其他有关部门,应当加强对有关建设工程质量的法律、法规和强制性标准执行情况的监督检查。

县级以上人民政府建设行政主管部门和其他有关部门履行监督检查职责时,有权采取下列措施。

1)要求被检查的单位提供有关工程质量的文件和资料。

2)进入被检查单位的施工现场进行检查。

3)发现有影响工程质量的问题时,责令改正。

3. 禁止滥用权力的行为

《建设工程质量管理条例》规定,供水、供电、供气、公安消防等部门或者单位不得明示或暗示建设单位、施工单位购买其指定的生产供应单位的建筑材料、建筑构(配)件和设备。

(四)建设工程质量事故报告制度

《建设工程质量管理条例》规定,建设工程发生质量事故,有关单位应当在 24 小时内向当地建设行政主管部门和其他有关部门报告。对重大质量事故,事故发生地的建设行政主管部门和其他有关部门应当按照事故类别和等级向当地人民政府和上级建设行政主管部门和其他有关部门报告。特别重大质量事故的调查程序按照国务院有关规定办理。

根据国务院《生产安全事故报告和调查处理条例》的规定,特别重大事故,是指造成 30 人以上死亡,或者 100 人以上重伤,或者 1 亿元以上直接经济损失的事故。特别重大事故、重大事故逐级上报至国务院安全生产监督管理部门和负有安全生产监督管理职责的有关部门。每级上报的时间不得超过 2 小时。必要时,安全生产监督管理部门和负有安全生产监督管理职责的有关部门可以越级上报事故情况。

知识点六、违反建设工程质量管理的法律责任

(一)建设单位法律责任

《建设工程质量管理条例》规定,违反本条例规定,建设单位将建设工程发包给不具有相应资质等级的勘察、设计、施工单位或者委托给不具有相应资质等级的工程监理单位的,责令改正,处 50 万元以上 100 万元以下的罚款。

《建设工程质量管理条例》规定,违反本条例规定,建设单位将建设工程肢解发包的,责令改正,处工程合同价款 0.5% 以上 1% 以下的罚款;对全部或者部分使用国有资金的项目,并可以暂停项目执行或者暂停资金拨付。

《建设工程质量管理条例》规定,违反本条例规定,建设单位有下列行为之一的,责令改正,处 20 万元以上 50 万元以下的罚款。

1)迫使承包方以低于成本的价格竞标的。

2)任意压缩合理工期的。

3)明示或者暗示设计单位或者施工单位违反工程建设强制性标准,降低工程质量的。

4)施工图设计文件未经审查或者审查不合格,擅自施工的。

5)建设项目必须实行工程监理而未实行工程监理的。

6)未按照国家规定办理工程质量监督手续的。

7)明示或者暗示施工单位使用不合格的建筑材料、建筑构配件和设备的。

8)未按照国家规定将竣工验收报告、有关认可文件或者准许使用文件报送备案的。

《建设工程质量管理条例》规定,违反本条例规定,建设单位未取得施工许可证或者开工报告未经批准,擅自施工的,责令停止施工,限期改正,处工程合同价款 1% 以上 2% 以下的罚款。

《建设工程质量管理条例》规定,违反本条例规定,建设单位有下列行为之一的,责令改正,处工程合同价款 2% 以上 4% 以下的罚款;造成损失的,依法承担赔偿责任。

1)未组织竣工验收,擅自交付使用的。

2)验收不合格,擅自交付使用的。

3)对不合格的建设工程按照合格工程验收的。

《建设工程质量管理条例》规定,违反本条例规定,建设工程竣工验收后,建设单位未向建设行政主管部门或者其他有关部门移交建设项目档案的,责令改正,处 1 万元以上 10 万元以下的罚款。

(二)勘察、设计单位法律责任

《建设工程质量管理条例》规定,违反本条例规定,勘察、设计、施工、工程监理单位超越本单位资质等级

承揽工程的,责令停止违法行为,对勘察、设计单位或者工程监理单位处合同约定的勘察费、设计费或者监理酬金1倍以上2倍以下的罚款;对施工单位处工程合同价款2%以上4%以下的罚款,可以责令停业整顿,降低资质等级;情节严重的,吊销资质证书;有违法所得的,予以没收。未取得资质证书承揽工程的,予以取缔,依照前款规定处以罚款;有违法所得的,予以没收。以欺骗手段取得资质证书承揽工程的,吊销资质证书,依照本条第一款规定处以罚款;有违法所得的,予以没收。

《建设工程质量管理条例》规定,违反本条例规定,勘察、设计、施工、工程监理单位允许其他单位或者个人以本单位名义承揽工程的,责令改正,没收违法所得,对勘察、设计单位和工程监理单位处合同约定的勘察费、设计费和监理酬金1倍以上2倍以下的罚款;对施工单位处工程合同价款2%以上4%以下的罚款;可以责令停业整顿,降低资质等级;情节严重的,吊销资质证书。

《建设工程质量管理条例》规定,违反本条例规定,承包单位将承包的工程转包或者违法分包的,责令改正,没收违法所得,对勘察、设计单位处合同约定的勘察费、设计费25%以上50%以下的罚款;对施工单位处工程合同价款0.5%以上1%以下的罚款;可以责令停业整顿,降低资质等级;情节严重的,吊销资质证书。工程监理单位转让工程监理业务的,责令改正,没收违法所得,处合同约定的监理酬金25%以上50%以下的罚款;可以责令停业整顿,降低资质等级;情节严重的,吊销资质证书。

《建设工程质量管理条例》规定,违反本条例规定,有下列行为之一的,责令改正,处10万元以上30万元以下的罚款。

1)勘察单位未按照工程建设强制性标准进行勘察的。

2)设计单位未根据勘察成果文件进行工程设计的。

3)设计单位指定建筑材料、建筑构配件的生产厂、供应商的。

4)设计单位未按照工程建设强制性标准进行设计的。

有前款所列行为,造成工程质量事故的,责令停业整顿,降低资质等级;情节严重的,吊销资质证书;造成损失的,依法承担赔偿责任。

(三)施工单位法律责任

《建设工程质量管理条例》规定,违反本条例规定,施工单位在施工中偷工减料的,使用不合格的建筑材料、建筑构配件和设备的,或者有不按照工程设计图纸或者施工技术标准施工的其他行为的,责令改正,处工程合同价款2%以上4%以下的罚款;造成建设工程质量不符合规定的质量标准的,负责返工、修理,并赔偿因此造成的损失;情节严重的,责令停业整顿,降低资质等级或者吊销资质证书。

《建设工程质量管理条例》规定,违反本条例规定,施工单位未对建筑材料、建筑构配件、设备和商品混凝土进行检验,或者未对涉及结构安全的试块、试件以及有关材料取样检测的,责令改正,处10万元以上20万元以下的罚款;情节严重的,责令停业整顿,降低资质等级或者吊销资质证书;造成损失的,依法承担赔偿责任。

《建设工程质量管理条例》规定,违反本条例规定,施工单位不履行保修义务或者拖延履行保修义务的,责令改正,处10万元以上20万元以下的罚款,并对在保修期内因质量缺陷造成的损失承担赔偿责任。

(四)监理单位法律责任

《建设工程质量管理条例》规定,工程监理单位有下列行为之一的,责令改正,处50万元以上100万元以下的罚款,降低资质等级或者吊销资质证书;有违法所得的,予以没收;造成损失的,承担连带赔偿责任。

1)与建设单位或者施工单位串通,弄虚作假、降低工程质量的。

2)将不合格的建设工程、建筑材料、建筑构配件和设备按照合格签字的。

《建设工程质量管理条例》规定,违反本条例规定,工程监理单位与被监理工程的施工承包单位以及建筑材料、建筑构配件和设备供应单位有隶属关系或者其他利害关系承担该项建设工程的监理业务的,责令改正,处5万元以上10万元以下的罚款,降低资质等级或者吊销资质证书;有违法所得的,予以没收。

(五)相关单位和个人法律责任

《建设工程质量管理条例》对建设工程相关单位和从业人员质量管理的法律责任规定如下。

违反本条例规定,涉及建筑主体或者承重结构变动的装修工程,没有设计方案擅自施工的,责令改正,处

50 万元以上 100 万元以下的罚款;房屋建筑使用者在装修过程中擅自变动房屋建筑主体和承重结构的,责令改正,处 5 万元以上 10 万元以下的罚款。有前款所列行为,造成损失的,依法承担赔偿责任。

发生重大工程质量事故隐瞒不报、谎报或者拖延报告期限的,对直接负责的主管人员和其他责任人员依法给予行政处分。

违反本条例规定,供水、供电、供气、公安消防等部门或者单位明示或者暗示建设单位或者施工单位购买其指定的生产供应单位的建筑材料、建筑构配件和设备的,责令改正。

违反本条例规定,注册建筑师、注册结构工程师、监理工程师等注册执业人员因过错造成质量事故的,责令停止执业 1 年;造成重大质量事故的,吊销执业资格证书,5 年以内不予注册;情节特别恶劣的,终身不予注册。

依照本条例规定,给予单位罚款处罚的,对单位直接负责的主管人员和其他直接责任人员处单位罚款数额 5% 以上 10% 以下的罚款。

建设单位、设计单位、施工单位、工程监理单位违反国家规定,降低工程质量标准,造成重大安全事故,构成犯罪的,对直接责任人员依法追究刑事责任。

国家机关工作人员在建设工程质量监督管理工作中玩忽职守、滥用职权、徇私舞弊,构成犯罪的,依法追究刑事责任;尚不构成犯罪的,依法给予行政处分。

建设、勘察、设计、施工、工程监理单位的工作人员因调动工作、退休等原因离开该单位后,被发现在该单位工作期间违反国家有关建设工程质量管理规定,造成重大工程质量事故的,仍应当依法追究法律责任。

随堂测试

1. 根据《建设工程质量管理条例》,关于建设单位办理工程质量监督手续的说法,正确的是(　　)。
A. 可以在开工后持开工报告办理
B. 应当与施工图设计文件同步进行
C. 可以与施工许可证或者开工报告合并办理
D. 应当在领取施工许可证后办理

2. 关于设计单位质量责任和义务的说法,正确的是(　　)。
A. 设计文件中选用的建筑材料、建筑构配件和设备,应当注明规格、型号、性能等技术指标
B. 不得任意压缩合理工期
C. 设计单位应当就审查合格的施工图设计文件向建设单位做出详细说明
D. 设计单位应当将施工图设计文件报有关部门审查

3. 根据《建设工程质量管理条例》,建设单位应当在(　　)办理工程质量监督手续。
A. 竣工验收后
B. 领取施工许可证前
C. 领取开工报告后
D. 进场开工前

4. 甲施工总承包企业承包某工程项目,将该工程的专业工程分包给乙企业,乙企业再将专业工程的劳务作业分包给丙企业,工程完工后,上述专业工程质量出现问题。经调查,是由于丙企业施工作业不规范导致,则该专业工程的质量责任应当由(　　)。
A. 甲施工总承包企业对建设单位承担责任
B. 丙企业对建设单位承担责任
C. 甲施工总承包企业、乙企业和丙企业对建设单位共同承担责任
D. 甲施工总承包企业和乙企业对建设单位承担连带责任

5. 设计单位在设计文件中选用的建筑材料、建筑构配件和设备,应当(　　)。
A. 征求监理单位的意见
B. 注明生产厂、供应商
C. 征求施工企业的意见
D. 注明规格、型号、性能等技术指标

6. 关于施工企业返修义务的说法,正确的是(　　)。

A. 施工企业仅对施工中出现质量问题的建设工程负责返修

B. 施工企业仅对竣工验收不合格的工程负责返修

C. 非施工企业原因造成的质量问题,相应的损失和返修费用由责任方承担

D. 对于非施工企业原因造成的质量问题,施工企业不承担返修的义务

7. 根据《建筑工程五方责任主体项目负责人质量终身责任追究暂行办法》,下列人员中,不属于五方责任主体项目负责人的是( )。

A. 建设单位项目负责人　　　　　　　B. 监理单位负责人

C. 勘察单位项目负责人　　　　　　　D. 施工单位项目经理

8. 根据《最高人民法院关于审理建设工程施工合同纠纷案件适用法律问题的解释(一)》,发包人的下列行为中,造成建设工程质量缺陷,应当承担过错责任的有( )。

A. 提供的设计有缺陷　　　　　　　　B. 提供的建筑料不符合强制性标准

C. 同意总承包人选择分包人分包专业程　　D. 指定购买的建筑构配件不符合强制性标准

E. 直接指定分包人分包专业工程

9. 关于施工总承包单位与分包单位对建设工程承担质量责任的说法,正确的有( )。

A. 总承包单位应当对全部建设工程质量负责

B. 分包合同应当约定分包单位对建设单位的质量责任

C. 当分包工程发生质量问题,建设单位可以向总承包单位或分包单位请求赔偿,总承包单位或分包单位赔偿后有权就不属于自己责任的赔偿向另一方追偿

D. 分包单位对分包工程的质量责任,总承包单位未尽到相应监管义务的,承担相应的补充责任

E. 当分包工程发生质量问题,建设单位应当向总承包单位请求赔偿,总承包单位赔偿后,有权要求分包单位赔偿

10. 根据《建设工程质量管理条例》,总承包单位依法将建设工程分包给其他单位的法律责任的说法,正确的有( )。

A. 分包单位应当按照分包合同约定对其分包工程的质量向总承包单位负责

B. 总承包单位有权按照合同约定要求分包单位对分包工程质量承担全部责任

C. 总承包单位与分包单位对分包工程的质量承担连带责任

D. 分包单位对全部工程的质量向总承包单位负责

E. 总承包单位与分包单位对全部工程质量承担连带责任

任务 8.4　建设工程监理的职责是什么?

引入案例

某公路建设项目的建设单位采用公开招标方式分别选定了施工单位和监理单位,并与施工单位和监理单位分别签订了施工合同与监理合同。在施工过程中,发生了如下事件。

事件 1:在基础工程施工结束后,因施工单位质量检查人员外出未归,未进行自检,为了能够提前进行基础的填埋工作,施工单位报请监理工程师对其进行检查验收,被监理工程师拒绝。

事件 2:某段石方爆破作业比较危险,施工单位为了保证本单位从事爆破作业人员的生命安全,决定从劳务市场雇用 3 名无爆破作业上岗证人员去实施爆破作业,监理工程师发现后立即予以制止。

事件 3:某段土方路基完工后,施工单位申请中间交工验收,监理工程师检查发现施工单位的施工自检资料不完整,最终拒绝对该土方路基进行中间交工验收。

事件 4:该公路项目施工结束后,施工单位提交了交工验收申请,监理工程师经审查后认为竣工资料不

完善,不具备交工验收条件。因而拒绝了施工单位的交工验收申请。

请思考:

(1)监理单位与建设单位和施工单位是什么关系?

(2)监理单位在质量管理中有哪些职责?

(3)监理单位在安全管理中有哪些职责?

(4)上述事件中,监理单位的做法是否妥当?

>>>

知识点一、建设工程监理概述

(一)建设工程监理的概念

《建筑法》规定,国家推行建筑工程监理制度。工程建设监理,是指针对工程项目建设,社会化、专业化的工程建设监理单位接受业主的委托和授权,根据国家批准的工程项目建设文件、有关工程建设的法律、法规和工程建设监理合同以及其他工程建设合同所进行的旨在实现项目投资目的的微观监督管理活动。

工程建设监理中,监理的对象不是工程项目本身,而是建设活动中有关单位的行为及其权利、义务的履行状况,所以其管理活动是微观的,性质是服务性的。对一个地区、一个行业乃至整个国家的工程建设活动进行监控、评价、管理,则是宏观的管理活动,称为建设管理,其行使的主体是国家各级政府和相应职能部门,其性质是行政性监督管理,目的是维护社会公共利益和国家利益。后者这种监督管理的当事人不是平等的,他们是执行规定与服从规定的关系,属于纵向管理的范畴,不属工程建设监理的范围。

工程建设监理的实施需要业主委托和授权,这是由工程监理特点决定的,是市场经济的必然结果,也是建设监理制度的规定。这种做法决定了在实施工程建设监理的项目中业主与监理单位的关系是委托与被委托关系,授权与被授权的关系。这种委托和授权方式说明,在实施工程建设监理的过程中,监理工程师的权力主要是由作为建设项目管理主体的业主通过授权而转移过来的。

(二)建设工程监理的性质

1. 服务性

监理单位是智力密集型的,它本身不是建设产品的直接生产者和经营者,它为建设单位提供的是智力服务。首先,监理工程师的工作是服务性的:一方面,监理单位的监理工程师通过工程建设活动进行组织、协调、监督和控制,保证建设合同的顺利实施,达到建设单位的建设意图;另一方面,监理工程师在建设工程合同的实施过程中,有权监督建设单位和承包单位严格遵守国家有关建设标准和规范,贯彻国家的建设方针和政策,维护国家利益和公众利益。其次,监理单位的劳动与相应的报酬是技术服务性的。监理单位与工程承包公司、房地产公司不同,它不参与工程承包的盈利分配,而是按其支付智力劳动的多少而取得相应的监理报酬。

2. 独立性

独立性是建设工程监理的又一重要特征,其表现在以下几个方面。

1)监理单位在人际关系、业务关系和经济关系上必须独立,其单位和个人不得与工程建设的各方发生利益关系。我国建设监理有关规定指出,监理单位的各级监理负责人和监理工程师不得是施工、设备制造和材料供应单位的合伙经营者,或与这些单位发生经营性隶属关系;不得承包施工和建材销售业务;不得在政府机关、施工、设备制造和材料供应单位任职。之所以这样规定,正是为了避免监理单位和其他单位之间利益牵制,从而保持自己的独立性和公正性,这也是国际惯例。

2)监理单位与建设单位的关系是平等的合同约定关系。监理单位所承担的任务不是由建设单位随时指定,而是由双方事先按平等协商的原则确立于合同之中,监理单位可以不承担合同以外建设单位随时指定的任务。如果实际工作中出现这种需要双方必须通过协商,并以合同形式对增加的工作加以确定。监理委托合同一经确定,建设单位不得干涉监理工程师的正常工作。

3）监理单位在实施监理的过程中,是处于工程承包合同签约双方,即建设单位和承包单位之间的独立一方,它以自己的名义,行使依法成立的监理委托合同所确认的职权,承担相应的职业道德责任和法律责任。

3. 公正性

公正性是社会公认的职业道德准则,是监理行业能够长期生存和发展的基本职业道德准则。监理单位和监理工程师在实施工程建设监理活动中,特别是当这两方发生利益冲突或者矛盾时,应排除各种干扰,以公正的态度对待委托方和被监理方。监理单位和监理工程师应以事实为依据,以有关法律、法规和建设工程合同为准则,站在第三方立场上公正地加以解决和处理,在维护建设单位的合法权益时,不损害承包单位的合法利益。

公正性是监理单位和监理工程师顺利实施其职能的重要条件。监理工作成败的关键在很大程度上取决于能否与承包商以及业主进行良好的合作、相互支持、互相配合。而这一切都是以监理的公正性为基础。

4. 科学性

科学性是监理单位区别于其他一般服务性组织的重要特征,也是其赖以生存的重要条件,由建设工程监理要达到的基本目的决定。建设工程监理以协助建设单位实现其投资目的为己任,力求在计划的目标内建成工程。面对工程规模日趋庞大,环境日益复杂,功能、标准要求越来越高,新技术、新工艺、新材料、新设备不断涌现等问题,监理单位必须具有发现和解决工程设计和承建单位所存在的技术与管理方面问题的能力,能够提供高水平的专业服务,所以它必须具有科学性。监理单位的独立性和公正性也是科学性的基本保证。

科学性主要表现为:工程监理企业应当由组织管理能力强、工程建设经验丰富的人员担任领导;应当具有由足够数量的、有丰富管理经验和应变能力的监理工程师组成的骨干队伍;要有一套健全的管理制度;要有现代化的管理手段;要掌握先进的管理理论、方法和手段;要积累足够的技术、经济资料和数据;要有科学的工作态度和严谨的工作作风,要实事求是、创造性地开展工作。

（三）工程监理企业与建设各方的关系

1. 业主与监理企业的关系

业主与监理企业是法人之间的一种平等的委托合同关系,是委托与被委托、授权与被授权的关系。

（1）业主与监理企业之间是委托合同关系

业主与监理企业之间的委托与被委托关系确立后,双方订立合同,即工程建设委托监理合同。合同一经双方签订,意味交易成立。业主是买方,监理企业是卖方,即业主出钱购买监理企业的高智能技术劳动。如果有一方不接受对方的要求,对方又不肯退让,或者有一方不按双方的约定履行自己的义务,那么双方的交易活动就不能成立。换言之,双方都有自己经济利益的需求,双方的经济利益以及各自的职责和义务都体现在签订的监理合同中。建设工程委托监理合同与其他经济合同不同,这由监理企业在建筑市场的特殊地位所决定。监理企业的责任则是既帮助业主购买到合适的建筑商品,又要维护承包商的合法权益。或者说,监理企业与业主签订的合同,不仅表明监理企业要为业主提供高智能服务、维护业主的合法权益,而且也表明,监理企业有责任维护承包商的合法权益,这在其他经济合同中是难以找到的条款。监理企业在建筑市场的交易活动中处于建筑商品买卖双方之间,起着维系公平交易、等价交换的制衡作用。可见,不能把监理企业单纯地看作是业主利益的代表。

（2）业主与监理企业之间是法律平等关系

业主与监理企业都是建筑市场中的主体,不分主次,当然是平等的,这种平等的关系主要体现在经济地位和工作关系两个方面。

1）两者都是市场经济中独立的法人。不同行业的企业法人,只有经营的性质、业务范围不同,而没有主次之分。即使是同一个行业,各独立的企业法人之间（子公司除外）,也只有大小之别、经营种类的不同,不存在从属关系。

2）两者都是建筑市场中的主体。业主为了更好地完成工程项目建设任务,委托监理企业替自己负责一些具体的事项,业主与监理企业之间是一种委托与被委托的关系。一旦委托与被委托的关系建立后,双方只是按照约定的条款,各自履行义务,各自行使权力,各自取得应得的利益。可以说,两者在工作关系上仅维系在委托与被委托的水准上。监理企业仅按照委托的要求开展工作,对业主负责,并不受业主的领导,业主对监理企业的人力、财力、物力等方面没有任何支配权和管理权。如果两者之间的委托与被委托关系不成立,业主与监理企业之间就不存在任何联系。

（3）业主与监理企业之间是一种授权与被授权关系

监理企业接受委托之后,业主就把一部分工程项目建设的管理权力授予监理企业,诸如工程建设的组织协调工作的主持权、设计质量和施工质量以及建筑材料与设备质量的确认权与否决权、工程量与工程价款支付的确认权与否决权、工程建设进度和建设工期的确认权与否决权以及围绕工程项目建设的各种建议权等。业主往往留有工程建设规模和建设标准的决定权、对承包商的选定权、与承包商订立合同的签订权以及工程竣工后或分阶段的验收权等。

【案例及评析】

2. 监理企业与承包商的关系

这里说的承包商,包括承接该工程项目规划的规划单位、勘察单位、设计单位、施工单位,以及承接工程设备、工程构件和配件的加工制造单位等。即凡是承接工程建设业务的单位,相对于业主来说,都叫作承包商。

监理企业与承包商之间没有签订经济合同,但是,由于同处于建筑市场之中,所以两者之间也有着多种紧密的关系。

（1）监理企业与承包商之间是平等关系

承包商是建筑市场的主体之一,没有承包商,也就没有建筑产品,没有了卖方,买方也就不存在。像业主一样,承包商是建筑市场的重要主体,并不等于它应当凌驾于其他主体之上。既然都是建筑市场的主体,那么就应该是平等的,这种平等的关系主要体现在都是为了完成工程建设任务而承担一定的责任。双方承担的具体责任虽然不同,但在性质上都属于"出卖产品"的一方,相对于业主来说,两者的角色、地位是一样的。无论是监理企业还是承包商,都是在工程建设的法规、规章、规范标准等条款的制约下开展工作,两者之间不存在领导与被领导的关系。

（2）监理企业与承包商之间是监理与被监理的关系

虽然监理单位与承包商之间没有签订任何经济合同,但是监理企业与业主签有委托监理合同,承包商与业主签有建设工程承包合同,而且在签订的合同中注明,承包商必须接受业主委托的监理企业的监理。监理企业依据业主的授权,就有了监督管理承包商履行建设工程承包合同的权利和义务。承包商不再与业主直接联系,而转向与监理企业直接联系,并接受监理企业对自己进行工程建设活动的监督管理。

知识点二、建设工程监理的实施

（一）建设工程监理的范围

《建设工程监理范围和规模标准规定》中规定了我国现阶段必须实行监理的建设工程项目具体范围和规模标准,规范了建设工程监理活动,具体包括以下几类工程。

1. 国家重点建设工程

国家重点建设工程,是指依据《国家重点建设项目管理办法》所确定的对国民经济和社会发展有重大影响的骨干项目。

2. 大中型公用事业工程

大中型公用事业工程,是指项目总投资额在 3 000 万元以上的下列工程项目。

1）供水、供电、供气、供热等市政工程项目。

2）科技、教育、文化等项目。

3）体育、旅游、商业等项目。

4）卫生、社会福利等项目。

5）其他公用事业项目。

3. 成片开发建设的住宅小区工程

成片开发建设的住宅小区工程，建筑面积在 5 万平方米以上的住宅建设工程必须实行监理；5 万平方米以下的住宅建设工程，可以实行监理，具体范围和规模标准，由省、自治区、直辖市人民政府建设行政主管部门规定。为了保证住宅质量，对高层住宅及地基、结构复杂的多层住宅应当实行监理。

4. 利用外国政府或者国际组织贷款、援助资金的工程

利用外国政府或者国际组织贷款、援助资金的工程范围包括：使用世界银行、亚洲开发银行等国际组织贷款资金的项目；使用国外政府及其机构贷款资金的项目；使用国际组织或者国外政府援助资金的项目。

5. 国家规定必须实行监理的其他工程

国家规定必须实行监理的其他工程是指：项目总投资额在 3 000 万元以上关系社会公共利益、公众安全的基础设施项目；学校、影剧院、体育场馆项目。

（二）建设工程监理的依据

按照我国建设监理的有关规定，建设监理的依据是国家有关工程建设和建设监理的方针、政策、法规、规范和有关工程建设文件、依法签订的监理委托合同和工程建设承发包合同。

政策，主要指我国经济发展战略、产业发展规划、固定资产计划等。

法律，主要指与工程建设活动有关的法律，如《中华人民共和国建筑法》《中华人民共和国城乡规划法》《中华人民共和国环境保护法》《中华人民共和国民法典》等。

法规，主要包括国务院制定的行政法规，如《中华人民共和国经济合同仲裁条例》《建设工程质量管理条例》等；省级人大及常委会、省会所在市人大及常委会、国务院批准的较大的市人大及常委会制定的地方性法规。

政府批准的建设计划、规划、设计文件。这既是政府有关部门审查控制的结果和许可，也是工程实施的依据。

依法签订的工程承包合同。这是社会监理工作具体控制工程投资、质量、进度的主要依据，监理人员以此为尺度严格监理，并努力达到工程实施的依据中所规定的目标。监理单位必须依据监理委托合同中的授权行事。

（三）建设工程监理的任务

建设工程监理的中心任务是进行项目目标控制，即投资、工期和质量的控制，对项目内部的管理是合同和信息管理，对项目外部主要是组织协调。合同是控制、管理、协调的主要依据。概括说，建设工程监理的任务即"三控制、两管理、一协调"共 6 项任务。

1. 三控制

三控制即质量控制、工期控制、投资控制。对任何一项建设工程来说，质量、工期和投资之间既存在矛盾，又存在统一，三大目标不可能同时达到最佳状态。工程监理的任务是根据业主的不同要求，尽可能实现三项目标接近最佳状态。

2. 两管理

两管理是指对工程建设承发包合同的管理和工程建设过程中的信息管理。建设工程承包合同管理是建设工程监理的主要工作内容，是实现三大目标控制的手段。信息管理是指信息的收集、整理、存储、传递和应用等一系列工作的总称。

3. 一协调

一协调是指协调参与工程建设各方的工作关系。这也是监理顺利开展工作的前提，通过召开会议或者分别沟通等方式，使参建各方达成统一的意见、协调一致的目的。

但是随着监理工作的深入开展和全面推广，原有的"三控两管一协调"已不适用于目前工程监理的实际情况和政府对于监理责任的要求。现在，监理单位很多采取"四控三管一协调"的监理方式，贯穿于项目的事前、事中及事后控制。"四控"就是指四个控制目标，即"进度、成本、质量、变更与风险"；"三管"指"合同、安全、文档"；"一协调"指"沟通与协调"。

知识点三、建设工程监理的职责

（一）依法承揽监理业务

《建筑法》规定，实行监理的建筑工程，由建设单位委托具有相应资质条件的工程监理单位监理。

《建设工程质量管理条例》规定，工程监理单位应当依法取得相应等级的资质证书，并在其资质等级许可的范围内承担工程监理业务。禁止工程监理单位超越本单位资质等级许可的范围或者以其他工程监理单位的名义承担工程监理业务。禁止工程监理单位允许其他单位或者个人以本单位的名义承担工程监理业务。工程监理单位不得转让工程监理业务。工程监理单位应当选派具备相应资格的总监理工程师和监理工程师进驻施工现场。改革后的工程监理企业资质分为综合资质、专业资质。其中，综合资质不分等级，专业资质等级为甲、乙两级。

【案例及评析】

（二）独立监理

《建筑法》规定，工程监理单位与承包单位串通，为承包单位谋取非法利益，给建设单位造成损失的，应当与承包单位承担连带赔偿责任。《建设工程质量管理条例》规定，工程监理单位与被监理工程的施工承包单位以及建筑材料、建筑构配件和设备供应单位有隶属关系或者其他利害关系的，不得承担该项建设工程的监理业务。

【案例及评析】

（三）质量责任

《建筑法》规定，建筑工程监理应当依照法律、行政法规及有关的技术标准、设计文件和建筑工程承包合同，对承包单位在施工质量、建设工期和建设资金使用等方面，代表建设单位实施监督。工程监理人员认为工程施工不符合工程设计要求、施工技术标准和合同约定的，有权要求建筑施工企业改正。工程监理人员发现工程设计不符合建筑工程质量标准或者合同约定的质量要求的，应当报告建设单位要求设计单位改正。

《建设工程质量管理条例》规定，工程监理单位应当依照法律、法规以及有关技术标准、设计文件和建设工程承包合同，代表建设单位对施工质量实施监理，并对施工质量承担监理责任。未经监理工程师签字，建筑材料、建筑构配件和设备不得在工程上使用或者安装，施工单位不得进行下一道工序的施工。未经总监理工程师签字，建设单位不拨付工程款，不进行竣工验收。监理工程师应当按照工程监理规范的要求，采取旁站、巡视和平行检验等形式，对建设工程实施监理。

（四）安全责任

《建设工程安全生产管理条例》规定，工程监理单位应当审查施工组织设计中的安全技术措施或者专项施工方案是否符合工程建设强制性标准。工程监理单位在实施监理过程中，发现存在安全事故隐患的，应当要求施工单位整改；情况严重的，应当要求施工单位暂时停止施工，并及时报告建设单位。施工单位拒不整改或者不停止施工的，工程监理单位应当及时向有关主管部门报告。工程监理单位和监理工程师应当按照法律、法规和工程建设强制性标准实施监理，并对建设工程安全生产承担监理责任。

【案例及评析】

随堂测试

1．关于必须实行监理的建设工程的说法，正确的是(　　　)。

A．建设单位需将工程委托给具有相应资质等级的监理单位

B．建设单位有权决定是否委托某工程监理单位进行监理

C．经理单位不能与建设单位有隶属关系

D．监理单位不能与该工程的设计单位有利害关系

2．关于工程监理的说法，正确的是(　　　)。

A．工程监理实行监理工程师负责制

B. 工程监理单位应当选派具备相应资格的总监理工程师和监理工程师进驻施工现场

C. 监理单位与建设单位之间是法定代理关系

D. 监理单位经建设单位同意可以转让监理业务

3. 应当委托监理的工程是（　　）。

A. 县级以上重点建设工程

B. 小型公用事业工程

C. 独栋住宅工程

D. 利用世界银行贷款的工程

4. 关于建设工程监理的说法，正确的是（　　）。

A. 我国的工程监理主要是对工程的施工结果进行监督

B. 监理单位与承包该工程的施工单位应为行政隶属关系

C. 建设单位有权决定是否委托工程监理单位进行监理

D. 建设单位须将工程委托给具有相应资质等级的监理单位

5. 根据《建设工程安全生产管理条例》，下列工作中，属于监理单位安全责任的是（　　）。

A. 审查专项施工方案

B. 编制安全技术措施

C. 审查安全施工措施

D. 编制专项施工方案

6. 对达到一定规模的危险性较大的分部分项工程，施工单位应编制专项施工方案，并附具安全验算结果，该方案经（　　）后实施。

A. 专业监理工程师审核、总监理工程师签字

B. 施工单位技术负责人、总监理工程师签字

C. 建设单位、施工单位、监理单位签字

D. 专家论证、施工单位技术负责人签字

7. 在施工过程中，工程监理人员发现工程设计不符合建筑工程质量标准或者合同约定的质量要求的，应当（　　）。

A. 直接要求施工人员进行改正

B. 要求设计单位按要求进行改正

C. 报告建设单位要求施工单位改

D. 报告建设单位要求设计单位改正

8. 关于工程监理职责和权限的说法，正确的是（　　）。

A. 未经监理工程师签字，建筑材料、建筑构配件和设备不得在工程上使用或者安装

B. 未经监理工程师签字，建设单位不拨付工程款

C. 未经监理工程师签字，建设单位不进行竣工验收

D. 监理工程师是否签字不影响施工单位进行下一道工序的施工

9. 根据《建设工程质量管理条例》，工程监理单位不得与被监理工程的（　　）有隶属关系或者其他利害关系。

A. 建筑材料供应单位

B. 设计单位

C. 建设单位

D. 施工承包单位

E. 设备供应单位

10. 下列属于工程监理单位的安全生产责任的有（　　）。

A. 安全设备合格审查

B. 安全技术措施审查

C. 专项施工方案审查

D. 施工安全事故隐患报告

E. 施工招标文件审查

11. 关于某国家重点建设项目工程监理的说法，正确的有（　　）。

A. 工程监理单位是建设工程质量的责任主体之一

B. 该工程必须实行监理

C. 监理单位可以部分转让其监理业务

D. 监理单位不得与被监理的设备供应单位有隶属关系

E. 未经监理工程师签字，建设单位不得拨付工程款

12. 建设工程监理工作的主要依据包括（　　）。

A. 相关的法律法规

B. 有关技术标准

C. 设计文件　　　　　　　　　　　　　　D. 建设工程承包合同

E. 建设工程监理合同

本模块小结

建设实施阶段是建设工程生命周期中的重要阶段,是决定项目成功与否的重要阶段。建设单位在开工前应当按照国家有关规定申请领取施工许可证。

在建设项目的施工过程中,安全生产管理、质量管理是极为重要的两个方面。安全生产管理,坚持"安全第一、预防为主、综合治理"的方针。建筑施工企业从事生产活动,应当具备相应的安全生产条件,并按照法律的规定取得安全生产许可证。在建设项目的实施过程中,施工单位、建设单位、勘察、设计、监理、物资供应等单位应当按照《建设工程安全生产管理条例》的要求,积极承担安全生产责任。

建设工程质量事关人民的生命财产安全,既包括工程实体质量,也包括工程建设参与者的服务质量和工作质量。工程建设标准是质量管理的依据,包括国家标准、行业标准、地方标准和团体标准、企业标准。强制性标准必须执行。国家鼓励采用推荐性标准。为加强建筑工程质量管理,国家确立了建设工程五方责任主体项目负责人质量终身责任制度。建设单位、施工单位、勘察单位、设计单位、监理单位应当按照《建设工程质量管理条例》的有关规定履行相应的质量责任。

国家推行建筑工程监理制度,监理单位应当独立、公正的承担监理职责。建筑工程监理应当依照法律、行政法规及有关的技术标准、设计文件和建筑工程承包合同,对承包单位在施工质量、建设工期和建设资金使用等方面,代表建设单位实施监督,并对施工质量、建设工程安全生产承担监理责任。

思考与讨论

1. 某建设集团(乙方)与某旅游文化有限公司(甲方)于20×× 年4月11日签订了某公园部分用房的建设工程施工合同。合同约定甲方公园大门售票房、管理用房等范围由乙建筑公司承建,工程实行包工包料,合同工期总共340天,工程要求优良。

合同签订后,乙公司开始施工。施工过程中,工程监理单位多次对乙公司的工程质量问题提出整改意见。乙公司多次要求甲公司及时办理相关手续,甲公司则要求乙公司加紧施工,及时完工。第二年1月28日,该市质监站向乙公司发出停工通知书,载明乙公司在承建甲方公园工程过程中存在质量管理和质量保证方面的问题,要求乙公司及时整改,但乙公司对整改意见置之不理,也不再通知质监站进行隐蔽工程检查,从而使工程埋下隐患。

后来由于双方就工程施工许可证及工程质量问题发生纠纷。乙公司遂向法院提起了诉讼。在审理过程中,甲公司提出反诉。乙公司以甲公司无法提供施工许可证,导致无法施工为由提出了一系列诉讼请求。而甲公司则以乙公司承建的公园工程存在诸多质量问题为由要求解除合同,并要求乙公司赔偿损失。

在诉讼期间,甲公司经有关部门批准取得了工程的土地使用权证和建设工程规划许可证,并办理了施工许可证。双方当事人对甲公司在起诉前未办理施工许可证等问题无异议。但对工程的质量问题意见不一,乙公司申请对工程造价进行审查,甲公司要求对工程质量进行鉴定。法院遂委托了质量监督检查站对工程质量进行了鉴定。

法院审理认为双方签订《建设工程施工合同》时,甲公司不具备签订合同的资格,属无效合同。合同无效,签订合同双方应将依据合同取得的财产予以返还。但由于双方所签订的是建设工程施工合同,双方可依据乙公司已完成工程进行结算。双方均表示不服,提起上诉。

(1)本案例中,建设单位的做法有哪些不妥之处? 说明理由。

(2)本案例中,施工合同是否有效? 说明理由。

(3)施工单位是否可以要求建设单位支付工程款? 说明理由。

2. 甲房地产开发公司拟建一大型城市综合体项目,依法将该项目的施工任务发包给乙建设集团有限公司,并与20×× 年10月20日申领到施工许可证,在按期开工后因故于5月30日中止施工,直到两年后的1

月 15 日拟恢复施工。

（1）该城市综合体项目应当由谁申领施工许可证？

（2）该项目中止施工、恢复施工时，应分别履行哪些手续？

3. 20×× 年 5 月 15 日，施工方某建筑工程有限责任公司（以下简称施工方）承包了某开发公司（以下简称建设方）的商务楼工程施工，同年 5 月 21 日双方签订了建设工程施工合同。第二年 5 月该工程封顶时，建设方发现该商务楼的顶层 17 层和 15 层、16 层的混凝土凝固较慢。于是，建设方认为施工方使用的混凝土强度不够，要求施工方采取措施，对该三层重新施工。施工方则认为，混凝土强度符合相关的技术规范，不同意重新施工或者采取其他措施。双方协商未果，建设方将施工方起诉至某区法院，要求施工方对混凝土强度不够的三层重新施工或采取其他措施，并赔偿建设方的相应损失。

根据双方的请求，受诉法院委托某建筑工程质量检查中心按照两种建设规范对该工程结构混凝土实体强度进行检测，检测结果如下：根据原告即建设方的要求，检测中心按照行业协会推荐性标准《钻芯法检测混凝土强度技术规范》的检测结果是：第 15 层、16 层、17 层的结构混凝土实体强度达不到该技术规范的要求，其他各层的结构混凝土实体均达到该技术规范的要求。

根据被告即施工方的请求，检测中心按照地方推荐性标准《结构混凝土实体检测技术规程》的检测结果是：第 15 层、16 层、17 层及其他各层结构混凝土实体强度均达到该规范的要求。

（1）本案中的检测中心按照两个推荐性标准分别进行了检测，法院应以哪个标准作为判断的依据？

（2）当事人若在合同中约定了推荐性标准，对国家强制性标准是否仍须执行？

4. 某乡村修建小学教学楼和教师办公住宿综合楼，个别乡领导不按基本建设程序办事，自行决定由一农村工匠承揽该工程建设。工程无地质勘察报告，抄袭其他学校的图纸。材料未经检验，施工无任何质量保证措施，无水无电，混凝土和砂浆全部人工拌和，钢筋混凝土大梁、柱子人工浇筑振捣，密实度和强度无法得到保证。工程投入使用后，综合楼和教学楼由于多处大梁和墙面发生较严重的裂缝，致使学校被迫停课。经检查，该综合楼基础一半置于风化页岩上，一半置于回填土上（未按规定进行夯实），地基已发生严重不均匀沉降，导致墙体出现严重裂缝；教学楼大梁混凝土存在严重的空洞，受力钢筋已严重锈蚀，两栋楼的砌体砂浆强度几乎为零（更有甚者个别地方砂浆中还夹着黄泥），楼梯横梁搁置长度仅 50 毫米，梁下砌体已出现压碎现象。经鉴定，该工程主体结构存在严重的安全隐患，已失去了加固补强的意义，被有关部门强行拆除，有关责任人受到了法律的惩办。

请指出案例中不符合《建设工程质量管理条例》要求的地方。

5. 某施工承包单位承接了某市重点工程，该工程为现浇框架结构，地下 2 层，地上 11 层。在该工程地下室顶板施工过程中，钢筋已经送检。施工单位为了在雨季到来之前完成基础施工，在钢筋送检没有得到检验结果时，未经监理工程师许可，擅自进行混凝土施工。待地下室顶板混凝土浇筑完毕后，钢筋检测结果显示此批钢筋有一个重要指标不符合规范要求，造成该地下室顶板工程返工。

（1）施工单位的做法有哪些不妥之处？说明理由。

（2）该事件应如何处理？

6. 某市区一高架道路的施工现场总平面图如下。

（1）指出该施工现场总平面布置存在的问题。

（2）该施工现场总平面布置，还应当注意哪些事项？

7. 某综合楼工地，±0.00 以下为 6 层地下室，±0.00 以上为 31 层高的建筑物，建筑物高度为 98.2 米，建筑面积 74 500 平方米。结构形式采用核心筒剪力墙，结构施工至 28 层，建筑物共有 6 个电梯井，编号分别为 L1~L6。电梯井内安全设施采用三种形式：①每隔两层安装由 φ5×3.5 钢管支承 φ10 钢筋网上加铺密目网组成的安全防护设施；② 10 层、20 层在钢管及钢筋网面铺 19 厚夹板作为工作平台；③负 1 层、9 层在钢管及钢筋网面铺 19 厚夹板加铺细石混凝土。2011 年 2 月 13 日上午，4 名工人进入第 20 层电梯井进行淤泥垃圾清理作业时发生坠落，2 名工人

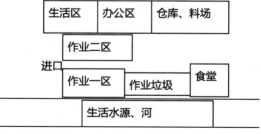

跌至负 1 层死亡。

试分析该事故产生的原因,并谈一谈作为管理人员应如何预防此类事故的发生。

8.某建筑公司承建的某市电视台演播中心裙楼工地发生一起施工安全事故。大演播厅舞台在浇筑顶部混凝土施工中,因模板支撑系统失稳导致屋盖坍塌,造成在现场施工的民工和电视台工作人员 6 人死亡,35 人受伤(其中重伤 11 人),直接经济损失 70 余万元。事故发生后,该建筑公司项目经理部向有关部门紧急报告事故情况。闻讯赶到的有关领导,指挥公安民警、武警战士和现场工人实施了紧急抢险工作,将伤者立即送往医院进行救治。

(1)本案中的施工安全事故应定为哪种等级的事故?

(2)事故发生后,施工单位应采取哪些措施?

9.某商务中心高层建筑,总建筑面积约 15 万 m²,地下 2 层,地上 22 层。业主与施工单位签订了施工总承包合同,并委托监理单位进行工程监理。开工前,施工单位进行了三级安全教育。在地下桩基施工中,由于是深基坑工程,项目经理部按照设计文件和施工技术标准编制了基坑支护及降水工程专项施工方案,经项目经理签字后组织施工。同时,项目经理安排负责质量检查的人员兼任安全工作。当土方开挖至坑底设计标高时,监理工程师发现基坑四周地表出现大量裂纹,坑边部分土石有滑落现象,即向现场作业人员发出口头通知,要求停止施工,撤离相关作业人员。但施工作业人员担心拖延施工进度,对监理通知不予理睬,继续施工。随后,基坑发生大面积垮塌,基坑下 6 名作业人员被埋,造成 3 人死亡、2 人重伤、1 人轻伤。事故发生后,经查施工单位未办理工伤保险。

本案中,施工单位有哪些违法行为?

10.某省一家银行新修一栋办公楼,与本省一大型建筑企业签订了建设施工合同。同时为了保证该建设工程的质量,该银行与另一工程监理单位签订工程监理合同,委托该组织对工程质量进行监理。建设工程施工以后,监理单位为了保证工程质量,要求进行施工现场监理,却遭到施工企业的拒绝,认为该监理企业与自己没有合同关系,自己也就不承担配合其工作的义务,由此双方产生争端。

结合案例分析监理活动中各方主体的法律关系?

11.监理单位承担了某工程的施工阶段监理任务,该工程由甲施工单位总承包。甲施工单位选择了经建设单位同意并经监理单位进行资质审查合格的乙施工单位作为分包。施工过程中发生了以下事件。

事件 1:专业监理工程师在熟悉图纸时发现,基础工程部分设计内容不符合国家有关工程质量标准和规范。总监理工程师随即致函设计单位要求改正并提出更改建议方案。设计单位研究后,口头同意了总监理工程师的更改方案,总监理工程师随即将更改的内容写成监理指令通知甲施工单位执行。

事件 2:施工过程中,专业监理工程师发现乙施工单位施工的分包工程部分存在质量隐患,为此,总监理工程师同时向甲、乙两施工前段时间发出了整改通知。甲施工单位回函称:乙施工单位施工的工程是经建设单位同意进行分包的,所以本单位不承担该部分工程的质量责任。

事件 3:专业监理工程师在巡视时发现,甲施工单位在施工中使用未经报验的建筑材料,若继续施工,该部位将被隐蔽。因此,监理工程师立即向甲施工单位下达了暂停施工的指令(因甲施工单位的工作对乙施工单位有影响,乙施工单位也被迫停工)。同时,指示甲施工单位将该材料进行检验,并报告了总监理工程师。总监理工程师对该工序停工予以确认,并在合同约定的时间内报告了建设单位。检验报告出来后,证实材料合格,可以使用,总监理工程师随即指令施工单位恢复了正常施工。

事件 4:乙施工单位就上述停工自身遭受的损失向甲施工前段时间提出补偿要求,而甲施工单位称,此次停工是执行监理工程师的指令,乙施工单位应向建设单位提出索赔。

事件 5:对上述施工单位的索赔建设单位称,本次停工是监理工程师失职造成,且事先未重复建设单位同意。因此,建设单位不承担任何责任,由于停工造成施工单位的损失应由监理单位承担。

(1)请指出事件 1 中总监理工程师行为的不妥之处并说明理由。总监理工程师应如何正确处理?

(2)事件 2 中,甲施工单位的答复是否妥当?为什么?总监理工程师签发的整改通知是否妥当?为什么?

(3)事件 3 中,专业监理工程师是否有权签发本次暂停令?为什么?下达工程暂停令的程序有无不妥之处？请说明理由。

（4）事件4中，甲施工单位的说法是否正确？为什么？乙施工单位的损失应由谁承担？

（5）事件5中，建设单位的说法是否正确？为什么？

12.20×× 年3月7日，位于泉州市鲤城区的欣佳酒店所在建筑物发生坍塌事故，造成29人死亡、50人不同程度受伤，直接经济损失5 794万元，坍塌的建筑物系泉州市新星机电工贸有限公司综合楼。

法院经审理查明，新星机电工贸有限公司、欣佳酒店实际控制人杨金锵违反国家有关城乡规划、建设、安全生产规定，为谋取不正当经济利益，在无合法建设手续的情况下，雇佣无资质人员，违法违规建设、改建钢结构大楼，弄虚作假骗取行政许可，安全责任长期不落实，是事故发生的主要原因。杨金锵等人将欣佳酒店建筑物由原四层违法增加夹层改建成七层，达到极限承载能力并处于坍塌临界状态，加之事发前对底层支承钢柱违规加固焊接作业引发钢柱失稳破坏，导致建筑物整体坍塌。

相关责任人及欣佳酒店承包经营者在发现重大安全隐患后，未履行安全管理职责，未及时采取紧急疏散等措施，最终造成重大伤亡事故及严重经济损失。杨金锵伙同他人伪造国家机关证件用于骗取消防备案及特种行业许可证审批，使违规建设的欣佳酒店建筑物安全隐患长期存在。杨金锵为谋取不正当利益，单独或伙同他人向国家工作人员行贿，致使欣佳酒店建筑物违法违规建设、经营行为得以长期存在。

另查明，福建省建筑工程质量检测中心有限公司有关工作人员在对欣佳酒店建筑物进行房屋质量检测时，明知存在安全隐患，仍违反技术标准要求，故意提供虚假证明文件。李泉生等2人在不具备相应资质的情况下，明知杨金锵未取得相关规划和建设手续，仍为欣佳酒店建筑物建设等绘制建筑施工图纸。泉州市公安局鲤城分局原副局长张汉辉等7名公职人员存在滥用职权、玩忽职守、受贿等犯罪行为。

（1）结合上述案例，相关主体存在哪些违法行为？

（2）相关人员应当承担哪些法律责任？

13. 某学校修建一栋宿舍楼，通过招标方式将工程发包给甲（建筑施工公司）。为保证建筑施工质量，学校又与乙（建设监理公司）签订委托监理合同，委托乙对工程进行监督。双方在委托监理合同中约定，应当选派具有相应资质的监理工程师进入施工现场监督施工，并约定进入施工现场的建筑材料、构配件和设备未经监理工程师签字不得使用。但是，施工两个月后乙将监理工程师调走，又委派了一位不具有资质的员工实施监理，由于该员工缺乏经验致使甲将部分不符合质量要求的水泥投入施工。该工程竣工验收时发现部分房屋的地板有开裂和脱落现象，经查是使用不符合要求的水泥所致。学校认为甲和乙都对质量问题负有责任，遂向法院提起诉讼要求赔偿损失。

（1）该宿舍楼质量不符合要求是谁的责任，为什么？

（2）造成该质量问题的责任人应承担怎样的质量责任？

践行建议

1）落实全面依法治"安"，培养忠于职守、爱岗敬业、恪尽职守的职业素养，树立工程责任意识，始终把保护人民生命安全摆在首位。

2）发扬精益求精、追求卓越的鲁班文化，加强专业知识、专业技能的学习，掌握创新方法，增强创新意识，培养严谨、细致、专注、负责的工作态度和精雕细琢、精益求精的工作理念。

模块 9　建设工程相关法律制度

导读

　　本模块主要讲述工程建设环境保护、文物保护、施工节约能源相关法律制度,以及劳动合同及劳动者权益保护制度。通过本模块学习,应达到以下目标。

　　知识目标:了解环境保护相关法律制度,了解文物保护相关法律制度,了解节约能源相关法律制度,熟悉劳动合同条款,掌握劳动合同的效力。

　　能力目标:能够在执业活动中自觉遵守建设工程相关法律制度,能够运用所学知识分析用人单位和劳动者在劳动关系中的责任和劳动保护相关规定。

　　素质目标:树立"绿水青山就是金山银山"的理念,树立"爱岗""敬业"的社会主义核心价值观。

任务 9.1　环境保护、责无旁贷！

引入案例

20×× 年 10 月 22 日上午 9 时许,柳南区城管执法局综合中队队员巡查至南环路门头村乌龟岭北侧空地时,发现空地上倾倒了不少建筑垃圾,调查发现空地是门头村某组的土地。据该村某组一名相关负责人介绍:倒土的地方原来是一个鱼塘,因鱼塘靠近河边,河水上涨时鱼塘会被淹,在鱼塘里养鱼或种莲藕都收益不大所以没人愿意承包,后来鱼塘就荒废了,某组就想把鱼塘填平进行其他项目开发。执法人员表示,调查发现门头村某组受纳建筑垃圾填鱼塘行为未办理相关合法手续,涉嫌擅自设立弃置场受纳建筑垃圾,立案调查后将对其依法作出严肃处理。

请思考:

（1）建设项目在实施过程中可能出现哪些污染物?

（2）国家对建设项目的污染防治和环境保护有哪些规定?

>>>

国家先后制定了《中华人民共和国环境保护法》《中华人民共和国固体废物污染环境防治法》《中华人民共和国环境噪声污染防治法》《中华人民共和国环境影响评价法》《中华人民共和国环境保护税法》《中华人民共和国大气污染防治法》《中华人民共和国土壤污染防治法》《排污许可管理条例》《建设项目环境保护管理条例》《规划环境影响评价条例》《建设项目环境影响评价行为准则与廉政规定》《生态环境部建设项目环境影响报告书（表）审批程序规定》等一系列法律、行政法规和部门规章。

《建筑法》规定,建筑施工企业应当遵守有关环境保护和安全生产的法律、法规的规定,采取控制和处理施工现场的各种粉尘、废气、废水、固体废物以及噪声、振动对环境的污染和危害的措施。

思 政 园 地

党的十八大以来,党中央围绕生态环境保护做出一系列重大决策部署,国务院先后颁布实施大气、水、土壤污染防治行动计划,我国生态环境保护从认识到实践发生了历史性、全局性变化。

中国为达成应对气候变化《巴黎协定》做出重要贡献,是落实《巴黎协定》的积极践行者。近年来,中国大力推进生态文明建设,积极推动应对气候变化领域的多边合作,赢得国际社会普遍赞誉,展现了大国风范、大国担当!

知识点一、施工现场环境噪声污染防治的规定

环境噪声是指在工业生产、建筑施工、交通运输和社会生活中所产生的干扰周围生活环境的声音。

环境噪声污染是指所产生的环境噪声超过国家规定的环境噪声排放标准,并干扰他人正常生活、工作和学习的现象。

《中华人民共和国环境噪声污染防治法》规定,在城市市区范围内向周围生活环境排放建筑施工噪声的,应当符合国家规定的建筑施工场界环境噪声排放标准。

建筑施工噪声,是指在建筑施工过程中产生的干扰周围生活环境的声音。建筑施工场界是指由有关主管部门批准的建筑施工场地边界或建筑施工过程中实际使用的施工场地边界。《建筑施工场界环境噪声排放标准》（GB 12523—2011）中规定, 建筑施工过程中场界环境噪声不得超过规定的排放限值。建筑施工场

界环境噪声排放限值,昼间 70 dB(A),夜间 55 dB(A)。夜间噪声最大声级超过限值的幅度不得高于 15 dB(A)。"昼间"是指 6：00 至 22：00 之间的时段;"夜间"是指 22：00 至次日 6：00 之间的时段。县级以上人民政府为环境噪声污染防治的需要(如考虑时差、作息习惯差异等)而对昼间、夜间的划分另有规定的,应按其规定执行。

《环境噪声污染防治法》规定,在城市市区范围内,建筑施工过程中使用机械设备,可能产生环境噪声污染的,施工单位必须在工程开工 15 日以前向工程所在地县级以上地方人民政府生态环境主管部门申报该工程的项目名称、施工场所和期限、可能产生的环境噪声值以及所采取的环境噪声污染防治措施的情况。

【案例及评析】

在城市市区噪声敏感建筑物集中区域内,禁止夜间进行产生环境噪声污染的建筑施工作业,但抢修、抢险作业和因生产工艺上要求或者特殊需要必须连续作业的除外。因特殊需要必须连续作业的,必须有县级以上人民政府或者其有关主管部门的证明。夜间作业,必须公告附近居民。在已竣工交付使用的住宅楼进行室内装修活动,应当限制作业时间,并采取其他有效措施,以减轻、避免对周围居民造成环境噪声污染。

知识点二、施工现场大气污染防治的规定

按照国际标准化组织(ISO)的定义,大气污染通常是指由于人类活动或自然过程引起某些物质进入大气中,呈现出足够的浓度,达到足够的时间,并因此危害了人体的舒适、健康和福利或环境污染的现象。如果不对大气污染物的排放总量加以控制和防治,将会严重破坏生态系统和人类生存条件。

《中华人民共和国大气污染防治法》规定,企业事业单位和其他生产经营者应当采取有效措施,防止、减少大气污染,对所造成的损害依法承担责任。

建设单位应当将防治扬尘污染的费用列入工程造价,并在施工承包合同中明确施工单位扬尘污染防治责任。施工单位应当制定具体的施工扬尘污染防治实施方案。施工单位应当在施工工地设置硬质围挡,并采取覆盖、分段作业、择时施工、洒水抑尘、冲洗地面和车辆等有效防尘降尘措施。建筑土方、工程渣土、建筑垃圾应当及时清运;在场地内堆存的,应当采用密闭式防尘网遮盖。工程渣土、建筑垃圾应当进行资源化处理。

施工单位应当在施工工地公示扬尘污染防治措施、负责人、扬尘监督管理主管部门等信息。暂时不能开工的建设用地,建设单位应当对裸露地面进行覆盖;超过三个月的,应当进行绿化、铺装或者遮盖。

运输煤炭、垃圾、渣土、砂石、土方、灰浆等散装、流体物料的车辆应当采取密闭或者其他措施防止物料遗撒造成扬尘污染,并按照规定路线行驶。装卸物料应当采取密闭或者喷淋等方式防治扬尘污染。

《住房和城乡建设部办公厅关于进一步加强施工工地和道路扬尘管控工作的通知》(以下简称《通知》)规定,建设单位应将防治扬尘污染的费用列入工程造价,并在施工承包合同中明确施工单位扬尘污染防治责任。暂时不能开工的施工工地,建设单位应当对裸露地面进行覆盖;超过三个月的,应当进行绿化、铺装或者遮盖。施工单位应制定具体的施工扬尘污染防治实施方案,在施工工地公示扬尘污染防治措施、负责人、扬尘监督管理主管部门等信息。施工单位应采取有效防尘降尘措施,减少施工作业过程扬尘污染,并做好扬尘污染防治工作。

《通知》指出,建设单位和施工单位要积极采取施工工地防尘降尘措施,提高文明施工和绿色施工水平,包括以下几点。

1)对施工现场实行封闭管理。城市范围内主要路段的施工工地应设置高度不小于 2.5 米的封闭围挡,一般路段的施工工地应设置高度不小于 1.8 米的封闭围挡。施工工地的封闭围挡应坚固、稳定、整洁、美观。

2)加强物料管理。施工现场的建筑材料、构件、料具应按总平面布局进行码放。在规定区域内的施工现场应使用预拌混凝土及预拌砂浆;采用现场搅拌混凝土或砂浆的场所应采取封闭、降尘、降噪措施;水泥和其它易飞扬的细颗粒建筑材料应密闭存放或采取覆盖等措施。

3)注重降尘作业。施工现场土方作业应采取防止扬尘措施,主要道路应定期清扫、洒水。拆除建筑物或构筑物时,应采用隔离、洒水等降噪、降尘措施,并应及时清理废弃物。施工进行铣刨、切割等作业时,应采取有效防扬尘措施;灰土和无机料应采用预拌进场,碾压过程中应洒水降尘。

4)硬化路面和清洗车辆。施工现场的主要道路及材料加工区地面应进行硬化处理,道路应畅通,路面应平整坚实。裸露的场地和堆放的土方应采取覆盖、固化或绿化等措施。施工现场出入口应设置车辆冲洗设施,并对驶出车辆进行清洗。

5)清运建筑垃圾。土方和建筑垃圾的运输应采用封闭式运输车辆或采取覆盖措施。建筑物内施工垃圾的清运,应采用器具或管道运输,严禁随意抛掷。施工现场严禁焚烧各类废弃物。

6)加强监测监控。鼓励施工工地安装在线监测和视频监控设备,并与当地有关主管部门联网。当环境空气质量指数达到中度及以上污染时,施工现场应增加洒水频次,加强覆盖措施,减少易造成大气污染的施工作业。

知识点三、施工现场水污染防治的规定

水污染是指水体因某种物质的介入,而导致其化学、物理、生物或者放射性等方面特性的改变,从而影响水的有效利用,危害人体健康或者破坏生态环境,造成水质恶化的现象。水污染防治包括江河、湖泊、运河、渠道、水库等地表水体以及地下水体的污染防治。

《中华人民共和国水污染防治法》规定,水污染防治应当坚持预防为主、防治结合、综合治理的原则,优先保护饮用水水源,严格控制工业污染、城镇生活污染,防治农业面源污染,积极推进生态治理工程建设,预防、控制和减少水环境污染和生态破坏。

排放水污染物,不得超过国家或者地方规定的水污染物排放标准和重点水污染物排放总量控制指标。

禁止向水体排放油类、酸液、碱液或者剧毒废液。禁止在水体清洗装贮过油类或者有毒污染物的车辆和容器。禁止向水体排放、倾倒放射性固体废物或者含有高放射性和中放射性物质的废水。向水体排放含低放射性物质的废水,应当符合国家有关放射性污染防治的规定和标准。禁止向水体排放、倾倒工业废渣、城镇垃圾和其他废弃物。禁止将含有汞、镉、砷、铬、铅、氰化物、黄磷等的可溶性剧毒废渣向水体排放、倾倒或者直接埋入地下。存放可溶性剧毒废渣的场所,应当采取防水、防渗漏、防流失的措施。

《城镇排水与污水处理条例》规定,禁止向城镇排水与污水处理设施倾倒垃圾、渣土、施工泥浆等废弃物。建设工程开工前,建设单位应当查明工程建设范围内地下城镇排水与污水处理设施的相关情况。城镇排水主管部门及其他相关部门和单位应当及时提供相关资料。建设工程施工范围内有排水管网等城镇排水与污水处理设施的,建设单位应当与施工单位、设施维护运营单位共同制定设施保护方案,并采取相应的安全保护措施。因工程建设需要拆除、改动城镇排水与污水处理设施的,建设单位应当制定拆除、改动方案,报城镇排水主管部门审核,并承担重建、改建和采取临时措施的费用。

《城镇污水排入排水管网许可管理办法》规定,未取得排水许可证,排水户不得向城镇排水设施排放污水。各类施工作业需要排水的,由建设单位申请领取排水许可证。因施工作业需要向城镇排水设施排水的,排水许可证的有效期,由城镇排水主管部门根据排水状况确定,但不得超过施工期限。排水户不得堵塞城镇排水设施或者向城镇排水设施内排放、倾倒垃圾、渣土、施工泥浆、油脂、污泥等易堵塞物。

知识点四、施工现场固体废物污染环境防治的规定

固体废物是指在生产、生活和其他活动中产生的丧失原有利用价值或者虽未丧失利用价值但被抛弃或者放弃的固态、半固态和置于容器中的气态的物品、物质以及法律、行政法规规定纳入固体废物管理的物品、物质。

建筑垃圾是指建设单位、施工单位新建、改建、扩建和拆除各类建筑物、构筑物、管网等,以及居民装饰装修房屋过程中产生的弃土、弃料和其他固体废物。

《固体废物污染环境防治法》规定,任何单位和个人都应当采取措施,减少固体废物的产生量,促进固体废物的综合利用,降低固体废物的危害性。

产生、收集、贮存、运输、利用、处置固体废物的单位和个人,应当采取防扬散、防流失、防渗漏或者其他防止污染环境的措施,不得擅自倾倒、堆放、丢弃、遗撒固体废物。禁止任何单位或者个人向江河、湖泊、运河、渠道、水库及其最高水位线以下的滩地和岸坡以及法律法规规定的其他地点倾倒、堆放、贮存固体废物。

国家鼓励采用先进技术、工艺、设备和管理措施,推进建筑垃圾源头减量,建立建筑垃圾回收利用体系。

工程施工单位应当编制建筑垃圾处理方案,采取污染防治措施,并报县级以上地方人民政府环境卫生主管部门备案。工程施工单位应当及时清运工程施工过程中产生的建筑垃圾等固体废物,并按照环境卫生主管部门的规定进行利用或者处置。工程施工单位不得擅自倾倒、抛撒或者堆放工程施工过程中产生的建筑垃圾。

《城市建筑垃圾管理规定》进一步规定,处置建筑垃圾的单位,应当向城市人民政府市容环境卫生主管部门提出申请,获得城市建筑垃圾处置核准后,方可处置。

任何单位和个人不得将建筑垃圾混入生活垃圾,不得将危险废物混入建筑垃圾,不得擅自设立弃置场收纳建筑垃圾。施工单位不得将建筑垃圾交给个人或者未经核准从事建筑垃圾运输的单位运输。处置建筑垃圾的单位在运输建筑垃圾时,应当随车携带建筑垃圾处置核准文件,按照城市人民政府有关部门规定的运输路线、时间运行,不得丢弃、遗撒建筑垃圾,不得超出核准范围承运建筑垃圾。任何单位和个人不得随意倾倒、抛撒或者堆放建筑垃圾。

《住房和城乡建设部关于推进建筑垃圾减量化的指导意见》(以下简称《意见》)中指出,按照"谁产生、谁负责"的原则,落实建设单位建筑垃圾减量化的首要责任。《意见》指出,以"统筹规划,源头减量。因地制宜,系统推进。创新驱动,精细管理"为原则,有效减少工程建设过程建筑垃圾产生和排放。

建设单位应将建筑垃圾减量化目标和措施纳入招标文件和合同文本,将建筑垃圾减量化措施费纳入工程概算,并监督设计、施工、监理单位具体落实。

设计单位应根据地形地貌合理确定场地标高,开展土方平衡论证,减少渣土外运。选择适宜的结构体系,减少建筑形体不规则性。提倡建筑、结构、机电、装修、景观全专业一体化协同设计,保证设计深度满足施工需要,减少施工过程设计变更。

施工单位应组织编制施工现场建筑垃圾减量化专项方案,明确建筑垃圾减量化目标和职责分工,提出源头减量、分类管理、就地处置、排放控制的具体措施。施工单位应建立建筑垃圾分类收集与存放管理制度,实行分类收集、分类存放、分类处置。施工单位应充分利用混凝土、钢筋、模板、珍珠岩保温材料等余料,在满足质量要求的前提下,根据实际需求加工制作成各类工程材料,实行循环利用。施工现场不具备就地利用条件的,应按规定及时转运到建筑垃圾处置场所进行资源化处置和再利用。施工单位应实时统计并监控建筑垃圾产生量,及时采取针对性措施降低建筑垃圾排放量。鼓励采用现场泥沙分离、泥浆脱水预处理等工艺,减少工程渣土和工程泥浆排放。

知识点五、建设项目环境保护制度

(一)建设项目环境影响评价制度

《中华人民共和国环境影响评价法》规定,国家根据建设项目对环境的影响程度,对建设项目的环境影响评价实行分类管理。建设单位应当按照下列规定组织编制环境影响评价文件。

1)可能造成重大环境影响的,应当编制环境影响报告书,对产生的环境影响进行全面评价。建设项目的环境影响报告书应当包括下列内容:建设项目概况;建设项目周围环境现状;建设项目对环境可能造成影响的分析、预测和评估;建设项目环境保护措施及其技术、经济论证;建设项目对环境影响的经济损益分析;对建设项目实施环境监测的建议；环境影响评价的结论。

2）可能造成轻度环境影响的，应当编制环境影响报告表，对产生的环境影响进行分析或者专项评价。

3）对环境影响很小、不需要进行环境影响评价的，应当填报环境影响登记表。

建设项目的环境影响评价分类管理名录，由国务院生态环境主管部门制定并公布。环境影响报告表和环境影响登记表的内容和格式，由国务院生态环境主管部门制定。

《中华人民共和国环境保护法》规定，编制有关开发利用规划，建设对环境有影响的项目，应当依法进行环境影响评价。未依法进行环境影响评价的开发利用规划，不得组织实施；未依法进行环境影响评价的建设项目，不得开工建设。

对依法应当编制环境影响报告书的建设项目，建设单位应当在编制时向可能受影响的公众说明情况，充分征求意见。负责审批建设项目环境影响评价文件的部门在收到建设项目环境影响报告书后，除涉及国家秘密和商业秘密的事项外，应当全文公开；发现建设项目未充分征求公众意见的，应当责成建设单位征求公众意见。

《中华人民共和国环境影响评价法》规定，建设单位可以委托技术单位对其建设项目开展环境影响评价，编制建设项目环境影响报告书、环境影响报告表；建设单位具备环境影响评价技术能力的，可以自行对其建设项目开展环境影响评价，编制建设项目环境影响报告书、环境影响报告表。接受委托为建设单位编制建设项目环境影响报告书、环境影响报告表的技术单位，不得与负责审批建设项目环境影响报告书、环境影响报告表的生态环境主管部门或者其他有关审批部门存在任何利益关系。任何单位和个人不得为建设单位指定编制建设项目环境影响报告书、环境影响报告表的技术单位。

建设项目的环境影响评价文件未依法经审批部门审查或者审查后未予批准的，建设单位不得开工建设。

（二）建设项目环境保护"三同时"制度

《中华人民共和国环境保护法》规定，建设项目中防治污染的设施，应当与主体工程同时设计、同时施工、同时投产使用。防治污染的设施应当符合经批准的环境影响评价文件的要求，不得擅自拆除或者闲置。

《建设项目环境保护管理条例》规定，建设项目需要配套建设的环境保护设施，必须与主体工程同时设计、同时施工、同时投产使用。

建设项目的初步设计，应当按照环境保护设计规范的要求，编制环境保护篇章，落实防治环境污染和生态破坏的措施以及环境保护设施投资概算。建设单位应当将环境保护设施建设纳入施工合同，保证环境保护设施建设进度和资金，并在项目建设过程中同时组织实施环境影响报告书、环境影响报告表及其审批部门审批决定中提出的环境保护对策措施。

编制环境影响报告书、环境影响报告表的建设项目竣工后，建设单位应当按照国务院环境保护行政主管部门规定的标准和程序，对配套建设的环境保护设施进行验收，编制验收报告。建设单位在环境保护设施验收过程中，应当如实查验、监测、记载建设项目环境保护设施的建设和调试情况，不得弄虚作假。除按照国家规定需要保密的情形外，建设单位应当依法向社会公开验收报告。

【案例及评析】

分期建设、分期投入生产或者使用的建设项目，其相应的环境保护设施应当分期验收。

编制环境影响报告书、环境影响报告表的建设项目，其配套建设的环境保护设施经验收合格，方可投入生产或者使用；未经验收或者验收不合格的，不得投入生产或者使用。建设项目投入生产或者使用后，应当按照国务院环境保护行政主管部门的规定开展环境影响后评价。

思 政 园 地

海南省第一中级人民法院发布了5起关于环境保护的典型案例，其中一起典型案例如下。

甲公司在海南省文昌市冯坡镇建有两个罗非鱼水产养殖基地，共30口鱼塘，土地使用总面积为930亩。根据甲公司申报的环境影响报告表，当地环境行政职能部门作出书面批复，要求甲公司严格执行环境保护"三同时"制度，在项目竣工后依法申请办理项目竣工环保验收手续，经验收合格后方可投入生产。20××年5月，甲公司尚未通过环保验收即投入生产。文昌市综合行政执法局经调查，以"需要配套建设的环境保护设施未经验收合格即投入生产"为由，对甲公司处21万元罚款。甲公司不服，向法院提起诉讼,要求撤销该行政处罚。

海南省第一中级人民法院经审查认为,甲公司养殖项目"未验先投"事实清楚,根据《建设项目环境保护管理条例》第十九条、第二十三条第一款规定,行政机关对其罚款 21 万元的行政行为证据确凿,适用法律、法规正确,符合法定程序,故判决驳回甲公司的诉讼请求。

该案经海南省高级人民法院二审审理后,维持一审判决结果。

法官提醒,对环境可能造成影响的建设项目,企业应当按照建设项目的标准建设配套环境保护设施,环境保护设施经验收合格后方可投入使用。本案中,人民法院严格适用法律规定,依法支持行政机关履行生态环境监管职责,有利于充分发挥环境资源案件在生态保护中的惩戒和价值引领功能,引导企业积极承担生态环境保护社会责任及生产者延伸责任。在此,特呼吁广大企业共同树立生态环境保护意识,依法依规进行生产建设,助推生态经济共荣共兴。

随堂测试

1. 关于向城镇排水设施排放污水的说法,正确的是(　　)。

A. 各类施工作业需要排水的,由施工企业申请领取排水许可证

B. 城镇排水主管部门实施排水许可不得收费

C. 工作业排水许可证的有效期,由建设行政主管部门根据工期确定

D. 排水户应当按实际需要的排水类别,总量排放污水

2. 根据《绿色施工导则》,关于扬尘污染防治的说法,正确的是(　　)。

A. 运送容易散落、飞扬、流漏的物料的车辆,不必采取措施封闭,严密,但需保证车辆清洁

B. 施工现场作业区应当达到目测无扬尘要求

C. 构筑物爆破拆除前,做好扬尘控制计划,应当选择无风的天气进行爆破作业

D. 施工现场出口应当设置洗车槽

3. 关于施工中产生的固体废物污染环境防治的说法,正确的是(　　)。

A. 施工现场的生活垃圾实行散装清运

B. 处置建筑垃圾的单位在运输建筑垃圾时,应当随车携带建筑垃圾处置核准文件

C. 施工企业可以将建筑垃圾交给从事建筑垃圾运输的个人运输

D. 转移固体废物,出省、自治区、直辖市行政区域处置的,应当同时向固体废物移出地和接受地的省级环境保护行政主管部门提出申请

4. 根据《水污染防治法》关于防止地表水污染的具体规定,下列说法错误的是(　　)。

A. 在生活饮用水水源地的水体保护区内,不得新建排污口

B. 可以向水体排放油类、酸液、碱液或者剧毒废液

C. 向水体排放含热废水,应当采取措施,保证水体的水温符合水环境质量标准

D. 禁止排放含病原体的污水

5. 根据《大气污染防治法》,下列说法错误的是(　　)。

A. 严格限制向大气排放含有毒物质的废气和粉尘

B. 运输能够散发有毒有害气体或者粉尘物质的,必须采取密闭措施或者其他防护措施

C. 向大气排放粉尘的排污单位,可以采取除尘措施

D. 在城市市区进行建设施工的单位,必须采取防治扬尘污染的措施

6. 建筑施工噪声排放限值的测量位置是建筑施工场地的(　　)。

A. 中心　　　　　　B. 毗邻建筑物　　　　　　C. 边界　　　　　　D. 周边 50 米

7. 根据《建筑施工场界环境噪声排放标准》(GB 12523—2011),建筑施工过程中场界环境噪声排放限值是(　　)。

A. 昼间 75 dB(A),夜间 55 dB(A)　　　　　　B. 昼间 70 dB(A),夜间 55 dB(A)

C. 昼间 75 dB(A),夜间 60 dB(A)　　　　　　　　D. 昼间 70 dB(A),夜间 60 dB(A)

8. 依据《固体废物污染环境防治法》,下列对一般固体废物污染环境的防治的做法中,正确的有(　　　)。

A. 运输固体废物时,必须采取防扬散、防流失、防渗漏等防止污染环境的措施

B. 不得擅自倾倒、堆放、丢弃、遗撒固体废物

C. 在国家级风景名胜区,严格限制建设项目固体废物处置设施

D. 转移固体废物出省处置,向省、自治区、直辖市人民政府环境保护行政主管部门提出申请

E. 工程施工单位及时清运工程施工过程中产生的固体废物

9. 在城市市区噪声敏感建筑物集中区域内,禁止夜间进行产生环境噪声污染的建筑施工作业,但(　　　)除外。

A. 经监理单位同意的　　　　　　　　　　　　　B. 抢修作业

C. 抢险作业　　　　　　　　　　　　　　　　　D. 因生产工艺上要求必须连续作业的

E. 因特殊需要必须连续作业的

10. 建设项目需要配套建设的环境保护设施,必须与主体工程同时(　　　)。

A. 立项　　　　　　B. 审批　　　　　　C. 设计　　　　　　D. 施工

E. 投产使用

11. 某大型工程建设项目交付使用后,发现与审批的环境影响报告表内容不符,建设单位应当(　　　)。

A. 组织环境影响后评价　　　　　　　　　　　B. 立即停止使用

C. 采取改进措施　　　　　　　　　　　　　　D. 填报环境影响报告书

E. 接受建设行政主管部门处罚

任务 9.2　施工现场发现文物该怎么办?

【引入案例】

2023 年 6 月 28 日上午,未央法院公开审理并当庭宣判了一起盗掘古墓葬案。未央法院院长段红军担任审判长,未央检察院检察长张柱军出庭支持公诉。经审理查明,被告人聂某某、杜某某系西安市未央区某土方清运项目现场负责人员。2022 年 4 月 18 日凌晨 4 时许,该项目施工现场西南角西侧挖出墓穴,聂某某接到挖掘机司机请示后来到墓穴旁边,授意挖掘机司机继续施工,并将杜某某叫至现场。二人徒手从墓穴处刨出陶仓、陶樽盖各一个后放到工地面包车上。当日下班后,二人将陶仓及陶樽盖带回聂某某住所,并于次日晚将两件文物藏匿于马路旁的绿化带内。后公安机关将文物追回。经陕西省文物鉴定研究中心鉴定评估:涉案汉代绿釉熊足陶仓及汉代绿釉陶樽盖均为汉代一般文物。经陕西省考古研究院鉴定:该项目范围内墓葬年代应集中于汉代,对研究汉长安城东郊墓葬分布及内涵具有重要意义。

未央法院经审理认为,被告人聂某某、杜某某未经文物主管部门批准,盗掘具有历史价值的古墓葬,其行为均已构成盗掘古墓葬罪。综合二被告人的犯罪情节及自首、自愿认罪认罚等量刑情节,对被告人聂某某判处有期徒刑七个月,宣告缓刑一年,并处罚金 5000 元;对被告人杜某某判处有期徒刑六个月,宣告缓刑一年,并处罚金 3000 元。

【案例评析】

宣判后,二被告人均表示不上诉。

请思考:在施工现场发现文物的正确做法是什么?

我国地域辽阔,历史悠久。历史遗存至今的大量文物古迹,形象地记载着中华民族形成发展的进程,不但是认识历史的证据,也是增强民族凝聚力、促进民族文化可持续发展的基础。中国优秀的文物古迹,不但

是中国各族人民的,也是全人类共同的财富。切实加强对文物的保护、有效管理和合理利用,对于传承和弘扬优秀传统文化,满足广大人民群众精神文化需求,增强民族自尊心和自豪感,巩固民族团结,维护祖国统一,捍卫国家主权和领土完整,都具有十分重要的意义。

为此,我国相继颁布了《中华人民共和国文物保护法》《中华人民共和国水下文物保护管理条例》《中华人民共和国文物保护法实施条例》《历史文化名城名镇名村保护条例》等法律、行政法规,并参照《国际古迹保护与修复宪章》(《威尼斯宪章》)为代表的国际原则,制定了《中国文物古迹保护准则》。

知识点一、受法律保护的文物范围

(一)国家保护文物的范围

《中华人民共和国文物保护法》(以下简称《文物保护法》)规定,在中华人民共和国境内,下列文物受国家保护。

1)具有历史、艺术、科学价值的古文化遗址、古墓葬、古建筑、石窟寺和石刻、壁画。

2)与重大历史事件、革命运动或者著名人物有关的以及具有重要纪念意义、教育意义或者史料价值的近代现代重要史迹、实物、代表性建筑。

3)历史上各时代珍贵的艺术品、工艺美术品。

4)历史上各时代重要的文献资料以及具有历史、艺术、科学价值的手稿和图书资料等。

5)反映历史上各时代、各民族社会制度、社会生产、社会生活的代表性实物。

具有科学价值的古脊椎动物化石和古人类化石同文物一样受国家保护。

(二)水下文物的保护范围

《中华人民共和国水下文物保护管理条例》(以下简称《水下文物保护管理条例》)规定,水下文物是指遗存于下列水域的具有历史、艺术和科学价值的人类文化遗产。

1)遗存于中国内水、领海内的一切起源于中国的、起源国不明的和起源于外国的文物。

2)遗存于中国领海以外依照中国法律由中国管辖的其他海域内的起源于中国的和起源国不明的文物。

3)遗存于外国领海以外的其他管辖海域以及公海区域内的起源于中国的文物。

(三)属于国家所有的文物范围

中华人民共和国境内地下、内水和领海中遗存的一切文物,属于国家所有。国有文物所有权受法律保护,不容侵犯。

1.属于国家所有的不可移动文物范围

古文化遗址、古墓葬、石窟寺属于国家所有。国家指定保护的纪念建筑物、古建筑、石刻、壁画、近代现代代表性建筑等不可移动文物,除国家另有规定的以外,属于国家所有。

国有不可移动文物的所有权不因其所依附的土地所有权或者使用权的改变而改变。

2.属于国家所有的可移动文物范围

下列可移动文物,属于国家所有。

1)中国境内出土的文物,国家另有规定的除外。

2)有文物收藏单位以及其他国家机关、部队和国有企业、事业组织等收藏、保管的文物。

3)国家征集、购买的文物。

4)公民、法人和其他组织捐赠给国家的文物。

5)法律规定属于国家所有的其他文物。

属于国家所有的可移动文物的所有权不因其保管、收藏单位的终止或者变更而改变。

3.属于国家所有的水下文物范围

《水下文物保护管理条例》规定,遗存于中国内水、领海内的一切起源于中国的、起源国不明的和起源于外国的文物,以及遗存于中国领海以外依照中国法律由中国管辖的其他海域内的起源于中国的和起源国不明的文物,属于国家所有,国家对其行使管辖权。

遗存于外国领海以外的其他管辖海域以及公海区域内的起源于中国的文物,国家享有辨认器物物主的权利。

(四)属于集体所有和私人所有的文物保护范围

《文物保护法》规定,属于集体所有和私人所有的纪念建筑物、古建筑和祖传文物以及依法取得的其他文物,其所有权受法律保护。文物的所有者必须遵守国家有关文物保护的法律、法规的规定。

(五)文物保护单位和文物的分级

《文物保护法》规定,古文化遗址、古墓葬、古建筑、石窟寺、石刻、壁画、近代现代重要史迹和代表性建筑等不可移动文物,根据它们的历史、艺术、科学价值,可以分别确定为全国重点文物保护单位,省级文物保护单位,市、县级文物保护单位。

历史上各时代重要实物、艺术品、文献、手稿、图书资料、代表性实物等可移动文物,分为珍贵文物和一般文物;珍贵文物分为一级文物、二级文物、三级文物。

知识点二、在文物保护单位保护范围和建设控制地带施工的规定

《文物保护法》规定,一切机关、组织和个人都有依法保护文物的义务。

(一)文物保护单位的保护范围

《中华人民共和国文物保护法实施案例》(以下简称《文物保护法实施条例》)规定,文物保护单位的保护范围,是指对文物保护单位本体及周围一定范围实施重点保护的区域。文物保护单位的保护范围,应当根据文物保护单位的类别、规模、内容以及周围环境的历史和现实情况合理划定,并在文物保护单位本体之外保持一定的安全距离,确保文物保护单位的真实性和完整性。

全国重点文物保护单位和省级文物保护单位自核定公布之日起1年内,由省、自治区、直辖市人民政府划定必要的保护范围,作出标志说明,建立记录档案,设置专门机构或者指定专人负责管理。

设区的市、自治州级和县级文物保护单位自核定公布之日起1年内,由核定公布该文物保护单位的人民政府划定保护范围,作出标志说明,建立记录档案,设置专门机构或者指定专人负责管理。

文物保护单位的标志说明,应当包括文物保护单位的级别、名称、公布机关、公布日期、立标机关、立标日期等内容。民族自治地区的文物保护单位的标志说明,应当同时用规范汉字和当地通用的少数民族文字书写。

(二)文物保护单位的建设控制地带

《文物保护法实施条例》规定,文物保护单位的建设控制地带,是指在文物保护单位的保护范围外,为保护文物保护单位的安全、环境、历史风貌对建设项目加以限制的区域。文物保护单位的建设控制地带,应当根据文物保护单位的类别、规模、内容以及周围环境的历史和现实情况合理划定。

全国重点文物保护单位的建设控制地带,经省、自治区、直辖市人民政府批准,由省、自治区、直辖市人民政府的文物行政主管部门会同城乡规划行政主管部门划定并公布。

省级、设区的市、自治州级和县级文物保护单位的建设控制地带,经省、自治区、直辖市人民政府批准,由核定公布该文物保护单位的人民政府的文物行政主管部门会同城乡规划行政主管部门划定并公布。

(三)历史文化名城名镇名村的保护

《文物保护法》规定,保存文物特别丰富并且具有重大历史价值或者革命纪念意义的城市,由国务院核定公布为历史文化名城。

保存文物特别丰富并且具有重大历史价值或者革命纪念意义的城镇、街道、村庄,由省、自治区、直辖市人民政府核定公布为历史文化街区、村镇,并报国务院备案。

《历史文化名城名镇名村保护条例》规定,具备下列条件的城市、镇、村庄,可以申报历史文化名城、名镇、名村:保存文物特别丰富;历史建筑集中成片;保留着传统格局和历史风貌;历史上曾经作为政治、经济、

文化、交通中心或者军事要地，或者发生过重要历史事件，或者其传统产业、历史上建设的重大工程对本地区的发展产生过重要影响，或者能够集中反映本地区建筑的文化特色、民族特色。

（四）在文物保护单位保护范围和建设控制地带施工的规定

《文物保护法》规定，在文物保护单位的保护范围和建设控制地带内，不得建设污染文物保护单位及其环境的设施，不得进行可能影响文物保护单位安全及其环境的活动。对已有的污染文物保护单位及其环境的设施，应当限期治理。

1. 应当具有相应的资质证书

《文物保护法实施条例》规定，承担文物保护单位的修缮、迁移、重建工程的单位，应当同时取得文物行政主管部门发给的相应等级的文物保护工程资质证书和建设行政主管部门发给的相应等级的资质证书。其中，不涉及建筑活动的文物保护单位的修缮、迁移、重建，应当由取得文物行政主管部门发给的相应等级的文物保护工程资质证书的单位承担。

申领文物保护工程资质证书，应当具备下列条件。

1）有取得文物博物专业技术职务的人员。

2）有从事文物保护工程所需的技术设备。

3）法律、行政法规规定的其他条件。

申领文物保护工程资质证书，应当向省、自治区、直辖市人民政府文物行政主管部门或者国务院文物行政主管部门提出申请。省、自治区、直辖市人民政府文物行政主管部门或者国务院文物行政主管部门应当自收到申请之日起30个工作日内做出批准或者不批准的决定。决定批准的，发给相应等级的文物保护工程资质证书；决定不批准的，应当书面通知当事人并说明理由。

2. 在历史文化名城名镇名村保护范围内从事建设活动的相关规定

《历史文化名城名镇名村保护条例》规定，在历史文化名城、名镇、名村保护范围内禁止进行下列活动。

1）开山、采石、开矿等破坏传统格局和历史风貌的活动。

2）占用保护规划确定保留的园林绿地、河湖水系、道路等。

3）修建生产、储存爆炸性、易燃性、放射性、毒害性、腐蚀性物品的工厂、仓库等。

4）在历史建筑上刻画、涂污。

在历史文化名城、名镇、名村保护范围内进行下列活动，应当保护其传统格局、历史风貌和历史建筑；制订保护方案，并依照有关法律、法规的规定办理相关手续。

1）改变园林绿地、河湖水系等自然状态的活动。

2）在核心保护范围内进行影视摄制、举办大型群众性活动。

3）其他影响传统格局、历史风貌或者历史建筑的活动。

在历史文化街区、名镇、名村核心保护范围内，不得进行新建、扩建活动。但是，新建、扩建必要的基础设施和公共服务设施除外。

在历史文化街区、名镇、名村核心保护范围内，拆除历史建筑以外的建筑物、构筑物或者其他设施的，应当经城市、县人民政府城乡规划主管部门会同同级文物主管部门批准。

任何单位或者个人不得损坏或者擅自迁移、拆除历史建筑。

3. 在文物保护单位保护范围和建设控制地带内从事建设活动的相关规定

《文物保护法》规定，文物保护单位的保护范围内不得进行其他建设工程或者爆破、钻探、挖掘等作业。但是，因特殊情况需要在文物保护单位的保护范围内进行其他建设工程或者爆破、钻探、挖掘等作业的，必须保证文物保护单位的安全，并经核定公布该文物保护单位的人民政府批准，在批准前应当征得上一级人民政府文物行政部门同意；在全国重点文物保护单位的保护范围内进行其他建设工程或者爆破、钻探、挖掘等作业的，必须经省、自治区、直辖市人民政府批准，在批准前应当征得国务院文物行政部门同意。

在文物保护单位的建设控制地带内进行建设工程，不得破坏文物保护单位的历史风貌；工程设计方案应当根据文物保护单位的级别，经相应的文物行政部门同意后，报城乡建设规划部门批准。

知识点三、施工发现文物报告和保护的规定

《文物保护法》规定，地下埋藏的文物，任何单位或者个人都不得私自发掘。考古发掘的文物，任何单位或者个人不得侵占。

【案例及评析】

（一）配合建设工程进行考古发掘工作的规定

进行大型基本建设工程，建设单位应当事先报请省、自治区、直辖市人民政府文物行政部门组织从事考古发掘的单位在工程范围内有可能埋藏文物的地方进行考古调查、勘探。确因建设工期紧迫或者有自然破坏危险，对古文化遗址、古墓葬急需进行抢救发掘的，由省、自治区、直辖市人民政府文物行政部门组织发掘，并同时补办审批手续。

（二）施工发现文物的报告和保护

《文物保护法》规定，在进行建设工程或者在农业生产中，任何单位或者个人发现文物，应当保护现场，立即报告当地文物行政部门，文物行政部门接到报告后，如无特殊情况，应当在24小时内赶赴现场，并在7日内提出处理意见。依照以上规定发现的文物属于国家所有，任何单位或者个人不得哄抢、私分、藏匿。

【案例及评析】

（三）水下文物的报告和保护

《水下文物保护管理条例》规定，任何单位或者个人以任何方式发现遗存于中国内水、领海内的一切起源于中国的、起源国不明的和起源于外国的文物，以及遗存于中国领海以外依照中国法律由中国管辖的其他海域内的起源于中国的和起源国不明的文物，应当及时报告国家文物局或者地方文物行政管理部门；已打捞出水的，应当及时上缴国家文物局或者地方文物行政管理部门处理。

任何单位或者个人以任何方式发现遗存于外国领海以外的其他管辖海域以及公海区域内的起源于中国的文物，应当及时报告国家文物局或者地方文物行政管理部门；已打捞出水的，应当及时提供国家文物局或者地方文物行政管理部门辨认、鉴定。

随堂测试

1.根据《历史文化名城名镇名村保护条例》，在历史文化名城、名镇、名村保护范围内可以进行的活动是（　　　）。

A.开山、采石、开矿等破坏传统格局和历史风貌的活动

B.占用保护规划确定保留的道路

C.在核心保护范围内举办大型群众性活动

D.为响应国家扶贫政策修建生产爆炸性物品的工厂

2.根据《文物保护法》，属于受国家保护的文物的是（　　　）。

A.与历史事件有关的文物　　　　　　　B.具有历史价值的壁画

C.古脊椎动物化石　　　　　　　　　　D.古人类化石

3.某建筑公司在建设项目施工过程中，发现地下古墓葬，于是立即报告当地文物行政部门，文物行政部门接到报告后，应当在（　　　）小时内赶赴工地现场。

A.12　　　　　　　B.24　　　　　　　C.48　　　　　　　D.36

4.关于国家所有的不可移动文物范围的说法，正确的是（　　　）。

A.纪念建筑物属于国家所有　　　　　　B.近代现代代表性建筑属于国家所有

C.石刻属于国家所有　　　　　　　　　D.古文化遗址属于国家所有

5.《文物保护法》规定，一切机关、组织和个人都有依法保护文物的（　　　）。

A.责任　　　　　　B.义务　　　　　　C.任务　　　　　　D.权利

6.根据《水下文物保护管理条例》，下列文物中，属于国家所有的水下文物的是（　　　）。

A.遗存于中国内水的起源国不明的文物

B.遗存于中国领海以外依照中国法律由中国管辖的其他海域内的起源于外国的文物

C.遗存于外国领海以外的其他管辖海域内的起源国不明的文物

D.遗存于外国领海内的起源于中国的文物

7.关于国家所有的文物的说法,正确的是(　　　)。

A.遗存于公海区域内的起源于中国的文物,属于国家所有

B.国有不可移动文物的所有权因其所依附的土地所有权或者使用权的改变而改变

C.古文化遗址、古墓葬、石窟寺属于国家所有

D.属于国家所有的可移动文物的所有权因其保管、收藏单位的终止或者变更而改变

8.属于《文物保护法》关于施工中发现文物的报告和保护的规定的是(　　　)。

A.任何单位或者个人发现文物,应当保护现场

B.应当接受审批机关的监督和指导

C.立即报告当地文物行政部门

D.文物行政部门接到报告后,应当在 24 小时内赶赴现场

E.文物行政部门应在 7 日内提出处理意见

🔵 任务 9.3　建设项目节能从何入手?

引入案例

《中华人民共和国国民经济和社会发展第十四个五年规划和 2035 年远景目标纲要》中指出,坚持生态优先、绿色发展,推进资源总量管理、科学配置、全面节约、循环利用,协同推进经济高质量发展和生态环境高水平保护。坚持节能优先方针,深化工业、建筑、交通等领域和公共机构节能,强化重点用能单位节能管理,实施能量系统优化、节能技术改造等重点工程,加快能耗限额、产品设备能效强制性国家标准制修订。实施国家节水行动,建立水资源刚性约束制度,强化农业节水增效、工业节水减排和城镇节水降损,鼓励再生水利用,单位 GDP 用水量下降 16% 左右。加强土地节约集约利用,加大批而未供和闲置土地处置力度,盘活城镇低效用地,支持工矿废弃土地恢复利用、完善土地复合利用、立体开发支持政策,新增建设用地规模控制在 2950 万亩以内,推动单位 GDP 建设用地使用面积稳步下降。提高矿产资源开发保护水平,发展绿色矿业,建设绿色矿山。

请思考:建设项目的节能工作可以从哪些方面开展?

>>>

思政园地

节约能源是指加强用能管理,采取技术上可行、经济上合理以及环境和社会可以承受的措施,从能源生产到消费的各个环节,降低消耗、减少损失和污染物排放、制止浪费,有效、合理地利用能源。

节约资源是我国的基本国策。国家实施节约与开发并举、把节约放在首位的能源发展战略。国务院先后制定并发布《中共中央　国务院关于完整准确全面贯彻新发展理念做好碳达峰碳中和工作的意见》《2030 年前碳达峰行动方案》等重要文件。实现碳达峰、碳中和,是党中央统筹国内国际两个大局作出的重大战略决策,是着力解决资源环境约束突出问题、实现中华民族永续发展的必然选择,是构建人类命运共同体的庄严承诺。

知识点一、施工合理使用与节约能源的规定

(一)建筑节能

《中华人民共和国节约能源法》规定,国家实行固定资产投资项目节能评估和审查制度。不符合强制性节能标准的项目,建设单位不得开工建设;已经建成的,不得投入生产、使用。政府投资项目不符合强制性节能标准的,依法负责项目审批的机关不得批准建设。

国家鼓励在新建建筑和既有建筑节能改造中使用新型墙体材料等节能建筑材料和节能设备,安装和使用太阳能等可再生能源利用系统。

建筑工程的建设、设计、施工和监理单位应当遵守建筑节能标准。不符合建筑节能标准的建筑工程,建设主管部门不得批准开工建设;已经开工建设的,应当责令停止施工、限期改正;已经建成的,不得销售或者使用。

1.采用可再生能源

《民用建筑节能条例》规定,国家鼓励和扶持在新建建筑和既有建筑节能改造中采用太阳能、地热能等可再生能源。在具备太阳能利用条件的地区,有关地方人民政府及其部门应当采取有效措施,鼓励和扶持单位、个人安装使用太阳能热水系统、照明系统、供热系统、采暖制冷系统等太阳能利用系统。

国务院发布的《2030年前碳达峰行动方案》指出,要加快优化建筑用能结构。深化可再生能源建筑应用,推广光伏发电与建筑一体化应用。积极推动严寒、寒冷地区清洁取暖,推进热电联产集中供暖,加快工业余热供暖规模化应用,积极稳妥开展核能供热示范,因地制宜推行热泵、生物质能、地热能、太阳能等清洁低碳供暖。引导夏热冬冷地区科学取暖,因地制宜采用清洁高效取暖方式。提高建筑终端电气化水平,建设集光伏发电、储能、直流配电、柔性用电于一体的"光储直柔"建筑。到2025年,城镇建筑可再生能源替代率达到8%,新建公共机构建筑、新建厂房屋顶光伏覆盖率力争达到50%。

2.新建建筑节能

国家推广使用民用建筑节能的新技术、新工艺、新材料和新设备,限制使用或者禁止使用能源消耗高的技术、工艺、材料和设备。国务院节能工作主管部门、建设主管部门应当制定、公布并及时更新推广使用、限制使用、禁止使用目录。国家限制进口或者禁止进口能源消耗高的技术、材料和设备。建设单位、设计单位、施工单位不得在建筑活动中使用列入禁止使用目录的技术、工艺、材料和设备。

建设单位不得明示或者暗示设计单位、施工单位违反民用建筑节能强制性标准进行设计、施工,不得明示或者暗示施工单位使用不符合施工图设计文件要求的墙体材料、保温材料、门窗、采暖制冷系统和照明设备。按照合同约定由建设单位采购墙体材料、保温材料、门窗、采暖制冷系统和照明设备的,建设单位应当保证其符合施工图设计文件要求。

施工单位应当对进入施工现场的墙体材料、保温材料、门窗、采暖制冷系统和照明设备进行查验;不符合施工图设计文件要求的,不得使用。工程监理单位发现施工单位不按照民用建筑节能强制性标准施工的,应当要求施工单位改正;施工单位拒不改正的,工程监理单位应当及时报告建设单位,并向有关主管部门报告。墙体、屋面的保温工程施工时,监理工程师应当按照工程监理规范的要求,采取旁站、巡视和平行检验等形式实施监理。未经监理工程师签字,墙体材料、保温材料、门窗、采暖制冷系统和照明设备不得在建筑上使用或者安装,施工单位不得进行下一道工序的施工。

《2030年前碳达峰行动方案》指出,推广绿色低碳建材和绿色建造方式,加快推进新型建筑工业化,大力发展装配式建筑,推广钢结构住宅,推动建材循环利用,强化绿色设计和绿色施工管理。

该方案同时指出,要加快提升建筑能效水平。加快更新建筑节能、市政基础设施等标准,提高节能降碳要求。加强适用于不同气候区、不同建筑类型的节能低碳技术研发和推广,推动超低能耗建筑、低碳建筑规模化发展。加快推进居住建筑和公共建筑节能改造,持续推动老旧供热管网等市政基础设施节能降碳改造。提升城镇建筑和基础设施运行管理智能化水平,加快推广供热计量收费和合同能源管理,逐步开展公共建筑能耗限额管理。到2025年,城镇新建建筑全面执行绿色建筑标准。

3. 既有建筑节能

既有建筑节能改造,是指对不符合民用建筑节能强制性标准的既有建筑的围护结构、供热系统、采暖制冷系统、照明设备和热水供应设施等实施节能改造的活动。

实施既有建筑节能改造,应当符合民用建筑节能强制性标准,优先采用遮阳、改善通风等低成本改造措施。既有建筑围护结构的改造和供热系统的改造,应当同步进行。

(二)施工节能

1. 节材与材料资源利用

国家鼓励利用无毒无害的固体废物生产建筑材料,鼓励使用散装水泥,推广使用预拌混凝土和预拌砂浆。禁止损毁耕地烧砖。在国务院或者省、自治区、直辖市人民政府规定的期限和区域内,禁止生产、销售和使用黏土砖。

《绿色施工导则》进一步规定,图纸会审时,应审核节材与材料资源利用的相关内容,达到材料损耗率比定额损耗率降低30%;根据施工进度、库存情况等合理安排材料的采购、进场时间和批次,减少库存;现场材料堆放有序;储存环境适宜,措施得当;保管制度健全,责任落实;材料运输工具适宜,装卸方法得当,防止损坏和遗洒;根据现场平面布置情况就近卸载,避免和减少二次搬运;采取技术和管理措施提高模板、脚手架等的周转次数;优化安装工程的预留、预埋、管线路径等方案;应就地取材,施工现场500公里以内生产的建筑材料用量占建筑材料总重量的70%以上。

2. 节水与水资源利用

《循环经济促进法》规定,国家鼓励和支持使用再生水。企业应当发展串联用水系统和循环用水系统,提高水的重复利用率。企业应当采用先进技术、工艺和设备,对生产过程中产生的废水进行再生利用。

《绿色施工导则》进一步对提高用水效率、非传统水源利用和安全用水作出规定。

(1)提高用水效率

1)施工中采用先进的节水施工工艺。

2)施工现场喷洒路面、绿化浇灌不宜使用市政自来水。现场搅拌用水、养护用水应采取有效的节水措施,严禁无措施浇水养护混凝土。

3)施工现场供水管网应根据用水量设计布置,管径合理、管路简捷,采取有效措施减少管网和用水器具的漏损。

4)现场机具、设备、车辆冲洗用水必须设立循环用水装置。施工现场办公区、生活区的生活用水采用节水系统和节水器具,提高节水器具配置比率。项目临时用水应使用节水型产品,安装计量装置,采取针对性的节水措施。

5)施工现场建立可再利用水的收集处理系统,使水资源得到梯级循环利用。

6)施工现场分别对生活用水与工程用水确定用水定额指标,并分别计量管理。

7)大型工程的不同单项工程、不同标段、不同分包生活区,凡具备条件的应分别计量用水量。在签订不同标段分包或劳务合同时,将节水定额指标纳入合同条款,进行计量考核。

8)对混凝土搅拌站点等用水集中的区域和工艺点进行专项计量考核。施工现场建立雨水、中水或可再利用水的搜集利用系统。

(2)非传统水源利用

1)优先采用中水搅拌、中水养护,有条件的地区和工程应收集雨水养护。

2)处于基坑降水阶段的工地,宜优先采用地下水作为混凝土搅拌用水、养护用水、冲洗用水和部分生活用水。

3)现场机具、设备、车辆冲洗、喷洒路面、绿化浇灌等用水,优先采用非传统水源,尽量不使用市政自来水。

4)大型施工现场,尤其是雨量充沛地区的大型施工现场建立雨水收集利用系统,充分收集自然降水用于施工和生活中适宜的部位。

5)力争施工中非传统水源和循环水的再利用量大于30%。

（3）安全用水

在非传统水源和现场循环再利用水的使用过程中，应制定有效的水质检测与卫生保障措施，确保避免对人体健康、工程质量以及周围环境产生不良影响。

3. 节能与能源利用

《绿色施工导则》对节能措施，机械设备与机具，生产、生活及办公临时设施，施工用电及照明分别作出规定。

（1）节能措施

1）制订合理施工能耗指标，提高施工能源利用率。

2）优先使用国家、行业推荐的节能、高效、环保的施工设备和机具，如选用变频技术的节能施工设备等。

3）施工现场分别设定生产、生活、办公和施工设备的用电控制指标，定期进行计量、核算、对比分析，并有预防与纠正措施。

4）在施工组织设计中，合理安排施工顺序、工作面，以减少作业区域的机具数量，相邻作业区充分利用共有的机具资源。安排施工工艺时，应优先考虑耗用电能的或其他能耗较少的施工工艺。避免设备额定功率远大于使用功率或超负荷使用设备的现象。

5）根据当地气候和自然资源条件，充分利用太阳能、地热等可再生能源。

（2）机械设备与机具

1）建立施工机械设备管理制度，开展用电、用油计量，完善设备档案，及时做好维修保养工作，使机械设备保持低耗、高效的状态。

2）选择功率与负载相匹配的施工机械设备，避免大功率施工机械设备低负载长时间运行。机电安装可采用节电型机械设备，如逆变式电焊机和能耗低、效率高的手持电动工具等，以利节电。机械设备宜使用节能型油料添加剂，在可能的情况下，考虑回收利用，节约油量。

3）合理安排工序，提高各种机械的使用率和满载率，降低各种设备的单位耗能。

（3）生产、生活及办公临时设施

1）利用场地自然条件，合理设计生产、生活及办公临时设施的体形、朝向、间距和窗墙面积比，使其获得良好的日照、通风和采光。南方地区可根据需要在其外墙窗设遮阳设施。

2）临时设施宜采用节能材料，墙体、屋面使用隔热性能好的材料，减少夏天空调、冬天取暖设备的使用时间及耗能量。

3）合理配置采暖、空调、风扇数量，规定使用时间，实行分段分时使用，节约用电。

（4）施工用电及照明

1）临时用电优先选用节能电线和节能灯具，临电线路合理设计、布置，临电设备宜采用自动控制装置。采用声控、光控等节能照明灯具。

2）照明设计以满足最低照度为原则，照度不应超过最低照度的 20%。

4. 节地与施工用地保护

《绿色施工导则》对临时用地指标、临时用地保护、施工总平面布置分别作出规定。

（1）临时用地指标

1）根据施工规模及现场条件等因素合理确定临时设施，如临时加工厂、现场作业棚及材料堆场、办公生活设施等的占地指标。临时设施的占地面积应按用地指标所需的最低面积设计。

2）要求平面布置合理、紧凑，在满足环境、职业健康与安全及文明施工要求的前提下尽可能减少废弃地和死角，临时设施占地面积有效利用率大于 90%。

（2）临时用地保护

1）应对深基坑施工方案进行优化，减少土方开挖和回填量，最大限度地减少对土地的扰动，保护周边自然生态环境。

2）红线外临时占地应尽量使用荒地、废地，少占用农田和耕地。工程完工后，及时对红线外占地恢复原地形、地貌，使施工活动对周边环境的影响降至最低。

3）利用和保护施工用地范围内原有绿色植被。对于施工周期较长的现场,可按建筑永久绿化的要求,安排场地新建绿化。

（3）施工总平面布置

1）施工总平面布置应做到科学、合理,充分利用原有建筑物、构筑物、道路、管线为施工服务。

2）施工现场搅拌站、仓库、加工厂、作业棚、材料堆场等布置应尽量靠近已有交通线路或即将修建的正式或临时交通线路,缩短运输距离。

3）临时办公和生活用房应采用经济、美观、占地面积小、对周边地貌环境影响较小,且适合于施工平面布置动态调整的多层轻钢活动板房、钢骨架水泥活动板房等标准化装配式结构。生活区与生产区应分开布置,并设置标准的分隔设施。

4）施工现场围墙可采用连续封闭的轻钢结构预制装配式活动围挡,减少建筑垃圾,保护土地。

5）施工现场道路按照永久道路和临时道路相结合的原则布置。施工现场内形成环形通路,减少道路占用土地。

6）临时设施布置应注意远近结合（本期工程与下期工程）,努力减少和避免大量临时建筑拆迁和场地搬迁。

知识点二、施工节能技术进步和激励措施的规定

（一）节能技术进步

《节约能源法》规定,国家鼓励、支持节能科学技术的研究、开发、示范和推广,促进节能技术创新与进步。

1. 政府政策引导

国务院管理节能工作的部门会同国务院科技主管部门发布节能技术政策大纲,指导节能技术研究、开发和推广应用。县级以上各级人民政府应当把节能技术研究开发作为政府科技投入的重点领域,支持科研单位和企业开展节能技术应用研究,制定节能标准,开发节能共性和关键技术,促进节能技术创新与成果转化。

2. 政府资金扶持

《中华人民共和国循环经济促进法》规定,国务院和省、自治区、直辖市人民政府设立发展循环经济的有关专项资金,支持循环经济的科技研究开发、循环经济技术和产品的示范与推广、重大循环经济项目的实施、发展循环经济的信息服务等。

利用财政性资金引进循环经济重大技术、装备的,应当制定消化、吸收和创新方案,报有关主管部门审批并由其监督实施;有关主管部门应当根据实际需要建立协调机制,对重大技术、装备的引进和消化、吸收、创新实行统筹协调,并给予资金支持。

（二）节能激励措施

按照《中华人民共和国节约能源法》《中华人民共和国循环经济促进法》的规定,主要有如下相关的节能激励措施。

1. 财政安排节能专项资金

中央财政和省级地方财政安排节能专项资金,支持节能技术研究开发、节能技术和产品的示范与推广、重点节能工程的实施、节能宣传培训、信息服务和表彰奖励等。

国家通过财政补贴支持节能照明器具等节能产品的推广和使用。

2. 税收优惠

国家对生产、使用列入国务院管理节能工作的部门会同国务院有关部门制定并公布的节能技术、节能产品推广目录的需要支持的节能技术、节能产品,实行税收优惠等扶持政策。

国家运用税收等政策,鼓励先进节能技术、设备的进口,控制在生产过程中耗能高、污染重的产品的出口。

国家对促进循环经济发展的产业活动给予税收优惠,并运用税收等措施鼓励进口先进的节能、节水、节材等技术、设备和产品,限制在生产过程中耗能高、污染重的产品的出口。

企业使用或者生产列入国家清洁生产、资源综合利用等鼓励名录的技术、工艺、设备或者产品的,按照国家有关规定享受税收优惠。

3. 信贷支持

国家引导金融机构增加对节能项目的信贷支持,为符合条件的节能技术研究开发、节能产品生产以及节能技术改造等项目提供优惠贷款。国家推动和引导社会有关方面加大对节能的资金投入,加快节能技术改造。

对符合国家产业政策的节能、节水、节地、节材、资源综合利用等项目,金融机构应当给予优先贷款等信贷支持,并积极提供配套金融服务。

对生产、进口、销售或者使用列入淘汰名录的技术、工艺、设备、材料或者产品的企业,金融机构不得提供任何形式的授信支持。

4. 价格政策

国家实行有利于节能的价格政策,引导施工单位和个人节能。国家运用财税、价格等政策,支持推广电力需求侧管理、合同能源管理、节能自愿协议等节能办法。

国家实行有利于资源节约和合理利用的价格政策,引导单位和个人节约和合理使用水、电、气等资源性产品。

5. 表彰奖励

各级人民政府对在节能管理、节能科学技术研究和推广应用中有显著成绩以及检举严重浪费能源行为的单位和个人,给予表彰和奖励。

企业事业单位应当对在循环经济发展中做出突出贡献的集体和个人给予表彰和奖励。

随堂测试

1. 根据《绿色施工导则》,关于非传统水源利用的说法,正确的是(　　　)。

A. 现场机具、设备、车辆冲洗、喷洒路面、绿化浇灌等用水,优先采用非传统水源,尽量不使用市政自来水

B. 可以采用地下水搅拌、地下水养护,有条件的地区和工程应当收集雨水养护

C. 处于基坑降水阶段的工地,地下水不得作为生活用水

D. 施工中非传统水源和循环水的再利用量力争大于20%

2. 建设工程施工过程中,关于施工节材的说法,正确的是(　　　)。

A. 应当使用散装水泥　　　　　　　　　　B. 禁止损毁耕地烧砖

C. 应当使用预拌混凝土　　　　　　　　　D. 禁止远距离运输

3. 根据《绿色施工导则》,施工现场500 km以内生产的建筑材料用量应当占建筑材料总重量的(　　　)以上。

A. 50%　　　　　　　B. 60%　　　　　　　C. 80%　　　　　　　D. 70%

4. 关于用能单位节能管理要求的说法,正确的是(　　　)。

A. 用能单位应当加强能源计价管理

B. 用能单位应当不定期开展节能教育和岗前节能培训

C. 用能单位应当建立节能目标责任制

D. 鼓励用能单位对能源消费实行包费制

5. 关于民用建筑强制节能标准的说法,正确的是(　　　)。

A. 不符合民用建筑强制性节能标准的项目,已经建成的必须拆除

B. 监理单位发现某企业不按照民用建筑强制性节能标准施工的,应当直接向建设单位报告

C. 不符合民用建筑强制性节能标准的项目,建设单位不得开工建设

D. 监理单位发现施工企业不按照民用建筑强制性节能标准施工的,应当直接向有关行政部门报告

6. 以下关于建筑节能的说法,错误的是(　　　)。

A. 企业可以制定严于国家标准的企业节能标准

B. 国家实行固定资产项目节能评估和审查制度

C. 不符合强制性节能标准的项目不得开工建设

D. 省级人民政府建设主管部门可以制定低于行业标准的地方建筑节能标准

7. 根据《循环经济促进法》规定,以下不属于国家鼓励推广使用的工程建筑材料是(　　　)。

A. 预拌混凝土　　　　　B. 袋装水泥　　　　　C. 预拌砂浆　　　　　D. 散装水泥

8. 根据《绿色施工导则》,四节一环保中的"四节"是指(　　　)。

A. 节工,节材,节机,节能　　　　　　　B. 节能,节地,节水,节材

C. 节水,节电,节气,节机　　　　　　　D. 节气,节材,节工,节水

任务 9.4　劳动合同了解一下?

知识点一、劳动合同

劳动合同是在市场经济体制下,用人单位与劳动者进行双向选择、确定劳动关系、明确双方权利与义务的协议,是保护劳动者合法权益的基本依据。

劳动合同分为固定期限劳动合同、无固定期限劳动合同和以完成一定工作任务为期限的劳动合同。固定期限劳动合同,是指用人单位与劳动者约定合同终止时间的劳动合同。无固定期限劳动合同,是指用人单位与劳动者约定无确定终止时间的劳动合同。以完成一定工作任务为期限的劳动合同,是指用人单位与劳动者约定以某项工作的完成为合同期限的劳动合同。

(一)劳动合同的订立

1. 劳动合同的订立原则

《中华人民共和国劳动合同法》(以下简称《劳动合同法》)规定,订立劳动合同,应当遵循合法、公平、平等自愿、协商一致、诚实信用的原则。用人单位招用劳动者,不得扣押劳动者的居民身份证和其他证件,不得要求劳动者提供担保或者以其他名义向劳动者收取财物。

《建筑工人实名制管理办法(试行)》规定,全面实行建筑业农民工实名制管理制度,坚持建筑企业与农民工先签订劳动合同后进场施工。建筑企业应与招用的建筑工人依法签订劳动合同,对其进行基本安全培训,并在相关建筑工人实名制管理平台上登记,方可允许其进入施工现场从事与建筑作业相关的活动。建筑工人应配合有关部门和所在建筑企业的实名制管理工作,进场作业前须依法签订劳动合同并接受基本安全培训。

2. 劳动合同的基本条款

劳动合同应当具备以下条款。

1)用人单位的名称、住所和法定代表人或者主要负责人。

2)劳动者的姓名、住址和居民身份证或者其他有效身份证件号码。

3)劳动合同期限。

4)工作内容和工作地点。

5)工作时间和休息休假。

6）劳动报酬。

7）社会保险。

8）劳动保护、劳动条件和职业危害防护。

9）法律、法规规定应当纳入劳动合同的其他事项。

劳动合同除前款规定的必备条款外，用人单位与劳动者可以约定试用期、培训、保守秘密、补充保险和福利待遇等其他事项。

3. 订立劳动合同的注意事项

建立劳动关系，应当订立书面劳动合同。已建立劳动关系，未同时订立书面劳动合同的，应当自用工之日起1个月内订立书面劳动合同。用人单位与劳动者在用工前订立劳动合同的，劳动关系自用工之日起建立。劳动合同对劳动报酬和劳动条件等标准约定不明确，引发争议的，用人单位与劳动者可以重新协商；协商不成的，适用集体合同规定；没有集体合同或者集体合同未规定劳动报酬的，实行同工同酬；没有集体合同或者集体合同未规定劳动条件等标准的，适用国家有关规定。

【案例及评析】

劳动合同期限3个月以上不满1年的，试用期不得超过1个月；劳动合同期限1年以上不满3年的，试用期不得超过2个月；3年以上固定期限和无固定期限的劳动合同，试用期不得超过6个月。同一用人单位与同一劳动者只能约定一次试用期。以完成一定工作任务为期限的劳动合同或者劳动合同期限不满3个月的，不得约定试用期。试用期包含在劳动合同期限内。劳动合同仅约定试用期的，试用期不成立，该期限为劳动合同期限。劳动者在试用期的工资不得低于本单位相同岗位最低档工资或者劳动合同约定工资的80%，并不得低于用人单位所在地的最低工资标准。

（二）劳动合同的生效与无效

劳动合同由用人单位与劳动者协商一致，并经用人单位与劳动者在劳动合同文本上签字或者盖章生效。双方当事人签字或者盖章时间不一致的，以最后一方签字或者盖章的时间为准；如果一方没有写签字时间，则另一方写明的签字时间就是合同生效时间。

《劳动合同法》规定，下列劳动合同无效或者部分无效。

1）以欺诈、胁迫的手段或者乘人之危，使对方在违背真实意思的情况下订立或者变更劳动合同的。

2）用人单位免除自己的法定责任、排除劳动者权利的。

3）违反法律、行政法规强制性规定的。

对劳动合同的无效或者部分无效有争议的，由劳动争议仲裁机构或者人民法院确认。劳动合同部分无效，不影响其他部分效力的，其他部分仍然有效。劳动合同被确认无效，劳动者已付出劳动的，用人单位应当向劳动者支付劳动报酬。劳动报酬的数额，参照本单位相同或者相近岗位劳动者的劳动报酬确定。

《中华人民共和国劳动法》（以下简称《劳动法》）规定，无效的劳动合同，从订立的时候起，就没有法律约束力。确认劳动合同部分无效的，如果不影响其余部分的效力，其余部分仍然有效。

（三）劳动合同的履行和变更

劳动合同一经依法订立便具有法律效力。

1. 劳动合同的履行

1）用人单位与劳动者应当按照劳动合同的约定，全面履行各自的义务。

2）用人单位应当按照劳动合同约定和国家规定，向劳动者及时足额支付劳动报酬。用人单位拖欠或者未足额支付劳动报酬的，劳动者可以依法向当地人民法院申请支付令，人民法院应当依法发出支付令。

3）用人单位应当严格执行劳动定额标准，不得强迫或者变相强迫劳动者加班。用人单位安排加班的，应当按照国家有关规定向劳动者支付加班费。

4）劳动者拒绝用人单位管理人员违章指挥、强令冒险作业的，不视为违反劳动合同。劳动者对危害生命安全和身体健康的劳动条件，有权对用人单位提出批评、检举和控告。

2. 劳动合同的变更

1）用人单位变更名称、法定代表人、主要负责人或者投资人等事项，不影响劳动合同的履行。

2）用人单位发生合并或者分立等情况,原劳动合同继续有效,劳动合同由承继其权利和义务的用人单位继续履行。

3）用人单位与劳动者协商一致,可以变更劳动合同约定的内容。变更劳动合同,应当采用书面形式。变更后的劳动合同文本由用人单位和劳动者各执一份。

（四）劳动合同的解除和终止

劳动合同的解除是指当事人双方提前终止劳动合同、解除双方权利义务关系的法律行为,可分为协商解除、法定解除和约定解除三种情况。劳动合同的终止是指劳动合同期满或者出现法定情形以及当事人约定的情形而导致劳动合同的效力消灭,劳动合同即行终止。

1. 劳动者可以单方面解除劳动合同的规定

劳动者提前三十日以书面形式通知用人单位,可以解除劳动合同。劳动者在试用期内提前三日通知用人单位,可以解除劳动合同。

《劳动合同法》第三十八条规定,用人单位有下列情形之一的,劳动者可以解除劳动合同。

1）未按照劳动合同约定提供劳动保护或者劳动条件的。

2）未及时足额支付劳动报酬的。

3）未依法为劳动者缴纳社会保险费的。

4）用人单位的规章制度违反法律、法规的规定,损害劳动者权益的。

5）因《劳动合同法》第三十六条 第一款规定的情形致使劳动合同无效的。

6）法律、行政法规规定劳动者可以解除劳动合同的其他情形。

用人单位以暴力、威胁或者非法限制人身自由的手段强迫劳动者劳动的,或者用人单位违章指挥、强令冒险作业危及劳动者人身安全的,劳动者可以立即解除劳动合同,不需事先告知用人单位。

2. 用人单位可以单方面解除劳动合同的规定

《劳动合同法》第三十九条规定,劳动者有下列情形之一的,用人单位可以解除劳动合同。

1）在试用期间被证明不符合录用条件的。

2）严重违反用人单位的规章制度的。

3）严重失职,营私舞弊,给用人单位造成重大损害的。

4）劳动者同时与其他用人单位建立劳动关系,对完成本单位的工作任务造成严重影响,或者经用人单位提出,拒不改正的。

5）因《劳动合同法》第二十六条第一款第一项规定的情形致使劳动合同无效的。

6）被依法追究刑事责任的。

《劳动合同法》第四十条规定,有下列情形之一的,用人单位提前三十日以书面形式通知劳动者本人或者额外支付劳动者一个月工资后,可以解除劳动合同。

1）劳动者患病或者非因工负伤,在规定的医疗期满后不能从事原工作,也不能从事由用人单位另行安排的工作的。

2）劳动者不能胜任工作,经过培训或者调整工作岗位,仍不能胜任工作的。

3）劳动合同订立时所依据的客观情况发生重大变化,致使劳动合同无法履行,经用人单位与劳动者协商,未能就变更劳动合同内容达成协议的。

3. 用人单位经济性裁员的规定

《劳动合同法》第四十一条规定,有下列情形之一,需要裁减人员二十人以上或者裁减不足二十人但占企业职工总数 10% 以上的,用人单位提前三十日向工会或者全体职工说明情况,听取工会或者职工的意见后,裁减人员方案经向劳动行政部门报告,可以裁减人员。

1）依照企业破产法规定进行重整的。

2）生产经营发生严重困难的。

3）企业转产、重大技术革新或者经营方式调整,经变更劳动合同后,仍需裁减人员的。

4）其他因劳动合同订立时所依据的客观经济情况发生重大变化,致使劳动合同无法履行的。

裁减人员时,应当优先留用下列人员。

1)与本单位订立较长期限的固定期限劳动合同的。

2)与本单位订立无固定期限劳动合同的。

3)家庭无其他就业人员,有需要扶养的老人或者未成年人的。

用人单位裁减人员,在六个月内重新招用人员的,应当通知被裁减的人员,并在同等条件下优先招用被裁减的人员。

4. 用人单位不得解除劳动合同的规定

为保护特殊群体劳动者的权益,《劳动合同法》第四十二条规定,劳动者有下列情形之一的,用人单位不得依照该法第四十条、第四十一条的规定解除劳动合同。

1)从事接触职业病危害作业的劳动者未进行离岗前职业健康检查,或者疑似职业病病人在诊断或者医学观察期间的。

2)在本单位患职业病或者因工负伤并被确认丧失或者部分丧失劳动能力的。

3)患病或者非因工负伤,在规定的医疗期内的。

4)女职工在孕期、产期、哺乳期的。

5)在本单位连续工作满十五年,且距法定退休年龄不足五年的。

6)法律、行政法规规定的其他情形。

用人单位违反《劳动合同法》规定解除或者终止劳动合同,劳动者要求继续履行劳动合同的,用人单位应当继续履行;劳动者不要求继续履行劳动合同或者劳动合同已经不能继续履行的,用人单位应当依照该法规定的经济补偿标准的二倍向劳动者支付赔偿金。

5. 劳动合同的终止

《劳动合同法》第四十四条规定,有下列情形之一的,劳动合同终止。

1)劳动合同期满的。

2)劳动者开始依法享受基本养老保险待遇的。

3)劳动者死亡,或者被人民法院宣告死亡或者宣告失踪的。

4)用人单位被依法宣告破产的。

5)用人单位被吊销营业执照、责令关闭、撤销或者用人单位决定提前解散的。

6)法律、行政法规规定的其他情形。

劳动合同期满,有《劳动合同法》第四十二条规定情形之一的,劳动合同应当续延至相应的情形消失时终止。但是,在本单位患职业病或者因工负伤并被确认丧失或者部分丧失劳动能力劳动者的劳动合同的终止,按照国家有关工伤保险的规定执行。

(五)建设工程用工模式

1. 劳务派遣

劳务派遣又称劳动力派遣、劳动派遣或人才租赁,是指依法设立的劳务派遣单位与劳动者订立劳动合同,依据与接受劳务派遣单位(即实际用工单位)订立的劳务派遣协议,将劳动者派遣到实际用工单位工作,由派遣单位向劳动者支付工资、福利及社会保险费用,实际用工单位提供劳动条件并按照劳务派遣协议支付用工费用的新型用工方式。其显著特征是劳动者的聘用与使用分离。

劳务派遣单位(用人单位),应当履行用人单位对劳动者的义务。劳务派遣单位与被派遣劳动者订立的劳动合同,除应当载明劳动合同的一般条款外,还应当载明被派遣劳动者的用工单位以及派遣期限、工作岗位等情况。劳务派遣单位应当与被派遣劳动者订立二年以上的固定期限劳动合同,按月支付劳动报酬;被派遣劳动者在无工作期间,劳务派遣单位应当按照所在地人民政府规定的最低工资标准,向其按月支付报酬。

劳务派遣单位派遣劳动者应当与接受以劳务派遣形式用工的单位(用工单位)订立劳务派遣协议。劳务派遣协议应当约定派遣岗位和人员数量、派遣期限、劳动报酬和社会保险费的数额与支付方式以及违反协议的责任。用工单位应当根据工作岗位的实际需要与劳务派遣单位确定派遣期限,不得将连续用工期限分割订立数个短期劳务派遣协议。

劳务派遣单位应当将劳务派遣协议的内容告知被派遣劳动者。劳务派遣单位不得克扣用工单位按照劳务派遣协议支付给被派遣劳动者的劳动报酬。劳务派遣单位和用工单位不得向被派遣劳动者收取费用。

劳务派遣单位跨地区派遣劳动者的,被派遣劳动者享有的劳动报酬和劳动条件,按照用工单位所在地的标准执行。

思 政 园 地

除劳务派遣外,我国还有其他用工形式,如以工代赈。《国务院办公厅转发国家发展改革委关于在重点工程项目中大力实施以工代赈促进当地群众就业增收工作方案的通知》规定,以工代赈是促进群众就近就业增收、提高劳动技能的一项重要政策,能为群众特别是农民工、脱贫人口等规模性提供务工岗位,是完善收入分配制度、支持人民群众通过劳动增加收入创造幸福生活的重要方式。重点工程项目业主单位要在设计、招标投标过程中明确以工代赈用工及劳务报酬发放要求,在工程服务合同中与施工单位约定相关责任义务。施工单位负责以工代赈务工人员在施工现场的日常管理,及时足额发放劳务报酬,保障劳动者合法权益。监理单位要把以工代赈务工人员在施工现场的务工组织管理和劳务报酬发放等作为工程监理的重要内容。

2. 改革建筑用工制度

《国务院办公厅关于促进建筑业持续健康发展的意见》指出,推动建筑业劳务企业转型,大力发展木工、电工、砌筑、钢筋制作等以作业为主的专业企业。以专业企业为建筑工人的主要载体,逐步实现建筑工人公司化、专业化管理。鼓励现有专业企业进一步做专做精,增强竞争力,推动形成一批以作业为主的建筑业专业企业。促进建筑业农民工向技术工人转型,着力稳定和扩大建筑业农民工就业创业。建立全国建筑工人管理服务信息平台,开展建筑工人实名制管理,记录建筑工人的身份信息、培训情况、职业技能、从业记录等信息,逐步实现全覆盖。

《国务院办公厅关于全面治理拖欠农民工工资问题的意见》中指出,改革工程建设领域用工方式。加快培育建筑产业工人队伍,推进农民工组织化进程。鼓励施工企业将一部分技能水平高的农民工招用为自有工人,不断扩大自有工人队伍。引导具备条件的劳务作业班组向专业企业发展。实行施工现场维权信息公示制度。施工总承包企业负责在施工现场醒目位置设立维权信息告示牌,明示业主单位、施工总承包企业及所在项目部、分包企业、行业监管部门等基本信息;明示劳动用工相关法律法规、当地最低工资标准、工资支付日期等信息;明示属地行业监管部门投诉举报电话和劳动争议调解仲裁、劳动保障监察投诉举报电话等信息,实现所有施工场地全覆盖。

《住房和城乡建设部等部门关于加快培育新时代建筑产业工人队伍的指导意见》中指出,规范建筑行业劳动用工制度。用人单位应与招用的建筑工人依法签订劳动合同,严禁用劳务合同代替劳动合同,依法规范劳务派遣用工。施工总承包单位或者分包单位不得安排未订立劳动合同并实名登记的建筑工人进入项目现场施工。制定推广适合建筑业用工特点的简易劳动合同示范文本,加大劳动监察执法力度,全面落实劳动合同制度。

知识点二、劳动保护

《劳动法》对劳动者的工作时间、休息休假、工资、劳动安全卫士、女职工和未成年工等作了法律规定。

(一)工作时间和工资

1. 工作时间

国家实行劳动者每日工作时间不超过八小时、平均每周工作时间不超过四十四小时的工时制度。用人单位应当保证劳动者每周至少休息一日。

企业因生产特点不能实行上述规定的,经劳动行政部门批准,可以实行其他工作和休息办法。

用人单位由于生产经营需要,经与工会和劳动者协商后可以延长工作时间,一般每日不得超过一小时;

因特殊原因需要延长工作时间的,在保障劳动者身体健康的条件下延长工作时间每日不得超过三小时,但是每月不得超过三十六小时。发生自然灾害、事故或者因其他原因,威胁劳动者生命健康和财产安全,需要紧急处理的;生产设备、交通运输线路、公共设施发生故障,影响生产和公众利益,必须及时抢修的以及法律、行政法规规定的其他情形,需要延迟工作时间的不受上述限制。

有下列情形之一的,用人单位应当按照下列标准支付高于劳动者正常工作时间工资的工资报酬。

1)安排劳动者延长工作时间的,支付不低于工资的150%的工资报酬。

2)休息日安排劳动者工作又不能安排补休的,支付不低于工资的200%的工资报酬。

3)法定休假日安排劳动者工作的,支付不低于工资的300%的工资报酬。

2. 工资

工资分配应当遵循按劳分配原则,实行同工同酬。用人单位根据本单位的生产经营特点和经济效益,依法自主确定本单位的工资分配方式和工资水平。工资应当以货币形式按月支付给劳动者本人。不得克扣或者无故拖欠劳动者的工资。劳动者在法定休假日和婚丧假期间以及依法参加社会活动期间,用人单位应当依法支付工资。

国家实行最低工资保障制度。用人单位支付劳动者的工资不得低于当地最低工资标准。

3. 农民工工资支付的规定

《保障农民工工资支付条例》规定,农民工有按时足额获得工资的权利。任何单位和个人不得拖欠农民工工资。

建设单位应当向施工单位提供工程款支付担保。建设单位与施工总承包单位依法订立书面工程施工合同,应当约定工程款计量周期、工程款进度结算办法以及人工费用拨付周期,并按照保障农民工工资按时足额支付的要求约定人工费用。人工费用拨付周期不得超过1个月。

施工总承包单位应当按照有关规定开设农民工工资专用账户,专项用于支付该工程建设项目农民工工资。开设、使用农民工工资专用账户有关资料应当由施工总承包单位妥善保存备查。

建设单位应当按照合同约定及时拨付工程款,并将人工费用及时足额拨付至农民工工资专用账户,加强对施工总承包单位按时足额支付农民工工资的监督。因建设单位未按照合同约定及时拨付工程款导致农民工工资拖欠的,建设单位应当以未结清的工程款为限先行垫付被拖欠的农民工工资。建设单位应当以项目为单位建立保障农民工工资支付协调机制和工资拖欠预防机制,督促施工总承包单位加强劳动用工管理,妥善处理与农民工工资支付相关的矛盾纠纷。发生农民工集体讨薪事件的,建设单位应当会同施工总承包单位及时处理,并向项目所在地人力资源社会保障行政部门和相关行业工程建设主管部门报告有关情况。

分包单位对所招用农民工的实名制管理和工资支付负直接责任。施工总承包单位对分包单位劳动用工和工资发放等情况进行监督。分包单位拖欠农民工工资的,由施工总承包单位先行清偿,再依法进行追偿。工程建设项目转包,拖欠农民工工资的,由施工总承包单位先行清偿,再依法进行追偿。

建设单位或者施工总承包单位将建设工程发包或者分包给个人或者不具备合法经营资格的单位,导致拖欠农民工工资的,由建设单位或者施工总承包单位清偿。施工单位允许其他单位和个人以施工单位的名义对外承揽建设工程,导致拖欠农民工工资的,由施工单位清偿。工程建设项目违反国土空间规划、工程建设等法律法规,导致拖欠农民工工资的,由建设单位清偿。

(二)劳动安全卫生制度

《劳动法》规定,用人单位必须建立、健全劳动安全卫生制度,严格执行国家劳动安全卫生规程和标准,对劳动者进行劳动安全卫生教育,防止劳动过程中的事故,减少职业危害。

劳动安全卫生设施必须符合国家规定的标准。新建、改建、扩建工程的劳动安全卫生设施必须与主体工程同时设计、同时施工、同时投入生产和使用。

用人单位必须为劳动者提供符合国家规定的劳动安全卫生条件和必要的劳动防护用品,对从事有职业危害作业的劳动者应当定期进行健康检查。

从事特种作业的劳动者必须经过专门培训并取得特种作业资格。

劳动者在劳动过程中必须严格遵守安全操作规程。劳动者对用人单位管理人员违章指挥、强令冒险作业,有权拒绝执行;对危害生命安全和身体健康的行为,有权提出批评、检举和控告。

(三)对女职工和未成年工的特殊保护

国家对女职工和未成年工实行特殊劳动保护。

1. 女职工的特殊保护

《劳动法》规定,禁止安排女职工从事矿山井下、国家规定的第四级体力劳动强度的劳动和其他禁忌从事的劳动。不得安排女职工在经期从事高处、低温、冷水作业和国家规定的第三级体力劳动强度的劳动。不得安排女职工在怀孕期间从事国家规定的第三级体力劳动强度的劳动和孕期禁忌从事的劳动。对怀孕七个月以上的女职工,不得安排其延长工作时间和夜班劳动。女职工生育享受不少于九十天的产假。不得安排女职工在哺乳未满一周岁的婴儿期间从事国家规定的第三级体力劳动强度的劳动和哺乳期禁忌从事的其他劳动,不得安排其延长工作时间和夜班劳动。

2. 未成年工的特殊保护

未成年工是指年满十六周岁未满十八周岁的劳动者。《劳动法》规定,不得安排未成年工从事矿山井下、有毒有害、国家规定的第四级体力劳动强度的劳动和其他禁忌从事的劳动。用人单位应当对未成年工定期进行健康检查。

随堂测试

1. 关于劳动合同履行的说法,正确的是( )。
A. 用人单位变更名称,原劳动合同可终止
B. 用人单位发生合并或者分立,原劳动合同解除
C. 用人单位变更投资人不影响劳动合同的履行
D. 用人单位变更法定代表人,应当重新订立劳动合同

2. 关于劳动合同试用期的说法,正确的是( )。
A. 初次订立劳动合同的,可以仅约定试用期,而不约定劳动合同期限
B. 同一用人单位与同一劳动者只能约定 1 次试用期
C. 试用期不包含在劳动合同期限之内
D. 劳动合同期限不满 1 年的,不得约定试用期

3. 马某与某施工企业订立了一份 2 年期限的劳动合同,合同约定了试用期,同时约定合同生效时间为 5 月 1 日,则试用期最晚应当截止于( )。
A. 11 月 1 日　　　　B. 8 月 1 日　　　　C. 7 月 1 日　　　　D. 6 月 1 日

4. 根据《劳动合同法》,下列情形中,用人单位不得与劳动者解除劳动合同的是( )。
A. 在试用期间被证明不符合录用条件的
B. 患病或非因工负伤,在规定的医疗期内的
C. 严重违反用人单位的规章制度的
D. 被依法追究刑事责任的

5. 关于劳动者工资的说法,正确的是( )。
A. 企业基本工资制度分为等级工资制和结构工资制
B. 工资可以以实物形式按月支付给劳动者本人
C. 用人单位支付劳动者的工资不得低于当地平均工资标准
D. 劳动者在婚假期间,用人单位应当支付工资

6. 甲施工企业与乙劳务派遣公司订立劳务派遣协议,由乙向甲派遣员工丁某。关于该用工关系的说法,正确的是( )。
A. 丁某工作时因工受伤,甲应当申请工伤认定
B. 派遣期间,甲被宣告破产,可以将丁某退回乙

C. 乙应当对丁某进行工作岗位所必需的培训

D. 派遣期间,丁被退回,乙不再向其支付劳动报酬

7. 关于劳务派遣的说法,正确的有(　　　)。

A. 劳务派遣的显著特征是劳动者的聘用与使用分离

B. 经营劳务派遣业务,应当向劳动行政部门依法申请行政许可

C. 实施劳务派遣的,由用工单位与劳动者订立劳动合同

D. 劳务派遣可以在替代性的工作岗位上实施

E. 被派遣劳动者在无工作期间,劳务派遣单位无需向其支付报酬

8. 下列情形中,用人单位不得解除劳动合同的有(　　　)。

A. 在本单位患职业病或者因工负伤并被确认丧失成者部分丧失劳动能力的

B. 患者或者非因工负伤,在规定的医疗期内的

C. 劳动者被依法追究刑事责任的

D. 女职工在孕期、产期、哺乳期的

E. 劳动者不能胜任工作,经过培训,仍不能胜任工作的

9. 某单位如下工作安排中,符合《劳动法》劳动保护规定的有(　　　)。

A. 安排怀孕6个月的女工钱某从事夜班工作

B. 安排17岁的李某担任矿井安检员

C. 安排女工赵某在经期从事冷水作业

D. 批准女工孙某休产假80天

E. 安排15岁的周某担任仓库管理员

10. 关于劳动合同订立的说法,正确的有(　　　)。

A. 试用期包含在劳动合同期限内

B. 固定期限劳动合同不能超过10年

C. 商业保险是劳动合同的必备条款

D. 劳动关系自劳动合同订立之日起建立

E. 建立全日制劳动关系,应当订立书面劳动合同

11. 劳动者发生下列情形,用人单位可以随时解除劳动合同的有(　　　)。

A. 在试用期被证明不符合录用条件的

B. 不能胜任工作,经过培训或者调整工作岗位,仍不能胜任工作的

C. 严重违反用人单位规章制度的

D. 同时与其他用人单位建立劳动关系,对完成本单位的工作任务造成严重影响的

E. 患病,在规定的医疗期满后不能从事原工作,也不能从事由用人单位另行安排的工作的

本模块小结

工程建设项目的投资建设不仅要满足投资者的功能要求和效益要求,还应该关注项目对社会环境、生态环境、人文环境的影响。

建筑施工企业应当遵守有关环境保护和安全生产的法律、法规的规定,采取有效的措施控制和处理施工现场的各种粉尘、废气、废水、固体废物以及噪声、振动对环境的污染和危害。另一方面,建设单位应当按照规定组织编制环境影响评价文件,对项目对环境可能产生的各类影响进行充分的分析和论证。同时,建设项目中防治污染的设施,应当与主体工程同时设计、同时施工、同时投产使用。

施工过程中应当遵守国家有关保护文物的法律规定。一切机关、组织和个人都有依法保护文物的义务。地下埋藏的文物,任何单位或者个人都不得私自发掘。考古发掘的文物,任何单位或者个人不得侵占。

我国是能源消耗大国,为实现"2030年前碳达峰"目标,建设单位、设计单位、施工单位都应当积极采用

建筑节能新技术、新工艺、新材料、新设备。

用人单位和劳动者应当依法签订劳动合同,确定劳动关系、明确双方权利与义务,保护劳动者合法权益。双方应当按照劳动合同的约定履行各自的义务。当发生法律规定的情形时,劳动者或用人单位可以解除劳动合同,并承担相应的责任。

思考与讨论

1. 某日 22:00 以后,某市城管执法队员接群众举报,在某工地内有产生噪声污染的建筑施工作业,严重影响了周围居民的休息。城管执法队员经调查取证后了解到,噪声源为混凝土施工,施工场界噪声经测试为 72.4 dB,该施工单位未办理过任何夜间施工手续并公告附近居民,也非抢险、抢修等特殊作业。

(1)本案中,施工单位的夜间施工作业有无违法行为?

(2)本案中的施工单位应当接受哪些行政处罚?

2. 某小区居民向市住房和城乡建设局投诉,反映其居住的住宅小区旁有一处建筑工地正在施工,尘土飞扬,已严重影响了当地居民的正常生活。市住房和城乡建设局立即派人对该工地进行检查,发现该工地正处于土石方开挖阶段,大量的建筑土方堆积在工地,且没有任何覆盖,造成工地周边尘土飞扬,对临近住宅小区居民的日常生活造成了严重影响。市住房和城乡建设局当即要求该施工单位进行限期整改。但是,该施工单位迟迟不采取任何整改措施,依然照常进行施工作业。

(1)施工单位有何违法行为?

(2)市住房和城乡建设局应当对其作何行政处罚?

3. 某环保局接到村民投诉,称某高速公路建设项目给村民的稻田造成了大面积污染。该环保局执法人员迅速赶到现场。经了解,是施工单位在混凝土搅拌场处私设排污口,将生产过程中产生的废水直接排入水沟,经水沟进入稻田,形成了板结,使村里几十亩水稻受损严重,还有几十亩水稻及经济作物轻微受损。

(1)本案中,施工单位向水沟直接排放施工废水的行为构成了何种水污染违法行为?

(2)施工单位直接向水沟排放施工废水的行为应受到何种处罚?

4. 某小区 1 号、2 号楼工程完成设计并开始施工。在施工过程中,建设单位按设计图纸规定的规格、数量要求采购了墙体材料、保温材料、采暖制冷系统等,并声称是优质产品;施工单位在以上材料设备进入施工现场后,便直接用于该项目的施工并形成工程实体,导致 1 号、2 号楼工程验收不合格。经有关部门检验,建设单位购买的墙体材料、保温材料、采暖制冷系统存在严重质量问题,用保温材料所做的墙体出现了结露、发霉等现象,不符合该项目设计图纸规定的质量要求。

(1)施工单位有何违法行为?

(2)施工单位应承担哪些法律责任?

5. 在某市的火车站南广场地下车库工程施工中,挖掘机司机挖到一座古墓,没有及时上报,而是将其重新掩埋,在晚上带人将古墓里的文物盗走,后经公安部门的努力,追回玉带 18 片,但其他出土文物不知去向。 文物保护专家表示,该处工地发现的是明朝某位皇亲的墓。

(1)本案中哪些行为违反了法律的规定?

(2)施工过程中发现文物时施工单位应该采取什么措施?

践行建议

1)生态环境保护是功在当代、利在千秋的事业,践行"绿水青山就是金山银山"理念,提高环境意识,自觉保护环境。

2)党的二十大报告中指出,"实施全面节约战略,推进各类资源节约集约利用",为深入推进节能和提高能效指明了前进方向,提供了根本遵循。我们要认真学习领会并深入贯彻习近平生态文明思想,坚持不懈推进节能和提高能效,着力推动高质量发展。

模块 10　建设工程竣工验收及工程质量保修法律制度

导读

　　本模块主要讲述建设工程竣工验收的相关规定,以及工程质量保修法律制度。通过本模块学习,应达到以下目标。

　　知识目标:掌握建设工程竣工验收的法定条件,熟悉建设工程竣工验收的程序。

　　能力目标:能够运用所学知识解决较简单的竣工结算和质量争议。

　　素质目标:培养程序思维和规则意识,树立严谨认真的工作态度,增进责任担当意识。

任务 10.1   什么情况下可以竣工验收?

引入案例

某钢铁厂将一幢职工宿舍楼的修建工程承包给 A 建筑公司,签订了一份建筑工程施工承包合同,对工期、质量、价款等作了详细规定。合同签订后,施工顺利。在宿舍里,工程的二层内装修完毕后,该厂的员工就强行搬了进去,以后每装修完一层,就住进去一层。到工程完工时,此楼已全部被该厂员工所占用。这时,钢铁厂对宿舍楼进行验收,发现一、二层墙皮脱落,门窗开关使用不便等问题,要求施工单位返工。A 建筑公司遂对门窗进行了检修,但拒绝重新粉刷墙壁,于是钢铁厂拒付剩余的工程款。A 建筑公司便向法院起诉,要求钢铁厂付清剩余的工程款。

请思考:本案中的宿舍楼未经验收,钢铁厂员工便提前占据使用,其质量问题该如何承担?

《建筑法》规定,建筑工程竣工经验收合格后,方可交付使用;未经验收或者验收不合格的,不得交付使用。竣工验收是指在建筑工程已按照设计要求完成全部施工任务,准备交付给建设单位投入使用时,由建设单位或有关主管部门依照在施工单位自行质量检查评定的基础上,参与建设活动的有关单位共同对检验批、分项、分部、单位工程的质量进行抽样复验,根据相关标准以书面形式对工程质量达到合格与否作出确认的活动。

知识点一、建设工程竣工验收法定条件及程序

(一)建设工程竣工验收的主体

《建设工程质量管理条例》规定,建设单位收到建设工程竣工报告后,应当组织设计、施工、工程监理等有关单位进行竣工验收。

对工程进行竣工检查和验收,是建设单位法定的权利和义务。在建设工程完工后,承包单位应当向建设单位提供完整的竣工资料和竣工验收报告,提请建设单位组织竣工验收。建设单位收到竣工验收报告后,应及时组织有设计、施工、工程监理等有关单位参加的竣工验收,检查整个工程项目是否已按照设计要求和合同约定全部建设完成,并符合竣工验收条件。

(二)建设工程竣工验收的法定条件

《建筑法》规定,交付竣工验收的建筑工程,必须符合规定的建筑工程质量标准,有完整的工程技术经济资料和经签署的工程保修书,并具备国家规定的其他竣工条件。

《建设工程质量管理条例》对建设工程竣工时应当具备的条件进行了细化。建设工程竣工验收应当具备下列条件。

1)完成建设工程设计和合同约定的各项内容。

2)有完整的技术档案和施工管理资料。

3)有工程使用的主要建筑材料、建筑构配件和设备的进场试验报告。

4)有勘察、设计、施工、工程监理等单位分别签署的质量合格文件。

5)有施工单位签署的工程保修书。

建设工程经验收合格,方可交付使用。

1. 完成建设工程设计和合同约定的各项内容

建设工程设计和合同约定的内容,主要是指设计文件所确定的以及承包合同中承包人承揽工程项目一览表中载明的工作范围,也包括监理工程师签发的变更通知单中所确定的工作内容。

2. 有完整的技术档案和施工管理资料

《建设工程文件归档规范》(GB/T 50328—2014)规定,建设工程档案的验收应纳入建设工程竣工联合验收环节。

工程技术档案和施工管理资料是工程竣工验收和质量保证的重要依据之一,主要包括以下档案和资料。

1)工程项目竣工验收报告。

2)分项、分部工程和单位工程技术人员名单。

3)图纸会审和技术交底记录。

4)设计变更通知单,技术变更核实单。

5)工程质量事故发生后调查和处理资料。

6)隐蔽验收记录及施工日志。

7)竣工图。

8)质量检验评定资料。

9)合同约定的其他资料。

3. 有工程使用的主要建筑材料、建筑构配件和设备的进场试验报告

对建设工程使用的主要建筑材料、建筑构配件和设备,除须具有质量合格证明资料外,还应当有进场试验、检验报告,其质量要求必须符合国家规定的标准。

4. 有勘察、设计、施工、工程监理等单位分别签署的质量合格文件

勘察、设计、施工、工程监理等有关单位要依据工程设计文件及承包合同所要求的质量标准,对竣工工程进行检查评定;符合规定的,应当签署合格文件。

5. 有施工单位签署的工程保修书

施工单位同建设单位签署的工程保修书,也是交付竣工验收的条件之一。

凡是没有经过竣工验收或者经过竣工验收确定为不合格的建设工程,不得交付使用。如果建设单位为提前获得投资效益,在工程未经验收就提前投产或使用,由此而发生的质量等问题,建设单位要承担相应的质量责任。

(三)建设工程竣工验收的程序

《房屋建筑和市政基础设施工程竣工验收规定》第六条规定,工程竣工验收应当按以下程序进行。

1)工程完工后,施工单位向建设单位提交工程竣工报告,申请工程竣工验收。实行监理的工程,工程竣工报告须经总监理工程师签署意见。

2)建设单位收到工程竣工报告后,对符合竣工验收要求的工程,组织勘察、设计、施工、监理等单位组成验收组,制定验收方案。对于重大工程和技术复杂工程,根据需要可邀请有关专家参加验收组。

3)建设单位应当在工程竣工验收7个工作日前将验收的时间、地点及验收组名单书面通知负责监督该工程的工程质量监督机构。

4)建设单位组织工程竣工验收。

建设、勘察、设计、施工、监理单位分别汇报工程合同履约情况和在工程建设各个环节执行法律、法规和工程建设强制性标准的情况;审阅建设、勘察、设计、施工、监理单位的工程档案资料;实地查验工程质量;对工程勘察、设计、施工、设备安装质量和各管理环节等方面做出全面评价,形成经验收组人员签署的工程竣工验收意见。

参与工程竣工验收的建设、勘察、设计、施工、监理等各方不能形成一致意见时,应当协商提出解决的方法,待意见一致后,重新组织工程竣工验收。

工程竣工验收合格后,建设单位应当及时提出工程竣工验收报告。工程竣工验收报告主要包括工程概况,建设单位执行基本建设程序情况,对工程勘察、设计、施工、监理等方面的评价,工程竣工验收时间、程序、内容和组织形式,工程竣工验收意见等内容。

工程竣工验收报告还应附有下列文件。

1)施工许可证。

2)施工图设计文件审查意见。

3)经项目经理和施工单位有关负责人审核签字的工程竣工报告。

4)经总监理工程师和监理单位有关负责人审核签字的工程质量评估报告。

5)经该项目勘察、设计负责人和勘察、设计单位有关负责人审核签字的质量检查报告。

6)施工单位签署的工程质量保修书。

7)验收组人员签署的工程竣工验收意见。

8)法规、规章规定的其他有关文件。

负责监督该工程的工程质量监督机构应当对工程竣工验收的组织形式、验收程序、执行验收标准等情况进行现场监督,发现有违反建设工程质量管理规定行为的,责令改正,并将对工程竣工验收的监督情况作为工程质量监督报告的重要内容。

思 政 园 地

为贯彻落实《国务院办公厅关于促进建筑业持续健康发展的意见》和《国务院办公厅转发住房城乡建设部关于完善质量保障体系提升建筑工程品质指导意见的通知》精神,依法界定并严格落实建设单位工程质量首要责任,不断提高房屋建筑和市政基础设施工程质量水平,《住房和城乡建设部关于落实建设单位工程质量首要责任的通知》指出,建设单位作为工程建设活动的总牵头单位,承担着重要的工程质量管理职责,对保障工程质量具有主导作用。各地要充分认识严格落实建设单位工程质量首要责任的必要性和重要性,进一步建立健全工程质量责任体系,推动工程质量提升,保障人民群众生命财产安全,不断满足人民群众对高品质工程和美好生活的需求。

根据《通知》精神,建设单位应当严格工程竣工验收。建设单位要在收到工程竣工报告后及时组织竣工验收,重大工程或技术复杂工程可邀请有关专家参加,未经验收合格不得交付使用。住宅工程竣工验收前,应组织施工、监理等单位进行分户验收,未组织分户验收或分户验收不合格,不得组织竣工验收。加强工程竣工验收资料管理,建立质量终身责任信息档案,落实竣工后永久性标牌制度,强化质量主体责任追溯。

知识点二、规划、消防、节能、环保等验收的规定

(一)建设工程竣工规划验收

《城乡规划法》规定,县级以上地方人民政府城乡规划主管部门按照国务院规定对建设工程是否符合规划条件予以核实。未经核实或者经核实不符合规划条件的,建设单位不得组织竣工验收。建设单位应当在竣工验收后6个月内向城乡规划主管部门报送有关竣工验收资料。

建设工程竣工后,建设单位应当依法向城乡规划行政主管部门提出竣工规划验收申请,由城乡规划行政主管部门按照选址意见书、建设用地规划许可证、建设工程规划许可证、乡村建设规划许可证及其有关规划的要求,对建设工程进行规划验收,包括对建设用地范围内的各项工程建设情况,建筑物的使用性质、位置、间距、层数、标高、平面、立面、外墙装饰材料和色彩,各类配套服务设施、临时施工用房、施工场地等进行全面核查,并作出验收记录。对于验收合格的,由城乡规划行政主管部门出具规划认可文件或核发建设工程竣工规划验收合格证。

(二)建设工程竣工消防验收

《中华人民共和国消防法》规定,国务院住房和城乡建设主管部门规定应当申请消防验收的建设工程竣工,建设单位应当向住房和城乡建设主管部门申请消防验收。

上述规定以外的其他建设工程,建设单位在验收后应当报住房和城乡建设主管部门备案,住房和城乡建设主管部门应当进行抽查。依法应当进行消防验收的建设工程,未经消防验收或者消防验收不合格的,禁止投入使用;其他建设工程经依法抽查不合格的,应当停止使用。

(三)建设工程竣工环保验收

《建设项目环境保护管理条例》规定,编制环境影响报告书、环境影响报告表的建设项目竣工后,建设单位应当按照国务院环境保护行政主管部门规定的标准和程序,对配套建设的环境保护设施进行验收,编制验收报告。建设单位在环境保护设施验收过程中,应当如实查验、监测、记载建设项目环境保护设施的建设和调试情况,不得弄虚作假。除按照国家规定需要保密的情形外,建设单位应当依法向社会公开验收报告。

分期建设、分期投入生产或者使用的建设项目,其相应的环境保护设施应当分期验收。

编制环境影响报告书、环境影响报告表的建设项目,其配套建设的环境保护设施经验收合格,方可投入生产或者使用;未经验收或者验收不合格的,不得投入生产或者使用。

(四)建设工程节能验收

《中华人民共和国节约能源法》规定,国家实行固定资产投资项目节能评估和审查制度。不符合强制性节能标准的项目,建设单位不得开工建设;已经建成的,不得投入生产、使用。政府投资项目不符合强制性节能标准的,依法负责项目审批的机关不得批准建设。

《民用建筑节能条例》进一步规定,建设单位组织竣工验收,应当对民用建筑是否符合民用建筑节能强制性标准进行查验;对不符合民用建筑节能强制性标准的,不得出具竣工验收合格报告。

建筑节能工程为单位建筑工程的一个分部工程,并按规定划分为分项工程和检验批。建筑节能工程应按照分项工程进行验收,如墙体节能工程、幕墙节能工程、门窗节能工程、屋面节能工程、地面节能工程、采暖节能工程、通风与空气调节节能工程、配电与照明节能工程等。当建筑节能分项工程的工程量较大时,可以将分项工程划分为若干个检验批进行验收。当建筑节能工程验收无法按照要求划分分项工程或检验批时,可由建设、施工、监理等各方协商进行划分。但验收项目、验收内容、验收标准和验收记录均应遵守《建筑节能工程施工质量验收规范》的规定。

【案例及评析】

知识点三、竣工结算、质量争议处理

(一)工程竣工结算

竣工验收是工程建设活动的最后阶段。在此阶段,建设单位与施工单位容易就合同价款结算、质量缺陷等引起纠纷,导致建设工程不能及时办理竣工验收或完成竣工验收。

1. 工程竣工结算

《民法典》规定,建设工程竣工后,发包人应当根据施工图纸及说明书、国家颁发的施工验收规范和质量检验标准及时进行验收。验收合格的,发包人应当按照约定支付价款,并接收该建设工程。

(1)工程竣工结算方式

财政部、原建设部《建设工程价款结算暂行办法》规定,工程完工后,双方应按照约定的合同价款及合同价款调整内容以及索赔事项,进行工程竣工结算。工程竣工结算分为单位工程竣工结算、单项工程竣工结算和建设项目竣工总结算。

(2)竣工结算文件的编制、提交与审查

1)竣工结算文件的提交。《建筑工程施工发包与承包计价管理办法》规定,工程完工后,承包方应当在约定期限内提交竣工结算文件。《建设工程价款结算暂行办法》规定,承包人应在合同约定期限内完成项目竣工结算编制工作,未在规定期限内完成并且提不出正当理由延期的,责任自负。

2)竣工结算文件的编审。单位工程竣工结算由承包人编制,发包人审查;实行总承包的工程,由具体承包人编制,在总包人审查的基础上,发包人审查。

单项工程竣工结算或建设项目竣工总结算由总(承)包人编制,发包人可直接进行审查,也可以委托具有相应资质的工程造价咨询机构进行审查。政府投资项目,由同级财政部门审查。单项工程竣工结算或建设项目竣工总结算经发、承包人签字盖章后有效。

《建筑工程施工发包与承包计价管理办法》规定,国有资金投资建筑工程的发包方,应当委托具有相应资质的工程造价咨询企业对竣工结算文件进行审核,并在收到竣工结算文件后的约定期限内向承包方提出由工程造价咨询企业出具的竣工结算文件审核意见;逾期未答复的,按照合同约定处理,合同没有约定的,竣工结算文件视为已被认可。

非国有资金投资的建筑工程发包方,应当在收到竣工结算文件后的约定期限内予以答复,逾期未答复的,按照合同约定处理,合同没有约定的,竣工结算文件视为已被认可;发包方对竣工结算文件有异议的,应当在答复期内向承包方提出,并可以在提出异议之日起的约定期限内与承包方协商;发包方在协商期内未与承包方协商或者经协商未能与承包方达成协议的,应当委托工程造价咨询企业进行竣工结算审核,并在协商期满后的约定期限内向承包方提出由工程造价咨询企业出具的竣工结算文件审核意见。

3)承包方异议的处理。承包方对发包方提出的工程造价咨询企业竣工结算审核意见有异议的,在接到该审核意见后一个月内,可以向有关工程造价管理机构或者有关行业组织申请调解,调解不成的,可以依法申请仲裁或者向人民法院提起诉讼。

4)竣工结算文件的确认与备案。工程竣工结算文件经发、承包双方签字确认的,应当作为工程决算的依据,未经对方同意,另一方不得就已生效的竣工结算文件委托工程造价咨询企业重复审核。发包方应当按照竣工结算文件及时支付竣工结算款。

竣工结算文件应当由发包方报工程所在地县级以上地方人民政府住房城乡建设主管部门备案。

2. 竣工结算文件的审查期限

《建设工程价款结算暂行办法》规定,单项工程竣工后,承包人应在提交竣工验收报告的同时,向发包人递交竣工结算报告及完整的结算资料,发包人应按以下规定时限进行核对(审查)并提出审查意见。

1)500万元以下,从接到竣工结算报告和完整的竣工结算资料之日起 20 天。

2)500万~2 000万元,从接到竣工结算报告和完整的竣工结算资料之日起 30 天。

3)2000万~5 000万元,从接到竣工结算报告和完整的竣工结算资料之日起 45 天。

4)5000万元以上,从接到竣工结算报告和完整的竣工结算资料之日起 60 天。

建设项目竣工总结算在最后一个单项工程竣工结算审查确认后 15 天内汇总,送发包人后 30 天内审查完成。

《建筑工程施工发包与承包计价管理办法》规定,发承包双方在合同中对竣工结算文件提交、审核的期限没有明确约定的,应当按照国家有关规定执行;国家没有规定的,可认为其约定期限均为 28 日。

3. 工程竣工价款结算

《建设工程价款结算暂行办法》规定,发包人收到承包人递交的竣工结算报告及完整的结算资料后,应按以上规定的期限(合同约定有期限的,从其约定)进行核实,给予确认或者提出修改意见。

发包人根据确认的竣工结算报告向承包人支付工程竣工结算价款,保留 5% 左右的质量保证(保修)金,待工程交付使用 1 年质保期到期后清算(合同另有约定的,从其约定),质保期内如有返修,发生费用应在质量保证(保修)金内扣除。

工程竣工结算以合同工期为准,实际施工工期比合同工期提前或延后,发、承包双方应按合同约定的奖惩办法执行。

4. 索赔及合同以外零星项目工程价款结算

发承包人未能按合同约定履行自己的各项义务或发生错误,给另一方造成经济损失的,由受损方按合同约定提出索赔,索赔金额按合同约定支付。

发包人要求承包人完成合同以外零星项目,承包人应在接受发包人要求的 7 天内就用工数量和单价、机械台班数量和单价、使用材料和金额等向发包人提出施工签证,发包人签证后施工,如发包人未签证,承包人施工后发生争议的,责任由承包人自负。

发包人和承包人要加强施工现场的造价控制,及时对工程合同外的事项如实记录并履行书面手续。凡由发、承包双方授权的现场代表签字的现场签证以及发、承包双方协商确定的索赔等费用，应在工程竣工结算中如实办理，不得因发、承包双方现场代表的中途变更改变其有效性。

5. 未按规定时限办理事项的处理

发包人收到竣工结算报告及完整的结算资料后，在《建设工程价款结算暂行办法》规定或合同约定期限内，对结算报告及资料没有提出意见，则视同认可。

承包人如未在规定时间内提供完整的工程竣工结算资料，经发包人催促后14天内仍未提供或没有明确答复，发包人有权根据已有资料进行审查，责任由承包人自负。

根据确认的竣工结算报告，承包人向发包人申请支付工程竣工结算款。发包人应在收到申请后15天内支付结算款，到期没有支付的应承担违约责任。承包人可以催告发包人支付结算价款，如达成延期支付协议，发包人应按同期银行贷款利率支付拖欠工程价款的利息。如未达成延期支付协议，承包人可以与发包人协商将该工程折价，或申请人民法院将该工程依法拍卖，承包人就该工程折价或者拍卖的价款优先受偿。

6. 工程价款结算争议处理

工程造价咨询机构接受发包人或承包人委托，编审工程竣工结算，应按合同约定和实际履约事项认真办理，出具的竣工结算报告经发、承包双方签字后生效。当事人一方对报告有异议的，可对工程结算中有异议部分，向有关部门申请咨询后协商处理，若不能达成一致的，双方可按合同约定的争议或纠纷解决程序办理。

发包人对工程质量有异议，已竣工验收或已竣工未验收但实际投入使用的工程，其质量争议按该工程保修合同执行；已竣工未验收且未实际投入使用的工程以及停工、停建工程的质量争议，应当就有争议部分的竣工结算暂缓办理，双方可就有争议的工程委托有资质的检测鉴定机构进行检测，根据检测结果确定解决方案，或按工程质量监督机构的处理决定执行，其余部分的竣工结算依照约定办理。

当事人对工程造价发生合同纠纷时，可通过下列办法解决。

1）双方协商确定。

2）按合同条款约定的办法提请调解。

3）向有关仲裁机构申请仲裁或向人民法院起诉。

《最高人民法院关于审理建设工程施工合同纠纷案件适用法律问题的解释（一）》规定，当事人对建设工程的计价标准或者计价方法有约定的，按照约定结算工程价款。因设计变更导致建设工程的工程量或者质量标准发生变化，当事人对该部分工程价款不能协商一致的，可以参照签订建设工程施工合同时当地建设行政主管部门发布的计价方法或者计价标准结算工程价款。

7. 工程价款结算管理

《建设工程价款结算暂行办法》规定，工程竣工后，发、承包双方应及时办清工程竣工结算。否则，工程不得交付使用，有关部门不予办理权属登记。

（二）竣工工程质量争议的处理

《建筑法》规定，建筑工程竣工时，屋顶、墙面不得留有渗漏、开裂等质量缺陷；对已发现的质量缺陷，建筑施工企业应当修复。《建设工程质量管理条例》规定，施工单位对施工中出现质量问题的建设工程或者竣工验收不合格的建设工程，应当负责返修。

据此，建设工程竣工时发现的质量问题或者质量缺陷，无论是建设单位的责任还是施工单位的责任，施工单位都有义务进行修复或返修。但是，对于非施工单位原因出现的质量问题或质量缺陷，其返修的费用和造成的损失是应由责任方承担的。

1. 承包方责任的处理

《民法典》规定，因施工人的原因致使建设工程质量不符合约定的，发包人有权请求施工人在合理期限内无偿修理或者返工、改建。

如果承包人拒绝修理、返工或改建的，《最高人民法院关于审理建设工程施工合同纠纷案件适用法律问题的解释（一）》规定，因承包人的原因造成建设工程质量不符合约定，承包人拒绝修理、返工或者改建，发包人请求减少支付工程价款的，人民法院应予支持。

2. 发包方责任的处理

《建筑法》规定,建设单位不得以任何理由,要求建筑设计单位或者建筑施工企业在工程设计或者施工作业中,违反法律、行政法规和建筑工程质量、安全标准,降低工程质量。

《最高人民法院关于审理建设工程施工合同纠纷案件适用法律问题的解释(一)》规定,发包人具有下列情形之一,造成建设工程质量缺陷,应当承担过错责任。

1)提供的设计有缺陷。

2)提供或者指定购买的建筑材料、建筑构配件、设备不符合强制性标准。

3)直接指定分包人分包专业工程。

承包人有过错的,也应当承担相应的过错责任。

3. 未经竣工验收擅自使用的处理

《民法典》《建筑法》及《建设工程质量管理条例》均规定,建设工程竣工验收合格后,方可交付使用;未经验收或验收不合格的,不得交付使用。

在实践中,一些建设单位出于各种原因,往往未经验收就擅自提前占有使用建设工程。为此《最高人民法院关于审理建设工程施工合同纠纷案件适用法律问题的解释(一)》规定,建设工程未经竣工验收,发包人擅自使用后,又以使用部分质量不符合约定为由主张权利的,人民法院不予支持;但是承包人应当在建设工程的合理使用寿命内对地基基础工程和主体结构质量承担民事责任。

知识点四、竣工验收报告备案的规定

《建设工程质量管理条例》规定,建设单位应当自建设工程竣工验收合格之日起 15 日内,将建设工程竣工验收报告和规划、公安消防、环保等部门出具的认可文件或者准许使用文件报建设行政主管部门或者其他有关部门备案。建设行政主管部门或者其他有关部门发现建设单位在竣工验收过程中有违反国家有关建设工程质量管理规定行为的,责令停止使用,重新组织竣工验收。

(一)竣工验收备案的时间及须提交的文件

建设单位应当自工程竣工验收合格之日起 15 日内,依照《房屋建筑和市政基础设施工程竣工验收备案管理办法》的规定,向工程所在地的县级以上地方人民政府建设主管部门备案。

建设单位办理工程验收备案应当提交下列文件。

1)工程竣工验收备案表。

2)工程竣工验收报告。竣工验收报告应当包括工程报建日期、施工许可证号、施工图设计文件审查意见,勘察、设计、施工、工程监理等单位分别签署的质量合格文件及验收人员签署的竣工验收原始文件,市政基础设施的有关质量检测和功能性试验资料以及备案机关认为需要提供的有关资料。

3)法律、行政法规规定应当由规划、环保等部门出具的认可文件或者准许使用文件。

4)法律规定应当由公安消防部门出具的对大型的人员密集场所和其他特殊建设工程验收合格的证明文件。

5)施工单位签署的工程质量保修书。

6)法规、规章规定必须提供的其他文件。

住宅工程还应当提交《住宅质量保证书》和《住宅使用说明书》。

(二)竣工验收备案文件的签收和处理

备案机关收到建设单位报送的竣工验收备案文件,验证文件齐全后,应当在工程竣工验收备案表上签署文件收讫。工程竣工验收备案表一式二份,一份由建设单位保存,一份留备案机关存档。

工程质量监督机构应当在工程竣工验收之日起 5 日内,向备案机关提交工程质量监督报告。

备案机关发现建设单位在竣工验收过程中有违反国家有关建设工程质量管理规定行为的,应当在收讫竣工验收备案文件 15 日内,责令停止使用,重新组织竣工验收。

随堂测试

1. 根据《建设工程质量管理条例》，建设工程竣工后，组织建设工程竣工验收的主体是（　　）。

A. 建设单位
B. 建设行政主管部门
C. 工程质量监督站
D. 施工企业

2. 建设工程未经竣工验收，发包人擅自使用后工程出现质量问题。关于该质量责任承担的说法，正确的是（　　）。

A. 承包人没有义务进行修复或返修
B. 承包人应当在建设工程的合理使用寿命内对地基基础工程和主体结构质量承担责任
C. 凡不符合合同约定或者验收规范的工程质量问题，承包人均应当承担责任
D. 发包人以使用部分质量不符合约定为由主张权利的，应当予以支持

3. 关于建设工程未经竣工验收，建设单位擅自使用后，又以使用部分质量不符合约定为由主张权利的说法，正确的是（　　）。

A. 建设单位以装饰工程质量不符合约定主张保修的，应予支持
B. 凡不符合合同约定或者验收规范的工程质量问题，施工企业均应当承担民事责任
C. 施工企业的保修责任可以全部免除
D. 施工企业应当在工程的合理使用寿命内对地基基础和主体结构质量承担民事责任

4. 根据《建设工程质量管理条例》，建设工程完工后，承包单位提请建设单位组织竣工验收应具备的条件是（　　）。

A. 有已签署的工程结算文件
B. 有勘察、设计、施工、工程监理等单位共同签署的质量合格文件
C. 有施工单位签署的工程保修书
D. 有工程使用的主要建筑材料、建筑构配件和设备的合格证书

5. 关于建设工程竣工规划验收的说法，正确的是（　　）。

A. 建设工程未经核实或者经核实不符合规划条件的，建设单位不得组织竣工验收
B. 建设单位应当向住房城乡建设主管部门提出竣工规划验收申请
C. 对于验收合格的建设工程，城乡规划行政主管部门出具建设工程规划许可证
D. 建设单位应当在竣工验收后3个月内向城乡规划行政主管部门报送有关竣工验收资料

6. 建设单位办理工程竣工验收备案应提交的材料不包括（　　）。

A. 工程竣工验收报告
B. 规划、招标投标、公安消防、环保部门的完整备案文件
C. 施工企业签署的工程质量保修书
D. 住宅工程的《住宅质量保证书》和《住宅使用说明书》

7. 关于工程竣工日期的说法，错误的是（　　）。

A. 经竣工验收合格的，以竣工验收合格之日为竣工日期
B. 未经竣工验收，发包人擅自使用的，以转移占有建设工程之日为竣工日期
C. 承包人已经提交竣工验收报告，发包人拖延验收的，以承包人提交竣工验收报告之日为竣工日期
D. 建设工程竣工前，当事人对工程质量有争议的，工程质量经鉴定合格后，以鉴定日期为竣工日期

8. 关于竣工工程质量问题处理的说法，正确的是（　　）。

A. 因发包人直接指定分包人分包专业工程造成质量问题的，分包人不承担责任
B. 因承包人的过错而造成的质量问题，发包人可以要求承包人修理、返工，但不能减少支付工程价款
C. 工程竣工时发现质量问题，无论是建设单位还是施工单位责任，施工单位都有义务进行修复或返修
D. 未经竣工验收，发包人擅自使用建设工程的，工程质量责任全部由发包人承担

9. 建设单位办理工程竣工验收备案应提交的主要材料包括工程竣工验收备案表、工程竣工验收报告、法

定应由规划环保等部门出具的相关文件、法定应由公安消防部门出具的证明文件以及(　　　)等。

A. 建设单位委托设计单位编制的设计文件

B. 施工单位签署的工程质量保修书

C. 勘察、设计、施工、工程监理等单位共同签署的质量合格文件

D. 规划、招投标、公安消防、环保部门的完整备案文件

10. 某博物馆项目竣工验收后,建设单位办理工程竣工验收备案应当提交的文件有(　　　)。

A. 工程竣工验收备案表

B.《住宅质量保证书》和《住宅使用说明书》

C. 施工单位签署的工程质量保修书

D. 工程竣工验收报告

E. 由规划、环保等部门出具的认可文件或者准许使用文件

11. 建设单位因急于投产,擅自使用了未经竣工验收的工程。使用过程中,建设单位发现了一些质量缺陷,遂以质量不符合约定为由将施工单位起诉到人民法院。下列情形中,能支持建设单位诉讼请求的有(　　　)。

A. 因建设单位使用不当造成防水层损坏　　　B. 因工人操作失误造成制冷系统损坏

C. 因百年一遇的台风造成屋面损毁　　　D. 使用中地基基础出现非正常沉陷

E. 使用中工程主体的某处大梁出现裂缝

任务 10.2　建设工程有保修卡吗?

《建筑法》和《建设工程质量管理条例》均规定,建设工程实行质量保修制度。

建设工程质量保修制度是指建设工程竣工经验收后,在规定的保修期限内,因勘察、设计、施工、材料等原因造成的质量缺陷,应当由施工承包单位负责维修、返工或更换,由责任单位负责赔偿损失的法律制度。

建筑工程作为一种特殊的耐用消费品,一旦建成后将长期使用。建筑工程在建设中存在的质量问题,在工程竣工验收时被发现的,必须经修复完好后,才能作为合格工程交付使用;有些质量问题在竣工验收时未被发现,而在一定期限内的使用过程中逐渐暴露出来的,施工企业则应当负责无偿修复,以维护用户的利益。

知识点一、质量保修书

《建设工程质量管理条例》规定,建设工程实行质量保修制度。建设工程承包单位在向建设单位提交工程竣工验收报告时,应当向建设单位出具质量保修书。质量保修书中应当明确建设工程的保修范围、保修期限和保修责任等。

(一)质量保修范围

《建筑法》规定,建筑工程的保修范围应当包括地基基础工程、主体结构工程、屋面防水工程和其他土建工程,以及电气管线、上下水管线的安装工程,供热、供冷系统工程等项目。当然,不同类型的建设工程,其保修范围是有所不同的。

1. 地基基础工程和主体结构

建筑物的地基基础工程和主体结构质量直接关系建筑物的安危,不允许存在质量隐患,而一旦发现建筑物的地基基础工程和主体结构存在质量问题,也很难通过修复的办法解决。《建筑法》规定对地基基础工程和主体结构工程实行保修制度,实际上是要求施工企业必须确保建筑物地基基础工程和主体结构的质量。对使用中发现的建筑物地基基础工程或主体结构工程的质量问题,如果能够通过确保建筑物安全的技术措

施予以修复的,建筑施工企业应当负责修复;不能修复造成建筑物无法继续使用的,有关责任者应当依法承担赔偿责任。

2.屋面防水工程

对屋顶、墙壁出现漏水现象的,建筑施工企业应当负责保修。

3.其他土建工程

其他土建工程是指除屋面防水工程以外的其他土建工程,包括地面与楼面工程、门窗工程等。这些工程的质量问题应属建筑工程的质量保修范围,由建筑施工企业负责修复。

4.电气管线、上下水管线的安装工程

电气管线、上下水管线的安装工程包括电气线路、开关、电表的安装,电气照明器具的安装,给水管道、排水管道的安装等。建筑物在正常使用过程中如出现这些管线安装工程的质量问题的,建筑施工企业应当承担保修责任。

5.供热、供冷系统工程

供热、供冷系统工程包括暖气设备、中央空调设备等的安装工程等,建筑施工企业也应对其质量承担保修责任。

6.其他应当保修的项目范围

凡属国务院规定和建设工程施工合同约定应由建筑施工企业承担保修责任的项目,建筑施工企业都应当负责保修。

（二）质量保修期限

考虑到各类建筑工程的不同情况,《建筑法》对建筑工程的保修期限问题未作具体规定,而是授权国务院对建设工程保修期限的制定原则作了明确规定。国务院颁布的《建设工程质量管理条例》规定,在正常使用条件下,建设工程的最低保修期限如下。

1）基础设施工程、房屋建筑的地基基础工程和主体结构工程,为设计文件规定的该工程的合理使用年限。

2）屋面防水工程、有防水要求的卫生间、房间和外墙面的防渗漏,为5年。

3）供热与供冷系统,为2个采暖期、供冷期。

4）电气管线、给水排水管道、设备安装和装修工程,为2年。

其他项目的保修期限由发包方与承包方约定。建设工程的保修期,自竣工验收合格之日起计算。

【案例及评析】

国务院规定的保修期限,属于最低保修期限,建筑施工企业对其施工的建筑工程的质量保修期不能低于这一期限。国家鼓励建筑施工企业提高其施工的建筑工程的质量保修期限。

（三）质量保修责任

施工单位在质量保修书中,应当向建设单位承诺保修范围、保修期限和有关具体实施保修的措施,如保修的方法、人员及联络办法,保修答复和处理时限,不履行保修责任的罚则等。

【案例及评析】

需要注意的是,施工单位在建设工程质量保修书中,应当对建设单位合理使用建设工程有所提示。如果是因建设单位或者用户使用不当或擅自改动结构、设备位置以及不当装修等造成质量问题的,施工单位不承担保修责任;由此而造成的质量受损或者其他用户损失,应当由责任人承担相应的责任。

知识点二、质量责任的损失赔偿

《建设工程质量管理条例》规定,建设工程在保修范围和保修期限内发生质量问题的,施工单位应当履行保修义务,并对造成的损失承担赔偿责任。

（一）保修义务的责任落实与损失赔偿责任的承担

《最高人民法院关于审理建设工程施工合同纠纷案件适用法律问题的解释（一）》规定，因保修人未及时履行保修义务，导致建筑物毁损或者造成人身损害、财产损失的，保修人应当承担赔偿责任。保修人与建筑物所有人或者发包人对建筑物毁损均有过错的，各自承担相应的责任。

发包人具有下列情形之一，造成建设工程质量缺陷，应当承担过错责任。

1）提供的设计有缺陷。

2）提供或者指定购买的建筑材料、建筑构配件、设备不符合强制性标准。

3）直接指定分包人分包专业工程。

承包人有过错的，也应当承担相应的过错责任。

（二）建设工程质量保证金

国务院办公厅《关于清理规范工程建设领域保证金的通知》规定，对建筑业企业在工程建设中需缴纳的保证金，除依法依规设立的投标保证金、履约保证金、工程质量保证金、农民工工资保证金外，其他保证金一律取消；未按规定或合同约定返还保证金的，保证金收取方应向建筑业企业支付逾期返还违约金；在工程项目竣工前，已经缴纳履约保证金的，建设单位不得同时预留工程质量保证金。

《建设工程质量保证金管理办法》规定，建设工程质量保证金（以下简称保证金）是指发包人与承包人在建设工程承包合同中约定，从应付的工程款中预留，用以保证承包人在缺陷责任期内对建设工程出现的缺陷进行维修的资金。

1. 缺陷责任期

缺陷是指建设工程质量不符合工程建设强制性标准、设计文件，以及承包合同的约定。缺陷责任期一般为 1 年，最长不超过 2 年，由发、承包双方在合同中约定。

缺陷责任期从工程通过竣工验收之日起计。由于承包人原因导致工程无法按规定期限进行竣工验收的，缺陷责任期从实际通过竣工验收之日起计。由于发包人原因导致工程无法按规定期限进行竣工验收的，在承包人提交竣工验收报告 90 天后，工程自动进入缺陷责任期。

2. 质量保证金的预留与使用管理

缺陷责任期内，实行国库集中支付的政府投资项目，保证金的管理应按国库集中支付的有关规定执行。其他政府投资项目，保证金可以预留在财政部门或发包方。缺陷责任期内，如发包方被撤销，保证金随交付使用资产一并移交使用单位管理，由使用单位代行发包人职责。

社会投资项目采用预留保证金方式的，发、承包双方可以约定将保证金交由第三方金融机构托管。

发包人应按照合同约定方式预留保证金，保证金总预留比例不得高于工程价款结算总额的 3%。合同约定由承包人以银行保函替代预留保证金的，保函金额不得高于工程价款结算总额的 3%。

推行银行保函制度，承包人可以银行保函替代预留保证金。在工程项目竣工前，已经缴纳履约保证金的，发包人不得同时预留工程质量保证金。采用工程质量保证担保、工程质量保险等其他保证方式的，发包人不得再预留保证金。

缺陷责任期内，由承包人原因造成的缺陷，承包人应负责维修，并承担鉴定及维修费用。如承包人不维修也不承担费用，发包人可按合同约定从保证金或银行保函中扣除。费用超出保证金额的，发包人可按合同约定向承包人进行索赔。承包人维修并承担相应费用后，不免除对工程的损失赔偿责任。由他人原因造成的缺陷，发包人负责组织维修，承包人不承担费用，且发包人不得从保证金中扣除费用。

3. 质量保证金的返还

缺陷责任期内，承包人认真履行合同约定的责任，到期后，承包人向发包人申请返还保证金。

发包人在接到承包人返还保证金申请后，应于 14 天内会同承包人按照合同约定的内容进行核实。如无异议，发包人应当按照约定将保证金返还给承包人。对返还期限没有约定或者约定不明确的，发包人应当在核实后 14 天内将保证金返还承包人，逾期未返还的，依法承担违约责任。发包人在接到承包人返还保证金申请后 14 天内不予答复，经催告后 14 天内仍不予

【案例及评析】

答复,视同认可承包人的返还保证金申请。

发包人和承包人对保证金预留、返还以及工程维修质量、费用有争议的,按承包合同约定的争议和纠纷解决程序处理。建设工程实行工程总承包的,总承包单位与分包单位有关保证金的权利与义务的约定,参照有关发包人与承包人相应权利与义务的约定执行。

随堂测试

1. 根据《建设工程质量管理条例》,对于非施工单位原因造成的质量问题,导致的损失及返修费用由(   )承担。

A. 建设单位　　　　　　　B. 施工单位　　　　　　　C. 责任方　　　　　　　D. 监理单位

2. 某建筑工程竣工后未经验收发包人提前使用,下列说法正确的是(   )。

A. 出现防水问题,5 年内承包人应承担保修责任

B. 主体结构出现裂纹,承包人应承担保修责任

C. 出现任何问题承包人都需要承担保修责任

D. 出现任何问题承包人都不需要承担保修责任

3. 因设计原因导致质量缺陷的,在工程保修期内的正确做法是(   )。

A. 施工企业不仅要负责保修,还要承担保修费用

B. 施工企业仅负责保修,由此发生的费用可向建设单位索赔

C. 施工企业仅负责保修,由此发生的费用可向设计单位索赔

D. 施工企业不负责保修,应由建设单位另行组织维修

4. 下列是建设单位与施工单位经平等协商签订的保修期限条款,其中具有法律效力的是(   )。

A. 屋面防水工程的防渗漏为 3 年　　　　　　　　B. 电气管线工程为 1 年

C. 有防水要求的卫生间的防渗漏为 2 年　　　　　　D. 设备安装工程为 3 年

5. 施工企业承建的办公大楼没有经过验收,建设单位就提前使用, 2 年后该办公楼主体结构出现质量问题。关于该大楼质量问题的说法,正确的是(   )。

A. 主体结构的最低保修期限是设计的合理使用年限,施工企业应当承担保修责任

B. 由于建设单位提前使用,施工企业不需要承担保修责任

C. 施工企业是否承担保修责任,取决于建设单位是否已经全额支付工程款

D. 超过 2 年保修期后,施工企业不承担保修责任

6. 根据《建设工程质量保证金管理办法》,关于预留质量保证金的说法,正确的是(   )。

A. 合同约定由承包人以银行保函替代预留保证金的,保函金额不得高于工程价款结算总额的 5%

B. 社会投资项目采用预留保证金方式的,发、承包双方应当将保证金交由第三方金融机构托管

C. 采用工程质量保证担保、工程质量保险等保证方式的,发包人不得再预留保证金

D. 在工程项目竣工前,已经缴纳履约保证金的,发包人可以同时预留工程质量保证金

7. 关于建设工程质量保证金的说法,正确的是(   )。

A. 在工程项目竣工前已经缴纳履约保证金的,建设单位不得同时预留工程质量保证金

B. 建设工程质量保证金总预留比例不得高于工程价款结算总额的 5%

C. 承包人不得以银行保函替代预留保证金

D. 采用工程质量保险的,发包人可以同时预留保证金

8. 根据《建设工程质量保证金管理办法》,关于缺陷责任期内建设工程缺陷维修的说法,正确的是(   )。

A. 如承包人不维修也不承担费用,发包人可以从保证金中扣除,费用超出保证金额的,发包人可以向承包人进行索赔

B. 缺陷责任期内由承包人原因造成的缺陷,承包人应当负责维修,承担维修费用,但不必承担鉴定费用

C. 承包人维修并承担相应费用后,不再对工程损失承担赔偿责任

D. 由他人的原因造成的缺陷,承包人负责组织维修,但不必承担费用,且发包人不得从保证金中扣除费用

9. 根据《建设工程质量保证金管理办法》,关于缺陷责任期的说法,正确的有(　　　)。

A. 缺陷责任期由发、承包双方在合同中约定

B. 缺陷责任期从工程通过竣工验收之日起计

C. 缺陷责任期中的缺陷包括建设工程质量不符合承包合同的约定

D. 缺陷责任期届满,承包人对工程质量不再承担责任

E. 由于发包人原因导致工程无法按规定期限进行竣工验收的,缺陷责任期从实际通过竣工验收之日起计

10. 根据《关于清理规范工程建设领域保证金的通知》,可以要求建筑业企业在工程建设中缴纳的保证金有(　　　)。

A. 投标保证金

B. 履约保证金

C. 工程质量保证金

D. 农民工工资保证金

E. 文明施工保证金

本模块小结

竣工验收是工程建设活动的最后阶段。建筑工程竣工经验收合格后,方可交付使用,对工程进行竣工检查和验收,是建设单位法定的权利和义务。建设工程竣工时应当具备的条件应当符合《建设工程质量管理条例》的规定,并按照国家有关规定进行规划验收、消防验收、环保验收、节能验收等环节。工程竣工后,发、承包双方应及时办清工程竣工结算。

建设工程实行质量保修制度。建设工程承包单位在向建设单位提交工程竣工验收报告时,应当向建设单位出具质量保修书。质量保修书中应当明确建设工程的保修范围、保修期限和保修责任等。建设工程在保修范围和保修期限内发生质量问题的,施工单位应当履行保修义务,并对造成的损失承担赔偿责任。

思考与讨论

1. 某办公楼改扩建工程由甲施工单位承建。在保修期间,乙装修单位应建设单位委托进行地板改造,不慎将地埋采暖管和防水损坏,冬季供暖时发生了跑水和渗水事故。办公楼物业管理单位立即通知甲施工单位维修。甲施工单位接到保修通知后,正确的做法是什么? 说明理由。

2. 某医院住院大楼竣工后第 3 年夏天,一场暴雨后,屋面发生大面积渗漏,经查是由于防水层设计不合理造成,则施工单位接到报修通知后应当如何处理?

3. 20×× 年 6 月,阳光制药厂因搬迁需另建厂房,与某建筑工程公司签订了建设工程承包合同。合同约定,制药厂的全部厂房总建筑面积 5 000 平方米,全部由建筑公司承建,制药厂提供建筑设计图纸,并对工程的竣工验收和结算进行了约定。合同工期为 10 个月。

合同签订后,双方都基本履行了各自的责任。在竣工验收过程中,制药厂发现工程质量存在一定问题,并提出了建议,记录在验收记录中,要求建筑公司在完善质量缺陷后,另行共同验收。工程经过维修和检修,建筑公司再次提出竣工验收,但又发现了一些在第一次验收中没有发现的问题,故再次要求建筑公司进行复修,遭到建筑公司的拒绝。为此阳光制药厂明确表示,如果建筑公司拒绝修复工程质量缺陷,阳光制药厂将扣除建筑公司的维修保证金,并对建筑公司的不履行职责的行为可能造成的损失保留索赔的权利。建筑公司则表示,如果阳光制药厂拒付工程款,建筑公司将拒绝交付工程竣工验收的资料,并不向当地质量监督部门申报工程竣工验收手续。双方协商不成,争议一直持续了三个月。为了保证工程的如期投产,在万般无奈的情况下,阳光制药厂在工程未经质量监督部门验收的情况下,将制药设备搬入新厂房并开始生产。12 月,建筑公司以阳光制药厂拒付工程款为由向人民法院提起诉讼,要求被告阳光制药厂给付工程款及其利息。

（1）建筑公司需要承担责任吗？说明理由。

（2）阳光制药厂需要支付工程款和利息吗？说明理由。

4. 20××年，甲建筑公司与乙开发公司签订了《施工合同》，约定由甲建筑公司承建贸易大厦工程。合同签订后，甲公司积极组织人员、材料进行施工。但是，由于乙开发公司资金不足及分包项目进度缓慢迟迟不能完工，主体工程完工后工程停滞。第三年，甲乙双方约定共同委托审价部门对已完工的主体工程进行了审价，确认工程价款为1 800万元。第四年2月，乙公司以销售需要为由，占据使用了大厦大部分房屋。同年11月，因乙公司拒绝支付工程欠款，甲公司起诉至法院，要求乙公司支付工程欠款900万元及违约金。乙公司随后反诉，称因工程质量缺陷未修复，请求减少支付工程款300万元。

（1）该大厦未经验收乙公司即使用的，质量责任应如何承担？

（2）甲公司要求乙公司支付工程欠款及违约金时，是否还可以主张停工损失，停工损失包括哪些具体内容？

5. 20××年4月，某大学为建设学生公寓，与某建筑公司签订了建设工程合同。合同约定：工程采用固定总价和合同形式，主体工程和内外承重砖一律使用国家标准砌块，每层加水泥圈梁；某大学预付工程款（合同价款的10%）；工程的全部费用于验收合格后一次付清；交付使用后，如果在6个月内发生严重的质量问题，由承包人负责修复等。1年后，学生公寓如期完工，在某大学和某建筑公司共同进行竣工验收时，某大学发现工程3～5层的内承重墙体裂缝较多，要求建筑公司修复后再验收，建筑公司认为不影响使用而拒绝修复。因为新生急待人住，该大学接收了宿舍楼。在使用了8个月后，公寓楼5层的内承重墙倒塌，致使1人死亡，3人受伤，其中1人致残。受害者与该大学要求要求建筑公司赔偿损失，并修复倒塌工程。建筑公司以使用不当且已过保修期为由拒绝赔偿。无奈之下，受害者与该大学将建筑公司诉至法院。

法院在审理期间对工程事故原因进行了鉴定，鉴定结论为某建筑公司偷工减料致宿舍楼内承重墙倒塌。

（1）合同约定保修期为6个月是否符合法律要求？

（2）建筑公司在本案中是否应当承担修复和赔偿责任？说明理由。

践行建议

1）关注国家发布的质量验收标准，不断学习最新的质量验收要求，把好建设工程质量关。

2）强化工程质量责任意识，认识到加强对建设工程质量的管理，保证工程质量，就是保护人民生命和财产安全。

模块 11　解决建设工程纠纷法律制度

导读

　　本模块主要讲述建设工程纠纷的类型以及解决建设工程纠纷的途径和方法。通过本模块学习，应达到以下目标。

　　知识目标：了解建设工程纠纷的种类，熟悉建设工程纠纷解决的途径；熟悉民事诉讼的基本制度和基本程序；熟悉仲裁协议的效力、仲裁的程序。

　　能力目标：能够收集、保管、运用各类证据，能够指出各类纠纷的解决途径和方法。

　　素质目标：领悟全面依法治国理念，弘扬社会公平正义，践行社会主义核心价值观。

任务 11.1 建设工程纠纷有哪些解决途径?

引入案例

20××年4月20日,原告××建筑工程有限责任公司(以下简称建筑公司)与被告房地产开发有限公司(以下简称开发公司)签订建筑工程施工合同,建设某煤矿机械厂第一生活区危改工程9、10号住宅楼。该合同约定,乙方以包工包料对工程进行总承包,总建筑面积为6 900平方米,每平方米造价1 520元,总工期256天,开工日期为4月20日,竣工日期为同年12月31日。工期如果延误或提前,每日按实际结算工程总价款的1.5%给付违约金或奖励。工程质量等级定为优良,如仅达到合格标准,按实际结算工程总价的3%罚款;如达到市优,奖励工程总价的2%;如达到省优,奖励工程总价的3%。该合同履行中原告建筑公司未按期限竣工,共延误工期122天,且工程质量未达到优,经建设单位、施工单位以及监验人××建筑施工管理处质安科,认证单位××市建筑工程质量监督站共同验收该工程为合格工程。双方对合同约定建筑工程和增项工程结算。后因结算款、延期违约金、质量标准发生纠纷。为维护双方的合作关系,被告方提出调解意见:只扣除原告方质量罚金,原告方未同意该调解意见。

第二年8月18日,原告建筑公司诉被告开发公司拖欠工程款373 227.18元,要求被告支付该欠款及利息。被告开发公司答辩称:原告方工程质量未达到合同约定的优良标准,且未按期竣工,按合同约定应扣除质量罚款及违约金,两相抵扣,被告不欠原告的工程款,而原告还欠被告的违约金,对此违约金,被告方保留追偿的权利。

法院认为,被告开发公司关于工程质量问题和违约金问题的答辩意见符合反诉的特征,被告只有提起反诉,法院才能与本案一并审理。结果被告开发公司为不使自己的合法权益被侵害,只得按法院要求,提起反诉。

请思考:

(1)案例中的纠纷属于哪类纠纷?

(2)纠纷解决方式有几种?

(3)案例中是哪类解决方式?

>>>

建设工程项目通常具有投资大、建造周期长、技术要求高、协作关系复杂和政府监管严格等特点,在建设工程领域里常见的是民事纠纷和行政纠纷。

知识点一、民事纠纷的种类和解决

(一)民事纠纷的概述

1.概念

民事纠纷是指平等主体之间发生的以民事权利义务或民事责任为内容的法律纠纷。民事纠纷具有可处分性。

2.分类

根据纠纷所涉及的民事法律关系,即纠纷的性质分类,民事纠纷可分为侵权纠纷、合同纠纷等。民事纠纷也是建设工程领域常涉及的纠纷。

侵权纠纷是指因侵害他人的合法民事权益所产生的纠纷,如侵害物权、人身权、知识产权、继承权、债权等。建设工程领域常见的侵权纠纷,如施工中造成对他人财产或者人身损害而产生的侵权纠纷,未经许可使用他人的专利、工法等造成的知识产权侵权纠纷等。

合同纠纷,是指因合同的生效、解释、履行、变更、终止等行为而引起的合同当事人之间的所有争议。合同纠纷的内容,主要表现在争议主体对于导致民事法律关系设立、变更与终止的法律事实以及法律关系的内容有不同的观点与看法。合同纠纷的范围涵盖了一项合同从成立到终止的整个过程。建设工程合同纠纷主要有工程咨询合同纠纷、工程总承包合同纠纷、工程勘察合同纠纷、工程设计合同纠纷、工程施工合同纠纷、工程监理合同纠纷、工程分包合同纠纷、材料设备采购合同纠纷等。

根据民事纠纷的内容,可将其分为有关财产关系的民事纠纷和有关人身关系的民事纠纷。事实上,这两种纠纷往往是交互并存的,二者的发生往往互为前提,有些民事权利如继承权、股东权等兼有财产和人身的性质,由此而发生的民事纠纷则兼有财产和人身的性质。

(二)民事纠纷的解决机制

民事纠纷的解决机制是指缓解和消除民事纠纷的方法和制度。我国学者将民事纠纷的解决机制划分为三类:自力救济、社会救济和公力救济。

1. 自力救济

自力救济是指纠纷主体依靠自己力量解决纠纷,维护自己的权益。它是一种私力救济,其典型方式是和解。

和解是民事纠纷的当事人在自愿互谅的基础上,就已经发生的争议进行协商、妥协与让步并达成协议,无须第三方介入,当事人自行解决争议的一种方式。

和解可以在民事纠纷的任何阶段进行(只要终审裁判未生效或者仲裁裁决未作出),当事人均可自行和解。需要注意的是,当事人自行达成的和解协议不具有强制执行力,在性质上仍属于当事人之间的约定。与调解、仲裁和诉讼相比,和解具有最高的自治性和非严格的规范性。

和解也可与仲裁、诉讼程序相结合:当事人达成和解协议,已提请仲裁的,可以请求仲裁庭根据和解协议作出裁决书或仲裁调解书;已提起诉讼的,可以请求法庭在和解协议基础上制作调解书。仲裁机构作出的仲裁调解书和法院的调解书,具有强制执行的效力。

2. 社会救济

社会救济是以社会力量来解决纠纷是机制。社会救济主要包括调解(诉讼外调解)和仲裁等,是基于纠纷主体的合意,并依靠社会力量来解决民事纠纷的机制。

调解和仲裁的共同特点是民事纠纷的解决过程和结果,都蕴含着纠纷主体的合意,并且第三通的沟通、说服、协调是达成最终合意所必不可少的因素。

调解,是指第三者依据一定的社会规范(包括习惯、道德、法律等规范),在纠纷主体之间沟通信息,摆事实讲道理,促成纠纷主体相互谅解、妥协,从而达成最终解决纠纷的合意。调解的特性包括:第三者的中立性、纠纷主体的合意性、非严格的规范性。

调解的形式多样,有人民调解、其他社会团体组织的调解和行政调解等。调解的灵活性和调解员对引起纠纷的环境的熟悉,使得纠纷得以迅速和彻底解决,节省了法院的时间和精力。

仲裁,是指由双方当事人协议将争议提交(具有公认地位的)第三者,由该第三者对争议的是非曲直进行评判并作出裁决的一种解决争议的方法。仲裁需要双方自愿,这是仲裁与诉讼最大的区别。

仲裁的特点如下。

1)自愿性。仲裁以双方当事人的自愿为前提,即当事人之间的纠纷是否提交仲裁,交与谁仲裁,仲裁庭如何组成,由谁组成,以及仲裁的审理方式、开庭形式等都是在当事人自愿的基础上,由双方当事人协商确定的。因此,仲裁是最能充分体现当事人意思自治原则的争议解决方式。

2)专业性。民商事纠纷往往涉及特殊的知识领域,会遇到许多复杂的技术性问题,故专家裁判更能体现专业权威性。因此,由具有一定专业水平和能力的专家担任仲裁员,是仲裁公正性的重要保障。根据《中华人民共和国仲裁法》的规定,仲裁委员会按照不同专业设仲裁员名册。

3)灵活性与快捷性。由于仲裁充分体现了当事人的意思自治,仲裁中的诸多具体程序都是由当事人协商确定与选择的,因此,与诉讼相比,仲裁程序更加灵活,更具有弹性。快捷性主要体现为,仲裁实行一裁终局制,仲裁裁决一经仲裁庭作出即发生法律效力,这使得当事人之间的纠纷能够迅速得以解决。

4)保密性。仲裁以不公开审理为原则。有关的仲裁法律和仲裁规则也同时规定了仲裁员及仲裁秘书人员的保密义务。因此当事人的商业秘密和贸易活动不会因仲裁活动而泄露。仲裁表现出极强的保密性。

5)经济性。仲裁的经济性主要表现为:时间上的快捷性使得仲裁所需费用相对减少;仲裁无需多审级收费,使得仲裁费往往低于诉讼费;仲裁的自愿性、保密性使当事人之间通常没有激烈的对抗,对自身的不利影响也较小。

6)独立性。仲裁机构独立于行政机构,仲裁机构之间也无隶属关系。在仲裁过程中,仲裁庭独立进行仲裁,不受任何机关、社会团体和个人的干涉,亦不受仲裁机构的干涉,显示出最大的独立性。

7)仲裁裁决的强制性。对于作出的仲裁裁决,当事人应当履行裁决。一方当事人不履行的,另一方当事人可以依照《中华人民共和国民事诉讼法》(以下简称《民事诉讼法》)的有关规定向人民法院申请执行。受申请的人民法院应当执行。

8)国际性(广泛性)。随着现代经济的国际化,当事人进行跨国仲裁已屡见不鲜。仲裁案件的国际性因素也越来越多。此外,根据我国参加的《纽约公约》的规定,我国仲裁机构作出的仲裁裁决,也可以在其他缔约国得到承认和执行,如果被执行人或者其财产不在中国境内的,当事人可以直接向有管辖权的外国法院申请承认和执行。

3. 公力救济——民事诉讼

民事诉讼是指人民法院在各方当事人和其他诉讼参与人的参加下,依法审理和解决民事案件所进行的各种诉讼活动,以及由此产生的各种诉讼关系的总和。

民事诉讼具有以下特征。

1)公权性(法院主导)。民事诉讼是以司法方式解决平等主体之间的纠纷,是由法院代表国家行使审判权解决民事争议,故其具有公权性。它既不同于群众自治组织性质的人民调解委员会以调解方式解决纠纷,也不同于由民间性质的仲裁委员会以仲裁方式解决纠纷。

2)强制性。由于民事诉讼的公权性,故其必然也具有强制性。与调解和仲裁的自愿性不同,民事诉讼的强制性体现为:民事诉讼的发生只需原告的起诉符合规定的起诉条件,不需经过被告的同意;经过诉讼程序,法院作出的发生法律效力的民事判决、裁定,当事人必须履行,一方拒绝履行的,对方当事人可以向人民法院申请执行,也可以由审判员移送执行员执行。

3)程序法定性(程序性)。《民事诉讼法》中将民事诉讼审判程序分为第一审普通程序、简易程序、第二审程序、特别程序、审判监督程序、督促程序、公示催告程序,法院主持审判活动、当事人和其他诉讼参与人参与诉讼,都需要按照《民事诉讼法》设定程序实施诉讼行为,违反民事诉讼程序的行为需承担相应的法律责任。

4)诉讼对象的特定性。民事诉讼的对象具有特定性。它解决的争议是有关民事权利义务的争议,不是民事主体之间民事权益发生争议,不能纳入民事诉讼程序处理,如伦理上的冲突、政治上的争议、宗教上的争议或者科学上的争议等不能成为民事诉讼调整的对象。

（5)诉讼主体处分权利的相对自由性。民事主体有依法处分其权利的自由。民事诉讼中的原告有权依法处分其诉讼权利和实体权利,被告也有权处分其诉讼权利和实体权利。民事诉讼中的和解制度和调解制度,当事人可以选择申请执行与否,都是自由性的体现。

知识点二、行政纠纷及其解决方式

（一)行政纠纷的概念

行政纠纷是指国家行政机关之间或国家行政机关同企事业单位、社会团体以及公民之间由于行政管理行为而引起的纠纷。这种纠纷一般包括行政争议和行政案件两种形式。就是民与官的纠纷。建设工程领域易引发行政纠纷的具体行政行为包括行政处罚、行政强制、行政许可、行政裁决等。

（二）行政纠纷的解决方式

行政纠纷的解决方式主要是行政复议和行政诉讼。

1. 行政复议

行政复议是与行政行为具有法律上利害关系的人认为行政机关所作出的行政行为侵犯其合法权益，依法向具有法定权限的行政机关申请复议，由复议机关依法对被申请行政行为的合法性和合理性进行审查并做出决定的活动和制度。

行政复议具有以下基本特点。

1）提出行政复议的，必须是认为行政机关的具体行政行为侵犯其合法权益的公民、法人和其他组织。

2）公民、法人和其他组织提出行政复议，必须是在行政机关已经做出具体行政行为之后，如果行政机关尚未做出具体行政行为，则不存在复议问题。

3）当事人对行政机关的具体行政行为不服，只能按照法律规定向有行政复议权的行政机关申请复议。

（4）行政复议原则上采用书面审查办法。

公民、法人或其他组织对行政复议决定不服的，可以依照《行政诉讼法》的规定向人民法院提起行政诉讼，但是法律规定行政复议决定为最终裁决的除外。

2. 行政诉讼

行政诉讼是指公民、法人或者其他组织认为行使国家行政权的机关和组织及其工作人员所实施的具体行政行为，侵犯了其合法权利，依法向人民法院起诉，人民法院依法进行审查并做出裁判，从而解决行政争议的制度。

行政诉讼具有以下主要特点。

1）行政诉讼是法院解决行政机关实施具体行政行为时与公民、法人或其他组织发生的争议。

2）行政诉讼为公民、法人或其他组织提供法律救济的同时，具有监督行政机关依法行政的功能。

3）行政诉讼的被告与原告是恒定的，即被告只能是行政机关，原告则是作为行政行为相对人的公民、法人或其他组织，原告和被告之间不可能互易诉讼身份。

对行政行为除法律、法规规定必须先申请行政复议的以外，公民、法人或者其他组织可以自主选择申请行政复议还是提起行政诉讼。公民、法人或其他组织对行政复议决定不服的，除法律规定行政复议决定为最终裁决的以外，可以依照《中华人民共和国行政诉讼法》的规定向人民法院提起行政诉讼。

思 政 园 地

　　坚持中国特色社会主义法治道路，必须始终坚持以人民为中心。习近平总书记指出，推进全面依法治国，根本目的是依法保障人民权益。坚持以人民为中心是推进全面依法治国的根本立场。必须坚持人民主体地位，把体现人民利益、反映人民愿望、维护人民权益、增进人民福祉落实到依法治国全过程，充分调动人民群众投身依法治国实践的积极性和主动性。紧紧围绕人民群众新要求新期待，系统研究谋划和解决法治领域人民群众反映强烈的突出问题，不断增强人民群众获得感、幸福感、安全感。紧紧围绕保障和促进社会公平正义，扎实谋划推进每一项法治工作，让人民群众在每一项法律制度、每一个执法决定、每一宗司法案件中都感受到公平正义。

（来源：光明日报）

随堂测试

1. 关于和解的说法，正确的是（　　　）。

A. 和解只能在一审开庭审理前进行

B. 和解是民事纠纷的当事人在自愿互谅的基础上，就已经发生的争议进行协商、妥协与让步并达成协议，自行解决争议的一种方式

C. 和解不可以与仲裁诉讼程序相结合

D. 当事人自行达成的和解协议具有强制执行力

2. 关于行政复议的说法，正确的（　　　）。

A. 行政复审机关决定撤销具体行政行为的，可以责令被申请人重新作出具体行政行为

B. 行政复议一律采用书面审查方法

C. 行政复议决定作出前，申请人不得撤回行政复议申请

D. 申请人在申请行政复议时没有提出行政赔偿请求的，在依法决定撤销具体行政行为时，不得同时责令被申请人赔偿

3. 下列可以解决行政纠纷的方式是（　　　）。

A. 行政调解　　　　　　B. 仲裁　　　　　　C. 行政诉讼　　　　　　D. 行政和解

4. 材料供应商甲因施工企业乙拖欠货款，诉至人民法院。法院开庭审理后，在主审法官的主持下，乙向甲出具了还款计划。人民法院制作了调解书，则此欠款纠纷解决的方式是（　　　）。

A. 和解　　　　　　B. 调解　　　　　　C. 诉讼　　　　　　D. 诉讼与调解相结合

5. 某建筑公司中标了市政府办公楼工程，却未能按合同约定获得工程款支付，当事人没有定立仲裁协议，为追究市政府的违约责任，施工单位应采取的处理方式是（　　　）。

A. 提起行政诉讼　　　B. 进行仲裁　　　C. 提起劳动争议仲裁　　　D. 提起民事诉讼

6. 北方建筑公司因重大质量事故受到省建设厅行政处罚，如对处罚不服，申请行政复议只能向（　　　）提出。

A. 省建设厅　　　　　　　　　　　　　B. 省会城市建委

C. 国务院　　　　　　　　　　　　　　D. 省政府或者住房和城乡建设部

7. 北方建筑公司是甲省的施工企业，2006年8月，由于所修建的工程发生了重大质量事故，被省建设厅罚款200万元。对此，北方建筑公司可以采取的维权途径有（　　　）。

A. 只能申请行政复议　　　　　　　　　B. 只能进行行政诉讼

C. 可以自由选择行政复议或者行政诉讼　　D. 只能提起民事诉讼

8. 有关和解协议的效力，如果一方当事人不按照和解协议履行，另一方当事人（　　　）。

A. 可以请求人民法院强制履行

B. 不可以向法院提起诉讼，但可以根据约定申请仲裁

C. 不可以请求人民法院强制履行，但可以向法院提起诉讼，也可以根据约定申请仲裁

D. 不可以请求人民法院强制履行，也不可以向法院提起诉讼，但可以根据约定申请仲裁

任务11.2　如何通过民事诉讼维护自身权益？

知识点一、民事诉讼的基本原则与制度

（一）民事诉讼的基本原则

1）当事人平等原则。当事人在民事诉讼中享有平等的诉讼权利，人民法院审理民事案件应平等地保护当事人行使诉讼权利。

2）辩论原则。民事诉讼的当事人就有争议的事实问题和法律问题，在法院的主持下陈述各自的主张和意见，互相进行反驳和答辩，以维护自己合法权益。

3）诚信原则。法院、当事人以及其他诉讼参与人在审理民事案件和进行民事诉讼时必须公正、诚实和

善意。

4）处分原则。民事诉讼当事人有权在法律规定的范围内,自由支配和处置自己依法享有的民事权利和诉讼权利。

5）监督检查原则。是指人民检察院有权对民事诉讼进行监督。

（二）民事诉讼法的基本制度

1. 合议制度

合议庭的组成人员人数必须是单数。组成人员的选定规则如表 11-1 所示。

表 11-1　合议制度

诉讼程序	组成合议庭的规定
一审程序	人民法院审理第一审民事案件,由审判员、陪审员共同组成合议庭或者由审判员组成合议庭
二审程序	人民法院审理第二审民事案件,由审判员组成合议庭
重审程序	发回重审的案件,原审人民法院应当按照第一审程序另行组成合议庭
再审程序	原来是一审的案件按照一审程序组成合议庭;原来是二审的案件或者经过提审的案件按照二审程序组成合议庭

2. 回避制度

具体回避规则如表 11-2 所示。

表 11-2　回避制度

项目	内容
回避适用对象	审判员、陪审员、书记员、执行员、鉴定人、勘验人、翻译人员
法定回避情形	审判人员有下列情形之一的,应当自行回避,当事人有权用口头或者书面方式申请他们回避。 （1）是本案当事人或者当事人、诉讼代理人近亲属的。 （2）与本案有利害关系的。 （3）与本案当事人、诉讼代理人有其他关系,可能影响对案件公正审理的。 审判人员接受当事人、诉讼代理人请客送礼,或者违反规定会见当事人、诉讼代理人的,当事人有权要求他们回避
回避的方式	自行回避;申请回避;指令回避

3. 公开审判制度

公开审判是指人民法院对民事案件的审理和宣判应当依法公开进行。公开审判的例外情形有:涉及国家秘密、个人隐私或者法律另有规定的案件。离婚案件中涉及商业秘密的案件,当事人申请不公开审理的,可以不公开审理。

4. 两审终审制度

两审终审指一个民事案件经过两级法院的审判就宣告终结。

但以下几种案件实行一审终审制:最高人民法院一审的案件;适用特别程序、督促程序、公示催告程序审理的案件;依照《民事诉讼法》规定所审理的小额诉讼案件;确认婚姻效力的案件。

知识点二、民事诉讼时效

（一）诉讼时效的概念

诉讼时效是指权利人在法定期间内不行使权利,诉讼时效期间届满后,义务人可以提出不履行义务抗辩的法律制度。

《民法典》规定,诉讼时效期间届满的,义务人可以提出不履行义务的抗辩。诉讼时效期间届满后,义务人同意履行的,不得以诉讼时效期间届满为由抗辩;义务人已经自愿履行的,不得请求返还。

超过诉讼时效期间，在法律上发生的效力是权利人的胜诉权消灭。超过诉讼时效期间权利人起诉，如果符合《民事诉讼法》规定的起诉条件，法院仍然应当受理。《民法典》规定，人民法院不得主动适用诉讼时效的规定。当事人对诉讼时效利益的预先放弃无效。诉讼时效期间届满后，义务人同意履行的，不得以诉讼时效期间届满为由抗辩；义务人已经自愿履行的，不得请求返还。

（二）不适用于诉讼时效的情形

《民法典》规定，下列请求权不适用于诉讼时效的规定。

1）请求停止侵害、排除妨碍、消除危险。

2）不动产物权和登记的动产物权的权利人请求返还财产。

3）请求支付抚养费、赡养费或者扶养费。

4）依法不适用诉讼时效的其他请求权。

《关于审理民事案件适用诉讼时效制度若干问题的规定》中规定，当事人可以对债权请求权提出诉讼时效抗辩，但对下列债权请求权提出诉讼时效抗辩的，人民法院不予支持。

1）支付存款本金及利息请求权。

2）兑付国债、金融债券以及向不特定对象发行的企业债券本息请求权。

3）基于投资关系产生的缴付出资请求权。

4）其他依法不适用诉讼时效规定的债权请求权。

（三）诉讼时效的长度与起算

向人民法院请求保护民事权利的诉讼时效期间为三年。法律另有规定的，依照其规定。

诉讼时效期间自权利人知道或者应当知道权利受到损害以及义务人之日起计算。法律另有规定的，依照其规定。但是，自权利受到损害之日起超过二十年的，人民法院不予保护。有特殊情况的，人民法院可以根据权利人的申请决定延长。当事人约定同一债务分期履行的，诉讼时效期间自最后一期履行期限届满之日起计算。

【案例及评析】

（四）诉讼时效的中断

诉讼时效的中断是指在诉讼时效期间进行中，因发生一定的法定事由，致使已经经过的时效期间统归无效，待时效中断的事由消除后，诉讼时效期间重新起算。

有下列情形之一的，诉讼时效中断，从中断、有关程序终结时起，诉讼时效期间重新计算。

1）权利人向义务人提出履行请求。

2）义务人同意履行义务。

3）权利人提起诉讼或者申请仲裁。

4）与提起诉讼或者申请仲裁具有同等效力的其他情形。

（五）诉讼时效的中止

在诉讼时效期间的最后六个月内，因下列障碍，不能行使请求权的，诉讼时效中止。

1）不可抗力。

2）无民事行为能力人或者限制民事行为能力人没有法定代理人，或者法定代理人死亡、丧失民事行为能力、丧失代理权。

3）继承开始后未确定继承人或者遗产管理人。

4）权利人被义务人或者其他人控制。

5）其他导致权利人不能行使请求权的障碍。

自中止时效的原因消除之日起满六个月，诉讼时效期间届满。

知识点三、民事诉讼的当事人和代理人

（一）当事人

民事诉讼中的当事人是指因民事权利和义务发生争议,以自己的名义进行诉讼,请求人民法院进行裁判的公民、法人或其他组织。狭义的民事诉讼当事人包括原告和被告。广义的民事诉讼当事人包括原告、被告、共同诉讼人和第三人。外国人、无国籍人、外国企业和组织在人民法院起诉、应诉,同中华人民共和国公民、法人和其他组织有同等的诉讼权利义务。

外国法院对中华人民共和国公民、法人和其他组织的民事诉讼权利加以限制的,中华人民共和国人民法院对该国公民、企业和组织的民事诉讼权利,实行对等原则。

1. 原告和被告

原告是指维护自己的权益或自己所管理的他人权益,以自己名义起诉,从而引起民事诉讼程序的当事人。被告是指原告诉称侵犯原告民事权益而由法院通知其应诉的当事人。

随着我国经济社会的快速发展和变化,出现了一些环境污染、侵害众多消费者权益等严重损害社会公共利益的行为。为保护社会公共利益,除了加强行政监管外,《民事诉讼法》还初步确立了我国的民事公益诉讼制度。根据《民事诉讼法》规定,对污染环境、侵害众多消费者合法权益等损害社会公共利益的行为,法律规定的机关和有关组织可以向人民法院提起诉讼。

2. 共同诉讼人

共同诉讼人是指当事人一方或双方为二人以上(含二人),其诉讼标的是共同的,或者诉讼标的是同一种类、人民法院认为可以合并审理并经当事人同意,共同在人民法院进行诉讼的人。

3. 第三人

第三人是指对他人争议的诉讼标的有独立的请求权,或者虽无独立的请求权,但案件的处理结果与其有法律上的利害关系,而参加到原告、被告已经开始的诉讼中进行诉讼的人。

《民事诉讼法》规定,对当事人双方的诉讼标的,第三人认为有独立请求权的,有权提起诉讼。对当事人双方的诉讼标的,第三人虽然没有独立请求权,但案件处理结果同他有法律上的利害关系的,可以申请参加诉讼,或者由人民法院通知他参加诉讼。人民法院判决承担民事责任的第三人,有当事人的诉讼权利和义务。以上规定的第三人,因不能归责于本人的事由未参加诉讼,但有证据证明发生法律效力的判决、裁定、调解书的部分或者全部内容错误,损害其民事权益的,可以自知道或者应当知道其民事权益受到损害之日起 6 个月内,向作出该判决、裁定、调解书的人民法院提起诉讼。人民法院经审理,诉讼请求成立的,应当改变或者撤销原判决、裁定、调解书;诉讼请求不成立的,驳回诉讼请求。

【案例及评析】

（二）诉讼代理人

诉讼代理人是指根据法律规定或当事人的委托,代理当事人进行民事诉讼活动的人。诉讼代理人通常分为法定诉讼代理人、委托诉讼代理人和指定诉讼代理人。在建设工程领域的民事诉讼代理中,最常见的是委托诉讼代理人。

《民事诉讼法》规定,当事人、法定代理人可以委托 1~2 人作为其诉讼代理人。下列人员可以被委托为诉讼代理人。

1)律师、基层法律服务工作者。
2)当事人的近亲属或工作人员。
3)当事人所在社区、单位以及有关社会团体推荐的公民。

委托他人代为诉讼的,须向人民法院提交由委托人签名或盖章的授权委托书,授权委托书必须记明委托事项和权限。《民事诉讼法》规定,诉讼代理人代为承认、放弃、变更诉讼请求,进行和解、提起反诉或者上诉,必须有委托人的特别授权。针对实践中经常出现的授权委托书仅写"全权代理"而无具体授权的情形,最高人民法院还特别规定,在这种情况下不能认定为诉讼代理人已

获得特别授权,即诉讼代理人无权代为承认、放弃、变更诉讼请求,进行和解、提起反诉或者上诉。

知识点四、民事诉讼的证据

(一)证据的概念及种类

1. 证据的概念

证据是指能够证明案件事实的一切材料。在建设工程主体维护自身权利的过程中,根本目的就是要明确对方的责任和自身的权利,减轻自己的责任和减少甚至消除对方的权利,但这一切都必须依法进行。因为我国的法律都明确规定了哪一种行为应当承担什么样的后果,所以,确定自己和对方实施了什么样的行为,形成一个什么样的案件事实,便成了保护权利的核心问题。不论是在诉讼中,还是在仲裁、调解、谈判中,案件事实都是确定权利和责任的核心问题。行为或事实都要依靠证据来判断其真实性。因此,证据是建设工程主体维护权利的基础。

在实践中,建设工程主体的合法权利不能得到及时、有效的保证和实现,直接的问题就反映在不能提供充分的、明确自己权利的证据上。

证据必须查证属实,才能作为认定事实的根据。

2. 证据的种类

(1)当事人的陈述

当事人陈述是指当事人在诉讼或仲裁中,就本案的事实向法院或仲裁机构所作的陈述。人民法院对当事人的陈述,应当结合本案的其他证据,审查确定能否作为认定事实的根据。当事人拒绝陈述的,不影响人民法院根据证据认定案件事实。

(2)书证

书证是指文字、符号所记录或表示的,以证明待证事实的文书。如合同文本、财务账册、收据、往来信函以及确定有关权利的判决书、法律文件等。

(3)物证

物证是指用物品的外形、特征、质量等说明待证事实的一部分或全部的物品。在工程实践中,建筑材料、设备以及工程质量等,往往表现为物证这种形式。

在民事诉讼和仲裁过程中,应当遵循"优先提供原件或者原物"原则。《民事诉讼法》规定,书证应当提交原件。物证应当提交原物。提交原件或者原物确有困难的,可以提交复制品、照片、副本、节录本。需要说明的是,《最高人民法院关于民事诉讼证据的若干规定》中规定,如需自己保存证据原件、原物或者提供原件、原物确有困难的,可以提供经人民法院核对无异的复制件或者复制品。以动产作为证据的,应当将原物提交人民法院。原物不宜搬移或者不宜保存的,当事人可以提供复制品、影像资料或者其他替代品。当事人以不动产作为证据的,应当向人民法院提供该不动产的影像资料。

(4)视听资料

视听资料包括录音资料和影像资料,是指利用录音、录像等方法记录下来的有关案件事实的材料,如用录音机录制的当事人的谈话、用摄像机拍摄的人物形象及其活动等。

《最高人民法院关于民事诉讼证据的若干规定》中规定,当事人以视听资料作为证据的,应当提供存储该视听资料的原始载体。

(5)电子数据

电子数据是指与案件事实有关的下列信息、电子文件:网页、博客、微博等网络平台发布的信息;手机短信、电子邮件、即时通信、通讯群组等网络应用服务的通信信息;用户注册信息、身份认证信息、电子交易记录、通信记录、登录日志等信息;文档、图片、音频、视频、数字证书、计算机程序等电子文件;其他以数字化形式存储、处理、传输的能够证明案件事实的信息。

《最高人民法院关于民事诉讼证据的若干规定》中规定,当事人以电子数据作为证据的,应当提供原件。

电子数据的制作者制作的与原件一致的副本,或者直接来源于电子数据的打印件或其他可以显示、识别的输出介质,视为电子数据的原件。

（6）证人证言

证人证言是指证人以口头或者书面方式向人民法院所作的对案件事实的陈述。证人所作的陈述,既可以是亲自听到、看到的,也可以是从其他人、其他地方间接得知的。

《民事诉讼法》规定,凡是知道案件情况的单位和个人,都有义务出庭作证。有关单位的负责人应当支持证人作证。不能正确表达意思的人,不能作证。

（7）鉴定意见

鉴定意见是指具备相应资格的鉴定人对民事案件中出现的专门性问题,通过鉴别和判断后作出的书面意见。在建设工程领域,较常见的如工程质量鉴定、技术鉴定、工程造价鉴定、伤残鉴定、笔迹鉴定等。由于鉴定意见是运用专业知识所作出的鉴别和判断,所以,具有科学性和较强的证明力。

《民事诉讼法》规定,当事人可以就查明事实的专门性问题向人民法院申请鉴定。当事人申请鉴定的,由双方当事人协商确定具备资格的鉴定人;协商不成的,由人民法院指定。当事人未申请鉴定,人民法院对专门性问题认为需要鉴定的,应当委托具备资格的鉴定人进行鉴定。

当事人对鉴定意见有异议或者人民法院认为鉴定人有必要出庭的,鉴定人应当出庭作证。经人民法院通知,鉴定人拒不出庭作证的,鉴定意见不得作为认定事实的根据;支付鉴定费用的当事人可以要求返还鉴定费用。

（8）勘验笔录

勘验笔录是指人民法院为了查明案件的事实,指派勘验人员对与案件争议有关的现场、物品或物体进行查验、拍照、测量,并将查验的情况与结果制成的笔录。

《民事诉讼法》《最高人民法院关于民事诉讼证据的若干规定》规定,勘验物证或者现场,勘验人必须出示人民法院的证件,通知当事人参加,并邀请当地基层组织或者当事人所在单位派人参加。当事人或者当事人的成年家属应当到场,拒不到场的,不影响勘验的进行。当事人可以就勘验事项向人民法院进行解释和说明,可以请求人民法院注意勘验中的重要事项。勘验人应当将勘验情况和结果制作笔录,由勘验人、当事人和被邀参加人签名或者盖章。

3. 证据的特点

作为可以证明案件事实的证据,必须具备三个特点。

1）真实性,即证据必须符合客观实际情况,能够用来证明真实情况。虚假的材料是不能用来作为证据的。

2）联系性,也称相关性,是指各个证据之间相互能够印证,共同证明事实。它一方面要求每一个证据都与整个事实或其中的一部分有密切的联系,可以反映事实的内容;另一方面还要求各个证据之间相互衔接、相互印证,形成完整的证据体系。

3）合法性,只有依据合法的形式和手段取得的材料才能作为证据使用。采用非法的手段,如刑讯逼供、欺诈等形式,取得的证据都是无效的证据。

（二）建设工程活动中证据的特殊性

建设工程主体的权利主要产生在建设工程活动中,所以在建设工程活动中如何维护自身的权利至关重要,充分地认识建设活动中的证据则也尤为突出。在建设工程活动中,也存在着诉讼中常使用的八种证据。由于建设工程活动与其他生产活动相比具有特殊性,其产生的证据也具有自身的特殊性。

1. 体系庞杂

由于建设工程活动本身是一个庞大的系统工程,环节较多,涉及的权利在各个方面都存在,所以需要的证据也是一个庞杂的体系。如有以合同、签证、财务账目为代表的书证,以建筑原材料为代表的物证,以管理人员、中介人员、监督人员为代表的证人证言,以技术鉴定为代表的鉴定结论,以现场调查为代表的勘验检查笔录,以现场录像、照相为代表的视听证据等。

2. 内容繁多

由于建设工程涉及方方面面的问题，这就决定了建设工程活动中的证据所反映的内容也是繁杂的，主要包括：工程承发包方面的证据、施工组织与管理方面的证据、原材料采购方面的证据、涉及国家行政监督方面的证据、工程结算证据，等等。

3. 证据易逝、难以获取

由于施工中隐蔽工程多、工期长等原因，往往造成了其中的证据被湮没，获取证据的难度明显增加。

4. 专业性强

建设工程涉及多方面的专业知识，加之现场复杂、环节多变等因素，对于建设工程活动中的证据往往靠普通的勘察检验或技术鉴定难以得出真实的结论。这就需要组织较强的专业技术人员进行搜集证据的活动。

（三）证据的收集和保全

1. 证据收集和证据保全的含义

证据收集指司法机关在办案过程中，围绕案件事实搜集证据的活动。但民事诉讼法把举证责任归为主张权利的当事人以后，证据的收集就不仅仅是司法机关的工作了，它还包括当事人自己在具体工作中为维护自身的合法权益而收集的有关证明材料。这就是广义的证据收集。

证据保全是指在证据可能灭失或以后难以取得的情况下，法院根据申请人的申请或依职权，对证据加以固定和保护的制度。人民法院可以采取查封、扣押、录音、录像、复制、鉴定、勘验等方法进行证据保全，并制作笔录。

2. 建设工程主体收集和保全证据的原则

就建设工程主体而言，在收集和保全证据过程中，必须明确一个指导思想，即其在生产经营过程中收集和保全证据不仅仅是为了诉讼。因为建设工程主体的权利涉及诸多方面的行为，收集和保全各种证据的核心目的就是要维护自身的合法权益。不论是通过谈判、调解，还是通过仲裁、诉讼，都要依靠事实和法律来处理问题。所以收集和保全证据，如同协商、诉讼一样，仅仅是维护自身权益、实现权利的手段而已。

3. 建设工程主体收集和保全证据的方法

在建设工程活动中，收集和保全证据的最佳方法就是加强管理，建立、健全文书流转制度，及时、全面、准确地记载有关情况。最重要的有以下三个方面。

（1）加强以合同为代表的文书档案管理

1）要加强合同文本管理。在合同订立中坚持签订合法有效的合同，对无效的合同既不能签订也不能执行；合同订立时不仅要明确合同的主要内容，对具体操作细节也应当予以明确；对难以确定的内容，应当在合同中载明以双方代表临时确认的签字为依据。

2）在执行合同过程中，对变更的内容也应坚持依法变更。

3）要注意保存与业务相关的往来信函、电报、文书，不能业务刚刚结束，就将其销毁、扔掉。

4）要建立业务档案，将涉及具体业务的相关资料集中分类归档。

5）对采取以合同方式授权代理的合同，一定要在合同标的或项目名称中详细载明标的内容及授权范围。

6）要加强单位公章、法定代表人名章和合同专用章的管理，不能乱扔、乱放，随便授之于人。

（2）加强以收支票据为代表的财务管理

对于每一项收支必须有完整的账目记录，详细记载资金来源及使用目的，资金去向及用途，并附之以有关票据，特别是对于暂付、暂借等款项，绝不能简单地凭所谓的信誉或感情用事而不是收据或欠据。

（3）加强施工中的证据固定工作

对施工的进度情况、停工原因、租赁设备的使用情况，应当坚持日记制度，而且每一项日记都应坚持甲乙双方代表签字。对施工中发现的质量问题应当及时进行现场拍照，必要时可及时聘请有关技术监督部门迅速做出技术鉴定和勘验检查笔录，或者将有关情况详细记录在日记中，并由甲乙双方签字。

建设工程主体在收集和保全证据时需要注意以下几个问题。

1）对重要的文件、书证，要注意留有备份，以防止遗失。

2）对遗失的有关文件、书证要根据情况分别处理。对可能涉及对方不承认的情况时，要注意保密，防止对方篡改有关证据或否认事实而侵犯自身的权利；在可能的情况下，应从对方处重新复制、索取有关文件，或找到有关知情人及时回忆，形成书面证言予以保留；对涉及隐蔽工程、现场已遭破坏等情况时，应及时聘请有关专业人员重新勘验，确定原因。

3）对涉及的重要知情人，要记载清楚其下落、联系方式，以便随时请其作证。

4）在开始诉讼时，对于那些对自己有利而对方不愿提供的证据，要及时请求法院采取强制性的证据保全措施。

（四）证据的运用

在诉讼或仲裁中，证据应用包括举证时限、证据交换、质证和认证四个方面。

1. 举证时限

举证时限是指法律规定或法院、仲裁机构制定的当事人能够有效举证的期限。举证时限是一种限制当事人诉讼行为的制度。

《民事诉讼法》规定，当事人对自己提出的主张应当及时提供证据。人民法院根据当事人的主张和案件审理情况，确定当事人应当提供的证据及其期限。当事人在该期限内提供证据确有困难的，可以向人民法院申请延长期限，人民法院根据当事人的申请适当延长。当事人逾期提供证据的，人民法院应当责令其说明理由；拒不说明理由或者理由不成立的，人民法院根据不同情形可以不予采纳该证据，或者采纳该证据但予以训诫、罚款。

2. 证据交换

我国民事诉讼中的证据交换是指在诉讼答辩期届满后开庭审理前，在法院的主持下，当事人之间相互明示其持有证据的过程。

证据交换应当在审判人员的主持下进行。在证据交换的过程中，审判人员对当事人无异议的事实、证据应当记录在卷；对有异议的证据，按照需要证明的事实分类记录在卷，并记载异议的理由。通过证据交换，确定双方当事人争议的主要问题。当事人收到对方的证据后有反驳证据需要提交的，人民法院应当再次组织证据交换。

3. 质证

质证是指当事人在法庭的主持下，围绕证据的真实性、合法性、关联性，针对证据证明力有无以及证明力大小，进行质疑、说明与辩驳的过程。

根据《民事诉讼法》和《最高人民法院关于民事诉讼证据的若干规定》（以下简称《民事诉讼证据规定》）的规定，证据应当在法庭上出示，并由当事人互相质证。对涉及国家秘密、商业秘密和个人隐私的证据应当保密，需要在法庭出示的，不得在公开开庭时出示。未经质证的证据，不能作为认定案件事实的依据。

4. 认证

认证，即证据的审核认定，是指法院对经过质证或当事人在证据交换中认可的各种证据材料做出审查判断，确认其能否作为认定案件事实的根据。

根据《民事诉讼证据规定》，下列证据不能单独作为认定案件事实的根据。

1）当事人的陈述。

2）无民事行为能力人或者限制民事行为能力人所作的与其年龄、智力状况或者精神健康状况不相当的证言。

3）与一方当事人或者其代理人有利害关系的证人陈述的证言。

4）存有疑点的视听资料、电子数据。

5）无法与原件、原物核对的复制件、复制品。

电子数据存在下列情形的，人民法院可以确认其真实性，但有足以反驳的相反证据的除外。

1）由当事人提交或者保管的于己不利的电子数据。

2）由记录和保存电子数据的中立第三方平台提供或者确认的。

3）在正常业务活动中形成的。

4）以档案管理方式保管的。

5）以当事人约定的方式保存、传输、提取的。

电子数据的内容经公证机关公证的，人民法院应当确认其真实性，但有相反证据足以推翻的除外。

一方当事人控制证据无正当理由拒不提交，对待证事实负有举证责任的当事人主张该证据的内容不利于控制人的，人民法院可以认定该主张成立。

人民法院认定证人证言，可以通过对证人的智力状况、品德、知识、经验、法律意识和专业技能等的综合分析作出判断。

5. 运用证据时需要注意的问题

在民事诉讼或仲裁中，当事人各自提供有利于自己的证据，可能出现双方提供的证据相互矛盾的情况。因此，在证据的收集和应用过程中需要注意以下问题。

1）设法否定对方的证据效力，使对方的证据不能够作为证据使用。一是注意对方的证据是否是伪证；二是注意对方所提供的证据之间是否存在矛盾，相互间能否印证；三是注意对方的主要证据能否证明完整的事实，对于各具体情节间的联系，是否存在着漏洞；四是注意对方所提供的证据是否是通过合法手段取得的，有无法律效力。

2）证人证言带有较大的主观性，视听证据具有模糊、不准确的一面，鉴定结论、勘察记录也有疏漏的时候。针对这些情况，结合具体案情，当发现自己的权利因错误的证据而受到侵犯时，可以采取请证人出庭，当庭质证，对视听证据请求鉴定真伪，要求重新鉴定。

3）认定事实时，应将双方的证据同时考虑，以去伪存真，特别是要注意对方提供的对自己有利的证据，将其结合到自己的证据体系中。

4）此案相关的他案事实，或有关政策、法规往往也可以成为此案的证据。如因甲方违约造成了乙方对丙方的违约，则丙方向乙方主张权利的诉讼文书就成了乙方向甲方索赔的证据之一。再如，国家有关具体法规和政策的调整，也可以成为违约方免责的证据。

知识点五、民事诉讼管辖

（一）级别管辖和地域管辖

1. 级别管辖

级别管辖是划分上、下级法院之间受理一审民事案件的权限，主要根据案件的性质、影响和诉讼标的金额等确定。我国有基层人民法院、中级人民法院、高级人民法院和最高人民法院四级法院，都可以受理一审民事案件，但受理案件的范围不同。各地人民法院确定的级别管辖争议标的数额标准往往是不相同的。

管辖权的转移可视为对级别管辖的补充，分为管辖权的上移和下移。《民事诉讼法》规定，上级人民法院有权审理下级人民法院管辖的第一审民事案件；确有必要将本院管辖的第一审民事案件交下级人民法院审理的，应当报请其上级人民法院批准。下级人民法院对它所管辖的第一审民事案件，认为需要由上级人民法院审理的，可以报请上级人民法院审理。

2. 地域管辖

一般地域管辖以诉讼当事人住所所在地（通常是被告所在地）为标准来确定管辖。通常实行原告就被告原则。

特殊地域管辖一般以诉讼标的物所在地、法律事实发生地为标准确定管辖法院。比较典型的是对于合同纠纷案件的管辖。合同纠纷管辖包括协议管辖和法定管辖，协议管辖是以书面形式约定管辖法院（应是与争议有实际联系的地点），法定管辖一般是在被告住所地或合同履行地二选一。《民事诉讼法》规定，合同或者其他财产权益纠纷的当事人可以书面协议选择被告住所地、合同履行地、合同签订地、原告住所地、标的物所在地等与争议有实际联系的地点的人民法院管辖，

【案例及评析】

但不得违反本法对级别管辖和专属管辖的规定。两个以上人民法院都有管辖权的诉讼,原告可以向其中一个人民法院起诉;原告向两个以上有管辖权的人民法院起诉的,由最先立案的人民法院管辖。专属管辖,是指法律强制规定某类案件只能由特定法院管辖,其他法院无权管辖,也不允许当事人协议变更管辖。比较典型的是对于不动产纠纷案件的管辖。

(二)移送管辖和指定管辖

《民事诉讼法》规定,人民法院发现受理的案件不属于本院管辖的,应当移送有管辖权的人民法院,受移送的人民法院应当受理。受移送的人民法院认为受移送的案件依照规定不属于本院管辖的,应当报请上级人民法院指定管辖,不得再自行移送。

有管辖权的人民法院由于特殊原因,不能行使管辖权的,由上级人民法院指定管辖。人民法院之间因管辖权发生争议,由争议双方协商解决;协商解决不了的,报请它们的共同上级人民法院指定管辖。

知识点六、民事诉讼程序

(一)一审普通程序

1. 起诉和受理

起诉必须符合的条件有:原告是与本案有直接利害关系的公民、法人和其他组织;有明确的被告;有具体的诉讼请求和事实、理由;属于人民法院受理民事诉讼的范围和受诉人民法院管辖。

起诉应当向人民法院递交起诉状,并按照被告人数提出副本。书写起诉状确有困难的,可以口头起诉,由人民法院记入笔录,并告知对方当事人。起诉状应当记明下列事项:原告的姓名、性别、年龄、民族、职业、工作单位、住所、联系方式,法人或者其他组织的名称、住所和法定代表人或者主要负责人的姓名、职务、联系方式;被告的姓名、性别、工作单位、住所等信息,法人或者其他组织的名称、住所等信息;诉讼请求和所根据的事实与理由;证据和证据来源,证人姓名和住所。当事人起诉到人民法院的民事纠纷,适宜调解的,先行调解,但当事人拒绝调解的除外。

受理是指人民法院对起诉进行审查,将符合起诉条件的案件予以立案的审判行为。《民事诉讼法》规定,人民法院应当保障当事人依照法律规定享有的起诉权利。对符合起诉条件的起诉,必须受理。符合起诉条件的,应当在七日内立案,并通知当事人;不符合起诉条件的,应当在七日内作出裁定书,不予受理;原告对裁定不服的,可以提起上诉。

2. 审理前的准备

人民法院应当在立案之日起五日内将起诉状副本发送被告,被告应当在收到之日起十五日内提出答辩状。答辩状应当记明被告的姓名、性别、年龄、民族、职业、工作单位、住所、联系方式;法人或者其他组织的名称、住所和法定代表人或者主要负责人的姓名、职务、联系方式。人民法院应当在收到答辩状之日起五日内将答辩状副本发送原告。被告不提出答辩状的,不影响人民法院审理。

人民法院对决定受理的案件,应当在受理案件通知书和应诉通知书中向当事人告知有关的诉讼权利义务,或者口头告知。

3. 开庭审理

开庭审理的程序包括:法庭调查→法庭辩论→法庭调解→宣判。

法庭调查按照下列顺序进行:当事人陈述;告知证人的权利义务,证人作证,宣读未到庭的证人证言;出示书证、物证、视听资料和电子数据;宣读鉴定意见;宣读勘验笔录。

原告增加诉讼请求,被告提出反诉,第三人提出与本案有关的诉讼请求,可以合并审理。

法庭辩论按照下列顺序进行:原告及其诉讼代理人发言;被告及其诉讼代理人答辩;第三人及其诉讼代理人发言或者答辩;互相辩论。

法庭辩论终结,由审判长或者独任审判员按照原告、被告、第三人的先后顺序征询各方最后意见。法庭辩论终结,应当依法作出判决。判决前能够调解的,还可以进行调解,调解不成的,应当及时判决。

人民法院对公开审理或者不公开审理的案件，一律公开宣告判决。当庭宣判的，应当在十日内发送判决书；定期宣判的，宣判后立即发给判决书。宣告判决时，必须告知当事人上诉权利、上诉期限和上诉的法院。

人民法院适用普通程序审理的案件，应当在立案之日起六个月内审结。有特殊情况需要延长的，由本院院长批准，可以延长六个月；还需要延长的，报请上级人民法院批准。

（二）二审程序（上诉程序）

1. 提起上诉的期限

不服一审判决的，自判决书送达之日起十五日内；不服一审裁定的，自裁定书送达之日起十日内。

2. 上诉状的提出

上诉应当递交上诉状。上诉状应当通过原审人民法院提出，并按照对方当事人或者代表人的人数提出副本。当事人直接向第二审人民法院上诉的，第二审人民法院应当在五日内将上诉状移交原审人民法院。

原审人民法院收到上诉状，应当在五日内将上诉状副本送达对方当事人，对方当事人在收到之日起十五日内提出答辩状。人民法院应当在收到答辩状之日起五日内将副本送达上诉人。对方当事人不提出答辩状的，不影响人民法院审理。原审人民法院收到上诉状、答辩状，应当在五日内连同全部案卷和证据，报送第二审人民法院。第二审人民法院应当对上诉请求的有关事实和适用法律进行审查。

3. 审理

第二审人民法院对上诉案件应当开庭审理。经过阅卷、调查和询问当事人，对没有提出新的事实、证据或者理由，人民法院认为不需要开庭审理的，可以不开庭审理。

第二审人民法院审理上诉案件，可以在本院进行，也可以到案件发生地或者原审人民法院所在地进行。

第二审人民法院对上诉案件，经过审理，按照下列情形，分别处理。

1）原判决、裁定认定事实清楚，适用法律正确的，以判决、裁定方式驳回上诉，维持原判决、裁定。

2）原判决、裁定认定事实错误或者适用法律错误的，以判决、裁定方式依法改判、撤销或者变更。

3）原判决认定基本事实不清的，裁定撤销原判决，发回原审人民法院重审，或者查清事实后改判。

4）原判决遗漏当事人或者违法缺席判决等严重违反法定程序的，裁定撤销原判决，发回原审人民法院重审。

原审人民法院对发回重审的案件作出判决后，当事人提起上诉的，第二审人民法院不得再次发回重审。

（三）再审程序（审判监督程序）

再审程序，是为了纠正已经生效裁判的错误而对案件再次进行审理的程序。

1. 人民法院提起再审的情形

各级人民法院院长对本院已经发生法律效力的判决、裁定、调解书，发现确有错误，认为需要再审的，应当提交审判委员会讨论决定。最高人民法院对地方各级人民法院已经发生法律效力的判决、裁定、调解书，上级人民法院对下级人民法院已经发生法律效力的判决、裁定、调解书，发现确有错误的，有权提审或者指令下级人民法院再审。

2. 当事人提起再审的情形

当事人对已经发生法律效力的判决、裁定，认为有错误的，可以向上一级人民法院申请再审；当事人一方人数众多或者当事人双方为公民的案件，也可以向原审人民法院申请再审。当事人申请再审的，不停止判决、裁定的执行。

当事人对已经发生法律效力的调解书，提出证据证明调解违反自愿原则或者调解协议的内容违反法律的，可以申请再审。经人民法院审查属实的，应当再审。

3. 检察院抗诉的情形

最高人民检察院对各级人民法院已经发生法律效力的判决、裁定，上级人民检察院对下级人民法院已经发生法律效力的判决、裁定，发现有人民法院应当再审情形之一的，或者发现调解书损害国家利益、社会公共利益的，应当提出抗诉。

地方各级人民检察院对同级人民法院已经发生法律效力的判决、裁定，发现有人民法院应当再审的情形之一的，或者发现调解书损害国家利益、社会公共利益的，可以向同级人民法院提出检察建议，并报上级人民检察院备案;也可以提请上级人民检察院向同级人民法院提出抗诉。

各级人民检察院对审判监督程序以外的其他审判程序中审判人员的违法行为,有权向同级人民法院提出检察建议。

(四)执行程序

民事执行是指人民法院依照法定的程序,采取法定的执行措施,强制负有相应履行义务的人履行已经发生法律效力的人民法院的民事判决、裁定或其他法律文书所确定的义务的活动。

1. 申请执行

发生法律效力的民事判决、裁定,以及刑事判决、裁定中的财产部分,由第一审人民法院或者与第一审人民法院同级的被执行的财产所在地人民法院执行。法律规定由人民法院执行的其他法律文书,由被执行人住所地或者被执行的财产所在地人民法院执行。

人民法院自收到申请执行书之日起超过六个月未执行的,申请执行人可以向上一级人民法院申请执行。上一级人民法院经审查,可以责令原人民法院在一定期限内执行,也可以决定由本院执行或者指令其他人民法院执行。

2. 执行异议

执行过程中,案外人对执行标的提出书面异议的,人民法院应当自收到书面异议之日起十五日内审查,理由成立的,裁定中止对该标的的执行;理由不成立的,裁定驳回。案外人、当事人对裁定不服,认为原判决、裁定错误的,依照审判监督程序办理;与原判决、裁定无关的,可以自裁定送达之日起十五日内向人民法院提起诉讼。

3. 委托执行

被执行人或者被执行的财产在外地的,可以委托当地人民法院代为执行。受委托人民法院收到委托函件后,必须在十五日内开始执行,不得拒绝。执行完毕后,应当将执行结果及时函复委托人民法院;在三十日内如果还未执行完毕,也应当将执行情况函告委托人民法院。受委托人民法院自收到委托函件之日起十五日内不执行的,委托人民法院可以请求受委托人民法院的上级人民法院指令受委托人民法院执行。

4. 执行和解与担保

在执行中,双方当事人自行和解达成协议的,执行员应当将协议内容记入笔录,由双方当事人签名或者盖章。申请执行人因受欺诈、胁迫与被执行人达成和解协议,或者当事人不履行和解协议的,人民法院可以根据当事人的申请,恢复对原生效法律文书的执行。

在执行中,被执行人向人民法院提供担保,并经申请执行人同意的,人民法院可以决定暂缓执行及暂缓执行的期限。被执行人逾期仍不履行的,人民法院有权执行被执行人的担保财产或者担保人的财产。

5. 执行措施

被执行人未按执行通知履行法律文书确定的义务,应当报告当前以及收到执行通知之日前一年的财产情况。被执行人拒绝报告或者虚假报告的,人民法院可以根据情节轻重对被执行人或者其法定代理人、有关单位的主要负责人或者直接责任人员予以罚款、拘留。

被执行人未按执行通知履行法律文书确定的义务,人民法院有权向有关单位查询被执行人的存款、债券、股票、基金份额等财产情况。人民法院有权根据不同情形扣押、冻结、划拨、变价被执行人的财产。人民法院查询、扣押、冻结、划拨、变价的财产不得超出被执行人应当履行义务的范围。人民法院决定扣押、冻结、划拨、变价财产,应当作出裁定,并发出协助执行通知书,有关单位必须办理。

6. 执行中止与执行终结

有下列情形之一的,人民法院应当裁定中止执行。

1)申请人表示可以延期执行的。

2)案外人对执行标的提出确有理由的异议的。

3)作为一方当事人的公民死亡,需要等待继承人继承权利或者承担义务的。

4)作为一方当事人的法人或者其他组织终止,尚未确定权利义务承受人的。

5)人民法院认为应当中止执行的其他情形。

中止的情形消失后,恢复执行。

有下列情形之一的,人民法院裁定终结执行。

1)申请人撤销申请的。

2)据以执行的法律文书被撤销的。

3)作为被执行人的公民死亡,无遗产可供执行,又无义务承担人的。

4)追索赡养费、扶养费、抚养费案件的权利人死亡的。

5)作为被执行人的公民因生活困难无力偿还借款,无收人来源,又丧失劳动能力的。

6)人民法院认为应当终结执行的其他情形。

中止和终结执行的裁定,送达当事人后立即生效。

随堂测试

1. 下列人员中,可以被委托为民事诉讼代理人的是(　　)。

A. 知名法学家　　　　　　　　　　　　B. 基层法律服务工作者

C. 当事人的亲属　　　　　　　　　　　D. 建设行政主管部门推荐的公民

2. 施工合同中约定按每月确定的工程量支付工程款,发包方没有按期付款,承包方欲请求法院保护其民事权利,该诉讼时效期间应从(　　)之日算起。

A. 第一次付款期限届满　　　　　　　　B. 最后一次付款期限届满

C. 每次付款期限届满　　　　　　　　　D. 提交工程款支付申请

3. 诉讼时效期间应当从(　　)起计算。

A. 侵害行为停止时　　　　　　　　　　B. 当事人提起赔偿主张之日

C. 当事人权利被侵害并产生损害后果时　D. 当事人知道或应当知道权利被侵害时

4. 根据《民法典》向人民法院请求保护民事权利的诉讼时效期间是(　　)。

A. 1 年　　　　　　B. 2 年　　　　　　C. 3 年　　　　　　D. 4 年

5. 在一起钢材买卖合同纠纷的诉讼过程中,作为买方的施工企业将钢材厂家在互联网上发布的价目表下载并打印,并在法庭上作为证据出示,则该证据种类属于(　　)。

A. 书证　　　　　　B. 物证　　　　　　C. 视听资料　　　　D. 电子数据

6. 某建筑公司认为供货商供应的建材质量不合格,未按合同约定支付材料款,供货商向法院提起诉讼,所出具的证据中证明力度大于其他证据的是(　　)。

A. 送货单　　　　　　　　　　　　　　B. 合格证

C. 专业机构出具的质量鉴定意见　　　　D. 合同书

7. 关于证据,以下说法正确的是(　　)。

A. 所有证据都应该在法庭上出示

B. 书证必须提交原件

C 14 岁以下的未成年人不得作为证人

D. 当事人之间应在庭审中相互明示其持有的证据

8. 某建设单位和施工单位因某分部工程质量缺陷发生纠纷。施工单位提供了其技术负责人周某签字的技术核定联系单,证明工程质量合格。正确的说法是(　　)。

A. 该技术核定单属于证人证言

B. 该技术核定单属于书证

C. 该技术核定单属于鉴定结论

D. 由于周某是施工单位的员工,其签署的技术核定单不能作为证据使用

9. 采用普通程序开庭审理民事纠纷过程中,准备开庭后正确的审理顺序(　　)。

A. 法庭调查、法庭辩论、宣判、法庭笔录　　B. 法庭调查、法庭辩论、合议庭评议、宣判

C. 法庭辩论、法庭调查、法庭笔录、宣判　　　　D. 法庭辩论、法庭笔录、法庭调查、宣判

10. 民事诉讼的基本特征有(　　　)。

A. 自愿性　　　　　　B. 保密性　　　　　　C. 公权性　　　　　　D. 程序性

E. 强制性

任务 11.3　如何通过仲裁维护自身权益?

知识点一、仲裁的概述

(一)仲裁的概念

仲裁是争议双方在争议发生前或争议发生后达成协议,自愿将争议交给第三者作出裁决,双方有义务执行的一种解决争议的办法。首先,仲裁的发生是以双方当事人自愿为前提的。这种自愿,体现在仲裁协议中。仲裁协议,可以在争议发生前达成,也可以在争议发生后达成。其次,仲裁的客体是当事人之间发生的一定范围的争议。这些争议大体包括:经济争议、劳动争议、对外经贸争议、海事争议等。再次,仲裁须有三方活动主体。即双方当事人和第三方(仲裁组织)。仲裁组织以当事人双方自愿为基础进行裁决。第四,裁决具有强制性。当事人一旦选择了仲裁解决争议,仲裁者所作的裁决对双方都有约束力,双方都要认真履行,否则,权利人可以向法院申请强制执行。

(二)仲裁基本制度

1. 协议仲裁制度

仲裁协议是当事人自愿原则的体现,当事人申请仲裁、仲裁委员会受理仲裁以及仲裁庭对仲裁案件的审理和裁决,都必须以当事人依法订立的仲裁协议为前提。《仲裁法》规定,没有仲裁协议,一方申请仲裁的,仲裁委员会不予受理。

2. 排除法院管辖制度

仲裁和诉讼是两种并行的争议解决方式,当事人只能选用其中的一种。《仲裁法》规定:当事人达成仲裁协议,一方向人民法院起诉的,人民法院不予受理,但仲裁协议无效的除外。因此,有效的仲裁协议可以排除法院对案件的司法管辖权,只有在没有仲裁协议或者仲裁协议无效的情况下,法院才可以对当事人的纠纷予以受理。

3. 一裁终局制度

仲裁实行一裁终局的制度。裁决作出后,当事人就同一纠纷再申请仲裁或者向人民法院起诉的,仲裁委员会或者人民法院不予受理。但是,裁决被人民法院依法撤销或者不予执行的,当事人就该纠纷可以根据双方重新达成的仲裁协议申请仲裁,或者向人民法院起诉。

知识点二、仲裁协议

(一)仲裁协议的形式与内容

1. 仲裁协议的形式

仲裁协议是指当事人自愿将已经发生或者可能发生的争议提交仲裁解决的书面协议。《仲裁法》规定:仲裁协议包括合同中订立的仲裁条款和其他以书面形式在纠纷发生前或者纠纷发生后达成的请求仲裁的协议。据此,仲裁协议应当采用书面形式,口头方式达成的仲裁意思表示无效。仲裁协议既可以表现为合同中

的仲裁条款,也可以表现为独立于合同而存在的仲裁协议书。实践中,在合同中约定仲裁条款的形式最为常见。

2.仲裁协议的内容

合法有效的仲裁协议应当具有下列法定内容。

（1）请求仲裁的意思表示

请求仲裁的意思表示,是指条款中应该有"仲裁"两字,表明当事人的仲裁意愿。该意愿应当是确定的,而不是模棱两可的。有的当事人在合同中约定发生争议可以提交仲裁,也可以提交诉讼,根据这种约定无法判定当事人有明确的仲裁意愿。因此,《仲裁法》司法解释规定,这样的仲裁协议无效。

（2）仲裁事项

仲裁事项,可以是当事人之间合同履行过程中的或与合同有关的一切争议,也可以是合同中某一特定问题的争议;既可以是事实问题的争议,也可以是法律问题的争议。其范围取决于当事人在仲裁协议中的约定。

（3）选定的仲裁委员会

选定的仲裁委员会,是指仲裁协议中约定的仲裁委员会的名称应该准确。《仲裁法》司法解释规定,仲裁协议约定的仲裁机构名称不准确,但能够确定具体的仲裁机构的,应当认定选定了仲裁机构。仲裁协议约定两个以上仲裁机构的,当事人可以协议选择其中的一个仲裁机构申请仲裁;当事人不能就仲裁机构选择达成一致的,仲裁协议无效。仲裁协议约定由某地的仲裁机构仲裁且该地仅有一个仲裁机构的,该仲裁机构视为约定的仲裁机构。该地有两个以上仲裁机构的,当事人可以协议选择其中的一个仲裁机构申请仲裁;当事人不能就仲裁机构选择达成一致的,仲裁协议无效。

上述三项内容必须同时具备,仲裁协议才能有效。我国许多仲裁机构都列出了示范仲裁条款,例如中国国际经济贸易仲裁委员会示范仲裁条款写明:因本合同引起的或与本合同有关的任何争议,均提请中国国际经济贸易仲裁委员会按照该会的仲裁规则进行仲裁。仲裁裁决是终局的,对双方均有约束力。当然,如果合同当事人较多,也可以将其表述为仲裁裁决"对各方均有约束力"。

（二）仲裁协议的效力

1.对当事人的法律效力

仲裁协议合法有效,即对当事人产生法律约束力。发生纠纷后,一方当事人只能向仲裁协议约定的仲裁机构申请仲裁,而不能就该纠纷向人民法院提起诉讼。

2.对法院的约束力

有效的仲裁协议排除了人民法院对仲裁协议约定争议事项的司法管辖权。《仲裁法》规定,当事人达成仲裁协议,一方向人民法院起诉未声明有仲裁协议,人民法院受理后,另一方在首次开庭前提交仲裁协议的,人民法院应当驳回起诉,但仲裁协议无效的除外。

3.对仲裁机构的法律效力

仲裁协议是仲裁委员会受理仲裁案件的前提,是仲裁庭审理和裁决案件的依据。没有有效的仲裁协议,仲裁委员会就不能获得对争议案件的管辖权。同时,仲裁委员会只能对当事人在仲裁协议中约定的争议事项进行仲裁,对超出仲裁协议约定范围的其他争议事项无权仲裁。

4.仲裁协议的独立性

仲裁协议独立存在,合同的变更、解除、终止或者无效,以及合同成立后未生效、被撤销等,均不影响仲裁协议的效力。当事人在订立合同时就争议达成仲裁协议的,合同未成立也不影响仲裁协议的效力。

知识点三、仲裁的程序

（一）仲裁案件的申请和受理

1. 申请仲裁的条件

当事人申请仲裁，应当符合以下条件。

1）有效的仲裁协议。

2）有具体的仲裁请求和事实、理由。

3）属于仲裁委员会的受理范围。

2. 申请仲裁的文件

当事人申请仲裁，应当向仲裁委员会递交仲裁协议或者合同仲裁条款、仲裁申请书及副本。其中，仲裁申请书应当载明的事项包括如下内容。

1）当事人的姓名、性别、年龄、职业、工作单位和住所，法人或者其他组织的名称、住所和法定代表人或者主要负责人的姓名、职务。

2）仲裁请求和所依据的事实、理由。

3）证据和证据来源、证人姓名和住所。对于申请仲裁的具体要求和审查标准，各仲裁机构在《仲裁法》规定的范围内会有所不同，一般可以登录其网站进行查询。

3. 审查与受理

仲裁委员会收到仲裁申请书之日起五日内经审查认为符合受理条件的，应当受理，并通知当事人；认为不符合受理条件的，应当书面通知当事人不予受理，并说明理由。

仲裁委员会受理仲裁申请后，应当在仲裁规则规定的期限内将仲裁规则和仲裁员名册送达申请人，并将仲裁申请书副本和仲裁规则、仲裁员名册送达被申请人。

被申请人收到仲裁申请书副本后，应当在仲裁规则规定的期限内向仲裁委员会提交答辩书。仲裁委员会收到答辩书后，应当在仲裁规则规定的期限内将答辩书副本送达申请人。被申请人未提交答辩书的，不影响仲裁程序的进行。被申请人有权在答辩期内提出反请求。

（二）仲裁庭的组成

仲裁案件采用普通程序或者简易程序来审理。采用普通程序审理仲裁案件，由三名仲裁员组成合议仲裁庭；采用简易程序审理仲裁案件，由一名仲裁员组成独任仲裁庭。当事人另有约定的除外。

1. 合议仲裁庭

当事人约定由三名仲裁员组成仲裁庭的，应当各自选定一名或者各自委托仲裁委员会主任指定一名仲裁员，第三名仲裁员由当事人共同选定或者共同委托仲裁委员会主任指定。第三名仲裁员是首席仲裁员。

2. 独任仲裁庭

当事人约定一名仲裁员组成仲裁庭的，应当由当事人共同选定或者共同委托仲裁委员会主任指定仲裁员。当事人没有在仲裁规则规定的期限内约定仲裁庭的组成方式或者选定仲裁员的，由仲裁委员会主任指定。

（三）开庭和审理

仲裁审理的方式分为开庭审理和书面审理两种。仲裁应当开庭审理作出裁决，这是仲裁审理的主要方式。但是，当事人协议不开庭的，仲裁庭可以根据仲裁申请书、答辩书以及其他材料作出裁决，即书面审理方式。为了保护当事人的商业秘密和商业信誉，仲裁不公开进行；当事人协议公开的，可以公开进行，但涉及国家秘密的除外。

当事人应当对自己的主张提供证据。仲裁庭认为有必要收集的证据，可以自行收集。证据应当在开庭时出示，当事人可以质证。当事人在仲裁过程中有权进行辩论。

仲裁庭可以作出缺席裁决。申请人经书面通知，无正当理由开庭时不到庭或者未经仲裁庭许可中途退庭的，可以视为撤回仲裁申请；如果被申请人提出了反请求，不影响仲裁庭就反请求进行审理，并做出裁决。

被申请人经书面通知,无正当理由不到庭或者未经仲裁庭许可中途退庭的,仲裁庭可以进行缺席审理并作出裁决;如果被申请人提出了反请求的,可以视为撤回仲裁反请求。

(四)仲裁和解与调解

当事人申请仲裁后,可以自行和解。当事人自行达成和解协议的,可以请求仲裁庭根据和解协议制作裁决书,也可以撤回仲裁申请。当事人撤回仲裁申请后反悔的,可以根据仲裁协议另行申请仲裁。

仲裁庭在作出裁决前,可以根据当事人的请求或者在征得当事人同意的情况下按照其认为适当的方式主持调解。调解达成协议的,当事人可以撤回仲裁申请,也可以请求仲裁庭根据调解协议的内容制作调解书或者裁决书。调解书经双方当事人签收后即与裁决书具有同等法律效力。在调解书签收前当事人反悔的,仲裁庭应当及时作出裁决。调解不成的,仲裁庭应当及时作出裁决。

(五)仲裁裁决

仲裁裁决是由仲裁庭作出的具有强制执行效力的法律文书。独任仲裁庭审理的案件由独任仲裁员作出仲裁裁决,合议仲裁庭审理的案件由三名仲裁员集体作出仲裁裁决。合议庭审理的案件,裁决也可以按照多数仲裁员的意见作出,少数仲裁员的不同意见可以记入笔录或者附在裁决书后,但该少数意见不构成裁决书的组成部分。仲裁庭无法形成多数意见时,裁决按照首席仲裁员的意见作出。仲裁裁决书由仲裁员签名,加盖仲裁委员会的印章。对裁决持不同意见的仲裁员可以签名,也可以不签名。裁决书自做出之日起发生法律效力。仲裁实行一裁终局制度,当事人不得就已经裁决的事项再行申请仲裁,也不得就此提起诉讼;当事人申请人民法院撤销裁决的,应当依法进行。

(六)裁决的执行

《仲裁法》规定,当事人应当履行裁决。一方当事人不履行的,另一方当事人可以依照《民事诉讼法》的有关规定向人民法院申请执行。受申请的人民法院应当执行。一方当事人申请执行裁决,另一方当事人申请撤销裁决的,人民法院应当裁定中止执行。人民法院裁定撤销裁决的,应当裁定终结执行。撤销裁决的申请被裁定驳回的,人民法院应当裁定恢复执行。

《民事诉讼法》规定,对依法设立的仲裁机构的裁决,一方当事人不履行的,对方当事人可以向有管辖权的人民法院申请执行。受申请的人民法院应当执行。被申请人提出证据证明仲裁裁决有下列情形之一的,经人民法院组成合议庭审查核实,裁定不予执行。

1)当事人在合同中没有订有仲裁条款或者事后没有达成书面仲裁协议的。

2)裁决的事项不属于仲裁协议的范围或者仲裁机构无权仲裁的。

3)仲裁庭的组成或者仲裁的程序违反法定程序的。

4)裁决所根据的证据是伪造的。

5)对方当事人向仲裁机构隐瞒了足以影响公正裁决的证据的。

6)仲裁员在仲裁该案时有贪污受贿,徇私舞弊,枉法裁决行为的。

人民法院认定执行该裁决违背社会公共利益的,裁定不予执行。

裁定书应当送达双方当事人和仲裁机构。

仲裁裁决被人民法院裁定不予执行的,当事人可以根据双方达成的书面仲裁协议重新申请仲裁,也可以向人民法院起诉。

随堂测试

1. 一裁终局原则体现了仲裁的(　　)特点。

A. 专业性　　　　　　B. 自愿性　　　　　　C. 独立性　　　　　　D. 快捷性

2. 仲裁的保密性特点体现在它以(　　)为原则。

A. 不开庭审理　　　　B. 不允许代理人参加　　C. 不公开审理　　　D. 不允许证人参加

3. 承包商与建设单位如果在施工承包合同中约定了仲裁,则(　　)。

A. 当事人可以选择仲裁,也可以选择诉讼　　　　B. 当事人不可以选择诉讼

C. 当事人不可以选择和解 D. 当事人不可以选择调解

4. 仲裁协议一经有效成立,即对当事人产生法律约束力。关于仲裁协议的效力,说法错误的是(　　　)。

A. 当事人只能通过向仲裁协议中所约定的仲裁机构申请仲裁的方式解决该纠纷

B. 仲裁委员会只能对当事人在仲裁协议中约定的争议事项进行仲裁

C. 一方向人民法院起诉未声明有仲裁协议,另一方在首次开庭前提交仲裁协议的,人民法院应当驳回起诉

D. 仲裁协议是争议合同的附属协议,合同无效则仲裁协议无效

5. 关于仲裁和解的说法,正确的是(　　　)。

A. 当事人申请仲裁后达成和解协议的,应当撤回仲裁申请

B. 当事人达成和解协议,撤回仲裁申请后反悔的,不得再根据仲裁协议申请仲裁

C. 当事人申请仲裁后和解的,应当在仲裁庭的主持下进行

D. 仲裁庭可以根据当事人的和解协议作出裁决书

6. 甲施工企业就施工合同纠纷向仲裁委员会申请仲裁,该仲裁案件由三名仲裁员组成仲裁庭,该案件的仲裁员(　　　)。

A. 由甲施工企业选定一名 B. 只能由仲裁委员会主任指定

C. 由甲施工企业选定两名 D. 由甲施工企业选定三名

7. 下列仲裁协议中,有效的仲裁协议是(　　　)。

A. 本合同履行过程中,凡因本合同引起的任何争议,均提请仲裁委员会仲裁

B. 本合同履行过程中,凡因本合同引起的任何争议,可申请仲裁或提起诉讼

C. 本合同履行过程中,凡因本合同引起的任何争议,均提请仲裁委员会仲裁

D. 本合同履行过程中,凡因本合同引起的任何争议,应先申请仲裁后提起诉讼

8. 关于仲裁协议的说法,正确的有(　　　)。

A. 仲裁协议必须在纠纷发生前达成

B. 当事人对仲裁协议效力有异议的,应当在仲裁庭首次开庭前提出

C. 仲裁协议可以采用口头形式,但需双方认可

D. 合同解除后,合同中的仲裁条款仍然有效

E. 仲裁协议约定两个以上仲裁机构,当事人不能就选择达成一致的,可以由司法行政主管部门指定

9. 根据《仲裁法》,关于仲裁的说法,正确的有(　　　)。

A. 仲裁机构受理案件的依据是司法行政主管部门的授权

B. 劳动争议仲裁不属于《仲裁法》的调整范围

C. 当事人达成有效仲裁协议后,人民法院仍然对案件享有管辖权

D. 仲裁不公开进行

E. 仲裁裁决做出后,当事人不服的可以向人民法院起诉

10. 关于仲裁庭组成的说法正确的有(　　　)。

A. 当事人未在规定期限内选定仲裁员的,由仲裁委员会主任指定

B. 首席仲裁员应当由仲裁委员会指定

C. 双方当事人必须各自选定合议仲裁庭的一名仲裁员

D. 仲裁庭可以由三名仲裁员组成

E. 仲裁庭可以由一名仲裁员组成

◉ 本模块小结 ◉

建设工程领域里常见的纠纷类型包括民事纠纷和行政纠纷。民事纠纷的法律解决途径主要有和解、调解、仲裁和诉讼。行政纠纷的法律解决途径主要有行政复议和行政诉讼。

向人民法院请求保护民事权利的诉讼时效期间为三年，自权利人知道或者应当知道权利受到损害以及义务人之日起计算。但是，自权利受到损害之日起超过二十年的，人民法院不予保护。民事诉讼的当事人包括：原告和被告、共同诉讼人、第三人。当事人应当正确运用证据来证明自己的主张。在建设工程活动中，要加强管理，及时、全面、准确地收集和固定有关证据。我国民事诉讼施行管辖制度、两审终审制度、公开审判制度、或裁或审制度等。

仲裁是争议双方在争议发生前或争议发生后达成协议，自愿将争议交给第三者作出裁决，双方有义务执行的一种解决争议的办法。没有仲裁协议，一方申请仲裁的，仲裁委员会不予受理。当事人达成仲裁协议，一方向人民法院起诉的，人民法院不予受理，但仲裁协议无效的除外。对于符合受理条件的案件，仲裁委员会应当受理，按要求组成仲裁庭，通过开庭审理或书面审理的方式，及时作出仲裁裁决，或者根据当事人的要求制作调解书或裁决书。仲裁实行一裁终局制度，当事人不得就已经裁决的事项再行申请仲裁，也不得就此提起诉讼；当事人申请人民法院撤销裁决的，应当依法进行。

思考与讨论

1.20×× 年12月，A公司与B公司签订了建设工程施工合同，工程完工后双方于第二年底办理了竣工决算，A公司应向B公司支付工程款50万元，最后付款时间为第五年6月。其后4年，B公司一直未向A公司追索欠款。至第九年6月B公司来人来函要求A公司支付欠款，A公司拒付，由此引发诉讼。诉讼时效给本案中的当事人带来了什么影响？

2.某施工企业承接某开发商的住宅工程项目。在工程竣工验收合格并结算完毕后，因开发商拒绝支付工程尾款，施工企业向人民法院提起诉讼。在诉讼过程中，当事人双方在庭下就所有诉讼事宜达成和解协议，于是施工企业撤诉。此后，开发商以双方私下达成的和解协议不具有法律效力为由，拒绝履行付款义务。

双方达成的和解协议是否具有法律效力？

3.某工程发包人长期拖欠工程款，施工单位因多种原因在诉讼时效期限内未行使请求权。后双方发生争议，施工单位将发包人诉至法院。

（1）法院是否应受理此案？

（2）法院是否可以直接驳回诉讼请求？

（3）如果施工合同中约定工程价款请求权的诉讼时效为1年，应当如何处理？

4.A建筑公司的资质等级较低。但经A建筑公司的介绍，B建筑公司最终承接了某建筑工程，并将该工程的部分非主体工程施工分包给了A建筑公司。由于发包人拖欠B建筑公司工程款，导致B建筑公司也拖欠A建筑公司的工程款项。为此，A建筑公司背着B建筑公司，以实际施工人名义单独起诉发包人，要求发包人直接向其支付工程价款。在法院审理过程中，发包人与A建筑公司双方达成调解协议，约定由发包人直接向A建筑公司支付工程款，然后在工程竣工结算时从给付B建筑公司的工程价款中扣除。法院根据该调解协议制作了调解书，经双方签字后生效。由于A建筑公司高估冒算工程量，导致发包人实际确认并支付的工程款远远超过A建筑公司应得款额，后在工程决算时B建筑公司发现了此事。

B建筑公司应如何维护自己的权益？

5.甲房地产开发公司（以下简称甲公司）与乙房地产开发公司（以下简称乙公司）签订的《H项目合作开发合同》中约定：双方合作开发H项目，乙公司在取得市发改委项目建议书批复文件10日内向甲公司支付补偿金700万元，如乙公司不能按时付款，本合同即作废，乙公司应向甲公司支付300万元违约金。合同还约定："因本合同引起的或与本合同有关的任何争议，均提请B仲裁委员会仲裁。仲裁裁决是终局的，对双方均有约束力。"因乙公司在取得H项目批复文件后未支付补偿金，甲公司通知解除合同并向B仲裁委员会申请仲裁。乙公司在收到B仲裁委员会的仲裁通知及相关资料后提出了管辖异议，称合同中虽有仲裁条款，但合同已经解除，B仲裁委员会没有管辖权。甲公司认为乙公司的抗辩理由不能成立。B仲裁委员会根据合同中的仲裁条款作出了裁决。为此，乙公司以B仲裁委员会对本案无管辖权为由向E人民法院提出撤销该裁决的申请。

本案中的 B 仲裁委员会对此案是否具有管辖权?

6. 某建筑公司按照与某房地产开发公司签订的建设工程施工合同中的仲裁条款,向某仲裁委员会申请仲裁。开庭时,建筑公司请来了几家媒体记者要求旁听,开发公司对此坚决反对。建筑公司请来的媒体记者是否有权要求旁听?

7. 甲建筑工程公司与乙公司下属分公司签订了一份《建设工程施工合同》,合同约定解决合同纠纷的方式为向某仲裁委员会申请仲裁。在合同履行过程中因进度款支付不及时形成纠纷。因乙公司下属分公司不具备法人资格,甲建筑工程公司欲将乙公司及其下属分公司作为共同被申请人向某仲裁委员会提起仲裁。而乙公司收到仲裁申请书后即向法院申请确认仲裁条款无效,其理由是其下属分公司与甲建筑工程公司签订《建设工程施工合同》并未经过乙公司同意或认可。

该工程纠纷该如何处理?

践行建议

1)牢固树立法治观念,坚持公平公正原则,积极践行社会主义核心价值观。
2)弘扬社会公平正义,树立底线思维和规则意识。

参考文献

[1]　全国二级建造师执业资格考试用书编写组.建设工程法规及相关知识 [M].哈尔滨:哈尔滨工程大学出版社,2021.

[2]　皇甫婧琪.建设工程法规 [M].3 版.北京:北京大学出版社,2018.

[3]　李海霞,何立志,曾欢.建设工程法规 [M].3 版.南京:南京大学出版社,2021.

[4]　王小艳,韦新丹.建设工程法规及案例分析 [M].武汉:华中科技大学出版社,2021.